U0799497

冶金工业出版社

普通高等教育“十四五”规划教材

炼 钢 学

（第 2 版）

主　编　任兵芝　杨治立　王宏丹
副主编　杨宁川　张胜军　刘晓峰　任正德

扫码看本书
数字资源

北　京
冶 金 工 业 出 版 社
2024

内 容 提 要

本书根据冶金工程专业特点，重点对炼钢原理、炼钢原材料、气体射流与熔池的相互作用、转炉炼钢设备、氧气转炉炼钢工艺、转炉炼钢计算机控制、电弧炉炼钢设备、传统电弧炉炼钢工艺、现代电弧炉及强化冶炼技术进行了详细阐述。各章末均附有思考题，便于读者理解和掌握所学知识。

本书为高等学校冶金工程专业本科生的教材，也可供钢铁行业从业人员学习与参考。

图书在版编目（CIP）数据

炼钢学 / 任兵芝，杨治立，王宏丹主编．-- 2 版．北京：冶金工业出版社，2024．9．--（普通高等教育“十四五”规划教材）．-- ISBN 978-7-5024-9993-8

Ⅰ．TF7

中国国家版本馆 CIP 数据核字第 2024RR5185 号

炼钢学（第 2 版）

出版发行	冶金工业出版社	**电　　话**	(010)64027926
地　　址	北京市东城区嵩祝院北巷 39 号	**邮　　编**	100009
网　　址	www. mip1953. com	**电子信箱**	service@ mip1953. com

责任编辑　杨　敏　美术编辑　吕欣童　版式设计　郑小利

责任校对　葛新霞　责任印制　禹　蕊

北京印刷集团有限责任公司印刷

2010 年 6 月第 1 版，2024 年 9 月第 2 版，2024 年 9 月第 1 次印刷

787mm×1092mm　1/16；17. 5 印张；420 千字；265 页

定价 49. 00 元

投稿电话　(010)64027932　投稿信箱　tougao@cnmip. com. cn

营销中心电话　(010)64044283

冶金工业出版社天猫旗舰店　yjgycbs. tmall. com

（本书如有印装质量问题，本社营销中心负责退换）

第2版前言

《炼钢学》自2010年出版以来，已经重印了6次，该书系统地介绍了转炉炼钢与电弧炉炼钢的工艺与设备，主要用于应用型冶金工程本科专业的教学，也可用作炼钢厂的培训教材。过去14年来，中国钢铁工业持续高速发展，粗钢年产量由6亿吨增加到10亿多吨。同时，在炼钢机理创新、关键工艺技术和装备研发、高品质钢高效生产、智能化控制、低碳绿色发展等方面都取得了长足的进步。

本次修订主要是根据近年来转炉炼钢与电弧炉炼钢的发展和读者的反馈意见，对第1版的内容进行了调整和修改，删除了第1版中过时陈旧的内容，对部分内容进行了精简和优化，并新增了转炉设备的内容。

为了更好地培养出既具备深厚理论基础、又具有扎实实践能力的应用型人才，本书采取了校企合作共编的模式，参加本书编写的人员分别来自于高校、工程公司和炼钢厂。高校教师有基础理论和教学经验优势，企业专家具有丰富的实践经验，发挥校企合作的优势编写教材，有助于构筑产教融合的人才培养体系，培养高素质的冶金工程应用型人才。

参与本书编写的有：重庆科技大学任兵芝、杨治立、王宏丹、任正德，中冶赛迪技术研究中心有限公司杨宁川，宝山钢铁股份有限公司炼钢厂张胜军，重庆钢铁股份有限公司刘晓峰。全书由舞阳钢铁有限责任公司炼钢厂任荣和南京钢铁联合有限公司炼钢厂吴成阳审阅，并提出了许多建设性意见。

本书在编写过程中得到了冶金同行的大力支持，引用了他们公开发表的部分资料，在此表示衷心的感谢。

由于编者水平所限，书中不妥之处，敬请读者批评指正。

编　者

2024年1月

第1版前言

近十年来，我国的钢铁工业持续高速增长，取得了举世瞩目的成就。全国产钢能力从十多年前的1亿吨，发展到目前的6亿吨左右。钢铁生产流程的主流装备已经达到国际先进水平并立足于国内制造。钢铁材料实物质量的稳定提高、产品结构的进一步优化需要大批钢铁冶金的应用型人才。因此，本着理论联系实际、强调基本理论与实践相结合、重视工艺操作、注重实用性、突出应用的原则，在认真研究了冶金工程专业教学大纲的基础上，为提高学生理论分析能力和培养实际操作能力而编写本书。

本书是冶金行业“十一五”规划教材。根据冶金工程专业特点，本书重点介绍了炼钢原理、炼钢原材料、气体射流与熔池的作用、转炉炼钢工艺制度、复吹转炉炼钢、溅渣护炉、炼钢生产计算机控制、电炉炼钢、现代电炉炼钢技术等内容。铁水预处理和炉外精炼、连续铸钢的相关内容则在另外两本规划教材《炉外处理》《连续铸钢》中介绍，三本教材可以配套使用。

本书由雷亚、杨治立、任正德、孙亚琴、周书才编著。全书共12章，其中，第1、6、9、12章由雷亚编写，第2章由周书才编写，第3~5章由孙亚琴编写，第7、8章由杨治立编写，第10、11章由任正德编写，全书由雷亚统稿。郑沛然审阅了全稿，并提出许多建设性的意见和建议，使本书的内容更加严谨。同时，在本书编写过程中得到冶金同行的大力支持，引用了他们部分公开发表的资料，编者在此表示衷心的感谢。

由于时间紧迫、经验不足，加之编者水平有限，书中如有不妥和疏漏之处，恳请读者批评指正。

编　者
2009年12月

目　　录

1 绪　论

1.1 现代钢铁生产工艺流程

钢铁工业是重要的基础工业，是发展国民经济与国防建设的物质基础。现代钢铁生产工艺流程主要有两种，即以高炉-转炉为主体的长流程和以电弧炉为中心的短流程，如图1-1所示。

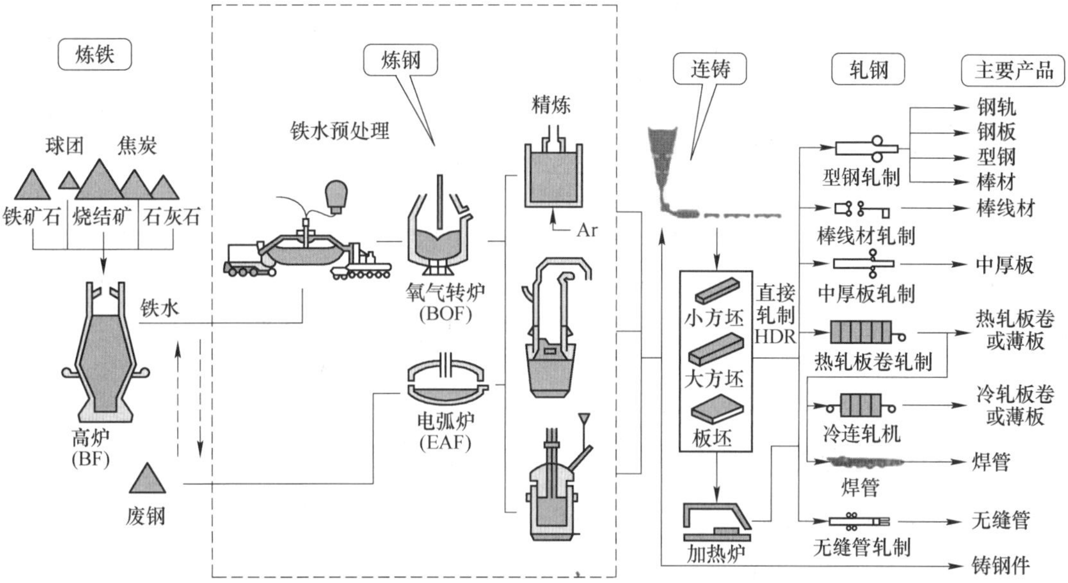

图1-1　现代钢铁生产工艺流程

（1）长流程工艺。从炼铁原燃料准备开始，原料进入高炉冶炼得到液态铁水，高炉铁水经过铁水预处理，进入氧气转炉吹炼，再经过二次精炼获得合格钢水，钢水经过凝固成型工序（连铸或模铸）铸造成坯或锭，最后经过轧制工序成为合格钢材。由于这种工艺流程生产单元多、规模庞大、生产周期长，因此称之为钢铁生产的长流程工艺。

（2）短流程工艺。将回收再利用的废钢（或其他代用料），经破碎、分选加工后，经预热直接加入电弧炉中，电弧炉利用电能作热源配合侧面吹氧和喷碳工艺将其冶炼成钢水，再经炉外精炼，获得合格钢水，后续工序与长流程相同。由于这种工艺流程简捷、高效节能、生产环节少、生产周期短，因此称之为钢铁生产的短流程工艺。

高炉-转炉长流程工艺适合于高效率、大批量、集中生产某些产品系列，如各种需求量大的结构钢。电弧炉短流程工艺的生产调度更为灵活，尤其适合于市场需求量较少的特殊钢，该工艺的全流程二氧化碳排放量仅为长流程的1/3左右。在“碳达峰、碳中和”的目标引领下，中国正在有序引导电弧炉短流程炼钢发展，鼓励高炉-转炉长流程转型短流程工艺，支持通过产能置换在城市周边布局合理规模的全废钢短流程钢厂。炼钢工艺的选择需要综合考虑市场需求、产品类型、原材料供应与能源价格、排放等因素，以期实现最低的生产成本并能满足主要技术要求。

广义上的“炼钢”包含铁水预处理、转炉炼钢、电弧炉炼钢、炉外精炼和后续的连铸或模铸过程，即图 1-1 中虚线方框内的内容。本书主要聚焦于狭义上的“炼钢”内容，即转炉炼钢和电弧炉炼钢。

1.2 炼钢技术的发展历程

钢与生铁的区别首先体现在碳含量上，理论上一般把碳含量小于 2.11%的铁碳合金称为钢。在钢中，碳元素和铁元素形成 Fe_3C 固溶体，随着碳含量的增加，其强度、硬度增加，而塑性和冲击韧性降低。由于钢具有很好的物理化学性能与力学性能，可以进行拉、压、轧、冲、拔等深加工，所以用途十分广泛，而且用途不同对钢的性能要求也不同，从而对钢的品种也提出了不同的要求。钢铁材料是人类社会主要使用的结构材料，也是产量最大、应用最广泛的金属材料，在经济发展中发挥着举足轻重的作用。石油、化工、航天航空、交通运输、农业、国防等许多重要的领域均需要各种类型的大量钢材，人们日常生活更是离不开钢。尽管近年来钢铁面临着陶瓷材料、高分子材料、有色金属材料（如铝）等的竞争，但由于其在矿石储量、生产成本、回收再利用、综合性能等方面所具有的明显优势，在可预见的将来，钢铁在各类材料中占据的重要地位仍不会改变。

炼钢学是研究将高炉铁水（生铁）、直接还原铁（DRI）、热压块铁（HBI）或废钢（铁）加热、熔化，通过化学反应去除铁液中的有害杂质元素，配加合金并浇铸成半成品（铸坯或钢锭）的工程科学。

1.2.1 转炉炼钢技术的发展

最早的液态钢生产方法是 1740 年出现的坩埚法，它是将生铁和废铁装入由石墨和黏土制成的坩埚内，用火焰加热熔化炉料，之后将熔化的炉料浇铸成钢锭。但此法几乎无杂质元素的氧化反应，不能去除钢中的有害杂质。

1856 年，英国人亨利·贝塞麦发明了酸性空气底吹转炉炼钢法，也称为贝塞麦法，第一次解决了用铁水直接冶炼钢水的难题，奠定了近代炼钢工艺方法的基础，从而使钢的质量得到提高，产量提高了一大步，成为当时主要的炼钢方法。但是，贝塞麦工艺采用的是酸性炉衬，不能造碱性炉渣，因而不能进行脱磷和脱硫，目前该方法已被淘汰。

1865 年，法国人皮埃尔-埃米尔·马丁利用蓄热室原理发明了以铁水、废钢为原料的酸性平炉炼钢法，即马丁炉法。1880 年，出现了第一座碱性平炉。由于其具有成本低、炉容大、钢水质量优于转炉、能解决废钢问题、原料的适应性强的优点，因此平炉炼钢法一度成为世界上主要的炼钢法。

1878 年，英国人西德尼·吉尔克里斯特·托马斯发明了碱性炉衬的空气底吹转炉炼钢法，即托马斯法。该方法是在吹炼过程中加入石灰造碱性渣，从而解决了高磷铁水的脱磷问题。此法对于当时西欧的一些国家特别适用，因为西欧的矿石普遍磷含量高，直到 20 世纪 70 年代末，托马斯炼钢法仍被法国、卢森堡、比利时等国的一些钢铁厂所采用。但托马斯法的缺点是炉子寿命低，钢水中的氮含量高。

20 世纪 40 年代，大型空气分离机出现，人们开始提供大量廉价的氧气，使氧气制造成本大大降低，这样为氧气在炼钢中的应用奠定了基础。德国人罗伯特・杜勒首先在瑞士进行了氧气转炉炼钢的试验，并获得成功。1952 年，奥地利的林茨城（Linz）和多纳维兹城（Donawitz）先后建成了 30 t 氧气顶吹转炉车间并投入生产，所以此法也被称为 LD 法，在美国也被称为 BOF（Basic Oxygen Furnace）法或 BOP（Basic Oxygen Process）法。由于氧气转炉炼钢法的生产率高、成本低、钢水质量高、热效率高，还可使用近 30%的废钢，便于自动化操作，一经问世就在世界范围内得到迅速推广和发展，在 20 世纪 70 年代，氧气转炉炼钢法已取代平炉法成为主要的炼钢方法。目前，世界上用平炉炼钢的国家很少，我国已经没有平炉炼钢了。可以说，氧气顶吹转炉炼钢是近 70 年来钢铁领域的重大事件之一。1964 年 12 月，我国第一座 30 t 氧气顶吹转炉在首钢投产。

在氧气顶吹转炉炼钢迅速发展的同时，德、美、法等国成功发明了氧气底吹转炉炼钢法。该方法通过喷吹甲烷、重油、柴油等对喷口进行冷却，使纯氧能从炉底吹入熔池而不致损坏炉底。1965 年，加拿大液化公司成功研制出双层同心套管式喷嘴。1967 年，联邦德国马克西米利安钢铁公司引进此技术并成功开发了底吹氧转炉炼钢法，即 OBM（Oxygen Bottom Maxhuette）法。美国钢铁公司 1971 年引进 OBM 法，1972 年建设了 3 座 200 t 底吹转炉，命名为 Q-BOP（Quiet BOP）。

1978~1979 年欧美等成功开发了转炉顶底复合吹炼工艺，即从转炉上方供给氧气（顶吹氧），从转炉底部供给惰性气体或氧气，如图 1-2 所示。该工艺不仅提高了钢的质量，降低了消耗和吨钢成本，而且更适合供给连铸优质钢水。

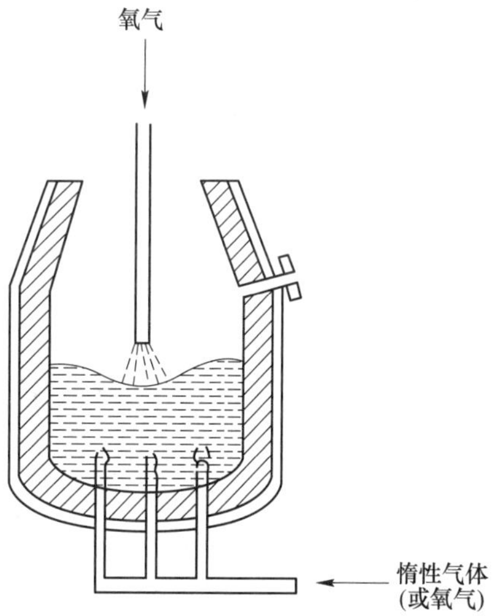

图 1-2 顶底复吹转炉示意图

值得一提的是，我国首先于 1972~1973 年，在沈阳第一炼钢厂成功开发了全氧侧吹转炉炼钢工艺，并在上海、唐山等地的企业推广应用；但后来受到了转炉复吹工艺的挑战，而未能发展起来。

1.2.2 电弧炉炼钢技术的发展

钢铁冶金的本质是高温化学反应，因而冶金中传统的能源是基于碳-氧反应的化学能，而电弧炉炼钢所使用的能源却是以电能为主。电能具有清洁、高效、方便等优越的特性，是工业化发展的优选能源。19 世纪中叶以后，各种大规模实现电-热转换的冶炼装置陆续出现。

1849 年，法国人德布莱兹研究用电极来熔化金属。1879 年，威廉姆斯・西门子获得了几个不同类型实用电弧炉的专利。虽然采用两支水冷金属电极炼出了钢，但电耗高，难以推广。之后还先后出现了6种不同形式的电弧炉，其容量均很小且多为直流供电，也是同样原因而无法推广。

1885年，瑞典ASEA公司设计了一台直流电弧炉。1888年，法国人赫劳特（Paul Heroult）用间接电阻加热炉进行熔炼金属实验。1899年，赫劳特接受了一系列直接加热电弧炉的专利，研制成功了炼钢用三相交流电弧炉。用三根碳电极将三相交流电输入炉内，利用碳电极和金属炉料间产生的电弧将金属炉料熔化并进行熔炼。在1900~1903年，赫劳特在拉巴斯用该炉熔炼铁合金，该炉成为现代炼钢电弧炉的雏形。

20世纪初，发电成本下降，高压输电线路技术推广应用，为炼钢用三相交流电弧炉的推广应用奠定了必要的基础。1905年，德国人林登堡建成第一台三相赫劳特电弧炉。1906年，林登堡在雷穆沙伊德进行了第一炉钢水的铸锭，开创了用电弧炉炼钢的先河。1909~1910年，在德国和美国分别首次有容量为6 t和5 t的炼钢生产用赫劳特型三相交流电弧炉建成投产，并首次把继电器与接触式调节器用于三相交流电弧炉的电极升降系统。1920年，杠杆平衡式调节器用于电弧炉，提高了电极升降速度。这期间，炉盖均为固定式，炉料从炉门加入。1926年，德国德马格公司制造了两台容量为6 t的炉盖开出式电弧炉，首次实现了用料斗从炉顶加料。1927年，美国蒂姆肯公司一台100 t电弧炉投入运行。1930年，出现炉体开出式电弧炉。1936年，德国制造了18 t炉盖旋转式电弧炉，进一步缩短了加料时间，提高了热效率。至此，普通三相交流电弧炉已成形，如图1-3所示。此后，电弧炉的结构、工艺逐渐得到完善，炉容量进一步扩大。由于碳质电极和电价高昂，同时熔炼效率低，直至20世纪30年代末电弧炉通常只熔炼合金钢。用电弧炉熔炼普通低碳钢，价格还是过于昂贵。

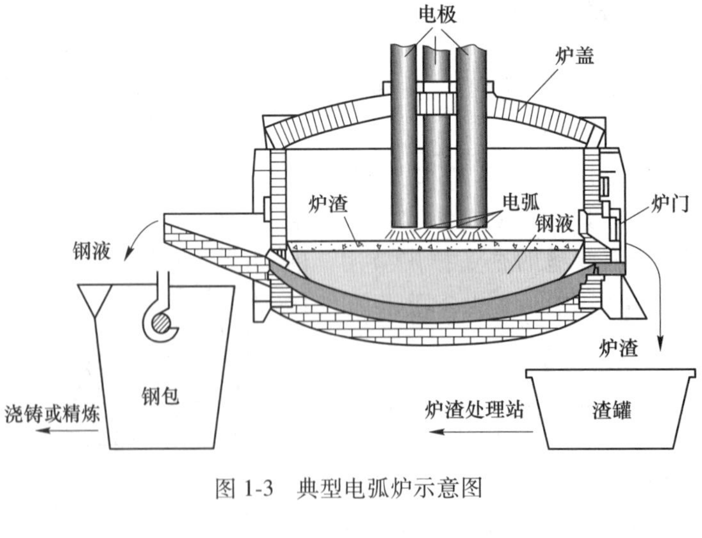

图1-3 典型电弧炉示意图

第二次世界大战期间，由于对合金钢和更昂贵的高质量钢材的需求增加，电炉钢的产量大幅度增大，但电弧炉的装料量一般都不超过35 t。只是在第二次世界大战结束后，才建造了熔炼容量为150 t的电弧炉，但其变压器公称容量仍然只有250~350 kV·A/t。第二次世界大战结束以后，对合金钢的需求大大减少，迫使电弧炉冶炼品种向普通钢渗透和转移。当时由于电力工业的发展，电价低廉且电网容量普遍有较大的提高，废钢资源丰富，因而进入20世纪50年代，即便是较小的炉子也逐渐装备较高的变压器容量。同时，返回吹氧法和吹氧助熔技术在60年代初推广应用。在大电流供电线路的改进方面，瑞典人提出了修正平面法，1960年美国出现了等边三角形布置，以提高三相电路的对称性，使三相电抗平衡。因此，熔炼时间和生产成本，特别是非合金钢生产成本大幅度下降，电炉钢成本终于可以与平炉钢相比较。

为进一步提高电弧炉炼钢的生产率和降低成本，1964年在美国矿冶石油工程师协会的电炉会议上，提出了电弧炉超高功率概念（Ultra High Power，简称UHP），并在两台135 t电弧炉上采用不同的功率水平进行进一步深入的运行试验。随后，瑞典、德国和日本等国也相继采用了这项技术，并取得了很好的效果，不久就在世界各国推广开来。这时期，超高功率电弧炉的一个根本特征就是：100 t以下电弧炉的变压器容量至少500 kV · A/t。相应地，要采用低电压大电流，以降低炉衬的侵蚀。采用UHP技术使得冶炼时间进一步缩短到2 h。此后的工作主要集中在如何解决超高功率化以后出现的设备、工艺和冶炼消耗等方面存在的问题，继续提高变压器的最大功率利用率和时间利用率，提高电弧炉炼钢生产率，降低能耗和冶炼成本，这些工艺技术的发展又为电弧炉功率水平的进一步提高创造了有利的条件。到20世纪80年代，电弧炉功率水平已达800~1000 kV · A/t，冶炼时间缩短到1 h左右，电耗已降到400 kW · h/t以下。2000年以后，通过应用相应的废气回收（如废钢预热）、引入其他的能源（如煤氧喷吹、氧燃烧嘴及二次燃烧等）技术、泡沫渣冶炼、大留钢平熔池冶炼等技术，使电耗已降到350 kW · h/t以下，电弧炉已成为一个低成本的废钢快速熔炼设备。

为从根本上克服交流超高功率电弧炉不稳定、三相供电和熔化不平衡并产生炉壁热点及其对前级电网造成剧烈冲击等问题，并因大功率可控硅技术的迅速发展，20世纪70年代开始了炼钢直流电弧炉的研究，并于80年代中期投入工业应用。在90年代初在全世界得到广泛推广，并普遍大型化、超高功率化。

此外，20世纪90年代初，为进一步完善超高功率电弧炉本身的设备和工艺，还相继出现了碳氧喷吹工艺、高阻抗电弧炉、CO二次燃烧技术、废钢预热技术、竖炉交/直流电弧炉、双炉壳电弧炉。这些新工艺技术主要集中在废钢的预热及减轻电弧炉的熔化负担上，其主要特点是最大限度地提高传给废钢的热量，最大限度地提高炉气热量的回收，充分燃烧炉内和废钢预热中的CO。目前全球各电炉供应商仍在持续投入研发，在电炉电源技术和配套核心技术上进一步开发新的技术，可使电耗进一步降低到300 kW · h/t以下。现代电弧炉炼钢技术的发展如图1-4所示。

世界粗钢产量和各种炼钢工艺的比率随年代的变化如图1-5所示。过去40年里，世界范围内转炉炼钢产量从56%增加到73%，电炉炼钢产量从21%增加到26%，平炉炼钢产量从23%降低到0.3%，其他炼钢产量约占0.2%。在中国，过去30年里，转炉炼钢产量从59%增加到91%，电炉炼钢产量从21%降低到9%，平炉炼钢产量从20%到完全淘汰（2001年）。在美国，1955年平炉钢产量占总钢产量的90%，1975年顶吹转炉钢产量占62%，1991年平炉完全淘汰，2020年电炉钢产量占70.6%。目前，中国、日本、韩国和巴西都是以转炉炼钢为主。

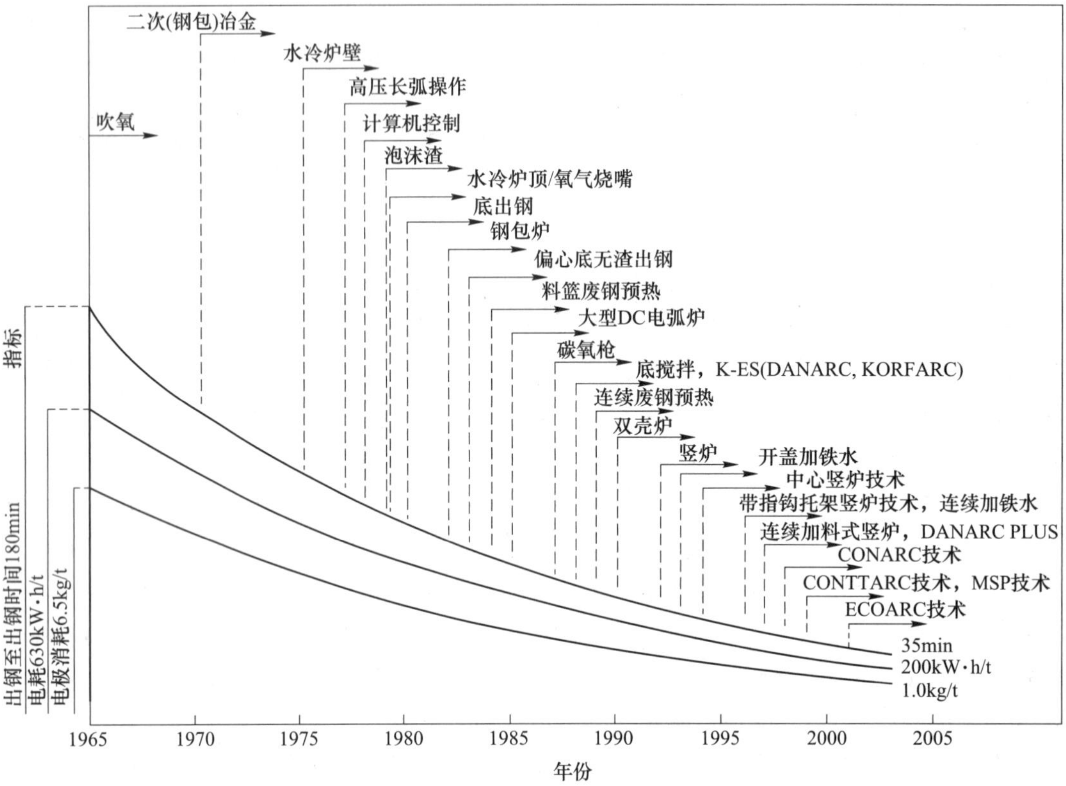

图 1-4 电弧炉炼钢技术的发展

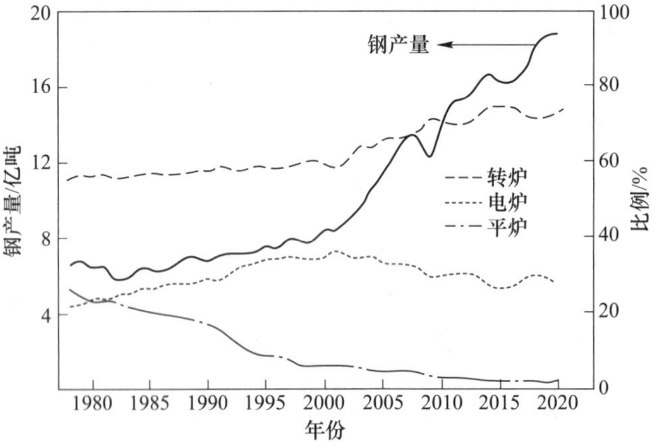

图 1-5 世界粗钢产量和各种炼钢工艺产钢量百分比

1.3 中国炼钢技术的发展

1.3.1 钢产量迅速增加

我国很早就掌握了铁的冶炼技术，东汉时出现了冶炼和锻造技术，南北朝时期就掌握了灌钢法，曾在世界范围内处于领先地位。但旧中国钢铁工业非常落后，产量很低，1949年新中国成立时，我国只有15.8万吨钢，占世界钢产量的0.1%；1978年我国改革开放时粗钢产量只有3178万吨，占当年世界粗钢产量的4.4%；改革开放后，1986年突破5000万吨，1996年粗钢年产量突破1亿吨，成为世界最大的产钢国和消费国。2003年突破2亿吨，以后每两年增加1亿吨左右，2020年突破10亿吨，占全球总产量的57%。这有力地推动了我国工业化和现代化的进程，显著增强了综合国力，支撑了世界大国的地位。必须看到，我国成为制造业大国，钢铁工业功不可没，对国防工业、石油工业、造船工业、基础建设、装备制造业等都起到了很大的支撑与推动作用。图1-6展示了我国钢产量的变化情况。

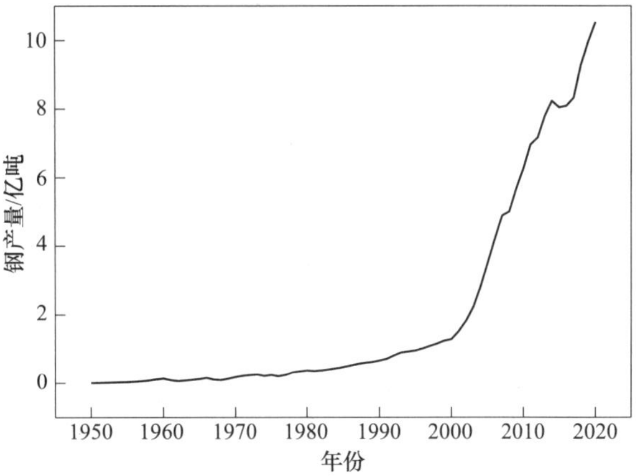

图1-6　中国钢产量的变化情况

随着工艺技术、管理水平、配套设施的提高与完善，钢铁工业的生产效率大幅提高，2008年中国钢铁行业全流程劳动生产率为354 t/(人·年)，而2020年达到888 t/(人·年)。与此同时，随着生产效率的提高，钢铁行业职工的人均收入，也从4.15万元提升到10.5万元，如图1-7所示。

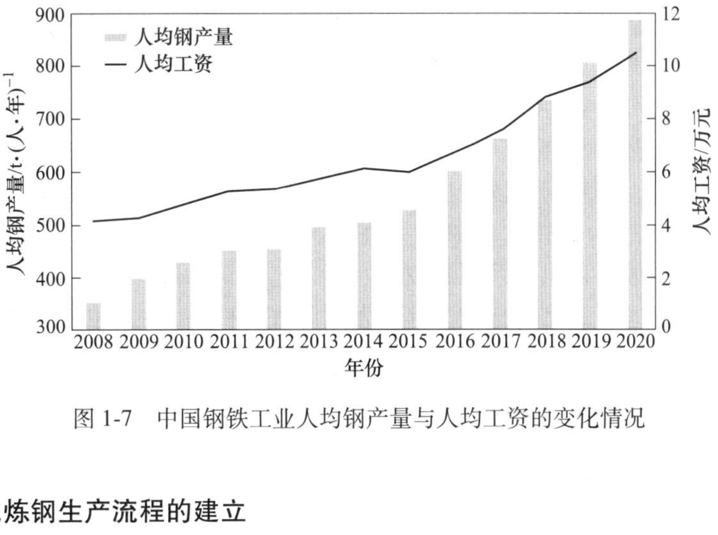

图1-7　中国钢铁工业人均钢产量与人均工资的变化情况

1.3.2　现代化炼钢生产流程的建立

目前，国内绝大多数炼钢厂均已实现了炼钢生产现代化，建立起包括铁水预处理-转炉复合吹炼-炉外精炼-连铸的现代化长流程工艺和以大型超高功率电炉为主体、实现炼钢-精炼-连铸-连轧“四位一体”的短流程工艺，淘汰了平炉、模铸、化铁炼钢等落后的生产工艺。2020 年，转炉平均冶炼时间为 31 min，平均炉衬寿命为 9487 炉，转炉工序劳动生产率为 5588 t/人，能耗为 -15.4 kgce/t，国内最大转炉已达 350 t；电弧炉综合电耗 338 kW · h/t，电弧炉工序劳动生产率为 2168 t/人，平均冶炼时间为 1 h，最大电弧炉已达 220 t。现代化炼钢生产流程的确立，为我国迅速提高炼钢生产效率、改善产品质量和扩大生产品种发挥了极为重要的作用。

1.3.3 炼钢技术的重大创新

炼钢技术的重大创新如下：

(1) 大型转炉高效、绿色冶炼关键技术。中国大型转炉炼钢技术起步晚，但是发展迅速。自 2008 年以来，通过引进和研发逐步实现装备现代化和稳定生产，但与国际先进水平相比，仍存在钢水洁净度低（终点氧质量分数为 0.060%~0.100%）、冶炼过程效率低、消耗排放大、生产不稳定等难题。

近年来，以钢铁研究总院为代表的科研院所与宝武、鞍钢等钢铁企业合作研发，持续对炼钢机理、关键工艺及装备、工艺模型、智能化控制及成套技术进行多年攻关，成功突破了技术和应用瓶颈。钢铁研究总院与钢铁企业合作，揭示了大型复吹转炉熔池均衡搅拌的机理，并创建了熔池均衡搅拌的定量化工艺，实现了 0.20 $m^3/(t \cdot min)$ 左右高强度底吹搅拌；基于机理技术创新，自主开发了转炉高强度长寿命复合吹炼关键装备及控制模型，形成了大流量低喷溅氧枪技术，研发了具有自主知识产权的新一代大流量长寿命底吹环缝式供气元件及底吹智能控制系统；针对大型复吹转炉高底吹强度与底吹寿命相矛盾的难题，自主研发了高强度、长寿命复合吹炼工艺，实现了全炉役 100%复吹比，全炉役碳氧积降至 0.00133 的世界领先水平；建立了大型转炉高效率脱磷机理模型，在较少渣量和较低氧化铁的条件下实现了高效率脱磷；研发了基于节能高效的快速出钢技术，出钢时间达到了 70 t/min 的世界最好水平；基于高效冶炼，开发了大型转炉绿色冶炼集成技术，主要包含低铁耗少渣控制技术、烟尘控制技术、炉渣循环利用技术、低能耗和低 CO_2 排放技术，生产效率提高 18%，钢铁料消耗降低 5 kg/t 以上，合金消耗、炉渣排放减少 20%，工序能耗达到-32 kgce/t，减少 CO_2 排放 12 kg/t 以上。大型转炉高效、绿色冶炼关键技术在工艺机理创新研究、技术与装备研发和工艺贯通的生产实践上均取得突破，并在中国的主要钢铁企业获得应用，实现了中国大型转炉技术关键工艺指标的引领。

(2) 绿色电炉高效冶炼技术。围绕“高效、低耗、绿色化和智能化”的生产目标，近年来电弧炉炼钢领域开发出一系列新技术、新工艺、新装备，电弧炉炼钢技术及装备水平不断提高。中冶赛迪、北京科技大学等研发团队针对长期困扰国内外全废钢电弧炉炼钢生产的能量消耗高、质量不稳定、二噁英污染等重大关键问题，以电弧炉炼钢绿色节能、高效洁净为目标，与相关机构联合完成了超高功率智能供电、高效深度洁净冶炼、绿色输送废钢预热和跨尺度高效协同控制集成和应用。通过研究获得主要成果包括：研发出超高功率电弧炉变压器和电极自动调节技术，形成了超高功率电弧炉供电技术标准；发明了熔池内气-固喷吹、CO_2-Ar 动态底吹、出钢过程在线喷粉脱氧等新方法，实现了低成本快速深脱磷、脱氮和钢液氧含量控制，解决了长期制约电弧炉洁净化冶炼的世界性难题；开发了适应多元炉料结构的全余热回收、低阻尼除尘、高效急冷二噁英治理、阶梯扰动涵道废钢预热等新技术，显著提高了电弧炉炼钢节能环保水平；提出了以质量为核心的炼钢洁净生产与绿色制造协同运行新思路，开发了非接触钢液连续测温、炉气成分在线分析、终点预报和成本质量控制软件等，实现了电弧炉炼钢绿色-洁净技术集成，进一步提升了电弧炉炼钢运行效率和产品质量，显著降低了生产成本。

1.4　炼钢的任务

生铁除含有较高的碳外，还含有一定量的磷、硫和其他杂质。表 1-1 以 20MnV 钢为例，对比了钢与生铁在成分上的差别。所谓炼钢，就是通过冶炼降低生铁中的碳和去除有害杂质，再根据对钢性能的要求加入适量的合金元素，使其成为具有高的强度、韧性或其他特殊性能的钢。炼钢的基本任务是脱碳、脱磷、脱硫、脱氧，去除有害气体和非金属夹杂物，调整温度和成分，可以归纳为：“四脱”（脱碳、氧、磷和硫），“二去”（去气和去夹杂），“二调整”（调整成分和温度）。

表 1-1　典型的钢与生铁的化学成分

材　料	化学成分（质量分数）/%					
	C	Si	Mn	P	S	V
生铁	3.5~5.0	0.6~1.6	0.20~0.80	0.10~0.40	0.03~0.07	—
20MnV	0.17~0.24	0.17~0.37	1.30~1.60	≤0.035	≤0.035	0.07~0.12

1.4.1　脱碳与去除杂质

1.4.1.1　脱碳

碳也是重要的合金元素，它可以增加钢的强度和硬度，但对韧性产生不利影响。钢中的碳决定了冶炼、轧制和热处理的温度制度。从表 1-1 可看出，钢中的碳含量远小于生铁，所以炼钢的重要任务之一就是把熔池中的碳氧化脱除至所炼钢种的要求。碳能显著改变钢的液态和凝固性质，如在 1600 ℃、$w[C]\leqslant 0.8\%$时，每增加 0.1%的碳，钢的熔点降低 6.5 ℃，密度减少 4 kg/m^3，黏度降低 0.7%，增大凝固区间 17.8 ℃。不同用途的钢对碳含量的控制不尽相同，根据碳含量的不同，可将钢划分为低碳钢、中碳钢和高碳钢。

1.4.1.2　脱硫

硫在钢中以 FeS 的形式存在，FeS 的熔点为 1193 ℃，Fe 与 FeS 组成共晶体的熔点只有 985 ℃。液态铁与 FeS 虽然可以无限互溶，但在固溶体中的溶解度很小，仅为 0.015%~0.020%。当钢中的硫含量超过 0.020%时，钢液在凝固过程中由于偏析使得低熔点 Fe-FeS 共晶体分布于晶界处，在 1150~1200 ℃的热加工过程中，晶界处的共晶体熔化，钢受压时造成晶界破裂，即发生“热脆”现象。如果钢中的氧含量较高则在晶界产生更低熔点的共晶化合物 FeO-FeS（熔点为 940 ℃），进一步加剧钢的“热脆”现象。

硫除了使钢的热加工性能变坏外，还会明显降低钢的焊接性能，引起高温龟裂，并在金属焊缝中产生许多气孔和疏松，从而降低焊缝的强度。当硫含量超过 0.06%时，会显著恶化钢的耐蚀性。硫是连铸坯中偏析最为严重的元素，可增加连铸坯内裂纹的产生倾向。

不同钢种对硫含量有着严格的规定：非合金钢中普通质量级钢要求 $w[S] \leqslant 0.045\%$，优质级钢 $w[S] \leqslant 0.035\%$，特殊质量级钢 $w[S] \leqslant 0.025\%$；管线钢要求 $w[S] \leqslant 0.005\%$，甚至更低。但对有些钢种，如易切削钢，S 作为产生硫化物的介质加入（在切削过程中车屑易断），要求硫含量为 0.08%~0.20%。易切削钢常作为加工螺钉、螺帽、纺织机零件、耐高压零件等的材料，我国常用的易切削钢有 Y12、Y20、Y30。

1.4.1.3 脱磷

通常认为，磷在钢中以 Fe_3P 或 Fe_2P 的形式存在。在一般情况下，磷是钢中有害元素之一。通常，磷使钢的韧性降低，可略微增加钢的强度。磷的突出危害是产生"冷脆"，即从高温降到 0 ℃以下，钢的塑性和冲击韧性降低，并使钢的焊接性能与冷弯性能变差。在低温下，$w[P]$ 越高，冲击性能降低就越大。磷是降低钢液表面张力的元素，随着其含量的增加表面张力降低显著，从而降低钢的抗热裂纹性能。磷在连铸坯中是仅次于硫的高偏析度元素，在铁固溶体中扩散速率很小，因而磷的偏析很难消除，会严重影响钢的性能。

为减小磷的危害，提高钢的品质，必须尽量降低磷含量，可采用炉内氧化法脱磷或炉外喷粉还原法脱磷。为取得良好的效果，应先用铁水预处理脱硫、脱磷后再进行冶炼。钢中 [C] 有促进磷降低冲击韧性的作用，所以在冶炼高碳钢时，应将磷控制得更低些。

钢中的磷含量允许范围：非合金钢中普通质量级钢 $w[P] \leqslant 0.045\%$，优质级钢 $w[P] \leqslant 0.035\%$，特殊质量级钢 $w[P] \leqslant 0.025\%$，有的钢种甚至要求 $w[P] \leqslant 0.010\%$。

但在特定条件下可利用磷对钢性能的有利作用，如易切削钢中添加磷元素是利用其降低钢塑性的特点，以提高钢的切削性能；耐蚀钢中加入磷元素是利用其对钢的强化和耐腐蚀性能；低硅高磷硅钢片的发展则是利用磷具有提高钢的磁导率的特性。

1.4.1.4 脱氧

在炼钢过程中向熔池吹入了大量的氧气，导致吹炼终点钢水中含有过量的氧，如果不进行脱氧，在出钢、浇铸过程中，温度降低，氧溶解度降低，会促使碳氧反应，钢液剧烈沸腾，使浇铸困难，得不到合理凝固组织结构的连铸坯；而且在钢的凝固过程中，氧以氧化物的形式大量析出，钢中也将产生氧化物非金属夹杂，降低钢的塑性、冲击韧性，使钢变脆。

因此，应根据具体的钢种，将钢中的氧含量降低到所需的水平，以保证钢水在凝固时得到合理的凝固组织结构；使成品钢中非金属夹杂物含量最少，分布合适、形态适宜，以保证钢的各项性能指标。

1.4.2 去除气体与非金属夹杂物

1.4.2.1 去除钢中的气体

A 钢中氢

炼钢炉料带有水分或由于空气潮湿，都会使钢中的氢含量增加。氢是钢中的有害元素，在钢的热加工过程中，钢中含有氢气的气孔会沿着加工方向被拉长形成发裂，从而引起钢材的强度、塑性以及冲击韧性降低，这种现象称为氢脆。在钢的各类标准中一般不对氢含量作数量上的规定，但氢会使钢产生白点（发裂）、疏松和气泡，使钢变脆。

在钢材的纵向断面上，呈圆形或椭圆形的银白色斑点称为“白点”，实为交错的细小裂纹。它产生的主要原因是，钢中的氢在小孔隙中析出的压力和钢相变时产生的组织应力的综合力超过了钢的强度。一般白点产生的温度低于 200 ℃。低温下钢中氢的溶解度很低，相变应力最大。

在高温高压下，氢与钢中的碳形成甲烷并在晶界聚集，产生网络状裂纹甚至开裂鼓泡，这种现象称为氢蚀。

因此，冶炼易产生白点等缺陷的钢种时要特别注意原材料（尤其是石灰）的干燥清洁，冶炼时间要短。要求严格的钢种应充分发挥炉内脱碳的去气作用，炉外吹 Ar 或真空处理，甚至采用真空熔炼的方法使钢中氢含量降到很低的水平。

B 钢中氮

氮由炉气进入钢中。氮在奥氏体中的溶解度较大，而在铁素体中的溶解度很小，且随温度的下降而减小。当钢材由高温较快冷却时，过剩的氮由于来不及析出便溶于铁素体中；随后在 250~450 ℃加热，发生氮化物的析出，使钢的强度、硬度上升，塑性大大降低，这种现象称为蓝脆。钢中的氮以氮化物的形式存在，氮化物的析出速度很慢，会逐渐改变钢的性能。氮含量高的钢种，若长时间放置将会变脆，这一现象称为“老化”或“时效”（即时效脆性）。

氮和氢的综合作用会使铸坯产生结疤和皮下气泡，在轧制过程中产生裂纹和发纹。氮含量增加，钢的焊接性能变坏，造成焊接热影响区脆化，降低磁导率、电导率。

氮作为一种“合金元素”应用于开发含氮钢，不仅在生产钒氮合金化的Ⅲ级钢筋时可节省钒铁，也可对不宜控轧控冷的低碳长条钢发挥钒的强化作用。在冶炼铬钢、镍铬系钢或铬锰系等高合金钢时，加入适量的氮可起到细化晶粒的作用，改善钢的塑性和高温加工性能。

1.4.2.2 控制非金属夹杂物

钢中非金属夹杂物来源包括：（1）脱氧脱硫产物，特别是一些颗粒小或密度大的夹杂物没有及时排除；（2）带入钢液中的炉渣和耐火材料；（3）钢液被大气氧化形成的氧化物。图 1-8 展示了铝脱氧钢中的枝晶状 Al_2O_3 夹杂物形貌。

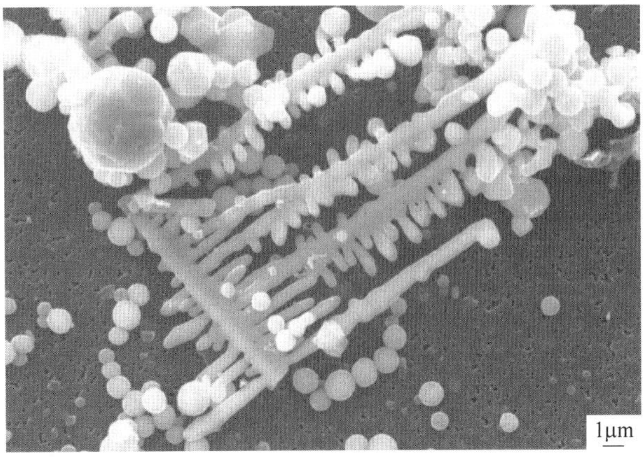

图 1-8 铝脱氧钢中的枝晶状 Al_2O_3 夹杂物

如果在钢凝固之前这些夹杂物还没有得以去除，那么它们将引起连铸产品的缺陷，给连铸生产顺行带来问题和困难，降低生产率、产品性能、金属收得率等。所以在炼钢、精炼和连铸过程中，应尽可能地降低钢液中夹杂物的含量，但不管炼钢技术如何发展、改进，总还是有些夹杂物，有些仍然影响钢的使用性能。由于工艺上的困难和经济上的问题，不能无限制地减少非金属夹杂物，应在尽可能的范围内了解夹杂物变化规律和钢性能的关系，从而控制钢中夹杂物的成分、形态、尺寸及分布，达到允许的程度，最终提高和改善钢质。

1.4.3 调整钢液的温度与成分

1.4.3.1 调整钢的温度

铁水温度一般只有 1300 ℃左右，而钢水温度必须高于 1500 ℃才不至于凝固。钢水脱碳、脱磷、脱硫、脱氧、去气、去除非金属夹杂等过程，都需在液态条件下进行。此外，为了将钢水浇铸为铸坯（或钢锭），一般要求出钢温度在 1600 ℃以上。为完成各项任务并保证钢液能顺利浇铸，必须将钢液加热并保持在一定的高温范围内，一般在 1600~1700 ℃，同时根据冶炼过程的要求不断将钢液温度调整到合适的范围。

1.4.3.2 调整钢液的成分

为保证钢的各种物理、化学性能，除控制钢液的碳含量和降低杂质含量外，还应加入适量的合金元素使其含量达到钢种规格范围。以表 1-1 中的 20MnV 钢为例，需要控制钒含量在 0.07%~0.12%。

思 考 题

1-1 简述现代钢铁生产的工艺流程。

1-2 我国钢铁工业取得了哪些进步？

1-3 简述炼钢的主要任务。

2 炼钢的基础理论

炼钢过程中发生了许多非常复杂的高温物理化学反应，涉及多种以不同聚集状态存在的组元，如固态（炉料、辅助材料及炉衬等）、液态（铁液及炉渣）及气态（炉气、吹入金属熔池内的惰性气体或氧气等）。

在冶金反应过程中，应用冶金热力学计算一定条件下化学反应的方向和限度以及将得到的最终产物，确定浓度、温度和压力等工艺参数；应用冶金动力学研究化学反应的机理、速率以及它与各种因素的关系，确定强化冶金过程的措施。

2.1 钢液的物理性质

2.1.1 钢液的密度

钢液的密度是指单位体积钢液所具有的质量，单位通常用 kg/m^3。影响钢液密度的因素主要有温度和钢液的化学成分。总的来讲，温度升高，钢液密度降低，原因在于原子间距增大。固体纯铁的密度为 7880 kg/m^3，1550 ℃时液态纯铁的密度为 7040 kg/m^3。

钢液密度随温度的变化可用下式计算：

$$\rho = 8523 - 0.8358(T + 273) \tag{2-1}$$

式中 T——温度，℃。

各种金属和非金属元素对钢液密度的影响不同，可用下述经验式计算：

$$\rho = \rho^0_{1600\ ℃} - 210w[C]_\% - 60w[Si]_\% - 7.5w[Mn]_\% + 6w[Ni]_\% - 550w[Cr]_\% + 43w[W]_\% - 164w[Al]_\% \tag{2-2}$$

式中，$\rho^0_{1600\ ℃}$为铁液在 1600 ℃的密度，kg/m^3；各元素含量的适用范围为：$w[C]_\%<1.7$，其余元素的质量百分数均在 18%以下。应注意：物质 A 在钢中和渣中的质量百分数分别采用符号“$w[A]_\%$”和“$w(A)_\%$”来表示，在计算代入数据时只代入百分号前面的数值。如果物质 A 在钢中的含量为 1%，则其质量百分数 $w[A]_\%=1$，代入数据时代入 1；如果物质 A 在渣中的含量为 1%，则其质量百分数为 $w(A)_\%=1$，代入方法也一样。

铁液密度随碳含量和温度变化的计算式为：

$$\rho = (7100 - 73.2w[C]_\%) - (8280 - 87.4w[C]_\%) \times 10^{-4}(T - 1550) \tag{2-3}$$

2.1.2 钢的熔点

钢的熔点，是指钢完全转变成液体状态时或者冷凝时开始析出固体的温度（即液相线温度）。钢的熔点是确定冶炼和浇铸温度的重要参数。纯铁的熔点约为 1538 ℃，当某元素溶入后，铁原子之间的作用力减弱，铁碳合金的熔点就降低，降低的程度取决于加入元素的浓度、相对原子质量和凝固时该元素在熔体与析出固体之间的分配。

计算钢的熔点有以下经验式：

$$T_{熔} = 1536 - ([78w[C]_{\%} + 7.6w[Si]_{\%} + 4.9w[Mn]_{\%} + 34w[P]_{\%} + 30w[S]_{\%} + 5.0w[Cu]_{\%} + 3.1w[Ni]_{\%} + 1.3w[Cr]_{\%} + 3.6w[Al]_{\%} + 2.0w[Mo]_{\%} + 2.0w[V]_{\%} + 18w[Ti]_{\%}) \tag{2-4}$$

或

$$T_{熔} = 1536 - (90w[C]_{\%} + 6.2w[Si]_{\%} + 1.7w[Mn]_{\%} + 28w[P]_{\%} + 40w[S]_{\%} + 2.6w[Cu]_{\%} + 2.9w[Ni]_{\%} + 1.8w[Cr]_{\%} + 5.1w[Al]_{\%}) \tag{2-5}$$

2.1.3 钢液的黏度

黏度是钢液的一个重要性质，它对冶炼温度参数的制定、非金属夹杂物的上浮、气体的去除以及钢的凝固结晶都有很大的影响。以不同速度运动的液体各层之间会产生内摩擦力，通常将内摩擦系数或黏度系数称为黏度。

黏度有两种形式，一种为动力黏度，用符号 μ 表示，单位为 Pa · s 或 N · s/m^2；另一种为运动黏度，常用符号 ν 表示，单位为 m^2/s。两者之间的关系为：$\nu = \mu/\rho$，ρ 为密度（kg/m^3）。

钢液的黏度比正常熔渣的黏度要小得多，1600 ℃时其值为 0.002～0.003 Pa · s；纯铁液 1600 ℃时的黏度为 0.0005 Pa · s。

影响钢液黏度的因素主要是温度和成分。温度升高，黏度降低；钢液中的碳对黏度的影响非常大，这主要是因为碳含量使钢的密度和熔点发生变化，从而引起黏度的变化。同一温度下，高碳钢钢液的流动性比低碳钢好。碳含量对钢液黏度的影响如图 2-1 所示。

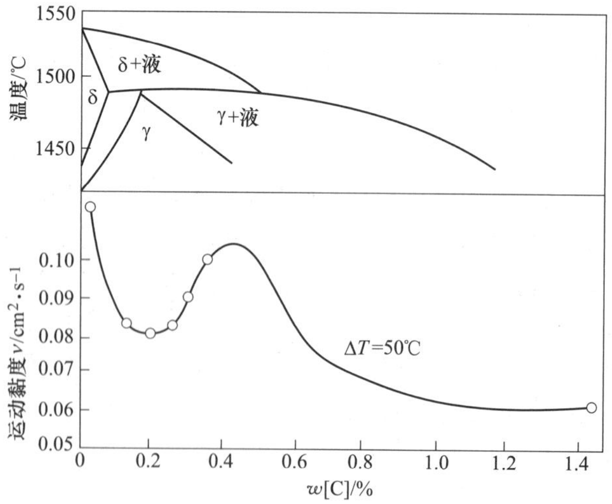

图 2-1 温度高于液相线 50 ℃时碳含量对钢液黏度的影响

合金元素对钢液黏度的影响有：（1）由于 Si、Mn、Ni 使钢的熔点降低，这三种元素含量增加，会导致钢液黏度降低；（2）Ti、W、V、Mo、Cr 含量增加则使钢液的黏度增加，主要是因为这些元素易生成高熔点、大体积的各种碳化物。

非金属夹杂物对钢液黏度的影响有：钢液中非金属夹杂物含量增加，则钢液黏度增加，流动性变差。钢液中的脱氧产物对流动性的影响也很大，当钢液分别用 Si 或 Al 脱氧时，初期由于脱氧产物的生成，导致夹杂物含量高，使黏度增大；但随着夹杂物不断上浮或形成低熔点夹杂物，黏度又会下降。因此，如果脱氧不良，钢液流动性一般不好。

2.1.4 钢液的表面张力

任何物质的原子或分子之间都有吸引力。钢液因原子间距非常小，它们之间的吸引力较强，而且钢液表面层和内部所引起的这种吸引力的变化不相同。内部每一质点所受吸引力的合力等于零，质点保持平衡状态；而表面层质点受内部质点的吸引力大于气体分子对表面层质点的吸引力，这样表面层质点所受的吸引力不等于零，且方向指向钢液内部，这种使钢液表面产生缩小倾向的力，称为钢液的表面张力，单位为 N/m。实际上，钢液的表面张力就是指钢液和它的饱和蒸气或空气界面之间的一种力。

钢液的表面张力对新相的生成（如 CO 气泡的产生、钢液凝固过程中结晶核心的形成等）有影响，而且对相间反应（如夹杂物和气体从钢液中排除）、渣-钢分离、钢液对耐火材料的侵蚀等也产生影响。影响钢液表面张力的因素很多，但主要是温度、钢液成分及钢液的接触物。

钢液的表面张力是随着温度的升高而增大的，1550 ℃时，纯铁液的表面张力为 1.7~1.9 N/m。溶质元素对钢液表面张力的影响程度取决于它与铁的性质差别的大小。如果溶质元素的性质与铁相近，则对钢液的表面张力影响较小，反之则较大。图 2-2 所示为合金元素对钢液表面张力的影响，由图可知：Co、V、Mo 几乎没有影响，原因在于它们与铁的性质相近，且是非表面活性物质；Mn 对表面张力有较强的降低作用；Cr 的表面活性不高，对钢液表面张力有一定的降低作用。如图 2-3 所示，O、S 是很强的表面活性物质，均能强烈地降低表面张力。

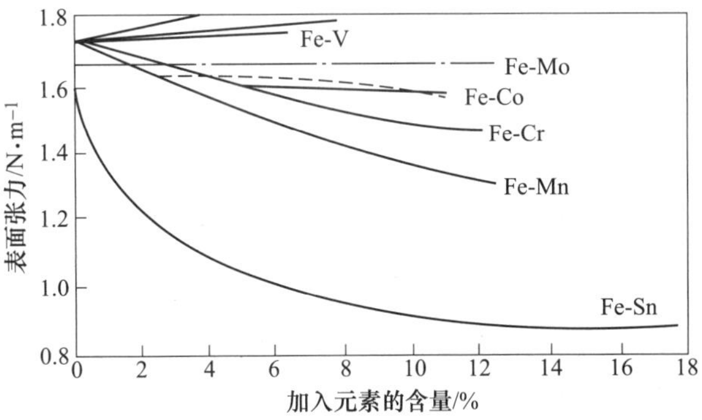

图 2-2　合金元素对钢液表面张力的影响

碳对钢液表面张力的影响较为复杂，如图 2-4 所示。这是由于钢液的结构和密度随着碳含量的增加而发生变化，所以它的表面张力也会随着碳含量的增加而发生变化。

2.1.5 钢的导热能力

钢的导热能力可用导热系数来表示，即当体系内维持单位温度梯度时，在单位时间内

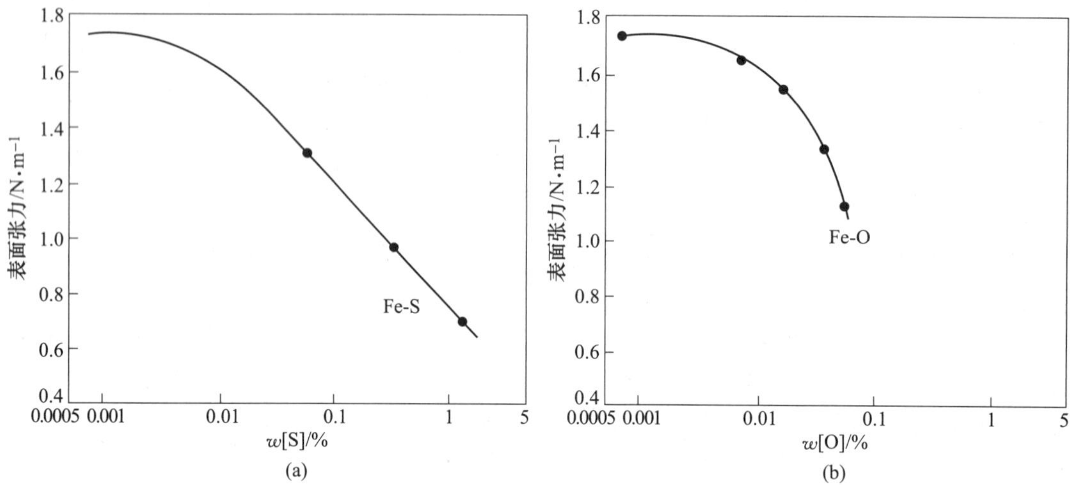

图 2-3　硫和氧对钢液表面张力的影响

（a）硫含量；（b）氧含量

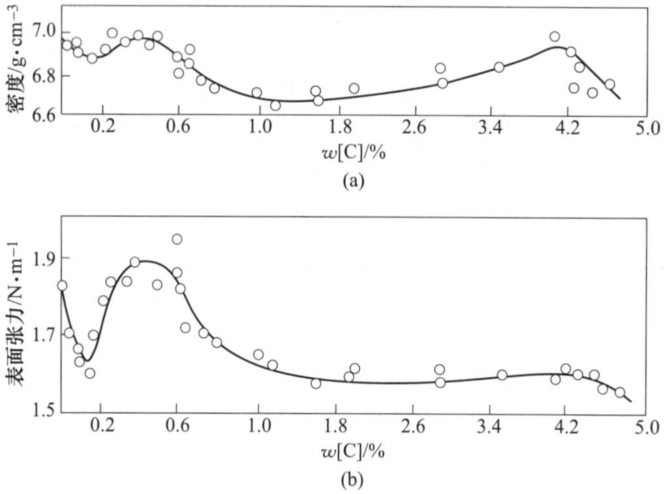

图 2-4　液相线以上 50 ℃时碳对钢液密度和表面张力的影响

（a）密度；（b）表面张力

流经单位面积的热量。导热系数用符号 λ 表示，单位为 W/(m · ℃)。

影响钢导热系数的因素主要有：成分、温度、组织、非金属夹杂物的含量以及钢中晶粒的细化程度等。

通常，钢中合金元素越多，钢的导热能力就越弱。在合金钢中，各种合金元素对钢导热能力影响的次序为：C、Ni、Cr 最大，Al、Si、Mn、W 次之，Zr 最小。合金钢的导热能力一般比碳钢差，高碳钢的导热能力又比低碳钢差。碳钢的导热系数随碳含量的变化如图 2-5 所示。

一般来讲，具有珠光体、铁素体和马氏体组织的钢，其导热能力在加热时都会降低，但在临界点 A_{c3} 以上加热，导热能力将增加，这是由于在组织中出现了奥氏体，奥氏体的

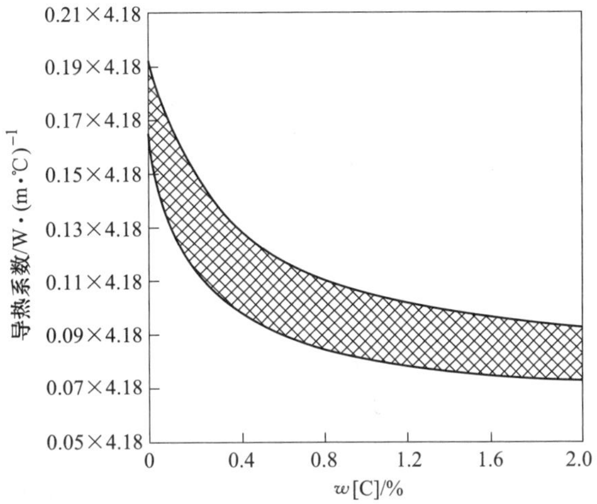

图 2-5　碳钢导热系数与碳含量的关系

导热能力在加热时是增加的。钢坯经轧制加工后，其导热系数会升高，原因在于组织结构发生了变化。

各种钢的导热系数随温度变化的规律不一样。800 ℃以下碳钢的导热系数随温度的升高而下降，800 ℃以上则略有升高，如图 2-6 所示。

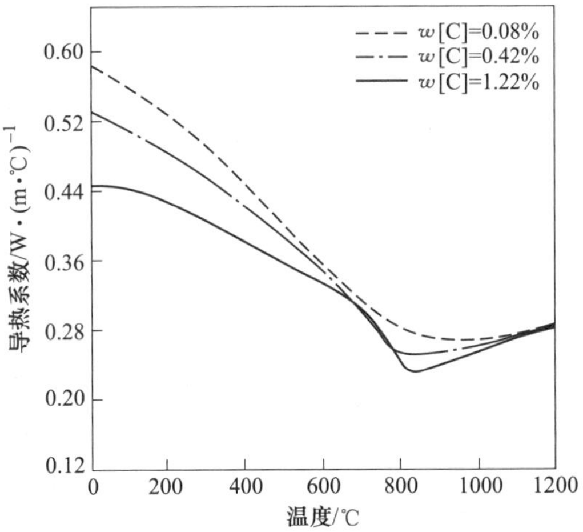

图 2-6　温度对碳钢导热系数的影响

2.2　炉渣的物理化学性质

在炼钢过程中炉渣起着极为重要的作用。为获得成分和温度符合要求的钢液，提高钢锭、钢坯的内部质量和表面质量，需要有符合一定要求的炉渣以保障炼钢过程顺利地进行。熔渣的结构决定着炉渣的物理化学性质，而炉渣的物理化学性质又影响着炼钢的化学反应平衡及其反应速率。因此在炼钢过程中，必须控制和调整好炉渣的物理化学性质。

2.2.1　炉渣的作用与组成

炼钢炉渣主要是氧化物，还有少量氟化物、磷化物和硫化物。炼钢过程中，炉渣的作用主要体现在：

（1）控制钢液的氧化还原反应；

（2）脱除杂质（S、P），吸收夹杂物；

（3）防止钢液的吸气；

（4）防止钢液的散热，以保证钢的冶炼温度；

（5）稳定电弧燃烧（对于电弧炉和钢包炉）；

（6）作为电阻发热体（对于电渣重熔）；

（7）防止钢液的二次氧化（钢包/中间包覆盖剂、结晶器保护渣）。

炉渣在炼钢过程中也会产生不利影响，主要表现在：侵蚀耐火材料，降低炉衬寿命，特别是低碱度熔渣对炉衬的侵蚀更为严重；炉渣中夹带小颗粒金属及未被还原的金属氧化物，降低了金属收得率。因此，造好渣是炼钢的重要条件，应造出成分合适、温度适当并且能够满足冶炼要求的炉渣。

炼钢过程中的炉渣一般选用 CaO-SiO_2-Al_2O_3 三元渣系为基础，在此基础上通过加入某些物质来调整炉渣的性质。表 2-1 展示了炉渣中的主要成分及其作用。

表 2-1　炉渣的主要组成及其作用

组　成	作　　用
CaO	调节炉渣碱度，作为脱硫剂
SiO_2	调节炉渣碱度和黏度
Al_2O_3	调整 CaO-SiO_2-Al_2O_3 三元系渣处于低熔点位置
BaO	调整炉渣光学碱度，有利于脱硫
MnO	调整炉渣黏度
MgO	调整炉渣黏度，保护镁质炉衬
FeO	调整炉渣氧化性强弱
CaF_2	助熔，调整炉渣黏度

2.2.2　炉渣的化学性质

2.2.2.1　炉渣的碱度

熔渣中凡是能产生 O^{2-} 的氧化物，均定义为碱性氧化物；凡是能消耗 O^{2-} 的氧化物，均定义为酸性氧化物。炉渣中碱性氧化物浓度的总和与酸性氧化物浓度的总和之比称为炉渣碱度，常用符号 R 表示。炉渣的碱度反映了炉渣提供 O^{2-} 的能力，炉渣碱度的大小，直接影响渣-钢间的物理化学反应（如脱磷、脱硫、去气等）。

在炼钢生产中，常采用炉渣中主要碱性氧化物的质量分数与酸性氧化物的质量分数之比，来计算炉渣的碱度。

当炉料中 $w(\mathrm{P})<0.30\%$时，规定：$R=\dfrac{w(\mathrm{CaO})}{w(\mathrm{SiO_2})}$。

当炉料中 $0.30\% \leqslant w(\mathrm{P}) < 0.60\%$ 时，规定：$R = \dfrac{w(\mathrm{CaO})}{w(\mathrm{SiO_2}) + w(\mathrm{P_2O_5})}$。

当加入白云石造渣，渣中 MgO 含量较高时，规定：$R = \dfrac{w(\mathrm{CaO}) + w(\mathrm{MgO})}{w(\mathrm{SiO_2})}$。

转炉终渣的碱度一般处于 3.0~4.0 范围内。

熔渣 $R<1.0$ 时为酸性渣，由于 SiO_2 含量高，高温下可拉成细丝，也称为长渣，冷却后呈黑亮色玻璃状；$R>1.0$ 时为碱性渣，也称为短渣。

炼钢炉渣中含有不同数量的碱性、中性和酸性氧化物，它们酸碱性的强弱程度可排列如下：

$$\mathrm{CaO > MnO > FeO > MgO > CaF_2 > Fe_2O_3 > Al_2O_3 > TiO_2 > SiO_2 > P_2O_5}$$

← 碱性　　中性　　酸性 →

表 2-2 列出了部分炼钢炉渣的典型化学组成范围。

表 2-2　炼钢炉渣的典型成分　(%)

类　别	CaO	SiO_2	Al_2O_3	MgO	MnO	FeO	P_2O_5	CaF_2	备注
转炉渣	36~40	18~25	1.5~2.0	5~7	6~8	8~10	0.5~1.5	—	顶底复吹
电炉渣	40~50	12~20	3~5	7~12	5~10	8~15	—	—	氧化渣
	50~55	15~18	6~7	0~10	<0.5	<1.0		8~10	还原渣

2.2.2.2　炉渣的氧化性

炉渣的氧化性是指炉渣向金属熔体传氧的能力，即单位时间内炉渣向金属熔体供氧的数量。在其他条件一定的情况下，炉渣的氧化性决定了脱磷、脱碳以及夹杂物的去除等。由于氧化物分解压不同，只有（FeO）和（Fe_2O_3）才能向钢中传氧，而（Al_2O_3）、（SiO_2）、（CaO）和（MgO）等不能供氧。

炉渣的氧化性通常用 $\sum w(\mathrm{FeO})_{\%}$ 表示，$\sum w(\mathrm{FeO})_{\%}$ 包括（FeO）本身和（Fe_2O_3）折合成（FeO）两部分。将（Fe_2O_3）折合成（FeO）有以下两种方法。

（1）全氧折合法：

$$\sum w(\mathrm{FeO})_{\%} = w(\mathrm{FeO})_{\%} + 1.35w(\mathrm{Fe_2O_3})_{\%} \tag{2-6}$$

（2）全铁折合法（最常用）：

$$\sum w(\mathrm{FeO})_{\%} = w(\mathrm{FeO})_{\%} + 0.90w(\mathrm{Fe_2O_3})_{\%} \tag{2-7}$$

通常用全铁法将（Fe_2O_3）折合成（FeO），原因是取出的渣样在冷却过程中，渣样表面的低价铁有一部分会被空气氧化成高价铁，即（FeO）氧化成（Fe_2O_3）。

根据熔渣的分子理论，部分氧化铁会以复杂分子的形式存在，不能直接参与反应，氧化铁的含量反映不出实际参加反应的有效含量，也就反映不出熔渣真正的氧化性。所以，熔渣的氧化性用氧化亚铁的活度 a_{FeO} 来表示则更为精确。

$$a_{\mathrm{FeO}} = \frac{w[\mathrm{O}]_{\%}}{w[\mathrm{O}]_{\%饱和}} \tag{2-8}$$

1600 ℃下，由实验测定在纯 FeO 渣中，金属铁液中溶解的 $w[\mathrm{O}]_{\%饱和} = 0.23$。$w[\mathrm{O}]_{\%饱和}$ 与温度间有着下列关系：

$$\lg w[O]_{\%饱和} = 2.734 - \frac{6320}{T} \tag{2-9}$$

设

$$L_O = \frac{1}{w[O]_{\%饱和}} = \frac{a_{FeO}}{w[O]_{\%}}$$

则

$$\lg L_O = \frac{6320}{T} - 2.734 \tag{2-10}$$

式中　L_O——氧在渣-铁间的平衡分配系数。

在一定温度下，熔渣中 a_{FeO} 升高，铁液中氧含量也相应增高；当 a_{FeO} 一定时，铁液中氧含量也随着温度升高而提高。

然而，式（2-10）只适用于铁液中除氧以外无其他杂质元素的情况，对于钢液而言，该式就不适用。

炉渣对钢液的氧化能力，一般是用钢液中与炉渣相平衡的氧含量和钢液中实际氧含量之差来表示，即：

$$\Delta w[O]_{\%} = w[O]_{\%渣-钢} - w[O]_{\%实} \tag{2-11}$$

当 $\Delta w(O)_{\%} > 0$ 时，渣中的氧能向钢液扩散，此时的炉渣称为氧化渣；当 $\Delta w(O)_{\%} < 0$ 时，钢液中的氧向渣中转移，此时的炉渣具有脱氧能力，被称为还原渣。

从 1600 ℃ 多元系炉渣（FeO）等活度图（见图 2-7）可以看出，当炉渣碱度 $w(CaO)/w(SiO_2) = 2.0$ 时，a_{FeO} 最大，炉渣的氧化性最强。$w(CaO)/w(SiO_2)$ 的比值过高或过低，都会使 a_{FeO} 下降，即降低炉渣的氧化性。可见，碱度过高或过低都不利于提高炉渣的氧化性。

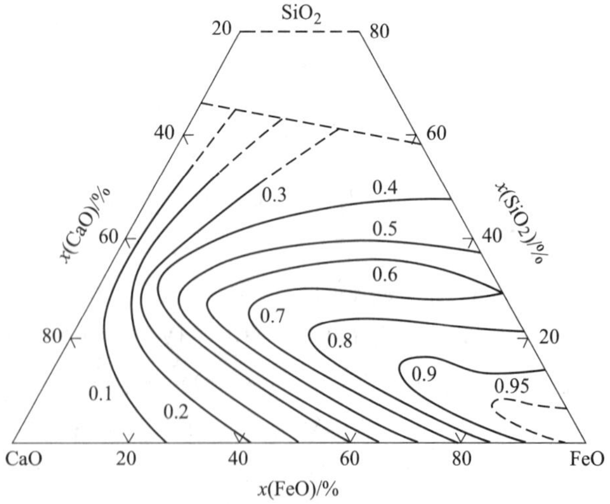

图 2-7　1600 ℃时 CaO-SiO_2-FeO 渣系中的（FeO）等活度图

炉渣氧化性在炼钢过程中的作用，体现在对炉渣自身、对钢水和对炼钢操作工艺的影响三个方面。

（1）影响化渣速度和炉渣黏度。渣中（FeO）能促进石灰溶解，加速化渣，改善炼钢反应动力学条件，加速传质过程；渣中（Fe_2O_3）和碱性氧化物反应生成铁酸盐，降低炉渣熔点和黏度，避免炼钢渣“返干”。

（2）影响炉渣向熔池传氧和钢水氧含量。低碳钢水氧含量明显受炉渣氧化性的影响，当钢水碳含量相同时，炉渣氧化性越强，则钢水氧含量越高。

（3）影响钢水脱磷。炉渣氧化性强，有利于脱磷。

（4）影响铁合金收得率。氧化性强，降低铁合金收得率。

2.2.2.3 炉渣的还原性

炉渣的还原性与氧化性本质上都是以炉渣中氧含量的高低来衡量的，是一个相对的概念。当炉渣中氧含量低于一定数值，就认为炉渣具有还原性（低氧化性），还原性一般应用于电弧炉的还原期或炉外精炼中具有还原精炼的场景。在平衡态条件下，熔渣的还原性主要取决于渣中的（FeO）含量和碱度。图 2-8 给出了 1600 ℃时熔渣的碱度和渣中 w(FeO) 与钢液中 w[O] 之间的关系。可以看出，碱度为 1.87 时，钢液中的［O］最高；碱度相同时，w(FeO) 越低，钢液中的［O］就越低。

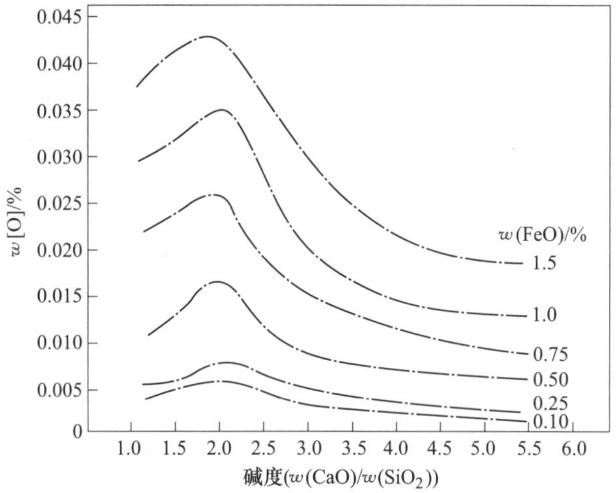

图 2-8 1600 ℃时熔渣的碱度和 w(FeO) 对钢液中 w[O] 的影响

碱度为 3.0 时，如能将渣中的 FeO 含量控制在 0.5%，则钢液中［O］的含量为 0.009%。电弧炉的还原期和炉外精炼过程中，要达到脱氧、脱硫和减少合金烧损的目的，就需要造高碱度、低氧化性和流动性好的还原渣，通常需要将渣中的 FeO 含量降到 0.5% 以下，碱度控制在 3.0~4.0。

2.2.3 炉渣的物理性质

2.2.3.1 炉渣的熔点

炼钢过程要求炉渣熔点低于所炼钢种的熔点 50~200 ℃。除 FeO 和 CaF_2 外，其他简单氧化物的熔点都很高，它们在炼钢温度下难以单独形成炉渣，实际上它们是形成多种低熔点的复杂化合物。

炉渣的熔化温度是指固态渣完全转化为均匀液态时的温度。凝固温度是指液态炉渣开始析出固体成分时的温度为熔点。炉渣的熔化温度与炉渣的成分有关，一般说来，炉渣中高熔点组元越多，熔化温度越高。炉渣中常见氧化物的熔点见表 2-3。

表 2-3 炉渣中常见氧化物的熔点

氧化物	熔点/℃	氧化物	熔点/℃
CaO	2600	$MgO \cdot SiO_2$	1557
MgO	2800	$2MgO \cdot SiO_2$	1890
SiO_2	1713	$CaO \cdot MgO \cdot SiO_2$	1390
FeO	1370	$3CaO \cdot MgO \cdot 2SiO_2$	1550
Fe_2O_3	1457	$2CaO \cdot MgO \cdot 2SiO_2$	1450
MnO	1783	$2FeO \cdot SiO_2$	1205
Al_2O_3	2050	$MnO \cdot SiO_2$	1285
CaF_2	1418	$2MnO \cdot SiO_2$	1345
$CaO \cdot SiO_2$	1550	$CaO \cdot MnO \cdot SiO_2$	>1700
$2CaO \cdot SiO_2$	2130	$3CaO \cdot P_2O_5$	1800
$3CaO \cdot SiO_2$	>2065	$CaO \cdot Fe_2O_3$	1220
$3CaO \cdot 2SiO_2$	1485	$2CaO \cdot Fe_2O_3$	1420
$CaO \cdot FeO \cdot SiO_2$	1205	$CaO \cdot 2Fe_2O_3$	1240
$Fe_2O_3 \cdot SiO_2$	1217	$CaO \cdot 2FeO \cdot SiO_2$	1205
$MgO \cdot Al_2O_3$	2135	$CaO \cdot CaF_2$	1400

2.2.3.2 炉渣的黏度

对于酸性渣，温度升高，聚合的 Si—O 离子键易破坏，黏度下降；对于碱性渣，温度升高，有利于消除没有熔化的固体颗粒，因而黏度下降。总之，温度升高，炉渣的黏度降低。

在 1600 ℃ 的炼钢温度下，合适的炉渣黏度在 0.02~0.05 Pa · s，钢液的黏度在 0.0025 Pa · s 左右，钢液的黏度比炉渣小 10 倍左右。表 2-4 为炉渣和钢液的黏度值。

表 2-4 炉渣和钢液的黏度值

物 质	温度/℃	黏度/Pa · s	物 质	温度/℃	黏度/Pa · s
水	25	0.00089	黏度合适的炉渣	1595	0.020
铁液	1425	0.0015	FeO	1400	0.030
钢液	1595	0.0025	CaO	接近熔点	<0.050
稀炉渣	1595	0.0020	SiO_2	1942	1.5×10^4
稠炉渣	1595	0.20	Al_2O_3	2100	0.05

炼钢生产中，氧化性炉渣的黏度与温度、碱度的关系如图 2-9 所示。从图中可以看出：碱度较高时，随温度降低，黏度迅速增大，这主要是由于渣中含有大量的 $2CaO \cdot SiO_2$（熔点高于 2000 ℃），渣中 CaO 的颗粒会增多；碱度在 1.8~3.2 变化时，炉渣黏度变化比较平稳；但碱度 $R<0.9$ 的酸性渣，随温度降低，黏度变化不大，这是因为它的熔点低，直

至很低的温度时仍有一定的流动性，但高温时它的黏度比碱性渣高，这是由于渣中存在大量的 SiO_2 离子团。

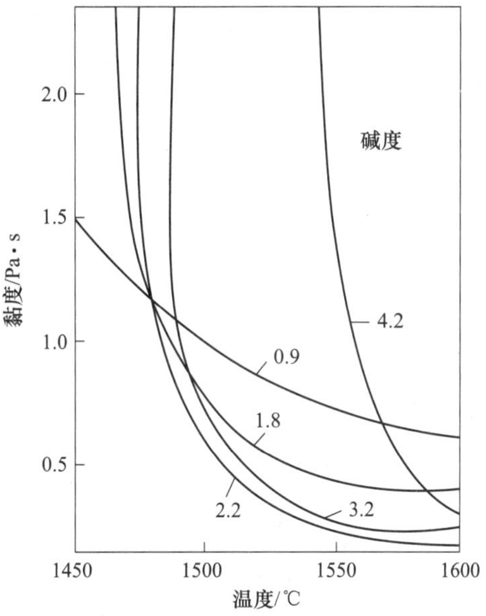

图 2-9　氧化性炉渣的黏度与温度、碱度的关系

渣中含有未溶解的质点（如 MgO、CaO、Cr_2O_3、C）时，黏度增大。因此在炼钢过程中，形成液渣是一个过程，这个成渣过程的长短与原始炉渣的组成、加入物的块度、渣-钢搅拌程度有关。

2.2.3.3　炉渣的密度

炉渣的密度决定了炉渣占据的体积大小及钢水液滴在渣中的沉降速度。

1400 ℃时，炉渣的密度与成分的关系如下：

$$\frac{1}{\rho^0_{渣}} = [0.45w(SiO_2)_\% + 0.286w(CaO)_\% + 0.204w(FeO)_\% + 0.35w(Fe_2O_3)_\% + 0.237w(MnO)_\% + 0.367w(MgO)_\% + 0.48w(P_2O_5)_\% + 0.402w(Al_2O_3)_\%] \times 10^{-3} \quad (2\text{-}12)$$

炉渣的温度高于 1400 ℃时，可表示为：

$$\rho_{渣} = \rho^0_{渣} + 0.07 \times \frac{1400 - T}{100} \quad (2\text{-}13)$$

式中　$\rho^0_{渣}$——炉渣 1400 ℃时的密度，kg/m^3。

一般液态碱性渣的密度为 3000 kg/m^3，固态碱性渣的密度为 3500 kg/m^3，$w(FeO) > 40\%$的高氧化性渣的密度为 4000 kg/m^3，酸性渣的密度一般为 3000 kg/m^3。

2.2.3.4　炉渣的表面张力

炉渣的表面张力主要影响渣-钢间的物理化学反应及炉渣对夹杂物的吸附等，它与其成分、温度有关，也和气氛的组成与压力有关。

炼钢炉渣的表面张力普遍低于钢液，电炉炉渣的表面张力一般高于转炉炉渣。

氧化渣（35%~45% CaO，10%~20% SiO_2，3%~7% Al_2O_3，8%~30% FeO，2%~8% P_2O_5，4%~10% MnO，7%~15% MgO）的表面张力为0.35~0.45 N/m；还原渣（55%~60% CaO，10%~20% SiO_2，2%~5% Al_2O_3，8%~10% MgO，4%~8% CaF_2）的表面张力为0.35~0.45 N/m。

纯氧化物的表面张力位于0.3~0.6 N/m之间，主要与离子间的键能有关。图2-10所示为各种氧化物对FeO熔体表面张力的影响。

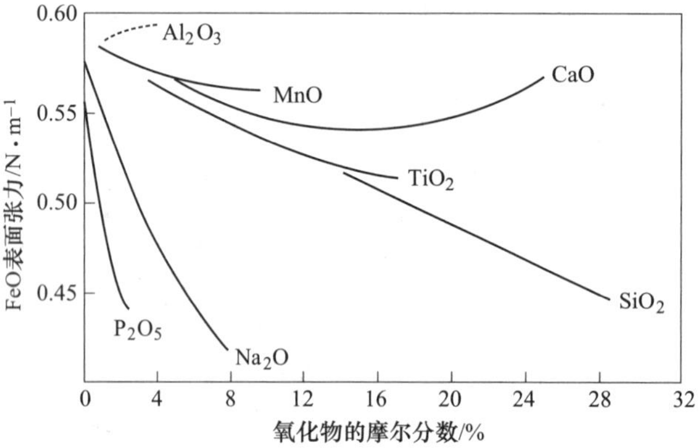

图2-10　各种氧化物对FeO熔体表面张力的影响（1420 ℃）

不同熔体的表面张力见表2-5。

表2-5　常见熔体的表面张力

熔　体	测定温度/℃	表面张力/N·m^{-1}	熔　体	测定温度/℃	表面张力/N·m^{-1}
CaO	1500	0.586	炉渣	1500	0.3~0.8
FeO	1400	0.584	钢液 $w(C)=0.3\%$	1500	约1.5
Al_2O_3	2050	0.690			
SiO_2	1500	0.295	纯铁液	1550	1.7~1.9
P_2O_5	400	0.054	铜	1183	1.103
$MnO \cdot SiO_2$	1570	0.415	镍	1470	1.615
$CaO \cdot SiO_2$	1570	0.400	铅	327	0.473

影响炉渣表面张力的因素有温度和成分。炉渣的表面张力一般随温度的升高而降低，但在高温冶炼时，温度的影响不明显。从图2-10可以看出：SiO_2和P_2O_5具有降低FeO熔体表面张力的功能，而Al_2O_3则相反；CaO一开始能降低FeO熔体的表面张力，但后来则是起到提高的作用，原因是复合阴离子在相界面的吸附量发生了变化；MnO的作用与CaO类似。

一些纯氧化物在熔融状态下的表面张力已经被研究者测得，通常的炉渣都是由两种以上的物质组成，可以用表面张力因子近似计算炉渣的表面张力，即：

$$\sigma_{渣\text{-}气} = \sum x_i \sigma_i \tag{2-14}$$

式中　$\sigma_{渣\text{-}气}$——炉渣的表面张力，N/m；

x_i——炉渣组元的摩尔分数；

σ_i——炉渣组元的表面张力因子。

2.2.3.5 渣-钢界面张力

两个凝聚相接触时，相界面上出现的张力称为界面张力。熔渣与金属熔体相互接触时，其间的张力如图 2-11 所示。在平衡状态下，熔渣的表面张力 $\sigma_{渣-气}$ 与金属液-熔渣接触面之间的夹角 θ 称为接触角或润湿角，可用来衡量熔渣与金属液两相间的润湿程度。渣-金间的界面张力越大，θ 角越大，渣-金间的润湿越差，渣、钢分离越好，夹杂物就越容易在钢液中上浮而被去除。

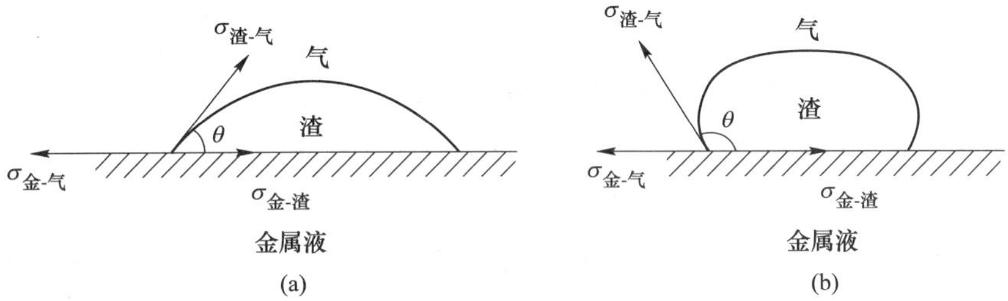

图 2-11 渣-金-气三相界面示意图

炼钢炉渣与钢液间的界面张力在 0.2～1.0 N/m 之间，与炉渣和钢液的组成及温度有关。

影响界面张力的炉渣组分可分为两类：

（1）不溶或极微小溶于钢中的组分，如 SiO_2、CaO、Al_2O_3 等，不会引起渣-钢间界面张力发生明显的变化。

（2）能分配在炉渣与钢液之间的组分，如 FeO、FeS、MnO、CaC_2 等，对渣-钢间界面张力的降低程度很大。

2.2.3.6 炉渣的起泡性

泡沫化的熔渣能增大气-渣-钢间反应的界面面积，改善脱磷反应的动力学条件。

在转炉冶炼中，泡沫渣能引起炉内渣-钢喷溅，并引起黏附氧枪头等问题。

在电弧炉冶炼中，应在氧化期多采用埋弧泡沫渣工艺，这样泡沫渣包住电弧，加强了炉渣的吸热，减少了电弧向炉顶、炉壁辐射的热量，其实质是通过碳氧反应生成 CO 气体，促使炉渣泡沫化，有利于钢液升温和电效率提高。

影响炉渣起泡性的因素如下：

（1）渣中表面活性物质最能促进泡沫渣的形成。在相同条件下，渣的表面张力越小，渣中气泡越稳定，越易生成较多的界面，有利于生成气泡。因此，增加渣中 SiO_2、P_2O_5 和氟化物等组元的浓度，都有利于炉渣泡沫化；反之，则限制了炉渣的泡沫化。

（2）加强碳氧反应生成 CO 气体，这是炉渣泡沫化的首要原因。有研究者认为，在高碳钢液和高浓度的 FeO 接触表面上能生成 CO 气泡，易生成泡沫渣，如电弧炉冶炼中向钢-渣界面喷吹炭粉等措施，都有利于炉渣泡沫化。

（3）不均质炉渣的适当生成，有利于炉渣泡沫化。例如，渣中存在石灰粉和耐火材料小颗粒，会增加气泡的强度和气泡在渣中存在的时间。

2.3 炼钢熔池中元素的氧化规律

各种炼钢工艺去除杂质的方法基本相同，主要手段就是向金属熔池中吹入氧气（或加入矿石），并加入造渣剂形成炉渣来去除铁液中的杂质。因此，只有了解了炼钢过程中熔池传氧和各种元素的氧化规律，才能认识炼钢工艺操作的本质。

2.3.1 杂质元素的氧化方式

铁液中元素的氧化方式分为直接氧化和间接氧化。

（1）直接氧化。当向金属熔池吹入氧气时，氧气与铁液中的元素直接发生氧化反应：

$$O_2 + 2[Me] = 2(MeO) \tag{2-15}$$

杂质元素的直接氧化主要发生在氧气射流的作用区。

（2）间接氧化。当熔池中 Fe 原子数远大于其他元素的原子数时，吹入熔池的氧气首先与铁结合成 FeO，表面生成 FeO 薄膜的金属液滴随氧气流股参与熔池的循环运动，将氧传给其他杂质元素，氧化杂质起到了间接氧化的作用。杂质元素的间接氧化反应主要发生在熔池中氧气射流作用区以外的其他区域。

1）在氧气射流的作用区铁被氧化，反应式如下：

$$O_2 + 2[Fe] = 2(FeO)$$

2）渣中的氧化亚铁扩散进入铁液，反应式如下：

$$(FeO) = [O] + [Fe]$$

3）溶入铁液的氧与杂质元素发生反应，反应式如下：

$$[O] + [Me] = (MeO) \tag{2-16}$$

另外，在铁液与熔渣的两相界面上，渣相中的（FeO）也可以将铁液中的杂质元素氧化，这也属于间接氧化，反应式为：

$$(FeO) + [Me] = (MeO) + [Fe] \tag{2-17}$$

所以，间接氧化是指铁液中的［O］或渣中的（FeO）与铁液中的杂质元素之间发生的氧化反应。

目前大多数的研究者认为，炼钢熔池内的杂质元素以间接氧化为主，即使在直接氧化条件十分优越的氧气转炉炼钢中也是如此。

2.3.2 杂质元素的氧化次序

溶解在铁液中的不同元素与 1 mol 溶解氧的化学反应方程式如下：

$$\frac{x}{y}[M] + [O] = \frac{1}{y}M_xO_y(s) \tag{2-18}$$

为了方便比较各元素的间接氧化能力，假设氧化形成的 M_xO_y 为纯固态，可得到不同元素在不同温度条件下间接氧化的 $\Delta_r G_m^{\ominus}$-T 图（也称之为氧势图），如图 2-12 所示。利用此图可以确定在标准状态下，熔池中元素氧化形成氧化物的稳定性或氧化的顺序。位置越低者越稳定，则该元素越易氧化。由于 FeO 是炼钢熔池内的主要氧化剂，所以比较（FeO）和（M_xO_y）氧势线的相对位置，就可确定元素在不同温度下氧化的热力学特性：

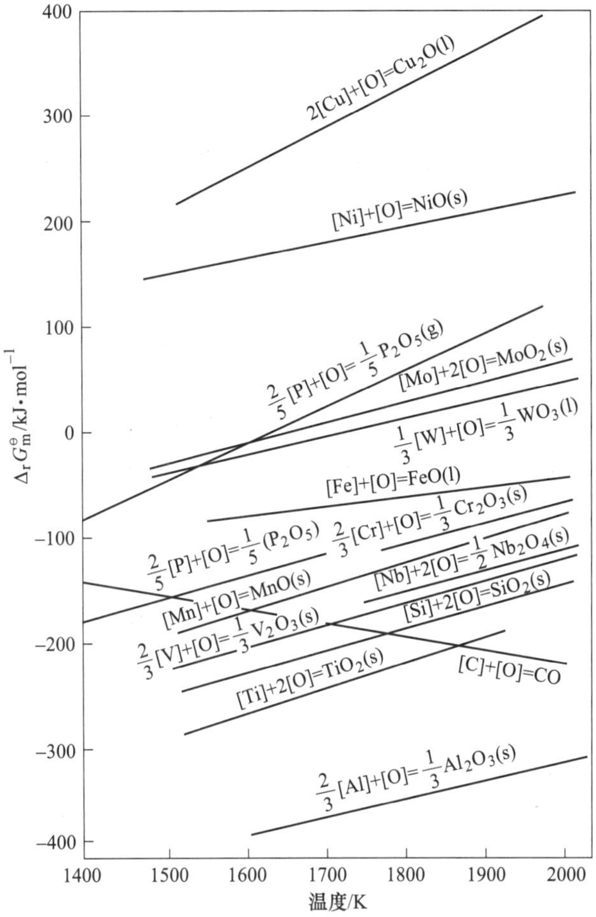

图 2-12　铁液中元素间接氧化的氧势图

（1）在 FeO 氧势线以上的元素基本不能氧化，因为 $\Delta_r G^{\ominus}_{m(FeO)} < \Delta_r G^{\ominus}_{m(MO)}$，如 Cu、Ni、Pb、Sn、Mo、W 等。因此，如果它们不是所冶炼钢种的合金元素，则应在选配原料时加以剔除；相反，如果它们是所炼钢种的合金元素，则可允许在炉料中存在。

（2）在 FeO 氧势线以下的元素均可氧化，因为 $\Delta_r G^{\ominus}_{m(FeO)} > \Delta_r G^{\ominus}_{m(MO)}$，但氧化的难易程度有所不同，并随着冶炼条件的不同而有所变化。C、P 可大量氧化；Cr、Mn、V 等氧化的程度随冶炼条件而定；Si、Ti、Al 等基本上能完全氧化，可作为钢液的脱氧剂。

（3）[C] 氧化的氧势线与其他元素氧化的氧势线有相反的走向，因此两者必有交点，该温度称为氧化转化温度。在交点温度以下，$\Delta_r G^{\ominus}_{m(CO)} > \Delta_r G^{\ominus}_{m(MO)}$，C 难以氧化，而其他元素（如 Si、Mn、Cr 等）氧化。在交点温度以上，$\Delta_r G^{\ominus}_{m(CO)} < \Delta_r G^{\ominus}_{m(MO)}$，C 大量氧化，而其他元素的氧化受到抑制。这个交点温度是标准状态下元素选择性氧化的转化温度，它是某元素与 C 的氧化顺序转换的温度，也是熔池中 C 开始氧化的温度。

2.4 硅的氧化

炼钢原料中含有硅元素，成品钢对硅的含量也有要求。因此，有必要了解硅在炼钢过程中的氧化规律。

2.4.1 硅的氧化方式

铁液中硅的氧化同样存在直接氧化和间接氧化两种方式。根据氧势图 2-12，硅对氧具有很强的亲和力，因此在吹氧初期硅即被氧化。铁液中硅与溶解氧的间接氧化反应如下：

$$[Si]+2[O] = (SiO_2) \qquad \Delta G^{\ominus}=-541939+202.81T \tag{2-19}$$

渣-金间的反应为：

$$[Si]+2(FeO) = (SiO_2)+2[Fe] \qquad \Delta G^{\ominus}=-299942+98.05T \tag{2-20}$$

由 Si 氧化产生的（SiO_2）起初与（FeO）结合成硅酸铁，即：

$$(SiO_2)+2(FeO) = (2FeO\cdot SiO_2)$$

在碱性操作法中，随着石灰的逐渐熔化，（FeO）被强碱性的氧化钙所置换：

$$(2FeO\cdot SiO_2)+2(CaO) = (2CaO\cdot SiO_2)+2(FeO)$$

因此，铁液中硅间接氧化的总反应式可写为：

$$[Si]+2[O]+2(CaO) = (2CaO\cdot SiO_2) \tag{2-21}$$

同时，硅与碱性渣之间的氧化反应可以写成：

$$[Si]+2(FeO)+2(CaO) = (2CaO\cdot SiO_2)+2[Fe] \tag{2-22}$$

硅酸钙很稳定，故在碱性渣中，在冶炼前期硅几乎全部被氧化，而不会再被还原。

2.4.2 硅氧化反应的热力学分析

根据反应式（2-22），可写出平衡常数为：

$$K_{Si}=\frac{a_{(2CaO\cdot SiO_2)}}{a_{[Si]}\cdot a^2_{(FeO)}\cdot a^2_{(CaO)}} \tag{2-23}$$

由式（2-23）可得出：

$$w[Si]_{\%}=\frac{a_{(2CaO\cdot SiO_2)}}{K_{Si}\cdot f_{[Si]}\cdot a^2_{(FeO)}\cdot a^2_{(CaO)}} \tag{2-24}$$

根据式（2-24）可知，影响硅氧化反应的因素有温度、炉渣成分（熔渣碱度和 FeO 活度）、金属液成分和炉气氧分压。

（1）温度。[Si] 的氧化反应为强放热反应，温度低有利于 [Si] 的氧化。

（2）炉渣碱度。增加炉渣中 CaO、FeO 含量，炉渣碱度升高，促进硅酸铁转化为更稳定的硅酸钙，有利于 [Si] 的氧化。

（3）炉渣的氧化性。炉渣的氧化性越强，则炉渣中氧化铁的活度越高，越有利于渣-金间的间接氧化反应式（2-22）的进行，所以炉渣的氧化性高有利于 [Si] 的氧化。

（4）[Si] 的活度系数 $f_{[Si]}$。$f_{[Si]}$ 的值大时有利于 [Si] 的氧化，凡是能提高 [Si] 活度系数的因素，如铁液中 [C]、[P]、[S] 的存在，均有利于 [Si] 的氧化。

（5）炉气氧分压。炉气氧分压越高，越有利于硅的氧化。

2.4.3 硅的氧化对炼钢过程的影响

［Si］的氧化产生大量的化学热，是转炉炼钢的主要热源之一。铁液中增加硅元素含量，放出的热量增多。在转炉吹炼初期，由于硅大量氧化，熔池温度升高，有利于增加废钢加入量和使初期渣熔化。在钢液脱氧过程中，由于含硅脱氧剂的氧化，可补偿一些钢包的散热损失。总之，加快硅的氧化有利于提高和保持钢液的温度。

［Si］的氧化产物是（SiO_2），（SiO_2）的增加降低了炉渣碱度，不利于钢液脱磷、脱硫；侵蚀了炉衬耐火材料；降低了炉渣氧化性，使石灰加入量增加，增加造渣消耗。

2.5 锰的氧化与还原

2.5.1 锰的氧化

铁液中的锰在高温下能生成稳定的（MnO）。

铁液中锰与溶解氧的间接氧化反应如下：

$$[\mathrm{Mn}] + [\mathrm{O}] = (\mathrm{MnO}) \qquad \Delta G^{\ominus} = -244300 + 107.6T \tag{2-25}$$

锰在渣-金间的反应如下：

$$[\mathrm{Mn}] + (\mathrm{FeO}) = (\mathrm{MnO}) + [\mathrm{Fe}] \qquad \Delta G^{\ominus} = -123300 + 56.48T \tag{2-26}$$

$$K_{\mathrm{Mn}} = \frac{a_{(\mathrm{MnO})}}{a_{[\mathrm{Mn}]} \cdot a_{(\mathrm{FeO})}} \tag{2-27}$$

$$\lg K_{\mathrm{Mn}} = \frac{6440}{T} - 2.95$$

由式（2-27）可得出铁液中锰含量如下：

$$w[\mathrm{Mn}]_{\%} = \frac{a_{(\mathrm{MnO})}}{K_{\mathrm{Mn}} \cdot a_{(\mathrm{FeO})} \cdot f_{[\mathrm{Mn}]}} \tag{2-28}$$

铁液中锰的还原由下式表示：

$$(\mathrm{MnO}) + [\mathrm{C}] = [\mathrm{Mn}] + \mathrm{CO}$$

与硅的氧化一样，锰的氧化还原反应的影响因素有：温度、炉渣成分（熔渣碱度和 FeO 活度）、金属液成分和炉气氧分压。

（1）温度。［Mn］的氧化也是放热反应，但反应热相对［Si］的氧化要小，所以低温有利于［Mn］的氧化。

（2）炉渣碱度。（MnO）为碱性氧化物，在低碱度酸性渣中，与 SiO_2 能形成硅酸锰。

$$(\mathrm{MnO}) + (\mathrm{SiO_2}) = (\mathrm{MnO} \cdot \mathrm{SiO_2})$$

随着石灰的溶解，将发生反应：$(\mathrm{MnO} \cdot \mathrm{SiO_2}) + 2(\mathrm{CaO}) = (\mathrm{MnO}) + (2\mathrm{CaO} \cdot \mathrm{SiO_2})$，则（MnO）基本以游离态存在，使 $a_{(\mathrm{MnO})}$ 增大，不利于锰的氧化，炉渣中的锰将发生还原。例如，转炉吹炼中期，由于温度升高，炉渣氧化性弱，碱度提高，（MnO）将被［C］还原，而产生回锰现象。炉渣碱度和氧化性对锰氧化的影响如图 2-13 所示。

（3）炉渣的氧化性。［Mn］的氧化需要提供氧，故炉渣的氧化性强有利于［Mn］的

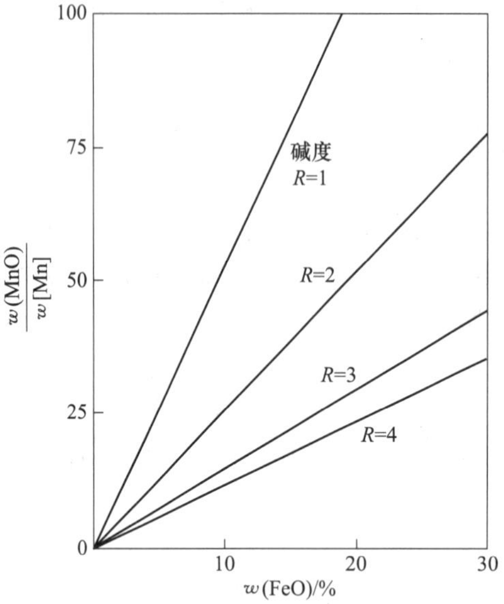

图 2-13 锰在渣-钢间的分配比与炉渣碱度及氧化性的关系

氧化。在碱性转炉炼钢过程中，当脱碳反应激烈进行时，炉渣中（FeO）大量减少，温度升高，这样使钢液中［Mn］回升，这就是发生了所谓的锰还原，如图 2-13 所示。

（4）［Mn］的活度系数 $f_{[Mn]}$。$f_{[Mn]}$ 大时，有利于［Mn］的氧化。凡是能提高［Mn］的活度系数、使其含量增加的因素，均有利于锰的氧化。

（5）炉气氧分压。炉气氧分压越高，越有利于锰的氧化。

锰的氧化对炼钢的影响有：

（1）［Mn］氧化产生化学热，是转炉炼钢的热源之一，但不是主要的。

（2）（MnO）为碱性氧化物，在冶炼初期可形成低熔点的多元系炉渣，能降低炉渣的熔化性温度，有利于化渣，并减轻初期渣中 SiO_2 对炉衬耐火材料的侵蚀。

2.5.2 残锰的影响

在碱性炼钢法中，MnO 的还原有利于提高钢水中的残余锰含量。钢中的锰可提高钢的品质，降低钢的脆性，对钢有强化作用。在炼钢过程中，应尽量控制锰的氧化，以提高钢水残（余）锰含量，发挥残锰的作用。一般认为钢液中的残锰有如下作用：

（1）防止钢水的过氧化或避免钢水中含过多的过剩氧，以提高脱氧合金的收得率，降低钢中氧化物夹杂；

（2）可作为钢液温度高低的标志，炉温高有利于（MnO）的还原，残锰含量高；

（3）能使脱氧后钢水的锰含量达到所炼钢种的规格，并节约锰铁用量。

2.6 钢液脱碳

炼钢铁水是铁、碳以及其他一些杂质元素共存的合金溶液，一般炼钢生铁中碳含量为 4.0%左右，高磷生铁中的碳含量则为 3.6%左右，因此对脱碳反应的研究是炼钢过程的中心课题。脱碳反应是贯穿炼钢始终的一个主要反应。炼钢的重要任务之一就是将熔池中的碳脱除到钢种所要求的程度，同时脱碳反应也是促进气体和夹杂物去除的有效手段之一。另外，脱碳反应与炼钢中其他元素的氧化反应有着密切的联系。

2.6.1 脱碳反应的热力学

现代大规模炼钢生产中，吹氧冶炼是必不可少的步骤，熔池中的脱碳反应存在如下三种基本形式。

（1）铁液中一部分碳在反应区被气体直接氧化：

$$[C] + 0.5O_2 = CO \qquad \Delta G^{\ominus} = -139394 - 41.274T \tag{2-29}$$

（2）一部分碳与溶解在铁液中的氧进行氧化反应：

$$[C] + [O] = CO \qquad \Delta G^{\ominus} = -22200 - 38.34T \tag{2-30}$$

$$\lg K_C = \lg \frac{p_{CO}/p^{\ominus}}{a_{[C]} \cdot a_{[O]}} = 1160/T + 2.003 \tag{2-31}$$

$$\lg f_{[C]} = \lg f_{[C]}^{C} + \lg f_{[C]}^{O} \approx \lg f_{[C]}^{C} = 0.243w[C]_{\%}$$

$$\lg f_{[O]} = \lg f_{[O]}^{O} + \lg f_{[O]}^{C} \approx \lg f_{[O]}^{C} = -0.421w[C]_{\%}$$

（3）还有一部分碳与炉渣中（FeO）反应，在渣-金界面上发生：

$$[C] + (FeO) = CO + [Fe] \qquad \Delta G^{\ominus} = 98799 - 90.76T \tag{2-32}$$

从热力学条件考虑，影响脱碳反应的因素有：

（1）温度。[C] 的直接氧化反应是放热反应，[C] 与（FeO）的间接氧化反应是吸热反应。当采用矿石脱碳时，由于矿石分解吸热和反应吸热，因此要在高温下加入矿石脱碳，即在 1480 ℃以上才可加入矿石。而对采用吹氧脱碳，对温度不做特殊要求。

（2）气相中 CO 的分压。降低气相中 CO 的分压，有利于 [C] 的进一步氧化，钢液的真空脱碳就是依据这一原理进行的。

（3）氧化性。强的氧化性可以给脱碳反应提供氧源，有利于脱碳反应的进行。

2.6.2 碳氧浓度积

熔池中的脱碳反应生成 CO 产物是主流，脱碳的氧化形式以金属熔池间接氧化为主，即式（2-30），则有：

$$K_C = \frac{p_{CO}/p^{\ominus}}{a_{[C]} \cdot a_{[O]}} = \frac{p_{CO}/p^{\ominus}}{f_{[C]} \cdot f_{[O]} \cdot w[C]_{\%} \cdot w[O]_{\%}} \tag{2-33}$$

令 CO 的分压 $p_{CO}=100$ kPa，则 $p_{CO}/p^{\ominus}=1$；考虑到碳的浓度不高时，可以认为 $f_{[C]} \approx 1$、$f_{[O]} \approx 1$；联立式（2-31）和式（2-33），可得出：

$$\lg(w[C]_{\%} \cdot w[O]_{\%}) = -1160/T - 2.003 \tag{2-34}$$

若令 $m = w[C]_{\%} \cdot w[O]_{\%}$，$m$ 即为碳氧浓度积，则有：

$$w[C]_{\%} \cdot w[O]_{\%} = m = 10^{-\frac{1160}{T} - 2.003} \tag{2-35}$$

1600 ℃时，$m=0.0024$。当达到平衡时，在一定温度和压力下，m 为一常数，与反应物和生成物的浓度无关。在坐标中表现为双曲线，如图 2-14 所示。由图可见，[C] 浓度高则 [O] 浓度低，反之亦然，这一关系已被生产实践所证实。例如，冶炼低碳钢时，钢液中的氧含量高；冶炼高碳钢时，钢液中的氧含量低。在低碳范围内，氧含量随碳含量的减小而急剧增加。

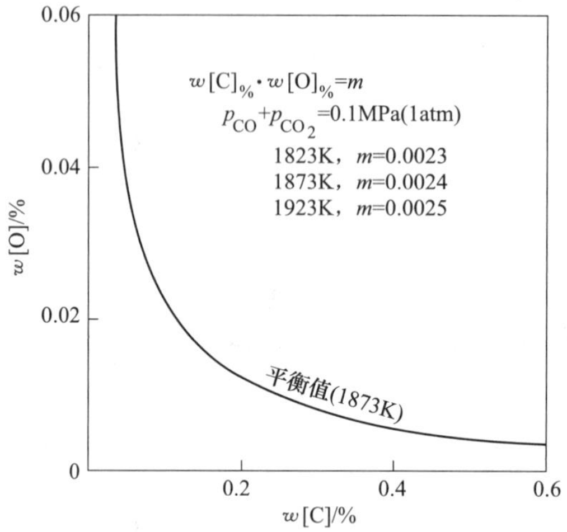

图 2-14 铁液中碳含量与氧含量的关系

在转炉炼钢生产过程中，用碳氧浓度积评价：（1）复吹转炉底吹效果的好坏；（2）氧枪喷头的冶金性能；（3）转炉炉型的控制。

实际上 m 值并非一个常数，也不是真正的平衡常数，因为碳和氧的浓度并不等于它们的活度。只有当 $w[C]_{\%}\to 0$ 时，$f_{[C]}\cdot f_{[O]}=1$，此时 m 才接近平衡态。据近年来的进一步研究证明，m 值随碳含量的增加而减小，在 $w[C]_{\%}$ 和温度不同时，m 值随 $w[C]_{\%}$ 的变化情况见表 2-6。

表 2-6 不同温度和碳含量条件下的碳氧积

$w[C]_{\%}$	$w[C]_{\%}\cdot w[O]_{\%}$					备 注
	1500 ℃	1600 ℃	1700 ℃	1800 ℃	1900 ℃	
0. 02~0. 20	0. 00186	0. 0020	0. 00218	0. 00232	0. 00245	有 CO_2 反应，$f_{[C]}=f_{[O]}\approx 1$
0. 50	0. 00177	0. 0019	0. 00208	0. 00220	0. 00235	基本无 CO_2 反应，$f_{[C]}>1$，$f_{[O]}<1$
1. 00	0. 00168	0. 00181	0. 00196	0. 00208	0. 00225	
2. 00	0. 00155	0. 00170	0. 00184	0. 00195	0. 00210	

在高碳浓度下，铁液中碳和氧的含量关系遵循下式：

$$\lg\frac{w[C]_{\%}\cdot w[O]_{\%}}{p_{CO}/p^{\ominus}}=\lg\frac{a_{[C]}\cdot a_{[O]}}{p_{CO}/p^{\ominus}}-\lg f_{[C]}-\lg f_{[O]} \tag{2-36}$$
$$=-1160/T-2.003+0.178w[C]_{\%}$$

由于碳氧反应是放热反应，因此随温度升高 m 值升高，曲线向右上角移动。由于在炼钢过程中存在着 [Fe] + [O] ══[FeO]，所以钢中实际氧含量比碳氧平衡时氧含量高，如图 2-15 所示。

如果与（FeO）平衡的氧含量记作 $w[O]_{\%FeO}$，则钢中氧含量高于 [C]-[O] 平衡的氧

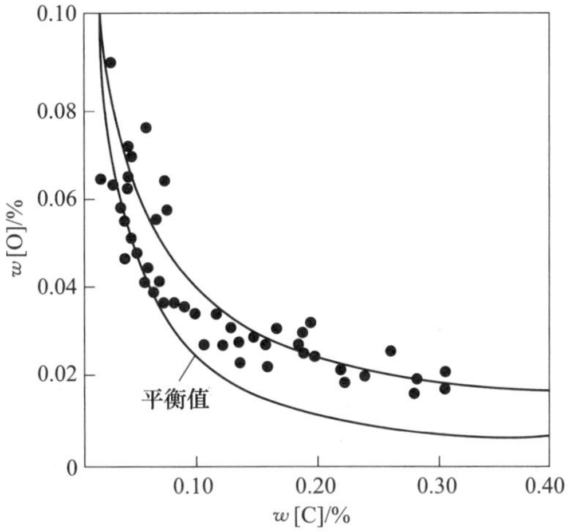

图 2-15 顶吹转炉吹炼终点时碳含量和氧含量的关系

含量，但低于 $w[O]_{\%FeO}$。炼钢熔池中实际的氧含量与碳氧平衡的理论氧含量之间的差值，称为过剩氧。出现过剩氧，即 m 值高于理论值的原因有：

（1）与脱碳速度有关，脱碳速度大，过剩氧小。

（2）理论氧含量的条件为 $p_{CO}=1$ atm，而实际炉中 p_{CO} 大于或小于 1 atm，如 LD 炉中 p_{CO} 约为 1.2 atm，而顶底复吹转炉中 p_{CO} 约为 0.7 atm（1 atm = 100 kPa）。

（3）碳含量处于低碳时，$w[O]_{\%}$ 实际还受 a_{FeO} 和温度的影响。当钢水中碳含量一定时，氧含量随温度的增加而略有增加。

如果熔池中脱碳反应是 [C]+[O]══CO，用下式计算熔池中的氧含量，即与 CO 气泡相平衡的氧浓度：

$$w[O]_{\%平} = \frac{m \cdot p_{CO}/p^{\ominus}}{w[C]_{\%平}} \tag{2-37}$$

气泡中 CO 分压可近似等于外界压力，则可用下式计算：

$$p_{CO} \approx 101325 + 98066\rho_{金} \cdot h_{金} + 98066\rho_{渣} \cdot h_{渣} + 98066\frac{2\sigma}{r_{CO}} \tag{2-38}$$

式中 $h_{金}$，$h_{渣}$——在 CO 气泡上的金属液和渣的高度，m；

$p^{\ominus}$——标准态压力，$p^{\ominus}=100$ kPa；

$\rho_{金}$，$\rho_{渣}$——金属和渣的密度，kg/m^3；

σ——金属液的表面张力，取 1~1.3 N/m；

r_{CO}——气泡半径，m。

熔体和炉渣相平衡时，钢中氧含量取决于炉渣中的 $a_{(FeO)}$ 和分配常数 L_{FeO}，可表示为：

$$w[O]_{\%渣平} = a_{(FeO)} \cdot L_{FeO} = w(FeO)_{\%} \cdot f_{(FeO)} \cdot L_{FeO} \tag{2-39}$$

式中 $w(FeO)_{\%}$——渣中氧化铁的质量百分数；

$f_{(FeO)}$——渣中氧化铁的活度系数；

L_{FeO}——分配系数，$\lg L_{FeO} = \lg w[O]_{\%饱和} = 2.734 - \frac{6320}{T}$；

$w[\mathrm{O}]_{\%饱和}$——纯氧化铁渣在铁中的最大溶解度，1600 ℃时为 0.23。

若熔体中氧的平衡浓度为已知，则可以用下式来计算渣与钢间的浓度差：

$$\Delta w[\mathrm{O}]_{\%渣\text{-}钢} = w[\mathrm{O}]_{\%渣平} - w[\mathrm{O}]_{\%平均} = a_{(\mathrm{FeO})} \cdot L_{\mathrm{FeO}} - w[\mathrm{O}]_{\%平均} \tag{2-40}$$

式中　$w[\mathrm{O}]_{\%渣平}$——与炉渣相平衡的氧浓度；

$w[\mathrm{O}]_{\%平均}$——熔体中氧的平均浓度。

2.6.3　钢液脱碳反应动力学

2.6.3.1　CO 气泡形核的动力学分析

熔池中的碳氧反应至少包括三个环节：(1) 反应物 C 和 O 向反应区扩散；(2) 碳和氧在反应区进行化学反应；(3) 反应后产物的排出，即 CO 或 $CO+CO_2$ 混合物的逸出。可见，熔池中碳的氧化反应是个复杂的多相反应，包括传质、化学反应及新相生成等几个环节。

氧气转炉炼钢的脱碳速度很快，这与脱碳反应的 CO 气泡形核有关，由于 CO 在金属中溶解度很小，只有以 CO 气泡形式析出方能使 [C] 和 [O] 的反应顺利进行。当铁液中没有气液界面时，在炼钢熔池中欲使气泡生成，则 CO 气泡的形核需要极大的能量，气泡内的气体压力须克服作用于气泡的外部压力。对均质形核，需要克服炉气压力、炉渣静压力、钢水静压力、因新界面出现产生的与表面张力有关的附加压力，即：

$$p_{\mathrm{CO}} = p_{\mathrm{g}} + p_{\mathrm{s}} + p_{\mathrm{m}} + p_{\mathrm{f}} \tag{2-41}$$

式中　p_{g}——炉气压力；

p_{s}——炉渣静压力；

p_{m}——钢水静压力；

p_{f}——钢液的表面张力产生的附加压力。

式 (2-41) 中，附加压力 p_{f} 的数值最大，占主导地位。已知金属液和气相界面的表面张力为 1.55 N/m，可以计算得知：在铁液中形成 10^{-9} m 的 CO 小气泡，需要克服 3000 MPa 的附加压力。所以，均质形核不能产生 CO。

CO 主要是非均质形核产生的。对于电炉，主要在炉底和炉壁表面上，不吹氧电炉的脱碳速度一般为 0.1%~0.9%/h。对于氧气转炉，由于金属液中有大量的氧气和其他气体存在，形成了乳化液体系，有大量的气-液界面，故脱碳速度很高，一般为 14%~18%/h。

2.6.3.2　脱碳速率的确定

铁水脱碳过程分为两个主要区域：

(1) 当碳的浓度高于某一临界值时，脱碳速率与碳含量无关，仅由氧的供给和消耗决定。在这一区域的脱碳反应为零级反应，包括以硅的氧化为主的吹氧初期和脱碳速率几乎为定值的吹氧中期，铁水的这一临界碳含量在 0.1%~0.6%范围内波动，高供氧速率操作条件下的临界碳含量值较高。反应的控制环节在于氧的传递，它包括气相中氧化介质的传递和溶解于铁水中氧的传递。

(2) 当碳的浓度降低到临界值以下时，脱碳反应成为一级反应，脱碳速率与碳含量成正比。在此区域中，反应速率由铁液中碳的传递控制。

根据单位时间内氧的消耗来确立脱碳速率的计算式。单位时间内氧的消耗与供氧速度

v_{O_2}、碳含量 $w[C]_{\%}$、氧含量 $w[O]_{\%}$ 以及渣中的氧含量 $w(O)_{\%}$ 存在着以下关系：

$$v_{O_2} \cdot dt = -\frac{16}{12}dw[C]_{\%} + dw[O]_{\%} + dw(O)_{\%} \tag{2-42}$$

式中 v_{O_2}——供氧速度；

$dw[C]_{\%}$——钢中碳含量的变化值；

$dw[O]_{\%}$——钢中氧含量的变化值；

$dw(O)_{\%}$——渣中氧含量的变化值，由渣中（FeO）折算出；

dt——变化单位时间。

忽略过剩氧的变化，熔体中氧含量的变化值可由下式确定：

$$dw[O]_{\%} = d\frac{mp_{CO}}{w[C]_{\%}} = -\frac{mp_{CO}}{w[C]_{\%}^2} \cdot dw[C]_{\%} \tag{2-43}$$

在 dt 时间内，渣中氧的变化值与 $w(FeO)_{\%}$、$Q_渣$ 之间存在以下关系式：

$$dw(O)_{\%} = dw(FeO)_{\%} \cdot \frac{16}{72}Q_渣 \tag{2-44}$$

式中 $Q_渣$——渣与金属的质量之比。

而 $w[O]_{\%} = w(FeO)_{\%} \cdot f_{(FeO)} \cdot L_{FeO}$，则：

$$dw(FeO)_{\%} = \frac{dw[O]_{\%}}{f_{(FeO)} \cdot L_{FeO}} = -\frac{mp_{CO} \cdot dw[C]_{\%}}{w[C]_{\%}^2 \cdot f_{(FeO)} \cdot L_{FeO}} \tag{2-45}$$

所以：

$$dw(O_{\%}) = -\frac{16m \cdot p_{CO} \cdot Q_渣}{72(w[C]_{\%})^2 \cdot f_{(FeO)} \cdot L_{FeO}} \cdot dw[C]_{\%} \tag{2-46}$$

将 $dw[O]_{\%}$ 和 $dw(O)_{\%}$ 的表达式带入氧量平衡式可得：

$$-\frac{dw[C]_{\%}}{dt} = \frac{0.75v_{O_2}}{1 + a/(w[C]_{\%})^2} \tag{2-47}$$

$$a = 0.75mp_{CO}\left(1 + \frac{0.222Q_渣}{f_{(FeO)} \cdot L_{FeO}}\right) \tag{2-48}$$

上述的脱碳速率方程只适用碳含量比较高的情形，氧向熔池中的传输速度是控制性环节；但随着脱碳进行，其机理将逐渐发生改变，当碳含量降到 0.1%~0.6%时，脱碳速率受［C］由钢液内到达反应界面的传质所控制：

$$-\frac{dw[C]_{\%}}{dt} = k_C w[C]_{\%} \tag{2-49}$$

式中 k_C——碳的传质系数，顶吹氧时约为 0.015 s^{-1}，底吹氧时约为 0.017 s^{-1}。

2.6.3.3 氧气转炉炼钢的脱碳速度曲线

根据实际顶吹氧气转炉内脱碳反应速度的变化，将炼钢过程分为前、中、后三个阶段，如图 2-16 所示。

前期（第Ⅰ阶段）：因铁液中的硅含量很高，且铁液温度较低，所以以硅的氧化为主，而脱碳反应受到抑制。随着铁液中硅含量的减少，硅的氧化速度由快变慢，而脱碳速度由慢到快，最后达到最大值。

中期（第Ⅱ阶段）：钢水温度上升，钢水中的碳以极大速度传递到点火区，供给的氧气几乎100%消耗于脱碳，因此脱碳速度始终保持最高水平，几乎为定值。此时钢水中的溶解氧降低到最低水平，此期脱碳速度几乎只决定于供氧强度。

后期（第Ⅲ阶段）：随着脱碳反应的进行，钢水中碳的浓度已经很低，脱碳速度随着钢液中碳含量的减少不断下降。

所以，将整个脱碳过程中脱碳速度变化的曲线称为“台阶形曲线”，如图 2-16 所示。为进行计算可以将曲线做如下模型化。

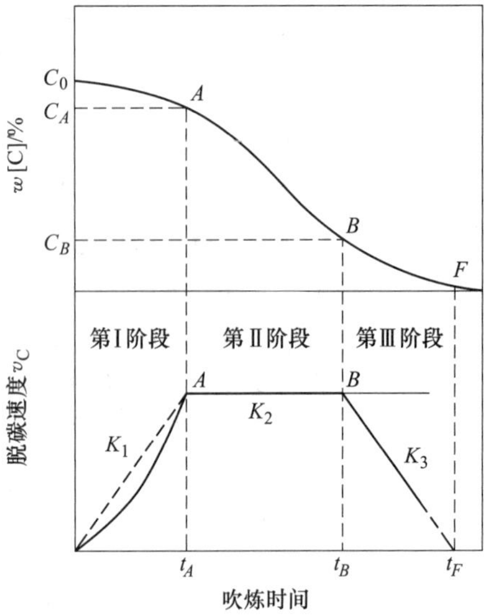

图 2-16　脱碳速度随吹炼时间的变化

（1）第Ⅰ阶段脱碳速度为：

$$v_C = -dw[C]_{\%}/dt = K_1 t \qquad (2\text{-}50)$$

式中　t——吹炼时间；

K_1——由钢中总硅含量、熔池温度和供氧强度等因素确定的非常数，如图 2-17 所示。

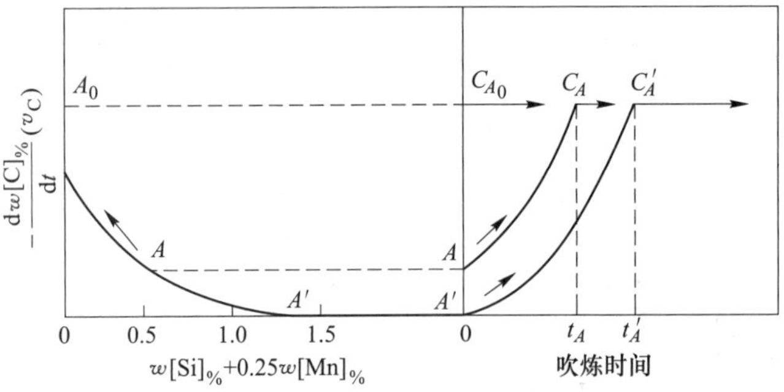

图 2-17　铁液中［Si］、［Mn］对脱碳速度的影响

第Ⅰ阶段中，脱碳反应受金属中的硅、锰优先氧化的影响很大。由图 2-17 可看出，钢中总硅含量 $w[Si]_{\%}+0.25w[Mn]_{\%}>1.5$ 时，初始脱碳速度趋近于零。

（2）第Ⅱ阶段是碳激烈氧化的阶段，脱碳速度为：

$$v_C = -dw[C]_{\%}/dt = K_2 \qquad (2\text{-}51)$$

式中　K_2——高强度脱碳阶段由氧气流量确定的常数，氧流量 F_{O_2} 变化时，K_2 与氧流量 F_{O_2} 线性相关。

全铁水吹炼操作的试验得出：

$$K_2 = (1.89v_{O_2} - 0.048H - 28.5) \times 10^{-3}$$

式中　v_{O_2}——供氧强度（标态），$m^3/(h \cdot t)$；

H——氧枪高，cm。

因此，第Ⅱ阶段脱碳速度主要决定于供氧强度，但氧的利用率（η_{O_2}）将随枪位变化而不同。

（3）第Ⅲ阶段脱碳速度为：

$$v_C = -\mathrm{d}w[C]_{\%}/\mathrm{d}t = K_3 w[C]_{\%} \tag{2-52}$$

式中 K_3——由供氧强度和枪高决定的常数。

当碳含量降低到一定程度时，碳的扩散速度减小了，成为反应的控制环节，所以脱碳速度和碳含量成正比。

关于第二阶段向第三阶段过渡时的碳含量临界值 $w[C]_{临}$，有各种研究和观点，差别很大。通常在实验室条件下得出 $w[C]_{临}$为 0.1%~0.2%或 0.07%~0.1%；而在实际生产中则为 0.1%~0.2%或 0.2%~0.3%，甚至高达 1.0%~1.2%。$w[C]_{临}$依据供氧速度、供氧方式、熔池搅拌强弱和传质系数的大小而定。

【例 2-1】 设有 100 t 顶吹氧气转炉，氧流量（标态）F_{O_2}=12000 m^3/h，铁水含 4.3%C、0.6%Si、0.7% Mn。装料中废钢比为 20%，废钢中 C、Mn、Si 含量忽略不计。钢水中 $w[Mn]$=0.1%、$w[Si]$ 为痕迹。用台阶形模型估算脱碳反应速率。

解： 根据经验选定三个阶段的分界，第Ⅰ、Ⅱ阶段过渡碳含量定为 $w[C]$=3.3%，第Ⅱ、Ⅲ阶段过渡碳含量定为 $w[C]$=0.6%。

（1）计算第Ⅱ阶段脱碳速度。因为

$$-\mathrm{d}w[C]_{\%}/\mathrm{d}t = k_2 \cdot F_{O_2}$$

根据化学计算，11.2 m^3（标态）氧可氧化 12 kg 碳，则 1 m^3（标态）氧可氧化 12/11.2=1.072 kg 碳。

如果氧气利用率 η_{O_2}= 95%，则 k_2=0.95×1.072=1.018 kg/m^3（标态）。

已知 F_{O_2}=12000 m^3/h（标态）

所以，$-\mathrm{d}w[C]_{\%}/\mathrm{d}t$=1.018×12000=12220 kg/h

又因为金属质量为 100 t，所以：

$$-\mathrm{d}w[C]_{\%}/\mathrm{d}t = 12.22\%/\mathrm{h} \text{ 或 } 0.2\%/\mathrm{min}$$

第Ⅱ阶段脱碳量 $\Delta w[C]_{\%}$=(3.3−0.6) = 2.7

第Ⅱ阶段所需时间=2.7/12.22=0.211 h 或 13.2 min

每吨铁水脱碳耗氧量为：10×11.2/12=9.3 m^3/t（标态）

每吨铁水脱硅耗氧量为：6×22.4/28=4.8 m^3/t（标态）

每吨铁水脱锰耗氧量为：6×11.2/55=1.2 m^3/t（标态）

每吨铁水中氧化铁消耗氧为：0.5×4.8=2.4 m^3/t（标态）

每吨铁水共耗氧量为：17.7 m^3/t（标态）

因为氧利用率为95%，每吨铁水需氧量为：17.7/0.95=18.6 m^3/t（标态）

因为装入料中 80%为铁水，所以 100 t 金属料在第Ⅰ阶段需供入的氧气量为 18.6×80=1490 m^3（标态）

第Ⅰ阶段需要时间为 1490/12000=0.124 h 或 7.45 min。

（2）计算第Ⅰ阶段脱碳速度。因为开始吹氧时，脱碳速度不等于零，所以第Ⅰ阶段脱碳反应速度公式中必须加上截距 m 一项，则

$$-\mathrm{d}w[C]_{\%}/\mathrm{d}t = K_1 t + m$$

积分得：

$$-w[C]_{\%}=0.5K_1t^2+mt-w[C]_{\%0}$$

已知 $t=0$，$w[C]_{\%0}=4.3$；$t=0.124$ h，$w[C]_{\%}=3.3$，代入上式得：

$$-3.3=0.0077K_1+0.124m-4.3$$

又因为第Ⅰ阶段结束时，$t=0.124$，$-dw[C]_{\%}/dt=-12.22\%/h$，

所以

$$12.22=0.123K_1+m$$

联立求解，得 $K_1=67.6$，$m=3.9$。

第Ⅰ阶段的脱碳速度：$-dw[C]_{\%}/dt=67.6t+3.9$

积分得：

$$w[C]_{\%0}-w[C]_{\%}=33.8t^2+3.9t$$

2.6.4 脱碳反应的作用

碳氧反应是炼钢过程中极其重要的反应，该脱碳反应贯穿于整个炼钢过程，在炼钢过程中具有多方面的作用。

（1）搅拌熔池，均匀成分和温度。CO 上浮排出时，使熔池产生强烈沸腾和搅拌，强化了热量传递和质量传递，促进了成分和温度的均匀分布。

（2）增大钢-渣界面，提高了化学反应速度。熔池的强烈沸腾和搅拌，增加了渣-钢反应接触面积，有利于化学反应的进行。大量的 CO 气泡通过渣层是产生泡沫渣和气-渣-金三相乳化的重要原因。

（3）有利于非金属夹杂物的上浮和有害气体的排出，降低了钢中气体含量和夹杂物数量。CO 气泡中 H_2 和 N_2 的分压极低，对这些气体来说，CO 气泡是一个小型真空室。小尺寸的夹杂物会附着在 CO 气泡的表面上浮排除，从而提高钢的纯净度。

（4）放热升温，有利于熔渣的形成。爆发性的碳氧反应也容易造成喷溅和溢出，CO 气泡排出不均所造成的熔池上涨，是产生喷溅和溢出的主要原因。当然，这与生产操作不稳定有很大关系，这将增加金属的损失和造渣材料的消耗。

2.7 钢液的脱磷

高炉冶炼不具备脱磷的条件，铁矿石中的磷几乎全部进入铁水，因此脱磷依靠炼钢过程来完成。铁水的磷含量因铁矿原料条件的不同而异，低磷铁水磷含量在 0.12%以下，高磷铁水磷含量则高达 2.0%以上。在绝大多数钢种中，磷都属于有害元素，易使钢发生“冷脆”现象，碳含量高时影响更明显。一般要求钢水磷含量低于 0.03%或更低，易切削钢中的磷含量一般不超过 0.15%。炼钢过程中磷既可以被氧化，又可以被还原，出钢时或多或少都会发生回磷现象，因此控制炼钢过程中的脱磷反应是一项重要而又复杂的工作。在现代洁净钢中对磷含量有更严格的要求，见表 2-7。

表 2-7 洁净钢对磷含量的要求

钢种	轮机轴	轿车板	轴承钢	管线用钢
磷的质量分数/%	0.003	0.01	0.01	0.004

在某些钢中，磷会以合金元素的形式加入。如耐蚀钢中，可加入小于 0.1%的 P，以增加钢抵抗大气腐蚀的能力。

2.7.1 氧化脱磷

在转炉和电弧炉炼钢过程中，主要采用氧化脱磷，即在氧化性气氛或添加氧化剂的条件下进行，金属中的磷被氧化为+5 价，以磷酸盐的形式固定在熔渣中。磷在铁液中存在的稳定形式是 Fe_2P，其次是 Fe_3P，但在进行热力学和动力学分析时，也可将［P］作为溶于铁液中的一个组分对待。磷在渣中的存在形态，从 CaO-P_2O_5 相图可知，靠近 CaO 一侧主要有化合物 4CaO · P_2O_5 和 3CaO · P_2O_5，但 4CaO · P_2O_5 在未熔化前将分解。因此，液渣中主要存在化合物 3CaO · P_2O_5，而 4CaO · P_2O_5 次之。炉渣的离子理论认为，磷以 PO_4^{3-} 的形式存在。

综上所述，根据熔渣分子理论的脱磷反应式可写为：

$$2[P] + 5(FeO) + 4(CaO) = (4CaO \cdot P_2O_5) + 5[Fe] \quad (2\text{-}53)$$

$$2[P] + 5(FeO) + 3(CaO) = (3CaO \cdot P_2O_5) + 5[Fe] \quad (2\text{-}54)$$

以脱磷产物 4CaO · P_2O_5 为例，脱磷反应平衡常数可表示为：

$$K_P = \frac{a_{(4CaO \cdot P_2O_5)}}{a_{[P]}^2 \cdot a_{(FeO)}^5 \cdot a_{(CaO)}^4} \quad (2\text{-}55)$$

由于渣中 4CaO · P_2O_5 的浓度很低，故可以用 $x(P_2O_5)$ 代替 $a_{(4CaO \cdot P_2O_5)}$（因为 4CaO · P_2O_5 与 P_2O_5 的摩尔分数相同）。磷的分配系数可按下式计算：

$$L_P = \frac{x_{(P_2O_5)}}{(w[P]_{\%})^2} = \frac{K_P}{\gamma_{(P_2O_5)}} \cdot f_{[P]}^2 \cdot a_{(FeO)}^5 \cdot a_{(CaO)}^4 \quad (2\text{-}56)$$

根据熔渣离子理论的脱磷反应式：

$$2[P] + 5[O] + 3(O^{2-}) = 2(PO_4^{3-}) \quad (2\text{-}57)$$

$$K_P = \frac{a_{(PO_4^{3-})}^2}{a_{[P]}^2 \cdot a_{[O]}^5 \cdot a_{(O^{2-})}^3} = \frac{f_{(PO_4^{3-})}^2 \cdot (w(PO_4^{3-})_{\%})^2}{f_{[P]}^2 \cdot (w[P]_{\%})^2 \cdot a_{[O]}^5 \cdot a_{(O^{2-})}^3} = L_P \cdot \frac{f_{(PO_4^{3-})}^2}{f_{[P]}^2 \cdot a_{[O]}^5 \cdot a_{(O^{2-})}^3} \quad (2\text{-}58)$$

定义 C_P 为磷容量，即 $C_P = K_P \cdot \frac{a_{(O^{2-})}^3}{f_{(PO_4^{3-})}^2}$，则：

$$C_P = L_P \cdot \frac{1}{f_{[P]}^2 \cdot a_{[O]}^5} \quad (2\text{-}59)$$

取样分析炉渣和钢水中的磷含量，可得到 L_P，应用氧浓度电池可直接测定 $a_{[O]}$，再根据钢水成分和相互作用系数 e_P^j 可求出 $f_{[P]}$，从而最终得到 C_P，这样就简化了热力学的计算，用 C_P 进行定量讨论。因此，C_P 也可以理解为炉渣容纳磷的能力，磷容量的大小表示该渣脱磷能力的强弱。贝格曼总结了多种复杂熔渣的磷容量和光学碱度 Λ 之间的关系，得到了如下公式：

$$\lg C_P = 21.55\Lambda + \frac{32912}{T} - 27.90 \quad (2\text{-}60)$$

影响炉渣脱磷的主要因素如下：

（1）炉渣的碱度。P_2O_5 是酸性氧化物，CaO、MgO 等碱性氧化物可以显著降低炉渣中 P_2O_5 的活度。碱度越高，渣中 CaO 的有效含量越高，L_P 越大，脱磷越完全。但是，碱度并非越高越好，加入过多的石灰会导致化渣不好，炉渣变黏，影响流动性，对脱磷反而不利，炼钢炉渣合适的碱度为2.5~3.5。图2-18展示了终点炉渣碱度与$w[P]$的关系。

（2）炉渣的氧化性。提高炉渣的氧化性，即提高炉渣中（FeO）的活度。磷首先被氧化为P_2O_5，渣中FeO在碱度不太高的熔炼初期可生成$3FeO \cdot P_2O_5$，如$3(FeO)+P_2O_5 = 3FeO \cdot P_2O_5$；随着渣中（CaO）含量逐渐提高，大部分$P_2O_5$转变为$3CaO \cdot P_2O_5$。作为磷的氧化剂，（FeO）可增大$a_{(FeO)}$；而作为碱性氧化物则可降低$\gamma_{(P_2O_5)}$，因此，随着炉渣（FeO）含量增加，$L_P$增加，促进了脱磷。但作为炉渣中的碱性氧化物，（FeO）的脱磷能力远不及（CaO），当炉渣中的（FeO）含量高到一定程度后，相当于稀释了炉渣中（CaO）的浓度，从而使炉渣的脱磷能力下降。图2-19为终点渣中$w(TFe)$与钢液中$w[P]$的关系。

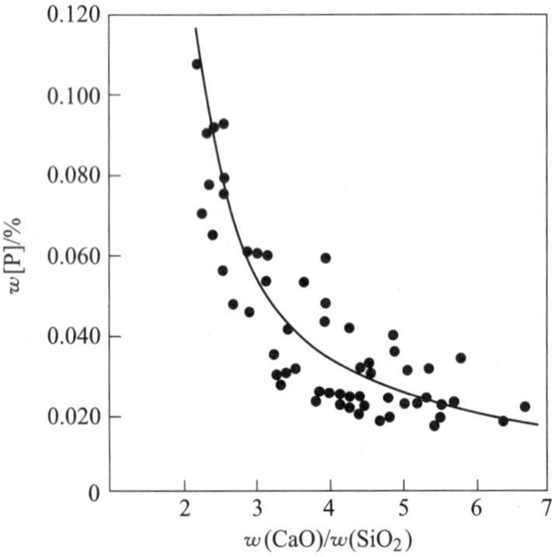

图2-18 终点炉渣碱度与$w[P]$的关系

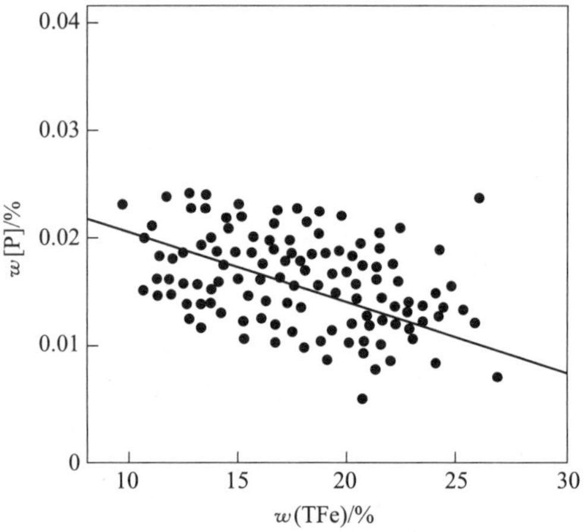

图2-19 终点渣中$w(TFe)$与钢中$w[P]$的关系

（3）温度。脱磷反应是强烈的放热反应，熔池温度降低，脱磷反应的平衡常数K_P增大，L_P增大。从热力学观点来讲，低温有利于脱磷。由于脱磷需要含CaO的碱性渣，而加入石灰则需要有一定的温度才能形成液态渣。因此，温度对脱磷的影响应辩证地理解，即在保证炉渣具有一定碱度和流动性的较低温度下才能有效脱磷。图2-20为转炉冶炼过程中渣-金达到平衡时，温度与$w(P)/w[P]$的关系图。

（4）金属液的成分。钢液脱磷首先要有较高的［O］含量，因此实际生产过程中，［Si］、［Mn］、［Cr］、［C］含量高时不利于脱磷，只有和氧结合能力高的元素含量降低时，脱磷才能顺利进行。此外，铁液中各元素含量对［P］的活度有影响，但通常影响不大。图2-21为转炉冶炼过程中渣-金达到平衡时，$w(P)/w[P]$与$w[C]$的关系图。

（5）渣量。增加渣量，可以在L_P一定时使钢水中的磷含量降低，从而有利于脱磷。冶炼中、高磷铁水时，常采用大渣量脱磷，增大渣量意味着稀释了（P_2O_5）的浓度，也就是说使（$3CaO \cdot P_2O_5$）含量减少，但一次造渣量过大会给操作带来困难，此时可采用双渣法造渣脱磷。然而，多次换渣也增大了金属和热量的损失，从保护环境、有效利用资源方面考虑，应该避免大渣量操作。

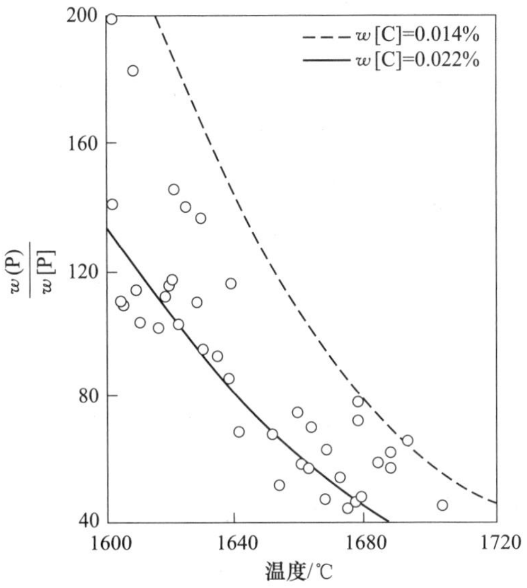

图 2-20 转炉冶炼过程中渣-金达到平衡时，温度与 $w(P)/w[P]$ 的关系

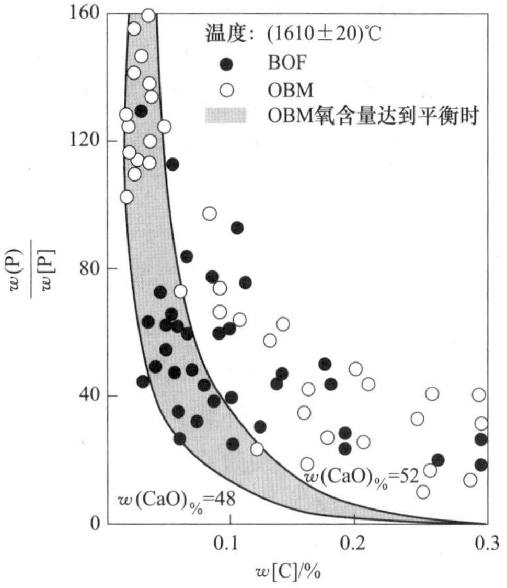

图 2-21 转炉冶炼过程中渣-金达平衡时 $w(P)/w[P]$ 与 $w[C]$ 的关系

总之，脱磷的条件是：高碱度、高氧化性、良好流动性熔渣、充分的熔池搅动、适当的温度和大渣量。

2.7.2 回磷

要保证钢水的脱磷效果，必须防止回磷现象。回磷是指进入炉渣中的磷又重新回到钢水中，使钢水磷含量增加的现象。氧化脱磷时，若炉渣的氧化性下降，或碱度降低，或石灰化渣不好，或温度过高等都可能引起回磷。在出钢过程中，由于脱氧合金加入不当，或出钢下渣，或合金中磷含量较高等因素，也会导致成品钢中的磷含量高于炼钢终点［P］含量，反应式为：

$$2(FeO) + [Si] = (SiO_2) + 2[Fe]$$

$$(4CaO \cdot P_2O_5) + 2(SiO_2) = 2(2CaO \cdot SiO_2) + (P_2O_5)$$

$$2(P_2O_5) + 5[Si] = 5(SiO_2) + 4[P]$$

此外，脱氧剂本身也会直接还原磷酸盐导致回磷，反应式如下：

$$2(3CaO \cdot P_2O_5) + 5[Si] = 4[P] + 5(SiO_2) + 6(CaO)$$

$$3(3CaO \cdot P_2O_5) + 10[Al] = 6[P] + 5(Al_2O_3) + 9(CaO)$$

因此，要在脱氧操作前将含 P_2O_5 的渣先除尽。

避免钢水回磷的措施有：挡渣出钢，尽量避免下渣；适当提高脱氧前的炉渣碱度；出钢后向钢包渣面加一定量石灰，增加炉渣碱度；尽可能采取钢包脱氧，而不采取炉内脱氧；加入钢包改质剂。

2.7.3 脱磷动力学

炼钢过程的脱磷反应是渣-金界面反应，对于脱磷反应的效果而言，除了采用磷容量、磷分配系数表述外，还有一个时间的概念，即脱磷速率。炼钢过程中，磷、硫等元素的反应主要在熔渣与金属液之间进行，可用液相反应的双膜理论模型来研究这些反应的动力学。但由于这些反应是在高温（1550~1650 ℃）下进行的，其反应速率远大于组分在两相内的扩散速率，所以扩散往往成为整个反应过程速率的限制环节，即：

$$-\frac{dw[P]_{\%}}{dt}=\frac{A}{V_m}\cdot\frac{1}{\rho_m}\cdot\frac{L_P w[P]_{\%}-w(P)_{\%}}{L_P/(\rho_m k_m)+1/(\rho_s k_s)} \tag{2-61}$$

式中　k_m，k_s——磷在金属和熔渣中的传质系数，Oeters 计算出 $k_m=3.90\times10^{-5}$ m/s，$k_s=1.15\times10^{-5}$ m/s；

A——反应界面面积；

V_m——钢液体积；

L_P——以质量百分数表示的磷分配比。

当 L_P 很小时，金属相传质阻力 $L_P/(\rho_m k_m)$ 可以忽略，这时脱磷反应受渣相传质控制，即：

$$-\frac{dw[P]_{\%}}{dt}=\frac{A}{V_m}\cdot\frac{\rho_s}{\rho_m}\cdot k_s\cdot(L_P w[P]_{\%}-w(P)_{\%}) \tag{2-62}$$

当 L_P 很大时，渣侧传质阻力 $1/(\rho_s k_s)$ 可以忽略，这时脱磷反应受金属相传质控制，即：

$$-\frac{dw[P]_{\%}}{dt}=\frac{A}{V_m}\cdot k_m\cdot\left(w[P]_{\%}-\frac{1}{L_P}w(P)_{\%}\right) \tag{2-63}$$

在氧气顶吹转炉炼钢初期，用统计方法分析脱磷过程得到的脱磷速率方程为：

$$-\frac{dw[P]_{\%}}{dt}=R_P w[P]_{\%} \tag{2-64}$$

式中　R_P——脱磷速率常数，在 100 kg 转炉上得到 R_P 值的回归方程如下：

$$R_P=-0.00025T+0.002\sum w(Fe)_{\%}+0.0016w(CaO)_{\%自由}+0.16v_C+0.18H^{-\frac{1}{4}}\cdot Q_{O_2}+0.028G+x \tag{2-65}$$

式中　T——脱硅后金属熔池温度，为 1305~1634 ℃；

$\sum w(Fe)_{\%}$——渣中总铁含量，为 13~18；

$w(CaO)_{\%自由}$——渣中自由 CaO 浓度，$w(CaO)_{\%自由}=w(CaO)_{\%}-1.87w(SiO_2)_{\%}-1.58w(P_2O_5)_{\%}$；

v_C——脱硅期间的脱碳速度，0.05%~0.54%/min；

Q_{O_2}——供氧强度（标态），6~8 $m^3/(min\cdot t)$；

G——搅拌强度（标态），0~6 $m^3/(min\cdot t)$；

H——枪位，69~157 mm；

x——系数，包括其他影响因素。

式（2-65）表明，R_P 与脱碳速度、枪位、供氧强度等因素有关。

2.7.4　还原脱磷

在还原气氛（低氧化性）下，将钢水中的磷还原为 P^{3-}，以磷酸盐的形式进入炉渣或气化跑掉，称为还原脱磷。

还原脱磷时，需要加入比 Al 更强的脱氧剂，使钢液达到深度还原。通常加入 Ca、Ba 或 CaC_2 等强还原剂进行还原脱磷，其反应式为：

$$3[Ca] + 2[P] = (Ca_3P_2)$$

$$3[Ba] + 2[P] = (Ba_3P_2)$$

$$3(CaC_2) + 2[P] = (Ca_3P_2) + 6[C]$$

常用的脱磷剂有金属 Ca、Mg、RE 以及含钙的合金（如 CaC_2、CaSi）等。

为增加脱磷产物 Ca_3P_2、Mg_3P_2 在渣中的稳定性，常需要在加入强还原剂的同时加入 CaF_2、$CaCl_2$、CaO 等熔剂造渣，以吸收还原的脱磷产物。还原脱磷后的渣应立即去除，否则渣中的 P^{3-} 又会重新氧化成 PO_4^{3-} 而造成回磷。

还原脱磷的最大优点在于，可以避免氧化脱磷造成合金元素的氧化损失，一般适用于铁液中某些合金元素不宜用氧化脱磷时使用。例如含铬高的不锈钢，采用氧化脱磷会引起铬的大量氧化，需用还原法进行脱磷，主要是对高合金钢（如高锰钢、不锈钢等）进行深度脱磷，提高合金的收得率。

还原脱磷存在的主要问题有：（1）炉渣的脱磷产物（Ca_3P_2）、（Ba_3P_2）与水蒸气接触时会发生分解，放出有剧毒的 PH_3 气体，因此还原脱磷渣的处理是很大的一个问题；（2）钢液必须在脱氧、脱硫十分良好的情况才有可能发生。

2.8 钢液的脱硫

2.8.1 硫的来源与危害

钢中的硫主要来自铁水、废钢、铁合金、造渣剂（如石灰、铁矿石等），硫的危害主要表现为钢的“热脆”现象。硫在固体钢中主要以硫化铁存在，其熔点为 1193 ℃，在钢水冷凝过程中，这种硫化物主要分布在晶界上，形成连续的或不连续的网状薄膜结构。在轧制或锻造时，由于温度升高，晶界上的这一结构又会变为液态，在力的作用下会引起富硫液相沿晶界滑动，造成钢材破裂。在钢中加入足够量的锰或钛，使钢中的硫形成高熔点的硫化物，可消除热脆现象。

低温下，钢中硫含量高也会使钢的冲击韧性显著降低。硫还劣化变压器硅钢片的磁性，磁性材料中的硫含量应小于 0.01%。较高的硫含量还使钢的抗腐蚀性能降低，因而输送石油的管线钢对硫含量的要求很严格。硫易导致在焊缝处产生热裂，从而降低钢的焊接性能。

硫也可以作为合金元素加入易切削钢中，以改善钢的切削性能，提高工件的表面质量，节省动力。

硫是活泼的非金属元素之一，性质与氧类似，通常以单质态溶解于铁液中。对于大多数钢种而言，硫的存在都会降低其加工与使用性能。一般钢种要求硫含量低于 0.03%，优质钢种要求硫含量更低一些，而极低硫钢则要求硫含量不高于 0.005%。只有含硫的易切削钢，硫含量可高达 0.3%。炼钢过程的氧化性气氛不利于脱硫，而且炼钢辅助原料中也不同程度地含有硫，这些都增加了脱硫的困难程度。现代钢铁生产中的脱硫主要是在铁水预处理和钢水二次精炼阶段进行。某些洁净钢对硫含量的要求见表 2-8。

表 2-8　洁净钢对硫含量的要求

钢种	汽轮机轴	轿车面板	轴承钢	管线用钢	不锈钢板	硅钢
硫的质量分数/%	0.001	0.005	0.001	0.007	0.02	0.0015

硫在铁液中以 FeS 形式存在，但通常做热力学和动力学研究时，将［S］看作一个组元溶于铁液中。根据相图可知，液态时，Fe 与 FeS 能无限地相互溶解。固态钢中，硫的溶解度极小，只有少量的硫固溶于钢中，大部分则以硫化物形式（如 MnS、TiS、CaS）作为夹杂物存在于钢中。

根据炉渣的离子理论，炼钢条件下，硫在渣中以（S^{2-}）的形式存在。

2.8.2　铁水预脱硫

采用铁水炉外脱硫可简化炼钢工艺过程，弥补转炉氧化渣脱硫能力差的不足。铁水预脱硫的有利因素有：(1) 铁水中 C、Si、P 等元素的含量高，有利于提高硫在铁水中的活度系数；(2) 铁水中碳含量高而含氧量低，有利于脱硫反应的进行；(3) 没有强的氧化性气氛，有利于直接使用一些强的脱硫剂，如 CaC_2、金属 Mg 等。

对高炉而言，铁水炉外脱硫能减轻其负担，降低焦比，减少渣量，提高生产率。对炼钢而言，铁水预脱硫减轻了转炉的负担，简化操作，提高炼钢生产率，减少渣量和提高金属收得率，并为转炉冶炼品种钢创造了条件。铁水炉外脱硫与炼铁、炼钢相结合，可以对铁水实现深度脱硫，从而为转炉冶炼超低硫钢创造条件。

各种脱硫方法的实质都是将溶解在金属液中的硫转变为在金属液中不溶解的相，进入熔渣或经熔渣再以气相逸出。为了定量地比较各种脱硫剂的脱硫能力大小，可以从表 2-9 中各种脱硫反应的 $\Delta G^{\ominus}$ 与温度的关系式，求出平衡常数 K 以及反应达到平衡时铁水中的硫含量，结果列于表 2-10（计算平衡硫含量时，假定铁水成分为：4.0% C、0.6% Si、0.5% Mn、0.20% P 和 0.04% S，$p_{CO}=0.1$ MPa）。

表 2-9　常见脱硫剂的脱硫反应热力学数据

序号	反应式	$\Delta G^{\ominus}$/J·mol^{-1}
1	$Na_2O(l)+[S]+C = Na_2S(l)+CO(g)$	$-34836-68.54T$
2	$CaC_2(s)+[S] = CaS(s)+2[C]$	$-359245+109.45T$
3	$Mg(g)+[S] = MgS(s)$	$-427367+180.67T$
4	$Mn(l)+S = MnS(s)$	$-153789+555.52T$
5	$CaO(s)+[S]+C = CaS(s)+CO(g)$	$8667-68.96T$
6	$MnO(s)+[S]+C = MnS(s)+CO(g)$	$115017-75.91T$
7	$MgO(s)+[S]+C = MgS(s)+CO(g)$	$164675-67.54T$

表 2-10 各种脱硫剂的相对脱硫能力和平衡硫含量（1350 ℃）

项目	脱硫剂						
	Na_2O	CaC_2	Mg	Mn	CaO	MnO	MgO
平衡常数 K	5×10^4	6.94×10^5	2.06×10^4	111.8	6.489	1.833	0.017
相对大小	7700	1×10^5	3170	17.2	1.0	0.282	0.002
平衡 $w[S]_{\%}$	4.8×10^{-7}	4.9×10^{-7}	1.6×10^{-5}	3.0×10^{-3}	3.7×10^{-3}	1.1×10^{-2}	1.16

从表 2-10 可以看出，Na_2O、CaC_2 和 Mg 的脱硫能力均比 CaO 强很多，前三者脱硫反应平衡时的硫含量也可以达到较低的水平。实际生产中，Na_2O、CaC_2 和 Mg 等的脱硫能力只比 CaO 大几倍到几十倍，这主要是受脱硫剂气化损失以及动力学方面因素的影响。目前，Na_2O、CaC_2、Mg 和 CaO 被广泛地应用于铁水预脱硫。尤其是近年来，镁基复合脱硫剂在铁水预处理中所占的比例越来越大，已经成为铁水预处理脱硫的主流方法。

2.8.3 炉渣脱硫

炼钢炉内的脱硫主要是通过两种途径来实现，即炉渣脱硫和气化脱硫。在一般炼钢操作条件下，炉渣脱硫占主导，是降低钢中硫含量使之达到规格要求的主要手段。从氧气转炉硫的衡算可以得出，氧化渣脱硫占总脱硫量的 90%，气化脱硫占 10%左右。电弧炉炼钢也是以炉渣脱硫为主。

根据炉渣的分子理论，渣-钢间的脱硫反应式如下：

$$[S] + (CaO) = (CaS) + [O] \qquad \Delta G^{\ominus} = 98474 - 22.82T \tag{2-66}$$

硫在金属液中存在有三种形式，即［FeS］、［S］和 S^{2-}。FeS 既溶于钢液，也溶于熔渣。渣钢间的脱硫反应是：首先，钢液中的硫扩散至熔渣中，即［FeS］→（FeS），进入熔渣中的（FeS）与游离的 CaO（或 MnO）结合成稳定的 CaS 或 MnS。

根据熔渣的离子理论，脱硫反应式为：

$$[S] + (O^{2-}) = (S^{2-}) + [O] \tag{2-67}$$

在酸性渣中几乎没有自由的 O^{2-}，因此酸性渣脱硫能力很小，而碱性渣则不同，具有较强的脱硫能力。式（2-67）的平衡常数可写为：

$$K_S = \frac{a_{(S^{2-})} \cdot a_{[O]}}{a_{[S]} \cdot a_{(O^{2-})}} = \frac{w(S)_{\%} \cdot f_{(S^{2-})} \cdot a_{[O]}}{w[S]_{\%} \cdot f_{[S]} \cdot a_{(O^{2-})}} \tag{2-68}$$

式中 $f_{[S]}$，$f_{(S^{2-})}$——金属和熔渣中硫的活度系数；

$a_{[O]}$，$a_{(O^{2-})}$——金属和熔渣中氧的活度。

里查森（F. D. Richardson）定义的硫容量为：

$$C_S = K_S \cdot \frac{a_{(O^{2-})}}{f_{(S^{2-})}} \tag{2-69}$$

硫容量表达了炉渣容纳硫的能力。

在炼钢条件下，脱硫效果可用熔渣与金属熔体中硫浓度的比值表示，称之为硫分配比。将硫分配比定义为：

$$L_S = \frac{w(S)_{\%}}{w[S]_{\%}} = K_S \cdot \frac{a_{(O^{2-})}}{f_{(S^{2-})}} \cdot \frac{f_{[S]}}{a_{[O]}} \tag{2-70}$$

则

$$C_S = L_S \cdot \frac{a_{[O]}}{f_{[S]}} \tag{2-71}$$

取样分析炉渣和钢液中的硫含量可得出 L_S，应用氧浓度电池可直接测定 $a_{[O]}$，根据钢液成分和相互作用系数 ε_S^i 可算出 $f_{[S]}$，从而可以定量确定 C_S。L_S越大，说明脱硫能力越强，脱硫越完全。

从上述分析可知，影响钢渣间脱硫的因素主要有熔渣成分、钢液成分和熔池温度等，具体如下：

（1）熔池温度。钢渣间的脱硫反应属于吸热反应，吸热为 108.2～128 kJ/mol，温度升高，反应的平衡常数和硫的分配系数增加，有利于脱硫。另外，升高温度还可加速石灰的溶解和提高渣的流动性，从而提高脱硫速度。因此，高温有利于脱硫反应的进行。

（2）炉渣碱度。碱度提高，可提高炉渣中（CaO）或（O^{2-}）的活度，有利于脱硫。但提高碱度时，应注意保持炉渣良好的流动性。因为炉渣碱度过高，会导致炉渣黏度增加，从而增加了反应物［FeS］通过钢-渣界面的阻力，也降低了脱硫产物（CaS）离开反应区的扩散速度。因此，在提高碱度的同时，必须保证炉渣具有良好的流动性。炉渣碱度与硫分配比的大致关系如图 2-22 所示。

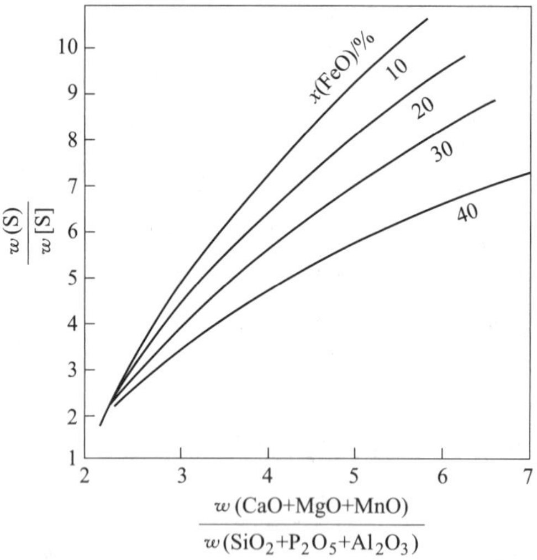

图 2-22　炉渣的碱度和氧化性对硫分配系数的影响

（3）炉渣氧化性。从热力学角度可以看出，降低炉渣氧化铁含量有利于脱硫反应的进行，（FeO）含量越低，L_S越大。当 w(FeO)<1%时，L_S与 w(FeO) 之间具有线性关系。图 2-23 为电炉还原渣范围的情况，这时（FeO）含量越低，L_S越高，脱硫越彻底。

在渣中（FeO）含量较高范围内，（FeO）含量一般均大于 10%，这时（FeO）含量对脱硫没有明显影响。因此，在氧气顶吹转炉操作中，为保证炉渣既具有高碱度又有良好的流动性，渣中 w(FeO) 含量往往较高，以便加快石灰成渣，改善脱硫的动力学条件。

在转炉炼钢中，由于炉内的高氧化性，硫的分配比只有 8～10，因而转炉的脱硫效果不好，单渣操作脱硫率只有 40%～60%。电炉还原期炉渣的氧化性低，硫的分配比高达

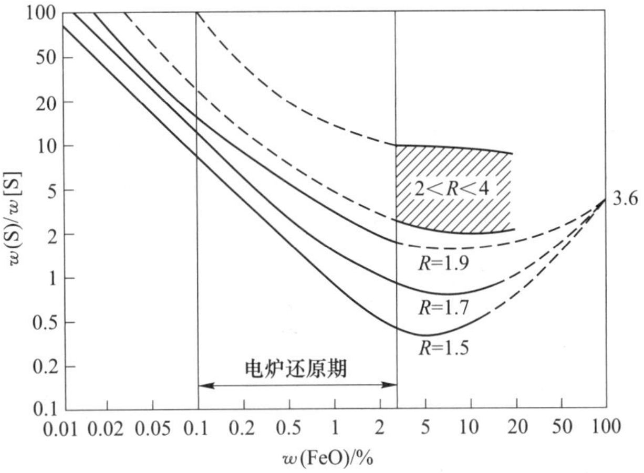

图 2-23 渣中（FeO）含量对硫分配系数的影响

R—碱度

30~50，因而脱硫效果好。

（4）金属液成分。金属液的成分主要影响金属液中硫的活度系数 $f_{[S]}$，$f_{[S]}$ 越大，硫在渣-金间的分配系数就越大。金属液中的［C］、［Si］能增加硫的活度系数 $f_{[S]}$，且能降低氧活度系数 $a_{[O]}$，有利于脱硫。

（5）渣量。增大渣量对脱硫有利，但渣量要适当，以避免渣层过厚，使脱硫反而不活跃。另外，还应加强搅拌，扩大钢-渣反应界面，以利于脱硫反应的进行。

总之，脱硫的有利条件为：高温、高碱度、低氧化性、适当的渣量、炉渣良好的流动性。

2.8.4 气化脱硫

气化脱硫是指金属液中的硫以气态 SO_2 的形式去除，反应式可表示为：

$$[S] + 2[O] = SO_2 \qquad \Delta G^{\ominus} = 6950 + 55.11T \tag{2-72}$$

在炼钢温度下，钢水中含有［C］、［Si］、［Mn］的条件下，$\Delta G^{\ominus}>0$，因此直接气化脱硫是不可能实现的。

研究表明，气化脱硫主要通过炉渣中硫的气化来实现，即：

$$(S^{2-}) + \frac{3}{2}O_2 = SO_2 + (O^{2-}) \tag{2-73}$$

需要指出的是，气化脱硫是以炉渣脱硫为基础的。所以对转炉炼钢而言，应实行高碱度熔渣脱硫操作为主，而不应过分期望气化脱硫。在转炉炼钢中，仅有10%左右的硫是以气化脱硫方式去除的。

在顶吹氧气转炉熔池的氧流冲击区，由于温度很高，硫以 S、S_2、SO 和 COS 的形态挥发是可能的。在电弧炉炉气中已证明有 COS 存在，所以发生下列脱硫反应是可能的，即：

$$S_2 + 2CO = 2COS$$

$$SO_2 + 3CO = 2CO_2 + COS$$

2.8.5 脱硫反应动力学

在炼钢过程中，脱硫反应和脱磷反应相同，主要在渣-钢界面进行，钢液中的硫传输到熔渣中，使渣中的硫含量增加。脱硫反应的速率方程可表示为：

$$-\frac{dw[S]_{\%}}{dt} = \frac{A}{V_m} \cdot \frac{L_S w[S]_{\%} - w(S)_{\%}}{L_S/(\rho_m k_m) + 1/(\rho_s k_s)} \tag{2-74}$$

式中 k_m，k_s——硫在金属和熔渣中的传质系数；

ρ_m，ρ_s——金属和熔渣的密度；

A——反应界面面积；

V_m——钢液体积；

L_S——以质量百分数表示的硫分配比。

有研究者利用放射性同位素 S^{35} 来研究硫在渣-钢间的传质过程，对急冷后的渣-钢界面区域进行自射线照相，放射强度的分布就代表 S 的分布。由图 2-24 可见，炉渣一侧有相当厚的一个硫扩散层存在，这直接证明熔渣边界层的扩散是整个过程的控制环节。另外，碱性渣脱硫反应的活化能仅为 125.49~209.15 kJ/mol，这也说明反应是由渣层扩散控制。

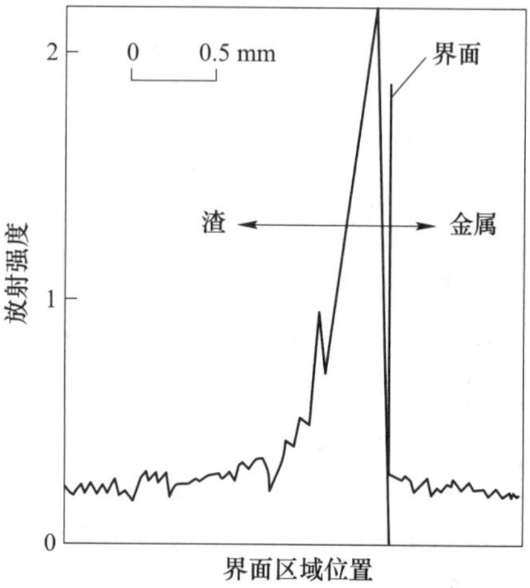

图 2-24 渣-钢界面上硫的浓度分布

因此，当钢水中硫的传质系数 k_m 很大时，$L_S/(\rho_m k_m) \to 0$，此时硫的传质阻力集中于炉渣，则脱硫速率方程为：

$$-\frac{dw[S]_{\%}}{dt} = \frac{A}{V_m}\rho_s k_s \cdot (L_S[S]_{\%} - w(S)_{\%}) \tag{2-75}$$

从以上分析可知，为加快脱硫应采取以下措施：

（1）反应界面面积 A 越大，脱硫速率就越快。熔池沸腾程度、渣-钢间的乳化状况、喷吹搅拌的程度等均对渣-钢界面的大小产生影响，特别是搅拌熔池，可增大钢-渣界面面积以加速脱硫。

（2）一切旨在提高 L_S 的措施均可促进脱硫反应，比如：高温、高碱度、低氧化性。

（3）炉渣黏度低、熔池活跃、钢水和炉渣的硫含量差值大时，k_m、k_s 大，脱硫速率快。

2.9 钢液的脱氧

无论哪种炼钢方法，都需要在熔池中供氧去除 C、Si、Mn、P 等杂质元素。氧化吹炼结束后，钢中的实际氧含量往往高于碳氧反应平衡值；终点的碳含量越低，钢中实际的氧含量偏离平衡值就会越大。因此，如果钢液不进行脱氧，在后续的连铸过程中，随着钢液温度的下降，钢液中氧的溶解度降低，因而促使了 C-O 反应的继续进行，钢液发生沸腾，造成浇铸困难，连铸坯也就得不到正确的凝固组织结构。钢中氧含量高还会产生皮下气泡、疏松等缺陷，并加剧硫的危害作用。此外，还会生成过多的氧化物夹杂，降低钢的塑性、冲击韧性等力学性能。所以，必须去除钢中的过剩氧。在出钢或精炼过程中，加脱氧剂适当减少钢液氧含量的操作称为脱氧。目前，高品质钢生产中的脱氧环节显得越来越重要，对其工艺技术的要求也越来越高。

在实际生产中，随着加入钢中的脱氧元素种类和数量的不同，其脱氧的程度不同，浇铸凝固后的铸坯或铸锭结构、性质也不同。如果在冶炼终点向钢液中加入少量的脱氧剂，只是使钢中的氧含量稍有降低（$w[O]$ 降低到 0.025%~0.030%），这样在后续的凝固过程中还会发生 C-O 反应，即有沸腾现象，这类钢称为沸腾钢，这是模铸生产中主要采用的一种脱氧方式，有利于提高模铸的金属收得率。如果向冶炼终点钢液中加入足够的脱氧剂进行充分脱氧，使脱氧后钢液中的氧含量低于 0.005%，这样后续的浇铸凝固过程中再也不会发生 C-O 反应，这类钢称为镇静钢，目前连铸生产的钢大都属于此类钢。脱氧程度介于上述两者之间的钢称为半镇静钢。

现代用钢对氧含量的要求越来越高，一些钢种对氧含量的要求见表 2-11。

表 2-11 洁净钢对氧含量的要求

钢种	轿车面板	不锈钢板	轴承钢	管线用钢	轮胎钢丝
氧的质量分数/%	0.003	0.004	0.0005	0.002	0.003

2.9.1 脱氧方法

脱氧是指向钢水中加入脱氧剂进行脱氧反应，脱氧产物进入渣中或成为气相排出。根据脱氧发生地点的不同，脱氧方法分为沉淀脱氧、扩散脱氧、真空脱氧。

（1）沉淀脱氧，又称为直接脱氧。将块状脱氧剂加入钢液中，脱氧元素在钢液内部与氧直接反应，生成的脱氧产物上浮进入渣中，出钢时向钢包中加入硅铁、锰铁、铝铁或铝块就是沉淀脱氧。这种脱氧方法脱氧速度快，但脱氧产物有可能难以全部上浮排除而成为钢中的夹杂物。

（2）扩散脱氧，又称为间接脱氧。它是将粉状脱氧剂（如 C 粉、Fe-Si 粉、CaSi 粉、Al 粉）加到炉渣中，降低炉渣中的氧势，使钢液中的氧向炉渣中扩散，从而降低钢液中氧含量的一种脱氧方法。在电炉的还原期和炉外精炼中，向渣中加入粉状脱氧剂进行脱氧的方法，就属于扩散脱氧。其特点是：脱氧反应在渣中进行；钢液中的氧向渣中转移，脱氧速度慢；脱氧时间长；不会在钢中形成非金属夹杂物。

（3）真空脱氧。它是利用降低系统的压力来降低钢液中氧含量的方法，只适用于脱氧产物为气体的脱氧，如 [C]-[O] 反应生成 CO 气体排出。RH 真空处理、VAD、VD 等精炼方法就属于真空脱氧，真空脱氧不会造成非金属夹杂物的污染，但需要专门的设备。

三种脱氧方法的特点如图 2-25 所示。

2.9.2 脱氧剂和脱氧能力

钢液中元素的脱氧能力决定了钢液脱氧效果的好坏。元素的脱氧能力用一定温度下，

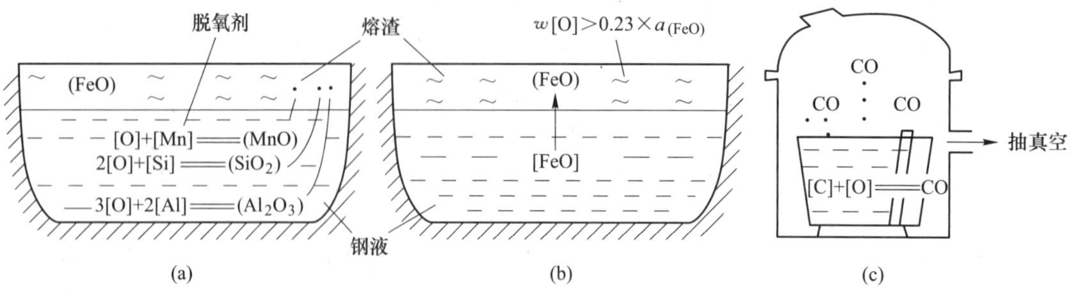

图 2-25　三种脱氧方法的特点

(a) 沉淀脱氧；(b) 扩散脱氧；(c) 真空脱氧

和一定浓度的脱氧元素相平衡的残余氧含量来表示。显然，脱氧反应平衡时存在的氧含量越低，该元素的脱氧能力越强。对沉淀脱氧，元素 M 的脱氧平衡可以用如下反应式表示：

$$x[\mathrm{O}]+y[\mathrm{M}]═══(\mathrm{M}_y\mathrm{O}_x)$$

$$K_{\mathrm{M}}=\frac{a_{(\mathrm{M}_y\mathrm{O}_x)}}{(f_{[\mathrm{M}]}\cdot w[\mathrm{M}]_{\%})^y\cdot(f_{[\mathrm{O}]}\cdot w[\mathrm{O}]_{\%})^x} \tag{2-76}$$

[O] 的残余含量越高，表明元素的脱氧能力越弱，反之则越强。据此可排列出元素脱氧能力的次序为：Re、Ca、Zr、Al、Mg、Ti、Si、V、Mn、Cr。

常用脱氧元素有 Mn、Si、Al，Mn 和 Si 常以铁合金的形式作脱氧剂。

(1) 锰脱氧。锰是弱脱氧剂，常用于沸腾钢脱氧，其脱氧产物并不是纯 MnO，而是 MnO 与 FeO 的熔体。其脱氧反应式为：

$$[\mathrm{Mn}]+[\mathrm{O}]═══(\mathrm{MnO})(\mathrm{l}) \tag{2-77}$$

$$\lg K=\lg\frac{x_{(\mathrm{MnO})}}{w[\mathrm{Mn}]_{\%}\cdot a_{[\mathrm{O}]}}=\frac{12760}{T}-5.62 \tag{2-78}$$

当金属液 Mn 含量增加时，与之平衡的脱氧产物中的 (MnO) 含量也随之增大。当 (MnO) 含量增加到一定的浓度时，脱氧产物开始有固态的 FeO · MnO 出现。

在炼钢生产中，锰是应用最广泛的一种脱氧元素，这是因为：(1) 锰能提高铝和硅的脱氧能力；(2) 锰是冶炼沸腾钢不可替代的脱氧元素；(3) 锰可以减轻硫的危害。

(2) 硅脱氧。硅的脱氧生成物为 SiO_2 或硅酸铁 ($FeO\cdot SiO_2$)，硅脱氧反应式为：

$$[\mathrm{Si}]+2[\mathrm{O}]═══\mathrm{SiO2(s)} \tag{2-79}$$

$$\Delta G^{\ominus}=-593840+233T$$

$$\lg K_{\mathrm{Si}}=\frac{31000}{T}-12.15$$

$$K_{\mathrm{Si}}=\frac{1}{f_{[\mathrm{Si}]}\cdot w[\mathrm{Si}]_{\%}\cdot f_{[\mathrm{O}]}^2\cdot w[\mathrm{O}]_{\%}^2}$$

在 $w[\mathrm{Si}]<2\%$时，$f_{[\mathrm{Si}]}\cdot f_{[\mathrm{O}]}^2$的值接近 1，于是可得：

$$w[\mathrm{Si}]_{\%}\cdot w[\mathrm{O}]_{\%}^2\approx a_{[\mathrm{Si}]}\cdot a_{[\mathrm{O}]}^2 \tag{2-80}$$

炉渣碱度越高，SiO_2 的活度越小，残余氧含量越低，硅的脱氧效果越好。各种牌号 Fe-Si 是常用的脱氧剂。根据计算，1600 ℃时与 $w[\mathrm{Si}]=0.2\%$ 相平衡的钢液中 $w[\mathrm{O}]=$

0.013%，说明硅的脱氧能力很强，因而常用于镇静钢的脱氧。由于硅的脱氧产物是酸性的 SiO_2，而且是强放热反应，所以在碱性渣下，硅的脱氧能力比酸性渣下硅的脱氧能力要强，且随温度的下降而提高。

单独使用硅脱氧时，当钢液的 $w[Si]$ 由 0.06%增加到 0.37%时，脱氧产物逐渐由液态的 $2FeO \cdot SiO_2$(1250 ℃) 变成固态的 SiO_2(1710 ℃)。

硅与铝、锰共用时能提高它们的脱氧能力，且脱氧产物为低熔点的复合化合物，炼钢温度下呈液态，容易上浮排除。

(3) 铝脱氧。铝是强脱氧剂，常用于镇静钢的终脱氧。铝的脱氧反应式为：

$$2[Al] + 3[O] = Al_2O_3(s)$$

$$\lg K_{Al_2O_3} = -\frac{62680}{T} + 32.85 \tag{2-81}$$

上述反应的平衡常数 $K_{Al} > K_{Si} > K_{Mn}$，Al 的脱氧能力最强，Mn 的脱氧能力最弱。Si、Al 常用于终脱氧和镇静钢脱氧，Mn 常用于预脱氧和沸腾钢脱氧，三种元素的脱氧能力比较见表 2-12。

表 2-12 1600 ℃时钢中脱氧元素的质量分数为 0.1%时脱氧能力比较

脱氧元素	Mn	Si	Al
钢中平衡氧的质量分数/%	0.10	0.017	0.007

(4) 硅、锰、铝复合脱氧。锰、硅同时存在可进一步提高铝的脱氧能力，如图 2-26 所示。当锰、硅、铝三者成分配合适当时，可以得到低熔点的液态脱氧产物，其组成类似于 $3MnO \cdot Al_2O_3 \cdot SiO_2$。实践表明，采用硅铝铁脱氧时，铝的脱氧能力升高，铝的烧损下降。

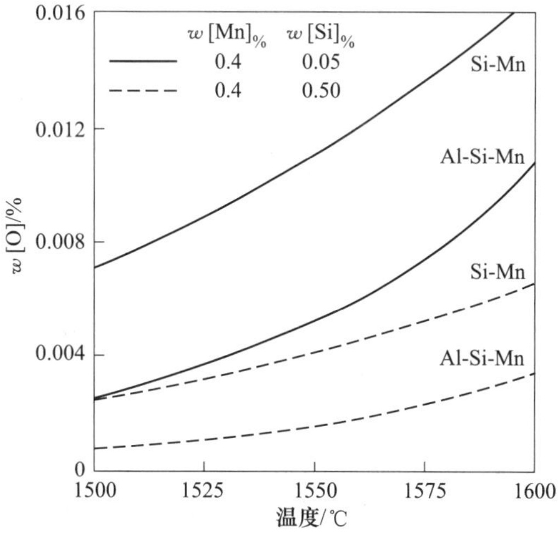

图 2-26 不同温度状态下，Al、Si、Mn 的脱氧能力

在加入复合脱氧剂时，一般能达到较好的脱氧效果。因为脱氧元素共同存在于钢液时，它们与相异性质的渣相遇时可结合为复合氧化物，降低其活度，提高脱氧元素的脱氧能力；有利于产生的低熔点脱氧产物长大、上浮排除，有利于改变夹杂物形态；采用复合

脱氧剂还有利于提高易挥发元素的溶解度，减少元素的挥发损失，提高脱氧元素的脱氧效率，故采用复合脱氧剂最好，如 Ca-Si、Al-Ca 等脱氧合金。

2.9.3 脱氧反应动力学

脱氧反应可分为以下三个步骤：

（1）脱氧剂吸热熔化，溶解到钢液中。固体脱氧剂加入钢液后，其熔化时间不仅与脱氧剂熔化的吸热量和钢液的供热量有关，还与脱氧元素的扩散有关，扩散系数大，溶解速度快，出钢过程中钢液的搅动可以加速脱氧元素的溶解。

（2）脱氧元素 M 和钢液中［O］反应生成脱氧产物，有时脱氧元素在渣-钢界面与渣中（O）反应生成脱氧产物。在沉淀脱氧过程中，脱氧元素和钢液中的氧反应生成脱氧产物，是一个在钢液中产生新相的过程。脱氧产物的生成在实际生产中并未遇到困难，因为钢液中有夹杂物、未熔脱氧剂以及包衬耐材等现成表面，而且脱氧剂能在局部达到饱和。

（3）脱氧产物聚集、长大和上浮至渣层。影响脱氧产物上浮速度的因素有：脱氧产物颗粒大小、钢液黏度、钢液和脱氧产物的密度差、钢液与脱氧产物之间的界面张力等。

固态夹杂物在静止钢液中的上浮速度（$v_{固夹杂}$，m/s）可用斯托克斯公式计算：

$$v_{固夹杂} = \frac{2}{9} \cdot g \cdot r^2 \frac{\rho_{钢} - \rho_{夹杂}}{\eta_{钢}} \tag{2-82}$$

式中 $\eta_{钢}$——钢液的黏度，Pa·s；

g——重力加速度，取 9.81 m/s^2；

r——夹杂物半径，m；

$\rho_{钢}$，$\rho_{夹杂}$——钢液和夹杂物的密度，kg/m^3。

从式（2-82）可以看出，非金属夹杂物的上浮速度与下列三方面因素的关系是：

（1）上浮速度与钢液黏度成反比；

（2）上浮速度与金属和夹杂物的密度差值成正比；

（3）上浮速度与夹杂物半径的平方成正比。

当前在各种炉外精炼装置中，为了加强脱氧和去除夹杂物，广泛使用了吹 Ar 搅拌和电磁搅拌等方法使钢液运动，促使夹杂物的聚集与上浮。

2.9.4 脱氧与合金化

目前冶炼和连铸的钢种主要是镇静钢，镇静钢脱氧比较完全，一般脱氧后的钢水氧含量小于 0.002%。镇静钢的脱氧可分为两种类型：（1）钢包内脱氧；（2）炉内预脱氧，钢包内终脱氧。

脱氧和合金化操作不能截然分开，而是紧密相连，大多数钢种均在钢包内完成脱氧合金化操作。合金化操作的关键是合金元素的加入次序，一般原则是：

（1）脱氧元素先加，合金化元素后加；

（2）脱氧能力比较强而且比较贵重的合金，应在钢液脱氧良好的情况下加入；

（3）熔点高、不易氧化的元素，可加在炉内。

根据以上原则，为使合金化元素损失少、收得率高，应根据合金元素对氧的亲和力决定合金化对钢液的脱氧要求。根据图 2-12，Ni、Cu、Mo、Co 等元素与氧的亲和力低，可随炉料一起加入或在冶炼过程中加入；而 Mn、Cr、Si、Ti、Al 等与氧的亲和力较强或很强，都是在出炉前加到已经充分脱氧的钢中或加在钢包中。

脱氧元素被钢液吸收的部分与加入总量之比，称为脱氧元素的收得率（η）。在生产碳素钢时，如果知道终点钢液成分、钢液量、合金成分及其收得率，可根据成品钢成分，计算脱氧剂加入量。

$$\text{脱氧剂加入量} = \frac{w[\mathrm{M}]_{\%\text{规格中限}} - w[\mathrm{M}]_{\%\text{终点残余}}}{w[\mathrm{M}]_{\%\text{脱氧剂}} \cdot \eta} \times \text{出钢量}$$

准确判断和控制脱氧元素收得率，是达到预期脱氧程度和提高成品钢成分命中率的关键。冶炼一般合金钢和低合金钢时，合金加入量的计算方法和脱氧剂基本相同；而冶炼高合金钢时，合金加入量大，必须考虑加入的合金量对钢液质量和钢液终点成分的影响。

$$\text{合金加入量} = \frac{w[\mathrm{M}]_{\%\text{规格中限}} - w[\mathrm{M}]_{\%\text{终点残余}} - w[\mathrm{M}]_{\%\text{其他合金带入}}}{w[\mathrm{M}]_{\%\text{合金}} \cdot \eta} \times \text{出钢量}$$

2.10 铬、钒、铌的反应

2.10.1 铬的氧化与还原

在不锈钢中，铬含量大于 10%，是不锈钢的主要元素。铬的氧化所形成的产物与铬含量有关，当 $w[\mathrm{Cr}] \geqslant 9\%$时生成 $\mathrm{Cr_3O_4}$，其反应式如下：

$$3[\mathrm{Cr}] + 4[\mathrm{O}] = \mathrm{Cr_3O_4} \qquad \Delta G^{\ominus} = -887081 + 329.70T \tag{2-83}$$

在炼钢过程中，铁液中铬的氧化还与熔池的氧化性及熔渣的碱度有关，碱性渣下 $[\mathrm{Cr}]$ 被氧化成 $\mathrm{Cr_2O_3}$：

$$2[\mathrm{Cr}] + 3(\mathrm{FeO}) = \mathrm{Cr_2O_3} + 3[\mathrm{Fe}] \tag{2-84}$$

冶炼不锈钢时，需要去除钢中过量的碳而保留宝贵的铬元素，这就需要探讨选择性氧化的问题，即“去碳保铬”。从各元素氧化的氧势图 2-12 可知：在 Cr 氧势线与 C 氧势线交点温度以下，Cr 可先于 C 氧化；而在交点温度以上，C 可先于 Cr 氧化，即抑制了 Cr 的氧化。当 $w[\mathrm{Cr}] \geqslant 9\%$时，碳还原氧化铬的反应式为：

$$4[\mathrm{C}] + \mathrm{Cr_3O_4(s)} = 3[\mathrm{Cr}] + 4\mathrm{CO(g)} \qquad \Delta G^{\ominus} = 934706 - 617.22T \tag{2-85}$$

$$K = \frac{(p_{\mathrm{CO}}/p^{\ominus})^4 \cdot a_{[\mathrm{Cr}]}^3}{a_{[\mathrm{C}]}^4} = \frac{(p_{\mathrm{CO}}/p^{\ominus})^4 \cdot f_{[\mathrm{Cr}]}^3 \cdot w[\mathrm{Cr}]_{\%}^3}{f_{[\mathrm{C}]}^4 \cdot w[\mathrm{C}]_{\%}^4} \tag{2-86}$$

$$\frac{w[\mathrm{Cr}]_{\%}^3}{w[\mathrm{C}]_{\%}^4} = \frac{Kf_{[\mathrm{C}]}^4}{(p_{\mathrm{CO}}/p^{\ominus})^4 \cdot f_{[\mathrm{Cr}]}^3} \tag{2-87}$$

铬的选择性氧化的影响因素包括温度、CO 分压、钢液成分等。

（1）温度的影响。通过控制反应温度，可实现碳和铬的选择性氧化。反应温度高于转化温度时，碳氧化而铬不氧化；低于转化温度时，铬氧化而碳不氧化。

在相同的碳含量下，转化温度随铬含量的增加而升高；在相同的铬含量下，转化温度随碳含量的降低而升高。转化温度的理论计算有助于更好地控制冶炼操作。为了达到脱碳保铬的目的，熔池温度必须控制在转化温度以上。

（2）CO 分压的影响。根据式（2-87），降低 CO 分压有利于“脱碳保铬”。采用真空冶炼（VOD 法）或吹入氩氧混合气体的稀释操作（AOD 法），均能降低 CO 分压。

（3）钢液成分。钢液中的成分主要影响 $a_{[C]}$ 和 $f_{[Cr]}$。例如，Cr、C、O、Si 能降低 $f_{[Cr]}$，有利于提高铁液中的铬。

2.10.2 钒的氧化

2.10.2.1 钒的氧化反应

含钒炉渣的岩相分析证明，渣中有钒尖晶石 $FeO \cdot V_2O_3$，这说明钒氧化生成 V_2O_3。钒氧化反应式可表示如下：

$$2[V] + 3[O] = V_2O_3(s) \tag{2-88}$$

V_2O_3 的熔点为 1967 ℃，V_2O_5 的熔点为 670 ℃。

2.10.2.2 钒和碳的选择性氧化

为了提钒后的半钢适于炼钢的要求，希望在铁水提钒时使钒优先于碳进行氧化，即在提钒保碳的条件下进行。有下列还原反应发生：

$$V_2O_3(s) + 3[C] = 2[V] + 3CO \tag{2-89}$$

$$K = \frac{f_{[V]}^2 \cdot w[V]_{\%}^2 \cdot (p_{CO}/p^{\ominus})^3}{f_{[C]}^3 \cdot w[C]_{\%}^3} \tag{2-90}$$

$$\frac{w[C]_{\%}^3}{w[V]_{\%}^2} = \frac{f_{[V]}^2 \cdot (p_{CO}/p^{\ominus})^3}{K \cdot f_{[C]}^3} \tag{2-91}$$

影响提钒保碳的因素有：炉渣的氧化性、炉气 CO 分压、熔池温度和金属液成分。

（1）熔池温度。低于转化温度时（1420 ℃），有利于钒的氧化，提钒效率提高，可获得高品位的钒渣。提钒后的半钢仍适合于炼钢的技术要求，可见温度是钒选择性氧化最重要的影响因素。

（2）铁液成分。铁水中含有能增大钒活度系数的元素，有利于钒的氧化。

（3）炉气 CO 分压。炉气中 CO 分压低有利于碳的氧化，而不利于提钒保碳。

（4）炉渣氧化性。炉渣中（FeO）含量高有利于钒的间接氧化，在提钒过程中，铁水中［Si］也被氧化，形成 $FeO\text{-}V_2O_3\text{-}SiO_2$ 系的酸性渣，FeO 与 V_2O_3 结合形成钒尖晶石 $FeO \cdot V_2O_3$。炉渣间反应有利于钒的氧化、钒尖晶石的生成，可进一步提高钒在渣、铁间的分配比。

2.10.3 铌的氧化

含铌铁水提铌炼钢，也存在铌和碳的选择氧化问题。[Nb]、[C] 氧化反应式可写为：

$$\frac{1}{2}Nb_2O_4(s) + 2[C] = [Nb] + 2CO \tag{2-92}$$

根据式（2-92）可计算出 C、Nb 氧化的转化温度一般为 1400 ℃。当温度高于 1400 ℃时，C 优先氧化；当温度低于 1400 ℃时，Nb 优先氧化。根据热力学计算，当金属液中硅含量为 0.07%时，[Si] 对 0.01%[Nb] 的氧化仍有抑制作用。因此，要提铌首先应彻底完成硅的氧化。

2.11 氢、氮的反应

2.11.1 钢中气体的来源及危害

钢中的气体是指溶解在钢中的氢和氮。气体来源有：(1) 金属料，如废钢和铁合金中的氢和氮；(2) 潮湿的造渣剂分解出的水蒸气；(3) 耐火材料用的焦油、沥青、树脂黏结剂中含有的氢（8%~9%）；(4) 与空气接触的钢液吸收的氢；(5) 炼钢用不纯的氧气中含有的氮气。

气体对钢的危害有：

(1) 氢以原子的形式固溶于钢中，与铁形成间隙固溶体。氢使钢产生白点，又称发裂，造成脆断，在使用过程中将造成极为严重的意外事故。氢在冷凝过程中因溶解度降低而析出，产生点状偏析。具有点状偏析的钢材质量极差，不能使用而报废。随着氢含量的增加，钢的抗拉强度下降，塑性和断面收缩率急剧降低。

(2) 氮固溶于铁中，形成间隙固溶体。氮在 α 铁中溶解度在 590 ℃达到最大值，约为 0.1%；在室温时则降至 0.001%以下。含氮高的钢从高温快速冷却时，铁素体会被氮饱和，此种钢在高温下，氮将以 Fe_4N 的形式逐渐析出，使钢的强度和硬度上升、塑性和韧性下降，这种现象称为时效硬化。氮是导致钢产生“蓝脆”现象的主要原因。钢中的氮易形成气泡和疏松，与钢中的 Ti、Al 等元素形成脆性夹杂物。

氮有时也作为合金元素使用。普通低合金钢中，氮和钒形成氮化钒，可以起到细化晶粒和沉淀强化的作用。渗氮用钢中，氮与钢表层中的铬、铝等合金元素形成氮化物，增加钢表层的硬度、强度、耐磨性及抗蚀性。氮可代替部分 Ni 用于不锈耐酸钢中。

2.11.2 铁液中氢、氮的溶解度

在一定的温度和 100 kPa 气压下，氢在纯铁液中的溶解度服从西华特定律，即在一定的温度下，气体的溶解度与该气体在气相中分压的平方根成正比。

$$\frac{1}{2}H_2(g) =\!=\!= [H] \tag{2-93}$$

$$w[H]_{\%} = K_H\sqrt{p_{H_2}/p^{\ominus}} \tag{2-94}$$

$$\lg K_H = -\frac{1909}{T} - 1.591 \tag{2-95}$$

式中 $w[H]_{\%}$——纯铁液中氢的溶解度；

p_{H_2}——纯铁液外面的氢气分压，Pa；

K_H——氢气分压为 100 kPa 时，纯铁液中氢溶解反应的平衡常数。

氢在纯铁液中的溶解度与温度和分压的关系为：

$$\lg w[H]_{\%} = \frac{-1909}{T} - 1.591 + \frac{1}{2}\lg(p_{H_2}/p^{\ominus}) \tag{2-96}$$

氮在纯铁液的溶解度与氢类似，也服从西华特定律，即：

$$\frac{1}{2}N_2(g) =\!=\!= [N] \tag{2-97}$$

$$w[\mathrm{N}]_{\%}=K_{\mathrm{N}}\sqrt{p_{\mathrm{N}_2}/p^{\ominus}} \tag{2-98}$$

$$\lg K_{\mathrm{H}}=\frac{-518}{T}-1.063 \tag{2-99}$$

氮在纯铁液中的溶解度与温度和分压的关系为：

$$\lg w[\mathrm{N}]_{\%}=-\frac{518}{T}-1.063+0.5\lg(p_{\mathrm{N}_2}/p^{\ominus}) \tag{2-100}$$

2.11.3　钢液脱气

从式（2-94）和式（2-98）可知，可以通过降低氢气和氮气的分压来实现钢液脱气。

转炉和电炉炼钢过程中，钢液表面被一层炉渣覆盖，所以气体直接从液面自动排出的可能性很小，只能通过产生气泡后上浮逸出。然而，在钢液中氢和氮的析出压力很小，无法独立形成气泡核心，必须依赖钢中现成的气泡或其他能生成气泡反应的帮助，如熔池中的碳氧反应或向钢包中吹入氩气等才能从钢液中脱除。由于初生的 CO 气泡或氩气泡，对于氢和氮都相当于一个真空室，即气泡中的氢气分压和氮气分压均为零，这样钢液中的氢和氮就会向这些气泡内扩散。由于气泡在快速上浮过程中体积不断增大，使气泡内氢、氮的实际分压不断降低，因此在整个脱碳过程或氩气泡上浮过程中，钢中氢和氮会不断地扩散进入这些气泡，并最终被带出钢液。图 2-27 为电弧炉氧化期的脱碳量和钢液氢含量的关系图；图 2-28 为转炉吹炼过程中，熔池氮、氧含量的变化规律与脱碳反应的关系。由此可见，钢液的沸腾是十分有效的脱气手段。

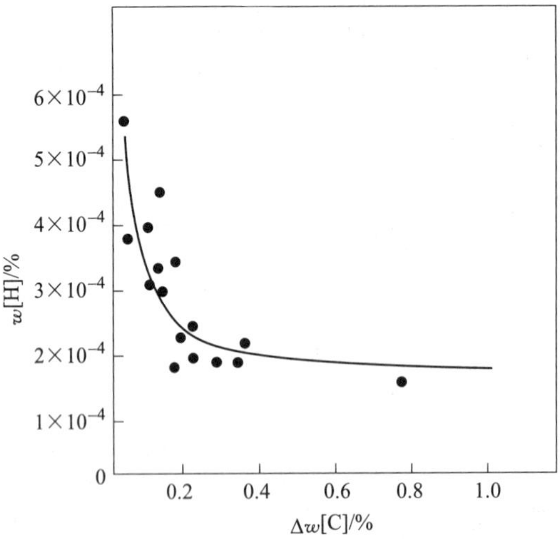

图 2-27　电弧炉氧化期的脱碳量和钢液氢含量的关系

此外，在炉外精炼中，可以通过抽真空的方式直接降低气相中氢气和氮气的分压，并将钢水表面暴露在真空下进行脱气，比如 RH、VD 等炉外精炼手段。真空脱气过程包括 5 个步骤：（1）钢液中溶解的气体原子向气-液界面扩散；（2）溶解态气体原子在界面上的吸附；（3）吸附态原子反应生成双原子气体；（4）气体分子在界面上的脱附；（5）脱附后的气体分子通过边界层扩散进入气相。研究表明，上述第一步为限制环节。

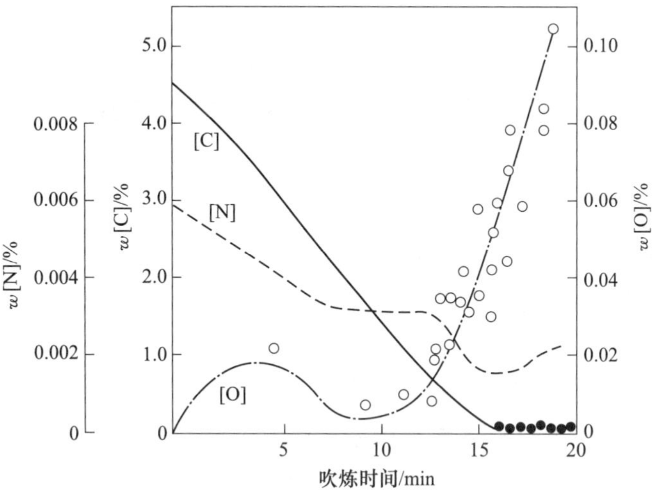

图 2-28 转炉吹炼过程中 w[C]、w[O]、w[N] 的变化规律与脱碳反应的关系

思 考 题

2-1 什么是炉渣的氧化性，在炼钢过程中熔渣的氧化性如何体现？

2-2 炼钢过程残锰的含义是什么？钢液的残锰有何作用？

2-3 什么是碳氧浓度积？在 1600 ℃时的理论值为多少？

2-4 炼钢过程的碳氧反应有何作用？碳的氧化方式有哪些？

2-5 影响炼钢过程脱磷的因素有哪些？

2-6 什么叫硫容量，影响炼钢过程脱硫的因素有哪些？

2-7 钢液的脱氧方式有哪几种？各有何特点？

2-8 影响钢中气体的溶解度的因素有哪些？

3 炼钢原材料

原材料是炼钢的重要物质基础，原材料的质量好坏对炼钢工艺和钢的质量有直接的影响，采用精料并保证质量稳定是提高炼钢各项技术经济指标的重要措施之一，是实现冶炼过程自动化的先决条件。

按性质分类，炼钢原材料可分为金属料、非金属料和气体。金属料包括铁水（生铁）、废钢、铁合金、直接还原铁及碳化铁（电弧炉使用）；非金属料包括石灰、白云石、萤石、合成造渣剂；气体包括氧气、氮气、氩气等。按用途分类，炼钢原材料可分为金属料、造渣剂、化渣剂、氧化剂、冷却剂、增碳剂等。

3.1 金 属 料

3.1.1 铁水

铁水是炼钢的主要原材料，一般占转炉装入量的70%~100%，部分电弧炉也装入10%~50%的铁水。铁水的物理热和化学热是转炉炼钢的主要热源，因此，对入炉铁水的温度和化学成分有一定的要求。

（1）铁水温度。铁水温度是铁水含物理热多少的标志，铁水物理热占转炉热量收入的50%左右。铁水温度过低，会导致炉内热量不足，影响熔池升温和元素氧化进程，同时不利于化渣和去除杂质，还容易导致喷溅。我国企业一般规定铁水入炉温度应高于1250 ℃，并且保持稳定。

（2）铁水化学成分主要包括硅、锰、磷、硫。

1）硅：硅是重要的发热元素之一。铁水硅含量高，炉内的化学热增加。有计算表明，铁水中硅含量增加0.1%，废钢加入量可提高1.3%~1.5%。铁水中硅含量以0.3%~0.6%为宜。

铁水硅含量过低（低于0.3%），则铁水所含化学热过少，废钢比低，石灰溶解困难，渣量少，不利于去除磷、硫，易产生金属喷溅。

铁水硅含量过高（高于1.0%），则铁水吹损加大，氧气消耗增大；渣量大，石灰消耗增加，易引起喷溅，金属收得率降低；渣中（SiO_2）增多，加剧对炉衬的侵蚀；降低成渣速度，影响去除磷、硫；高炉焦比增加。

近年来，为节约成本、降低能耗，高炉生产低硅铁水已是一种趋势，铁水硅含量低于0.3%已成为常态。在采用少渣冶炼时，为了有效地进行炉外脱磷，也希望铁水硅含量少一些为好。

2）锰：锰是弱发热元素，一般认为锰在铁水中是一种有益元素。铁水中的锰氧化后生成的MnO能促进石灰溶解，加速成渣，减少助熔剂的用量和炉衬侵蚀。同时，铁水锰含量高，终点钢水中的残锰含量会提高，可以减少合金化时的锰铁消耗，有利于提高钢水的纯净度。铁水中锰含量高还可减少硫的危害。但是，高炉冶炼锰含量高的铁水会增加焦比，使生产率降低，因而对铁水增锰的合理性还有待研究。

3）磷：磷是强发热元素，对一般钢种来说是有害元素，因此铁水磷含量越低越好。由于磷在高炉冶炼中是不能被去除的，因而只能要求进入转炉的铁水磷含量尽可能稳定。

转炉的脱磷率在84%~94%之间。对于低磷铁水，可以采用单渣操作，技术经济指标较好；中磷铁水，可以采用双渣或留渣操作；而高磷铁水则必须采用多次换渣操作，或采用喷石灰粉工艺，但会恶化转炉技术经济指标。随着铁水预处理技术的发展，目前进入转炉的铁水一般经过"三脱"（脱硅、脱磷、脱硫）处理，以降低进入转炉铁水的磷、硫含量，从而简化转炉操作，提高转炉的技术经济指标。

4）硫：除了含硫易切削钢外，硫在大多数钢中都是有害元素。在转炉的氧化性气氛下，脱硫率只有30%左右，脱硫比较困难，因此对转炉入炉铁水硫含量有要求。在高炉高碳和还原性气氛下，脱硫比较容易，但会增加焦比，降低高炉利用系数。通常要求进入转炉的硫含量低于0.05%。近年来，为了提高转炉生产率，铁水预脱硫工艺有了较大的发展，这就为低硫铁水入炉提供了条件。

（3）铁水带渣量。高炉渣中S、SiO_2、Al_2O_3含量较高，过多的高炉渣进入转炉会导致转炉渣量大、石灰消耗增加，容易造成喷溅，降低炉衬寿命。因此，兑入转炉的铁水要求带渣量不得超过0.5%。

3.1.2 废钢

废钢是转炉炼钢的主要金属料之一，是电弧炉炼钢的基本原料。转炉由于热量有富余，可加入10%~30%的废钢，它是冷却效果比较稳定的冷却剂。增加转炉废钢用量可以减少长流程炼钢碳排放，降低转炉炼钢成本。

废钢来源复杂，质量差异很大，按来源可分为钢铁厂返回废钢和外购废钢。返回废钢包括本厂生产过程产生的废钢锭、坯，铸坯切头、切尾，轧钢切头等。外购废钢来源复杂，包括加工工业的废料（机械、造船、汽车等行业的废钢、车屑等）、钢铁制品报废件（船舶、车辆、机械设备、土建和民用材料等）。

废钢质量对炼钢技术经济指标有明显影响，从合理使用和冶炼工艺出发，对废钢的要求如下：

（1）废钢表面应清洁、干燥、少锈，尽量避免带入泥土、沙石、耐火材料和炉渣等杂质。

（2）废钢在入炉前应仔细检查，严防混入爆炸物、易燃物、密闭容器和有毒物，严防混入铜、铅、锡、锌、砷等有色金属元素。锌在熔化期挥发，在炉气中氧化成氧化锌，易损坏炉盖；砷、锡、铜使钢产生热脆，在冶炼中又难以去除；铅密度大，熔点低，不溶于钢水，易沉积炉底造成炉底熔穿事故。

（3）不同性质的废钢应分类堆放，以避免贵重元素损失和熔炼出废品。非合金钢、低合金钢可混放在一起，不得混有合金废钢和生铁，合金废钢要单独存放。

（4）废钢要有明确的化学成分。废钢中有用的合金元素应尽可能在冶炼过程中回收利用，对有害元素含量应限制在一定范围以内，如磷、硫含量应小于0.050%。

（5）废钢要有合适的块度和外形尺寸。废钢的外形和块度，应能保证从炉口顺利加入转炉。废钢的长度应小于转炉炉口直径的 1/2，单件质量一般不应超过 300 kg。国家标准要求废钢的长度不大于 1000 mm，最大单件质量不大于 800 kg。

对于电弧炉炼钢，过大、过小的废钢对冶炼都将造成不利的影响，必须对废钢进行加工处理。加工方法有两种：一种是对过大的废钢进行切割处理，另一种是对钢屑及轻薄料进行打包压块处理，使压块密度提高至 2500 kg/m^3 以上。经加工后的废钢尺寸应与炉容量相配合，如 50 t 电弧炉要求废钢的最大截面不超过 800 mm × 800 mm，最大长度不超过 1000 mm；100 t 电弧炉要求最大截面不超过 2000 mm ×2500 mm，最大长度不超过 2500 mm。

3. 1. 3　生铁

与铁水相比，生铁没有显热，成分与铁水相似。一般情况下，转炉很少用大量生铁作炉料，在铁水不足时，可用生铁作为辅助原料。优质生铁还可以在转炉冶炼终点前用于增碳和预脱氧。

生铁在电炉炼钢中使用，其主要目的在于提高炉料或钢中的碳含量，并解决废钢来源不足的问题。由于生铁中含碳及杂质较高，因此，电弧炉钢炉料中生铁配比通常为 10%~25%，最高不超过 30%。电弧炉钢对生铁的要求较高，一般要求 S、P 含量要低，Mn 含量不能高于 2. 5%，Si 含量不能高于 1. 2%。

国家标准规定的炼钢用生铁化学成分见表 3-1。

表 3-1　国家标准规定的炼钢用生铁化学成分

铁号	牌号		炼 04	炼 08	炼 10
	代号		L04	L08	L10
化学成分（质量分数）/%	C		≥3. 5		
	Si		≤0. 45	>0. 45~0. 85	>0. 85~1. 25
	Mn	一组	≤0. 30		
		二组	>0. 30~0. 5		
		三组	>0. 5		
	P	一级	≤0. 15		
		二级	>0. 15~0. 25		
		三级	>0. 25~0. 4		
	S	特类	≤0. 02		
		一类	>0. 02~0. 03		
		二类	>0. 03~0. 05		
		三类	>0. 05~0. 07		

3. 1. 4　直接还原铁

直接还原铁（DRI）是以铁矿石或精矿粉球团为原料，在低于炉料熔点的温度下，以气体（CO 和 H_2）或固体碳作还原剂，直接还原铁的氧化物得到金属铁产品。

直接还原的铁产品有以下三种形式：

（1）海绵铁。块矿在竖炉或回转窑内直接还原得到的海绵状金属铁。

（2）金属化球团。使用铁精矿粉先造球，干燥后在竖炉或回转窑内直接还原得到保持球团外形的直接还原铁。

（3）热压块铁（HBI）：把刚刚还原出来的海绵铁或金属球团趁热加压成形，使其成为具有一定尺寸的块状铁，一般尺寸多为 100 mm ×50 mm ×30 mm。

直接还原铁的铁含量较高，S、P 含量较低，杂质较少。电弧炉炼钢采用直接还原铁代替废钢，不仅可以解决废钢供应不足的问题，而且可以大大缩短冶炼时间，提高电弧炉的生产率，还可以满足冶炼优质钢的要求。

3.1.5 铁合金

铁合金主要用于调整钢液成分和脱除钢中杂质，主要作炼钢的脱氧剂和合金元素添加剂。铁合金的种类可分为铁基合金、纯金属合金、复合合金、稀土合金、氧化物合金。

转炉常用的铁合金有：Fe-Mn、Fe-Si、Si-Mn、Si-Ca、Al、Fe-Al、Si-Al-Fe、Si-Ca 线等。

电弧炉常用的铁合金有：Fe-Mn、Fe-Si、Fe-Cr、Fe-Mo、Fe-W、Fe-Ti、Fe-V、Fe-B、Fe-Nb、Ni、Al 等。

对铁合金的要求如下：

（1）使用块状铁合金时，块度要合适，控制在 10~40 mm 为宜，这有利于减少烧损和保证钢水成分均匀。

（2）在保证钢质量的前提条件下，选用适当牌号的铁合金，以降低成本。

（3）铁合金使用前要经过烘烤，特别是冶炼氢含量要求严格的钢种，以减少带入钢中的气体。对于熔点较低和易氧化的合金，如钒铁、钛铁、硼铁和稀土金属等，可在低温（200 ℃）下烘烤；对于熔点较高和不易氧化的合金，如硅铁、铬铁、锰铁等可在高温（高于 800 ℃）下烘烤。

（4）铁合金成分应符合技术标准规定，以避免炼钢操作失误。例如，硅铁中的铝、钙含量，沸腾钢脱氧用锰铁的硅含量，都直接影响钢水的脱氧程度。

（5）铁合金应按其成分严格分类保管，避免混杂。

（6）铁合金中含非金属夹杂物和有害杂质磷、硫及气体要少。

3.2 造渣材料

3.2.1 石灰

3.2.1.1 石灰的质量要求

石灰是炼钢用量最大且价格便宜的造渣材料。它具有很强的脱磷、脱硫能力，不损坏炉衬。对炼钢用石灰有下列基本要求：

（1）石灰 CaO 含量要高，SiO_2 和 S 含量要低。石灰中的 SiO_2 和 S 含量高会降低石灰中的有效 CaO 含量，为保证一定的炉渣碱度，需增加石灰消耗，但渣量增加，会恶化转炉技术经济指标。

（2）石灰应保证清洁、干燥、新鲜。石灰容易吸水粉化，变成 $Ca(OH)_2$，应尽量使用新烧的石灰，并采用密闭的容器贮存和输送，这对于电弧炉炼钢厂尤其重要。超高功率电弧炉采用泡沫渣冶炼时，可用部分小块石灰石造渣。

（3）石灰的灼减率应控制在3%左右。灼减率高表明石灰的生烧率高，会使热效率明显降低，且使造渣、温度控制和终点控制遇到困难。

（4）石灰应具有合适的块度，块度过大，溶解缓慢，甚至到吹炼终点还来不及溶解，影响成渣速度且不能发挥作用；过小的石灰容易被炉气带走，造成浪费。对细小的石灰粒，应压块使用。

（5）石灰活性度要高。石灰的活性，是指石灰同其他物质发生反应的能力，用石灰的溶解速度来表示，石灰在高温炉渣的溶解能力称为热活性，目前在实验室还没有条件测定。因此，一般用石灰与水的反应，即石灰的水活性来近似地反映石灰在炉渣中的溶解速度。活性度越大，石灰溶解越快，成渣越迅速，反应能力越强。

对石灰的具体要求是：$w(CaO) \geqslant 85\%$，$w(SiO_2) \leqslant 3\%$（电弧炉小于2%），$w(MgO) \leqslant 5\%$，$w(Fe_2O_3+Al_2O_3) \leqslant 3\%$，$w(S) \leqslant 0.15\%$，$w(H_2O) \leqslant 0.3\%$。一般非喷粉用石灰块度，转炉以20～50 mm为宜，电弧炉为20～60 mm。表3-2列出了我国冶金石灰质量标准（YB/T 042—2004）。

表3-2　冶金石灰规格和产品粒度范围

规格

类别	品级	$w(CaO)$/%	$w(CaO+MgO)$/%	$w(MgO)$/%	$w(SiO_2)$/%	$w(S)$/%	灼减/%	活性度（4 mol/mL，(40±1)℃，10 min）
普通冶金石灰	特级	≥92.0	—	<5.0	≤1.5	≤0.020	≤2	≥360
	一级	≥90.0			≤2.0	≤0.030	≤4	≥320
	二级	≥88.0			≤2.5	≤0.050	≤5	≥280
	三级	≥85.0			≤3.5	≤0.100	≤7	≥250
	四级	≥80.0			≤5.0	≤0.100	≤9	≥180
镁质冶金石灰	特级	—	≥93.0	≥5.0	≤1.5	≤0.025	≤2	≥360
	一级		≥91.0		≤2.5	≤0.050	≤4	≥280
	二级		≥86.0		≤3.5	≤0.100	≤6	≥230
	三级		≥81.0		≤5.0	≤0.200	≤8	≥200

产品粒度范围

用途	粒度范围/mm	上限允许波动范围/%	下限允许波动范围/%	允许最大粒度/mm
电弧炉	20～100	≤10	≤10	120
转炉	5～50	≤10	≤10	60

3.2.1.2　石灰性质及反应能力

石灰通常由石灰石在竖窑或回转窑内煅烧而成。

石灰石在煅烧过程中的分解反应式为：

$$CaCO_3 = CaO + CO_2 \tag{3-1}$$

$CaCO_3$的分解温度为880～910 ℃，分解反应的过程是：（1）$CaCO_3$微粒破坏，在

$CaCO_3$ 中生成 CaO 过饱和溶体；（2）过饱和溶体分解，生成 CaO 晶体；（3）CO_2 气体解吸，随后向晶体表面扩散。

影响石灰质量的因素很多，其中有石灰石的化学成分、晶体结构及物理性质、装入煅烧窑的石灰石块度、煅烧窑类型、煅烧温度及其作用时间、所用燃料的类型和数量等。

石灰石中 SiO_2、S 含量高，则煅烧得到石灰的有效 CaO 含量低，这样会增大石灰用量，增大渣量，增加热损失，降低钢水收得率。故要求入炉石灰石表面干净、无泥土杂质，$w(SiO_2)<1\%$，$w(S)<0.025\%$。

煅烧温度和时间对 $CaCO_3$ 分解速度及石灰质量有重要影响。煅烧温度高于分解温度越多，$CaCO_3$ 分解越快，生产率越高，但石灰质量明显变差。煅烧温度较低时，烧成的 CaO 密度小，孔隙度大，晶体结构中存在大量缺陷。煅烧温度达 900～1200 ℃时，石灰结构逐渐密结，强度增大，孔隙率减小，晶粒增大。当煅烧温度升高到 1200～1400 ℃时，发生晶体重结晶，结构越来越致密，气孔被包围，晶体不断长大，有畸变的晶体逐渐长好。当煅烧温度继续提高，有缺陷、不完整、不平衡的晶体逐渐长好，变为正常的完整晶体，活性显著下降。实践表明，延长高温区煅烧时间也会导致同样结果。但煅烧温度比煅烧持续时间对石灰质量的影响更大，对每一个煅烧温度都各有一个在窑内的最佳停留时间。图 3-1 为石灰的比表面积、粒度、孔隙率、体积密度与煅烧温度的关系。

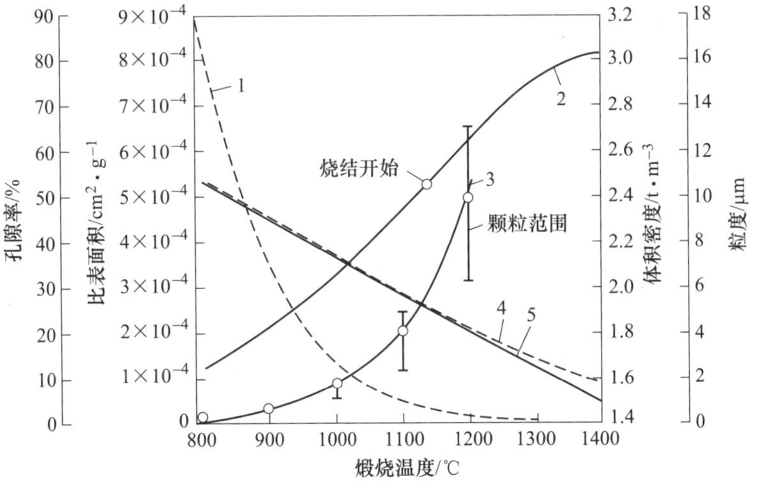

图 3-1　石灰的煅烧温度与各物理性质之间的关系

1—比表面积（计算）；2—体积密度；3—平均粒度；4—孔隙率（计算）；5—孔隙率（实测）

石灰性质对石灰质量也有显著影响，石灰性质包括物理和化学性质，主要有煅烧度、体积密度、孔隙率、比表面积、灼减和水活性等。

文献中普遍把煅烧温度过低或煅烧时间过短、含有较多未分解 $CaCO_3$ 的石灰，称为生烧石灰；把煅烧温度过高或时间过长而获得的晶粒粗大、孔隙率低和体积密度大的石灰，称为硬烧石灰（过烧石灰）；把煅烧温度在 1100 ℃左右而获得的晶粒细小、气孔率高、体积密度小的石灰，称为软烧石灰（活性石灰）；把介于硬烧石灰和软烧石灰两者性质之间的石灰，称为中烧石灰。表 3-3 为不同煅烧度石灰的物理性质。

表 3-3 不同煅烧度石灰的物理性质

物理性质	软烧石灰	中烧石灰	硬烧石灰
体积密度/$kg \cdot m^{-3}$	1500~1800	1800~2200	>2200
总孔隙率/%	46~55	34~46	<34
比表面积/$m^2 \cdot g^{-1}$	>1.0	0.3~1.0	<0.3
晶粒直径/μm	1~2	3~6	晶粒联结
活性度/mL	>350	150~350	<150

由表 3-3 可以看出，软烧石灰的晶粒直径比较小（1~2 μm），比表面积大（大于 1.0 m^2/g）、孔隙率高（46%~55%）、体积密度小，因而溶解速度快，反应能力强，也称为活性石灰。

在煅烧条件相同的情况下，总的煅烧时间直接取决于石灰石的块度。在煅烧窑内热量分布均衡的条件下，小块石灰石首先烧好，易于过烧，因此石灰石块度悬殊的生产方式应当避免，对于回转窑来讲，最大块度与最小块度的比值以 3∶1 为宜。另外，细晶粒石灰石煅烧得到的石灰，其活性较高。

石灰质量与石灰窑类型密切相关。石灰窑种类很多，包括竖窑、新型竖窑（套筒竖窑、多膛竖窑）、回转窑、旋转炉底窑、沸腾窑等。普通竖窑以焦炭或煤为燃料，以大块石灰石为原料，燃烧温度不均匀又难以控制，不仅生烧率和过烧率高，而且粒度不均，燃料中硫大部分被石灰吸收，石灰质量很差。回转窑可以严格控制温度，能保证石灰性质均匀，加之采用以辐射为主的加热方式，石灰吸硫率低，即使用劣质燃料也能烧成优质石灰。目前活性石灰主要由回转窑、新型竖窑烧成。

3.2.1.3 石灰活性的检验

世界各国目前均采用石灰的水活性来表示石灰的活性。其基本原理是：石灰与水化合生成 $Ca(OH)_2$，在化合反应时要放出热量和形成碱性溶液，测量此反应的放热量以及中和其溶液所消耗的盐酸量，并以此结果来表示石灰的活性。

（1）温升法。把石灰放入保温瓶中，然后加入水并不停地搅拌，同时测定达到最高温度的时间，并以达到最高温度的时间或在规定时间达到的升温数作为活性度的计量标准。

例如，美国材料试验协会（ASTM）规定：把 1 kg 小块石灰压碎，并通过 3.35 mm（6 目）筛。取其中 76 g 试样加入 24 ℃、360 mL 水的保温瓶中，并用搅拌器不停地搅拌，测定并记录达到最高温度的时间，达到最高温度的时间小于 8 min 者才是活性石灰。

（2）盐酸滴定法。利用石灰与水反应生成的碱性溶液，加入一定浓度的盐酸使其中和，以一定时间内盐酸溶液的消耗量作为活性度的计量标准。

我国石灰活性度的测定采用盐酸滴定法，其标准规定：取 1 kg 石灰块压碎，然后通过 10 mm 标准筛。取 50 g 石灰试样加入盛有（40±1）℃、2000 mL 水的烧杯中，并滴加 1%酚酞指示剂 2~3 mL，开动搅拌器不停地搅拌。用 4 mol/L 浓度的盐酸开始滴定并记录滴定时间，采用 10 min 时间中和碱性溶液所消耗的盐酸溶液量作为石灰的活性度。我国标准规定，盐酸溶液消耗量大于 300 mL 者才属于活性石灰。

3.2.1.4 活性石灰在炼钢中的应用

国内外生产实践表明，在转炉炼钢中，使用活性石灰与使用普通竖窑生产的一般石灰相比具有如下优点：吹炼时间缩短约10%；脱硫率提高约60%，脱磷率提高约10%；萤石耗量降低25%~30%，石灰耗量降低15%~20%；钢水收得率可提高0.5%~1.0%；废钢比增加1.5%~2.5%；炉衬寿命提高约20%；有利于钢渣回收利用。

3.2.2 白云石

生白云石的主要成分为 $CaCO_3 \cdot MgCO_3$。多年来，转炉采用生白云石或轻烧白云石代替部分石灰造渣得到了广泛的应用。实践证明，采用白云石造渣可以提高渣中MgO含量，减轻炉渣对炉衬的侵蚀，还可加速石灰的溶解，同时也可保持渣中MgO含量达到饱和或过饱和，使终渣达到溅渣操作的要求。

作为转炉造渣用的有生白云石和轻烧白云石。与轻烧白云石相比，生白云石在炉内分解吸热多，用转炉宝贵的热量加热生白云石显然是不合理的，但轻烧白云石需要专门的焙烧设备。对白云石的要求见表3-4。

表3-4 对白云石的要求

要求指标	$w(MgO)/\%$	$w(CaO)/\%$	$w(SiO_2)/\%$	灼减/%	块度/mm
生白云石	≥20	≥29	≤2.0	≤47	5~30
轻烧白云石	≥35	≥50	≤3.0	≤10	5~40

3.2.3 菱镁矿

菱镁矿也是天然矿物，主要成分是 $MgCO_3$，焙烧后用作耐火材料，也是目前转炉溅渣护炉的调渣剂。

3.2.4 萤石

萤石的主要成分是 CaF_2，熔点约为930 ℃，在炼钢中作助熔剂使用。

萤石中的 CaF_2 能与CaO组成共晶体，其熔点为1362 ℃，能使阻碍石灰溶解的 $2CaO \cdot SiO_2$ 外壳熔点降低，加速石灰溶解，迅速改善炉渣流动性。萤石助熔的特点是作用快、时间短，但大量使用会造成严重喷溅，加剧对炉衬的侵蚀。转炉炼钢规定，萤石用量不大于4 kg/t。

炼钢用萤石 CaF_2 含量要高，SiO_2、S等杂质含量要低；具有合适的块度，转炉为5~50 mm，电弧炉为10~80 mm；使用前应在100~200 ℃低温下干燥4 h以上；萤石需清洁干燥，不得混有泥沙等杂物。萤石的成分范围为：$w(CaF_2) \geq 85\%$，$w(SiO_2) \leq 5\%$，$w(CaO) < 3\%$，$w(S) < 0.10\%$，$w(P) < 0.06\%$。转炉吹炼高磷铁水回收炉渣做磷肥时，不允许加入萤石。

近年来，萤石供应不足，各钢厂从环保角度出发，曾试用过多种萤石代用品，如硼酸钠、硼酸钙、钛铁矿、铁锰矿石、氧化铁皮、转炉烟尘、铁矾土等。

3.2.5 合成造渣剂

合成造渣剂是将石灰和熔剂预先在炉外制成低熔点造渣材料，然后用于炉内造渣，即把炉内的石灰块造渣过程部分甚至全部转移到炉外进行。显然，这是一种提高成渣速度、改善冶金效果的有效措施。

合成造渣剂中的熔剂有氧化铁、氧化锰和其他氧化物、萤石等，可用一种或几种与石灰粉一起在低温下预制成型，这种预制料一般熔点较低、碱度高、颗粒小、成分均匀，在高温下容易碎裂，是效果较好的造渣料。高碱度烧结矿或球团矿也可做合成造渣剂使用，它的化学成分和物理性能稳定，造渣效果良好。近年来，国内一些钢厂用转炉污泥作基料制备复合造渣剂，也取得了较好的使用效果和经济效益。

煅烧石灰时采用加氧化铁皮掺 FeO 的方法制取含氧化铁皮外壳的黑皮石灰，也是一种成渣快，脱磷、硫效果良好的熔剂。此外，也可以预烧掺 FeO 的白云石。

3.3 氧化剂、冷却剂和增碳剂

3.3.1 氧化剂

氧化剂主要有：

(1) 氧气。氧气是转炉炼钢的主要氧源，其纯度应大于99.5%，氧气压力要稳定，氧气应脱除水分和皂液。

电弧炉炼钢在熔化期要吹氧助熔，氧化期要吹氧脱碳，因此，氧气也是电弧炉炼钢最主要的氧化剂。电弧炉炼钢要求氧气纯度要大于 98%，水分少于 3 g/m^3，吹氧助熔时氧气压力应为 0.3~0.7 MPa，氧化脱碳时氧气压力为 0.7~1.2 MPa。

(2) 铁矿石。铁矿石中铁的氧化物存在形式是 Fe_2O_3、Fe_3O_4 和 FeO，其氧含量分别为 30.06%、27.64% 和 22.28%。铁矿石是转炉中较少使用的氧化剂，要求铁含量高（w(TFe)>56%）、杂质含量少、块度合适。

电弧炉用铁矿石的铁含量要高，因为铁含量越高，密度越大，入炉后容易穿过渣层直接与钢液接触，加速氧化反应的进行；要求铁矿石成分为：$w(TFe) \geqslant 55\%$，$w(SiO_2) < 8\%$，$w(S) < 0.1\%$，$w(P) < 0.10\%$，$w(Cu) < 0.2\%$，$w(H_2O) < 0.5\%$，块度为 30~100 mm。

铁矿石入库前要用水冲洗表面杂物，使用前在 500 ℃以上高温烘烤超过 2 h，以免使钢液温降过大，同时减少带入水分。

(3) 氧化铁皮。氧化铁皮也称铁鳞，是轧钢车间的副产品，铁含量为 70%~75%，其有助于转炉化渣和冷却的作用。

电弧炉用氧化铁皮造渣，可以改善炉渣的流动性，提高炉渣的去磷能力；要求氧化铁皮的成分为：$w(TFe) \geqslant 70\%$，$w(SiO_2) \leqslant 3\%$，$w(S) \leqslant 0.04\%$，$w(P) \leqslant 0.05\%$，$w(H_2O) \leqslant 0.5\%$。

除了以上三种氧化剂外，电弧炉有时还使用一些金属氧化物作氧化剂。例如在冶炼某些合金钢时，为了节省合金元素的用量，有时利用它们的矿石或精矿粉来代替部分的铁合金，如锰矿、铬矿、钒渣以及镍、钼、钨的氧化物（NiO、MoO_3、WO_3），这些矿石在使钢液合金化的同时也具有氧化剂的作用。

3.3.2 冷却剂

通常，转炉的热量有富余，根据热平衡计算，可加入一定数量的冷却剂以准确地命中终点温度。转炉用冷却剂有废钢、生铁块、铁矿石、氧化铁皮、烧结矿、球团矿、石灰石和生白云石等，其中主要为废钢、铁矿石、氧化铁皮。

废钢是最主要的一种冷却剂。其优点是冷却效果稳定，利用率高，渣量少，不易造成喷溅；缺点是加入时占用冶炼时间，用于调节过程温度不方便。

铁矿石和氧化铁皮既是冷却剂，又是化渣剂和氧化剂。铁矿石作为冷却剂常用天然富矿和球团矿两种，主要成分为 Fe_2O_3 和 Fe_3O_4。铁矿石和氧化铁皮在熔化后铁被还原，吸收热量，能起到调节熔池温度的作用。转炉技术规范规定：铁矿石 $w(TFe)>56\%$，氧化铁皮 $w(TFe)>72\%$，球团矿 $w(TFe)>60\%$，冷却剂中 SiO_2 和 S 的含量应尽量少，成分和块度尽量稳定。与废钢相比，这类冷却剂加入时不占用冶炼时间，冷却效率高，用于调节过程温度方便，还可以降低钢铁料消耗。但铁矿石中脉石含量高，增加石灰消耗和渣量，同时一次加入量不能过多，否则容易引起喷溅。而氧化铁皮细小体轻，容易浮在渣中，增加渣中氧化铁的含量，有利于化渣，它不仅起到冷却剂的作用，而且能起到助熔剂的作用。

3.3.3 增碳剂

电弧炉冶炼时由于配料或装料不当以及脱碳过量等原因，造成冶炼过程中碳含量达不到预期要求，必须对钢液增碳。转炉用增碳法冶炼中、高碳钢时，也要用到增碳剂，常用的增碳剂有沥青焦粉、电极粉、焦炭粉、生铁、高纯石墨碳材等。

转炉所用的增碳剂要求固定碳含量要高且稳定（$w(C)\geqslant 96\%$），硫含量应尽可能低（$w(S)\leqslant 0.5\%$），粒度应适中（1~5 mm）。

思 考 题

3-1 转炉炼钢对铁水质量有哪些要求？

3-2 从合理使用和冶炼工艺出发，对废钢的要求有哪些？

3-3 对炼钢用石灰有哪些基本要求，什么是活性石灰？

3-4 白云石和萤石在炼钢过程中起什么作用？

4 气体射流与熔池的相互作用

炼钢是通过向熔池铁水供氧来去除铁水中的杂质元素，通过向熔池供气来强化搅拌，从而实现快速炼钢之目的。因此，气体射流的状态对熔池内的反应具有重要影响。

4.1 气体射流的状态与特征

4.1.1 顶吹供氧的射流

供氧是转炉炼钢的重要操作，在吹炼过程中起主导作用。射流的作用是向熔池输送氧气，促进熔池运动和反应，加快熔池内部的传质和传热。

4.1.1.1 射流的状态

射流的运动状态，主要研究射流的中心速度衰减和射流径向扩张变化。从氧枪喷头出口喷出的射流属于超声速湍流射流，喷头出口处的氧气密度与介质气体密度之比对氧气射流的中心速度衰减和径向扩张有强烈影响。

A 单孔喷头

a 超声速射流结构

超声速射流的结构可分为三个区段，如图 4-1 所示。从喷嘴出口处到一定长度内，射流各点均保持出口速度不变，这一区段称为势能核心区。从势能核心区继续向前流动，由于边界上发生传动和传质，使轴线速度衰减，到某一距离处，轴线上的速度降为声速。连接该点与诸面上的声速点，构成射流的超声速核心区。区域之外为亚声速区，此时流股横截面不断扩大，同时流速不断降低，即流股发生衰减现象。

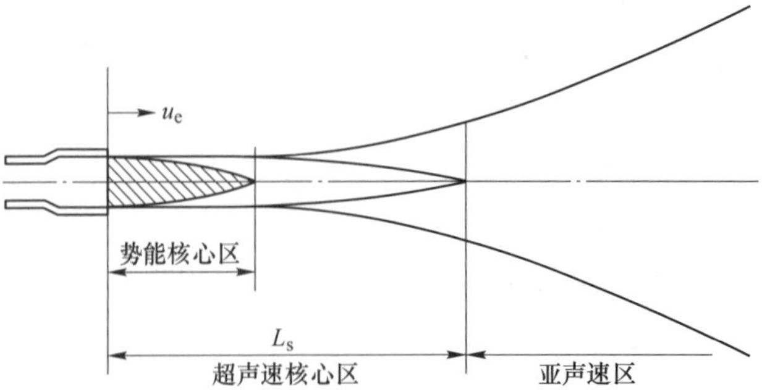

图 4-1 超声速射流的结构

b 超声速核心区长度

超声速核心区长度可以直观描述超声速射流的速度衰减规律，是确定氧枪操作高度的依据之一。在生产中，希望达到铁水液面的氧气流股具有超声速和声速射流，使其具有一定的冲击动能。

劳福（J. Laufer）根据射流在完全展开流动区湍流动量和能量交换的假设，分析得到超声速核心区长度 L_s 与马赫数的关系式为：

$$L_s = 6.8Ma_e\rho_R^{1/2} + \frac{X_0}{d_e} \quad (4\text{-}1)$$

式中 X_0/d_e——取自开普纳（Kapner）的试验结果；

ρ_R——氧气出口气流密度与周围介质密度之比；

X_0——经验常数；

d_e——氧气出口直径。

吴凤林等人的试验结果表明：

$$\frac{L_s}{d_e} = 19.33Ma_e - 17.348Ma_e^2 + 6.55Ma_e^3 \quad (4\text{-}2)$$

蔡志鹏等人得到的超声速核心区长度与马赫数的关系式如下：

$$\frac{L_s}{d_e} = 5 + 1.878Ma_e^{2.81} \quad (4\text{-}3)$$

一般来说，出口马赫数越大，超声速核心区的长度越长，并受环境温度和出口条件（如压力）的影响。

B 多孔喷头

多孔喷头的设计思想是增大流量，分散氧流，增加流股与熔池液面的接触面积，使气体逸出均匀、吹炼更平稳。然而，多孔喷头与单孔喷头的射流状态有重要差别，在总喷出量相同的情况下，多孔喷头的速度衰减要快些，射程要短些，几股射流之间还存在相互影响。

a 多孔喷头速度分布

多孔喷头中单孔轴线速度的衰减规律与单孔喷头的衰减规律是相似的，只是速度衰减更快些。多孔喷头的速度分布是非对称的，它受喷孔布置的影响。若喷头中心有孔时，其流股速度的最大值在氧枪中心线上；若喷头中心没有孔时，其流股速度的最大值不在中心线上，其流速分布情况如图 4-2 和图 4-3 所示。

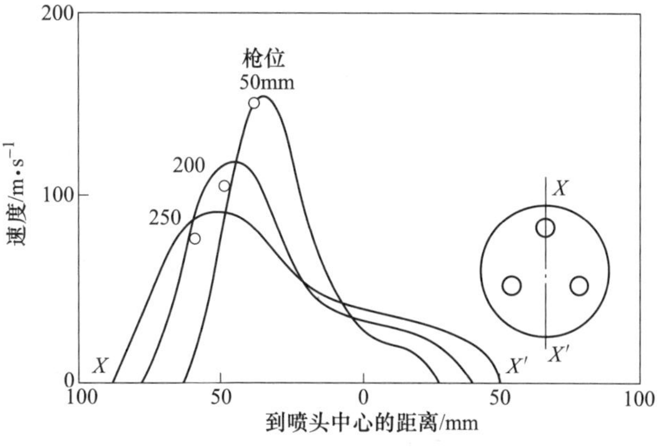

图 4-2 喷头无中心孔的速度分布

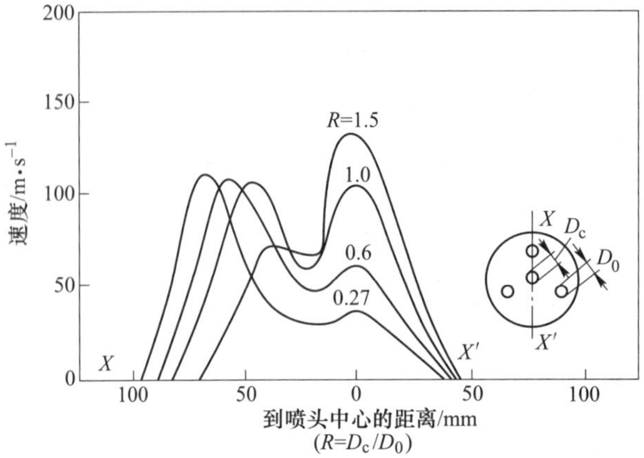

图 4-3　喷头有中心孔的速度分布

b　射流间的相互作用

多孔喷头是从一个喷头流出几股射流，而每一股射流都要从其周围吸入空气。由于各射流围成的中心区域较外围空间小得多，因而使中心区域的压力下降、介质流速增大，从而倾向于各射流互相牵引。其结果使各单独射流的特性参数变为非轴对称性，靠近喷头中心线一侧的速度明显偏高、压力明显偏低，如图 4-4 和图 4-5 所示。

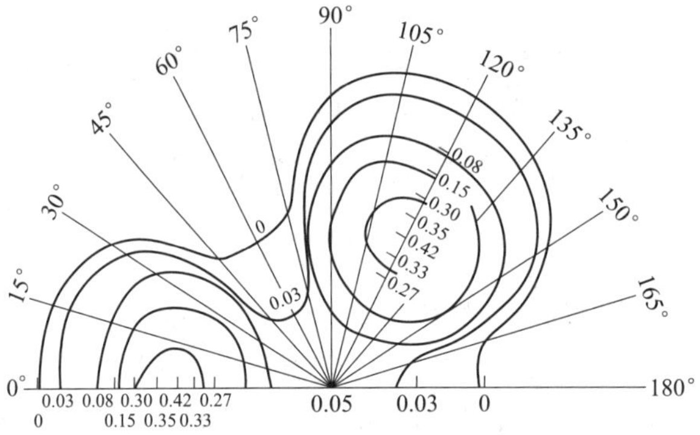

图 4-4　三孔喷头射流的截面压力分布（10^5 Pa）

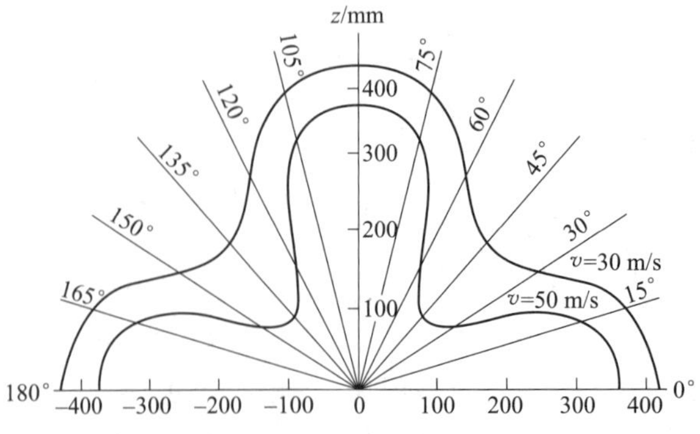

图 4-5　四孔喷头射流的界面速度分布

z—某截面射流到喷头中心线的距离；v—射流流速

喷头上各喷孔间的距离或夹角减小，都会造成流股间相互牵引的增加。一股射流从喷孔喷出后，有一段距离保持射流的刚性，但同时也吸入周围的介质，由于中心区域压力降低，推动了各个流股向中心靠拢。若喷孔夹角越小，则流股靠拢的趋势越明显。当各个流股接触时开始混合，这种混合从中心区边缘向各流股中发展，最后形成多流股汇合。因此，为达到分散氧流的目的，喷孔之间的夹角应合适。国外研究结果表明，喷孔夹角应为15°~18°，这样既能保证流股有一定的冲击力，又能保护炉衬，改善冶金效果和减少喷溅。众多的研究结果表明，喷孔夹角与喷孔数有关，通常采用的是：三孔喷头夹角为9°~12°，四孔喷头夹角为12°~15°，四孔以上喷头的夹角为15°~20°。

另外，增加各喷孔之间的距离与增加喷孔夹角具有使射流分开的同样作用，而且增大各喷孔之间的距离不会降低射流的冲击力。三孔喷头典型的间距为一个喷孔的出口直径（即喷头中心线与各喷孔中心线之间的距离）。

多孔喷头形成的多个流股喷出后，在行进中与周围气流掺混，横截面增大，当各流股外边界互相接触后彼此掺混，从而使流股的行进方向发生偏移，朝着喷头中心轴线一方移动。其偏移程度与喷孔倾角有关，喷孔夹角越小，偏移喷孔几何轴线越严重，如图 4-6 所示。

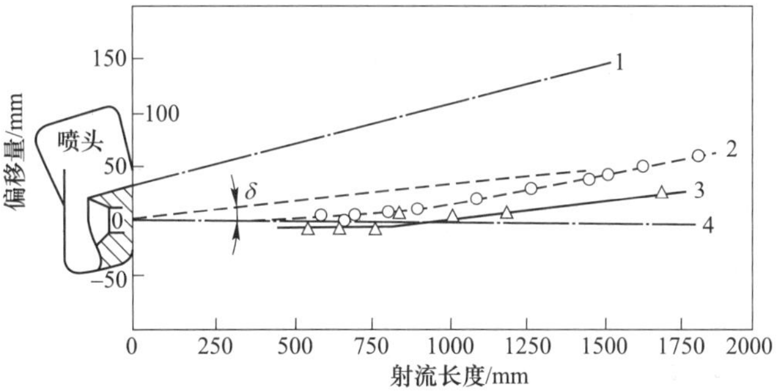

图 4-6 三孔喷头某孔流股偏移情况

1—氧枪喷头轴线；2—8°流股轴线；3—9°流股轴线；4—喷孔几何轴线

δ—流股中心线与喷孔中心线的夹角

C 双流氧枪

双流氧枪是 20 世纪 80 年代开发应用的新型氧枪，其类型如图 4-7 所示（其中，(a)、(b) 称为端部式双流氧枪，(c)、(d) 称为顶端式双流氧枪），它具有主、副两层氧气喷孔。国外设计多倾向于顶端式双流氧枪，其副氧流道喷嘴角通常为 20°~60°，副氧流道离主氧道端面的距离与转炉公称吨位有关，小于 100 t 转炉为 500 mm，大于 100 t 转炉为 1000~1500 mm，甚至高达 2000 mm。喷孔可以是直筒形，也可以是环缝形。但副氧喷孔或环缝必须穿过进出水套管，加工制造及更换较为复杂。

主流道氧气射流供给熔池完成炼钢任务，副流道喷出的氧气将炉膛内的 CO 气体进一步燃烧，同时也将渣中的铁粒氧化，如图 4-8 所示。因此，双流道氧枪可提高转炉的热效率，增加转炉的废钢比，是一种良好的节能设备。二次燃烧对渣中 TFe 含量和炉衬寿命没有影响。

主氧流中心轴线的射流核心区长度、速度衰减规律符合多孔喷头的特征。对于副氧流

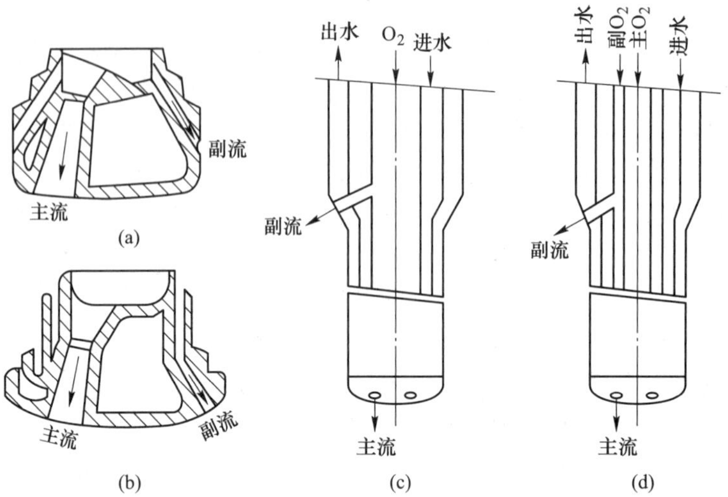

图 4-7 双流道氧枪喷头类型

（a）单流单层双流；（b）双流单层双流；（c）单流双层双流；（d）双流双层双流

流股，由于多流股之间的相互卷吸，且副氧流的出口速度为亚声速，副氧流中各流股的速度也有一定的衰减规律。

4.1.1.2 转炉炉膛内的射流特征

转炉炉膛是一个复杂的高温多相体系，喷吹入炉内的氧气射流离开喷头后，由于炉内周围环境的变化，射流的性质也发生了很大的变化。开吹时，射流与熔池之间的炉内空间充满了热气体，主要是由熔池内排出的 CO 和空气组成。吹炼中期，形成泡沫渣，氧枪淹没在熔渣中吹炼。因此，炉膛内的氧气射流与静止条件下的自由射流存在很大的差异，它是一种具有反向流（CO 气流）、非等温、超声速、轴对称的湍流射流。

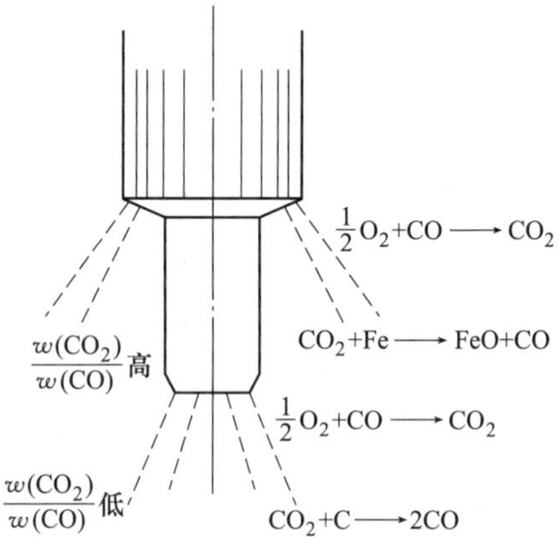

图 4-8 顶端式双流道二次燃烧氧枪

氧气顶吹转炉炉膛内的氧气射流特征大致如下：

（1）在超声速射流的边界层里，除了发生氧与周围介质之间的传质和传动外，还要抽引炉膛内的烟尘、渣滴和金属滴，有时还会受到炉内喷溅的影响，使射流的流速降低并减小其扩张角。

（2）转炉内存在着自下而上流动、以 CO 为主的反向流，它会使氧气射流的衰减加快，这种影响在强烈脱碳期最大，而以一次反应区的阻碍作用最强。

（3）氧气射流自喷嘴喷出时温度很低，而周围介质温度则高达 1600 ℃甚至更高，在两者发生传质的过程中，射流被加热。同时，进入射流中的 CO 和金属滴在射流中要燃烧放热，使射流黑度增大，接受更多的辐射热。氧气射流因被加热而膨胀，使射程和扩张角增大。

（4）氧枪出口处的氧气射流，其密度显著大于周围介质的密度，从而使射流的射程增大，这种密度差将随远离喷孔而迅速减小。

（5）采用多孔喷头时，射流截面及射流与介质的接触面积增大，传输过程加剧。在总喷出量一定时，与单孔喷头相比，其速度衰减和动能衰减都较快，射程较短。另外，每股射流内侧与介质之间的传输过程弱于外侧，因而内侧的衰减较慢，射流横截面上的速度分布不均匀，内侧速度偏高，射流轴心速度相应内移。

综上所述，氧气射流在转炉炉膛内的流动规律与自由射流既有相同的地方，也有重要的不同之处。目前还无法定量描述各种因素对射流性质的影响，因此，对氧气转炉内氧气射流的特点和规律还有待做进一步的探讨。

4.1.2 底吹供气的射流

气体从炉底吹入熔池属于浸没式射流运动，当气体通过浸没式喷嘴流出时，气体在熔池中既可以形成气泡，也可以形成射流。森一美等人实验研究了气体从浸没式喷嘴中流出的情况、形成气泡或射流的特征。他们用氮气从底部吹入水或水银，并用高速摄像机拍摄其流出情况。实验表明，在气体流量小时，气体在喷嘴出口扩大而形成气泡，气泡长大到一定大小后则脱离孔口上浮，他们定义这种现象为鼓泡。当流量达到某一临界值以上时，气流在孔口处不扩大，而是在孔口上形成连续的气体射流进入液体中，他们定义这种现象为浸没射流。

在马赫数为 1 时，发生鼓泡直至射流达到临界值；当气体流速达到声速时，气泡生成频率达到最大；流速大于声速后，气泡生成减少。

液体金属中气泡生成有两种方法：一是利用冶金反应使过饱和溶液析出气体，如熔池中碳氧反应生成的 CO 气体；二是通过喷吹气体来形成气泡。

4.2 气体射流与熔池的相互作用

4.2.1 顶吹氧气射流与熔池的相互作用

在氧气转炉炼钢过程中，氧气射流通过高温炉气冲击在熔池表面或穿入熔池，引起熔池运动，起到机械搅拌的作用。如果搅拌作用强且均匀，则化学反应快、冶炼过程平稳、冶炼效率高。而射流所产生的搅拌作用的强弱、均匀程度取决于射流与熔池的相互作用情况，所以研究氧气射流与熔池之间的相互作用，对于合理制定供氧制度和指导实际生产具有很重要的意义。由于氧气射流对熔池的冲击是在高温下进行的，实际测定有不少困难，目前通常用冷模拟、热模拟进行研究，也有在工业炉内直接进行测定研究的。

4.2.1.1 氧气射流冲击下的熔池凹坑

当氧气射流冲击铁水液面，被冲击的铁水液面受到的冲击力超过了冲击区以外熔池表面承受的压力时，就会把金属液排开而形成凹坑，如图 4-9 所示。凹坑的形状和深度取决于氧气射流到达液面时的界面形状和速度分布；而与液面相遇的射流参数不仅取决于射流的衰减规律，还与射流的出口直径、氧枪高低等有关。

（1）冲击深度。氧气射流对熔池的冲击深度又称为穿透深度，它是指从水平液面到凹坑最低点的距离。冲击深度是凹坑的重要标志，也是确定转炉装入量和操作工艺的重要依据。

国内外不少冶金工作者，根据冷、热模型的研究结果，得出了许多计算氧气射流冲击深度的经验公式。其中，Fllin 公式应用得比较广泛，它主要用来计算单孔氧枪对熔池的冲击深度，公式如下：

$$h = 346.7\frac{p_0 d_t}{\sqrt{H}} + 3.81 \tag{4-4}$$

式中　h——冲击深度，cm；

p_0——滞止氧压，MPa；

d_t——喷头喉口直径，cm；

H——枪位，cm。

对于多孔喷头，式（4-4）应作相应修正。

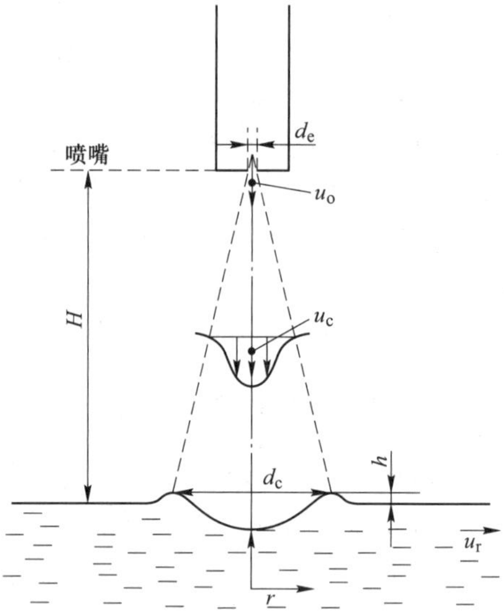

图 4-9　氧气射流与凹坑形状

H—枪位；d_e—出口直径；u_o—出口速度；u_c—中心速度；d_c—凹坑直径；h—凹坑深度；u_r—水平速度分量

（2）凹坑表面积。在冶炼过程中，一般把氧气射流与熔池接触时的流股截面积称为冲击面积。但是，这个冲击面积并不是氧气射流与金属液真正接触的面积，能较好代表氧气射流与金属液接触面积的应是凹坑表面积。凹坑的形状和大小在吹炼过程中的变化是无规律的，凹坑表面积的计算比较困难，目前尚无精确的计算公式。

影响冲击面积的主要因素是操作枪位和滞止压力，而炉气温度对凹坑形状也有影响，如图 4-10 所示。可见随着炉气温度的升高，凹坑冲击深度有所增加。

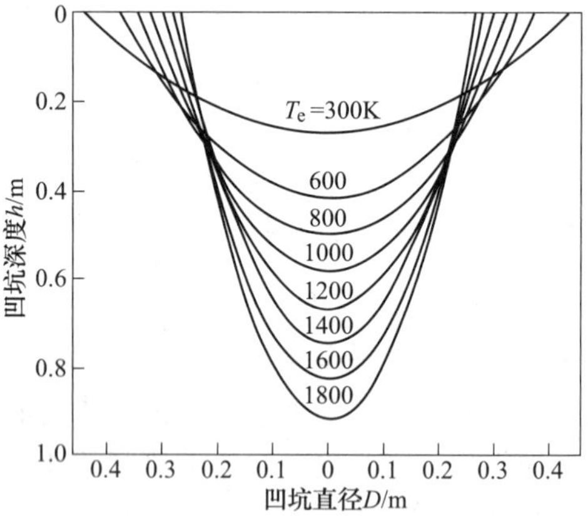

图 4-10　炉气温度 T_e 对凹坑形状的影响

（p_0 = 0.8 MPa，H = 1.6 m，d_t = 5 cm）

（3）冲击区的温度。氧气射流作用下的金属熔池冲击区（即凹坑区），也称火点区，是熔池中的温度最高区，其温度可达 2200～2600 ℃，界面处的温度梯度高达 200 ℃/mm。冲击区的温度决定于氧化反应放出热量的多少以及因熔池搅动而引起的传热速度。供氧增加，元素氧化放热增多，冲击区温度升高；加强脱碳和增强熔池搅拌，使热交换过程加速、冲击区温度降低。在吹炼过程中，熔池中的温度分布是很不均匀的，特别是在吹炼后期，靠近炉壁及炉底处钢液的温度比熔池中部低 30～100 ℃。

4.2.1.2　熔池的运动

在氧气射流的作用下，熔池将受到搅拌作用，产生上涨、飞溅、环流和振荡等几种运动，氧气射流和液面相遇时的射流参数不同，熔池的运动状态也不同。图 4-11 和图 4-12

分别为使用单孔喷枪和多孔喷枪时熔池的运动情况。

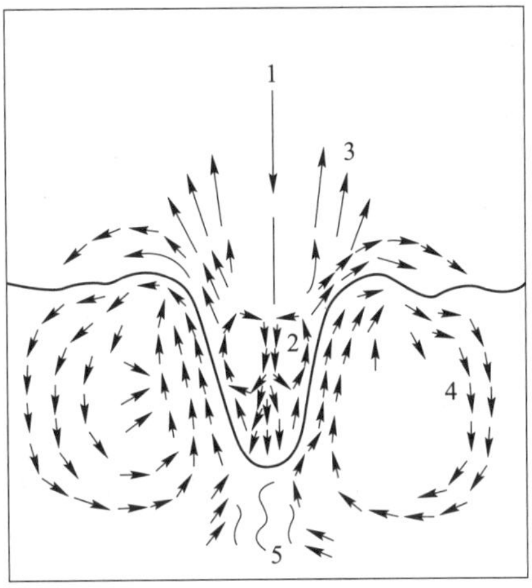

图 4-11 使用单孔喷枪时熔池的运动情况
1—氧气射流；2—氧流流股；3—喷溅；
4—钢水的运动；5—停滞区

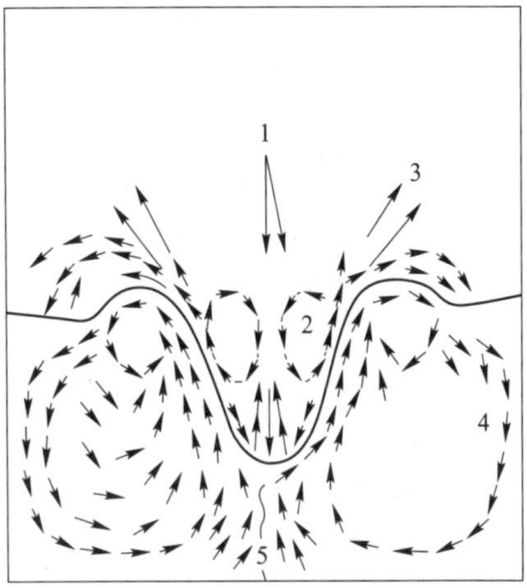

图 4-12 使用多孔喷枪时熔池的运动情况
1—氧气射流；2—氧流流股；3—喷溅；
4—钢水的运动；5—停滞区

A 熔池搅拌的能量

在氧气顶吹转炉中，引起熔池运动的能量主要有：（1）氧气射流的动能直接传给熔池；（2）在氧气射流作用下，发生碳氧反应生成的 CO 气泡提供的浮力；（3）由于温度差和浓度差引起的少量对流运动。

因此，熔池搅拌运动的总功率（kW/t）是这些能量提供的总功率之和，即：

$$N_{\Sigma} = N_{O_2} + N_{CO} + N_{T\cdot C} \tag{4-5}$$

a 氧气射流提供的功率 N_{O_2}

氧气射流与熔池相遇处，按非弹性体的碰撞进行研究。在一般情况下，氧气射流的动能消耗有：

（1）搅拌熔池所消耗的能量 E_1，约为初始动能的 20%；（2）克服炉气对射流产生的浮力 E_2，占 5%~10%；（3）射流冲击液体、非刚性碰撞时的能量消耗 E_3，为 70%~80%；（4）把液体破碎成液滴时的表面生成能量 E_4；（5）供给反射流股的能量 E_5。其中，E_4、E_5 很小，约为氧流初始动能 E_0 的 3%。

假定把氧气看成理想气体，则 E_0(kJ/kg) 可用下式计算：

$$E_0 = \frac{k}{k-1} RT_0 \left[1 - (p_1/p_0)^{\frac{k-1}{k}}\right] \tag{4-6}$$

式中 T_0，p_0——氧气进口处的温度和压力；

R——氧气气体常数，26.49 m/(kg·K)；

p_1——氧气出口处的压力；

k——氧气绝热指数，取 1.4。

由于氧气射流用于搅拌熔池的能量只有初始动能的 20%，故：

$$N_{O_2} = 0.2E_0 W_{O_2} \tag{4-7}$$

式中 W_{O_2}——每吨金属消耗氧气的质量流量，kg/(s·t)。

b　CO 气泡提供的搅拌功率 N_{CO}

氧气射流进入熔池将发生碳氧反应，产生大量 CO 气泡。一般认为，CO 气泡搅拌熔池的能量等于气泡上浮过程中浮力所做的膨胀功，可用下式计算：

$$N_{CO} = [p_e VT\ln(1 + h'\rho_m/p_0)]/273 \tag{4-8}$$

式中　V——标态下单位时间内生成的 CO 气泡体积；

T，ρ_m——金属液的温度和密度；

p_e——炉内液面压力；

p_0——供氧压力；

h'——气泡生成处金属液层厚度，可近似为 $h/2$；

h——熔池深度。

有人通过测算和比较 N_{O_2} 和 N_{CO} 后指出：在顶吹氧气转炉吹炼过程中，用于熔池搅拌的能量主要来自碳氧反应产生的 CO 气体，氧气射流的贡献并不大。因此，顶吹转炉的缺点是吹炼前期和吹炼末期熔池搅拌不足，熔池内成分和温度分布不均匀，原因在于此时产生 CO 气泡的数量有限。

B　熔池的运动形式

当氧气射流动能较大，即高氧压或低枪位“硬吹”时，射流的运动情况如图 4-13（a）所示。此时，射流的冲击深度深，射流的边缘部分会发生反射和液体的飞溅，射流的主要部分则深深地穿透在熔池中。在这种情况下，射流卷吸周围的液体，并把它破碎成小液滴，小液滴被氧气射流带动向下运动，射流里的氧和能量传给小液滴，小液滴在熔池里运动成为氧和能量的传递者。射流在穿透熔池的运动中，虽然大部分气体溶于液体，但仍有部分气体被液体反作用力破碎成气泡，这些被氧化的液滴和气泡继续向下运动，参与熔池的循环运动。研究表明，在氧枪下面的射流中心区，液体向下运动；射流产生的凹坑周围，由于气泡上浮使液体向上运动；而靠近炉壁区，液体向下运动，使整个熔池处于强烈的搅拌状态。

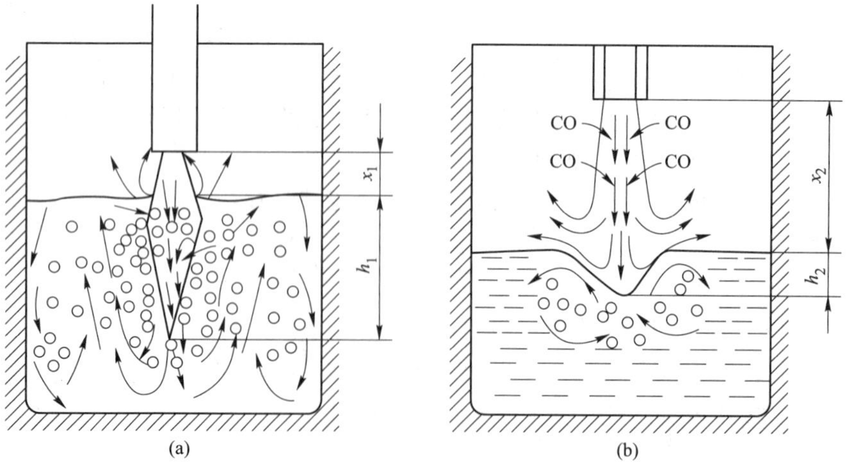

图 4-13　熔池运动示意图

（a）硬吹；（b）软吹

x—枪位；h—冲击深度

当氧气射流动能较小，即吹炼前期采用低氧压或高枪位“软吹”时，射流的运动情况如图 4-13（b）所示。此时，射流的冲击深度浅，射流将液面冲击成表面光滑的浅凹坑，氧流股沿着凹坑表面反射并流散开来，反射流股仅仅是以摩擦的作用引起液体的运动，熔池中靠近凹坑的液体向上运动，远离凹坑的液体向下运动，熔池搅拌不强烈。

在氧气射流冲击液面形成凹坑时，由于凹坑形状是不断变化的，因而熔池内的运动形式也有变化。软吹时沿流股中心形成两个循环区，硬吹时形成四个循环区。同时由于射流和凹坑的不稳定，还会在熔池内产生振荡运动，其运动形式如图 4-14 所示。

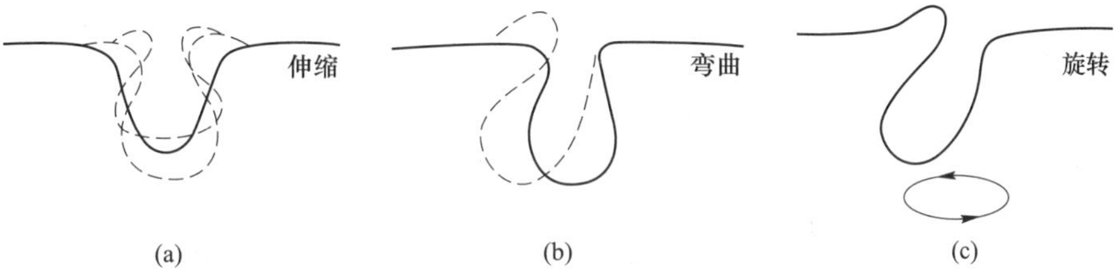

图 4-14　熔池的振荡运动

4.2.1.3　熔池与射流之间的相互破碎与乳化

在氧气转炉吹炼过程中，有时炉渣会起泡并从炉口溢出，这就是吹炼过程中发生的典型的乳化和泡沫现象。由于氧气射流对熔池的强烈冲击和 CO 气泡的沸腾作用，使熔池上部金属、炉渣和气体三相剧烈混合，三相之间的接触面积大大增加，从而使冶炼过程快速进行。

乳化的概念是指金属液滴或气泡弥散在炉渣中，若液滴或气泡数量较少而且在炉渣中自由运动，这种现象称为渣钢乳化或渣气乳化；若炉渣中仅有气泡而且气泡数量少，气泡无法自由移动，这种现象称为炉渣泡沫化。由于液滴或气泡也能进入金属熔体中，因此转炉中还存在着金属熔体中的乳化现象。转炉内发达的乳化和泡沫状态，如图 4-15 所示。

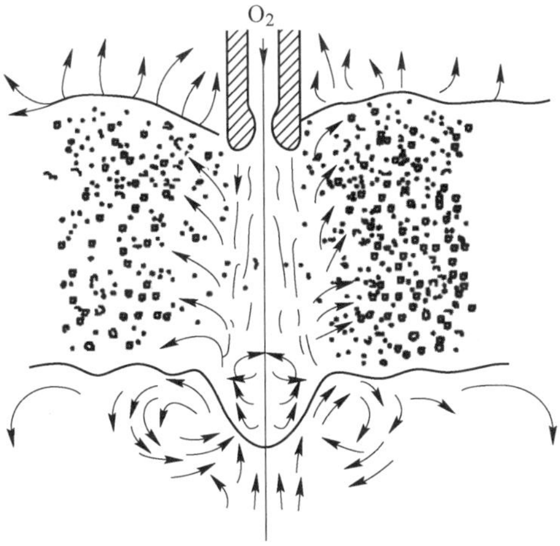

图 4-15　转炉内的乳化现象示意图

金属与炉渣间的乳化是金属与炉渣互相掺混和弥散的过程。有关研究资料表明，促使金渣乳化形成和稳定的因素有：适当提高黏度，炉渣中存在稳定的固体质点，降低金-渣之间的界面张力和创造稳定的吸附膜。研究结果还表明，增大炉渣黏度，使金属液滴在炉渣中的沉降速度大为减小，因而使乳化的稳定性提高；固体质点附着在金属液滴和气泡表面时，可以阻碍乳化液的破坏；增加渣中 FeO、SiO_2、P_2O_5 等表面活性物质，可使金-渣界面张力降低，有利于金属液和炉渣间互相掺混和弥散，实现乳化液的形成和稳定。

渣钢乳化是冲击坑上沿流动的钢液被射流撕裂成金属液滴所造成的。通过对 230 t 顶吹转炉乳化液的取样分析，发现其中金属液滴比例很大；吹氧 6~7 min 时占 45%~80%，10~12 min 时占 40%~70%，15~17 min 时占 30%~60%。可见，吹炼时金属与炉渣密切相混。

在氧气转炉炼钢中，金属液滴的大小和成分对精炼效果起重要作用。研究表明：由于金属液滴的比表面积大，且金属液滴中的氧含量较高，因此金属液滴比金属熔池的脱碳、脱磷、脱锰更有效。金属液滴尺寸越小，脱除量越大。而金属液滴的硫含量却大于金属熔池，金属液滴尺寸越小，硫含量越大。

由上可见，乳化液、泡沫渣操作对转炉精炼的重要性，转炉虽不是一个脱硫的好工具，却是脱碳、脱磷的好工具。只要在保持吹炼平稳的前提下，大力发展乳化液、泡沫渣操作，就能快速去磷、去碳，满足冶炼不同钢种的要求。

4.2.1.4 氧气射流对熔池的化学作用

进入熔池的高速氧气射流是如何将氧传给金属和炉渣，从而进行杂质氧化反应的呢？

A 杂质的氧化方式

杂质的氧化方式有直接氧化和间接氧化两种。直接氧化是指氧气射流和金属作用时，气体氧直接与金属中的杂质进行反应。间接氧化是指气体氧先与铁发生反应，待生成氧化亚铁（FeO）以后再与其他杂质进行反应。

按直接氧化方式，在氧气射流与熔池作用区的表面上、悬浮于作用区的金属液滴表面上、作用区周围的氧气泡表面上以及氧气能直接接触的表面上，气体氧均可与金属中的 Fe、C、Si、Mn、P 等元素直接发生作用，反应趋势的强弱取决于各种元素氧化反应的自由能差值的大小。

按间接氧化方式，在上述氧气与金属接触的表面上，氧首先与铁结合生成 FeO，然后 FeO 扩散到熔池内部并溶于金属中，C、Si、Mn、P 等元素与溶于金属中的氧发生作用。反应式如下：

$$(FeO) = [O] + Fe$$

$$2[O] + [Si] = (SiO_2)$$

$$[O] + [Mn] = (MnO)$$

$$5[O] + 2[P] = (P_2O_5)$$

$$[O] + [C] = \{CO\}$$

$$2[O] + [C] = \{CO_2\}$$

另外，也有人把反应式写为杂质和（FeO）在渣钢界面上反应。

B 在氧气射流作用下的熔池传氧机理

当高速氧气射流进入熔池后，射流周围凹坑中的金属表面以及卷入射流中的金属液滴表面被氧化成 FeO（从凹坑处取样分析，发现该处金属主要为铁的氧化物，大部分为 FeO，可达 85%~98%），一部分（FeO）与射流中的部分氧直接接触可以进一步氧化成 Fe_2O_3。载氧液滴随射流急速前进，参与熔池的循环运动，将氧传给金属成为重要的氧的传递者。与此同时，在金属液和炉渣界面上可以发生 Fe_2O_3 的还原反应，将氧传给金属和进行杂质元素的氧化反应。

此外，射流被熔池的反作用击碎产生的氧气气泡除参与熔池的循环运动外，有一部分直接被金属液吸收，与熔池中杂质发生反应；射流中的部分氧直接与炉渣接触，也会将氧直接传给炉渣。反应式如下：

$$\{O_2\} = 2O_{吸附} = 2[O]$$

$$[O] + [C] = \{CO\}$$

$$2[O] + [Si] = (SiO_2)$$

$$[O] + [Mn] = (MnO)$$

$$\frac{1}{2}\{O_2\} + 2(FeO) = (Fe_2O_3)$$

综上所述，吹入熔池的气体氧溶解于金属中，可成为熔渣的组元，又可同熔池中的杂质元素发生反应。

实际传氧过程很难严格区分是直接氧化方式还是间接氧化方式，应该说两者是同时存在的，只是随供氧条件不同，各自所占的比例不同而已。

目前大多数人认为，在顶吹氧气转炉中是以间接氧化方式为主。理由是：

（1）氧流是集中于作用区附近，而不是高度分散在熔池中。

（2）作用区附近温度高，使硅和锰对氧的亲和力减弱。

（3）从反应动力学角度看，熔池中的碳向氧气泡表面传质的速度比化学反应速度慢，并且在氧气同熔池接触的表面上大量存在的是铁原子，所以应当首先和铁结合成 FeO。

（4）当碳的氧化处于稳定状态时，有下列关系存在：氧和碳向单位界面的扩散传质流应相等，即：

$$q_{O_2} = q_C = \beta_C \cdot \Delta w[C]$$

$$\Delta w[C] = \frac{q_{O_2}}{\beta_C}$$

式中 q_{O_2}——通过单位界面的氧气的扩散流；

q_C——通过单位界面的碳的扩散流；

β_C——碳的传质系数；

$\Delta w[C]$——金属内部与反应表面之间碳的浓度梯度。

氧流速度很小时（< 4 m/s），q_{O_2}、$\Delta w[C]$ 值均不大，碳在反应表面附近的活度与在金属内的活度几乎相等（$\Delta a_C \approx \Delta w[C] \to 0$），此时杂质氧化的限制性环节是供氧速度，在金属表面上不会形成氧化膜，所以前面提到的部分被击碎射流产生的氧气气泡进入熔池，由于气泡的运动速度很小，因此氧气直接氧化杂质是可能的。

当氧气射流运动速度很大时，q_{O_2}很大，故 $\Delta w[C]$ 很大，此时碳从金属内部向反应表面的扩散过程成为碳氧化过程的限制性环节，而其他杂质元素的传质系数比碳还要低。因此，在 q_{O_2} 很大时，任何杂质都来不及到达反应表面时氧已经和界面上的铁发生反应。此时，金属表面被一层 FeO 或 Fe_2O_3 薄膜覆盖，在这种情况下，杂质的氧化必然是间接氧化。实验室的研究表明，氧气在与金属相遇处的速度大于 4 m/s 时就产生氧化膜。

C　炉渣的氧化作用

在炼钢炉内，熔渣中的（FeO）和氧化性气体接触时被氧化成高价氧化物；除了氧气以外，CO_2 也可使低价氧化铁氧化。而在与金属接触时，高价氧化铁又被还原成低价氧化铁。所以气相中的氧可通过熔渣层传递给金属熔池，其过程如图 4-16 所示。在电炉氧化期和顶吹氧气转炉低氧压或高枪位操作时，都具有这种传氧特征。

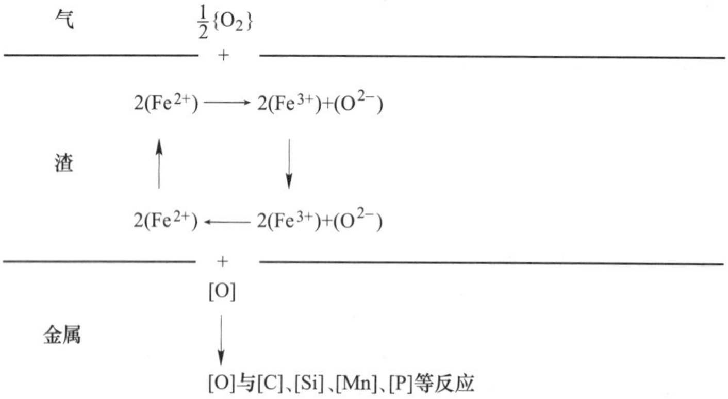

图 4-16　炉渣传氧示意图

当这个传氧过程达到平衡时，金属中的氧含量由熔渣的氧化性确定。

应该指出，顶吹氧气转炉中氧流下面的高温反应区内，氧流可以直接和金属液相作用，形成一层氧化膜，但很快被高速气流排除。在这种情况下，炉渣不再是传氧的媒介。

4.2.2　底吹气体对熔池的作用

4.2.2.1　浸没式射流的行为特征

从底部喷入炉内的气体，一般属亚声速气流。气体喷入熔池的液相内，除在喷孔处可能存在一段连续流股外，喷入的气体将形成大小不一的气泡，气泡在上浮过程中将发生分裂、聚集等情况而改变气泡的体积和数量。特克多根描述了垂直浸没式射流的特征，提出如图 4-17 所示的定性图案。他认为：在喷孔上方较低的区域内，由于气流对液滴的分裂作用和不稳定的气-液界面对液体的剪切作用，使气流带入的绝大多数动能都消耗掉了，射流中的液滴沿流动方向逐渐聚集，直至形成液体中的气泡区。

肖泽强等人在底吹小流量气体的情况下描述了底吹气体的流股特征，如图 4-18 所示。他们认为：气流进入熔池后立即形成气泡群而上浮，在上浮过程中形成湍流扰动，全部气泡的浮力都驱动金属液向上流动，同时也抽吸周围的液体。液体的运动主要依靠气泡群的浮力，而喷吹的动量几乎可以忽略不计。因此，在熔池内垂直方向上的液体速度 v_z(m/s) 与流量有关，在气体流量为 0.05~0.30 m^3/min 时，其关系为：

$$v_z = 0.97Q^{0.238} \tag{4-9}$$

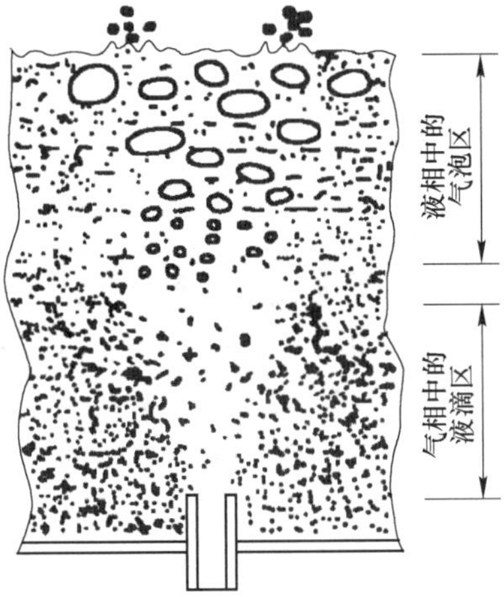

图 4-17 浸没射流的碎裂特征

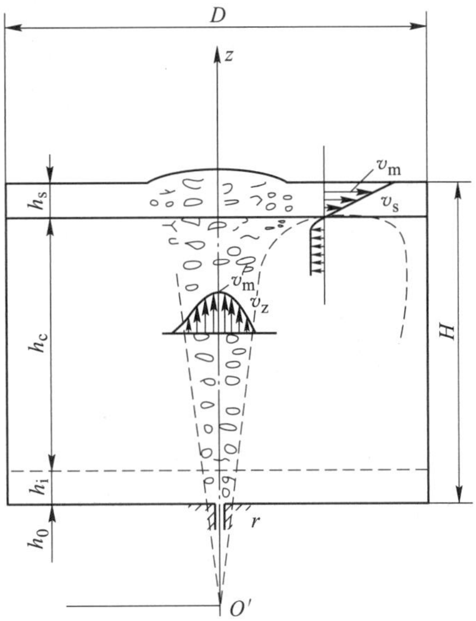

图 4-18 气体喷吹搅拌时的流股特征

D—熔池直径；H—距熔池底的高度；h_i—钢液初始气泡段；h_c—中心钢液气泡段；h_s—钢渣气泡段

4.2.2.2 底吹气体对熔池的搅拌

从底部吹入熔池的气体对熔池产生搅拌作用，气体对熔池所做的功有以下四个方面。

（1）气体在喷嘴附近由于温度升高引起体积膨胀而做的膨胀功 W_1：

$$W_1 = \int_{V_e}^{V_1} p\mathrm{d}V = \int_{T_e}^{T_1} nR\mathrm{d}T = nR(T_1 - T_e) \tag{4-10}$$

式中 V_e，V_1——出口温度和熔池温度下的气体体积；

p——出口气体压力；

T_e，T_1——出口温度和熔池温度；

n——单位时间吹入气体摩尔数；

R——气体常数。

（2）气泡在上浮过程中所做的浮力功 W_2：

$$W_2 = \int_0^H V_g \rho_1 g\mathrm{d}h = -\int_{p_1}^{p_2} \frac{nRT_1}{p}\mathrm{d}p = nRT_1 \ln\frac{p_1}{p_2} \tag{4-11}$$

式中 ρ_1——钢液密度；

V_g——气体体积；

$\rho_1 g\mathrm{d}h$——经过距离 $\mathrm{d}h$ 后的压力变化 $\mathrm{d}p$；

p_1，p_2——静压和大气压。

（3）喷吹气体流股的动能做功 W_3：

$$W_3 = \frac{1}{2}\rho_g V_g v^2 = \frac{nRT_e}{p_e}\left(\frac{1}{2}\rho_g v^2\right) \tag{4-12}$$

式中 ρ_g——气体密度；

T_e，p_e，v——气体出口处的温度、压力和速度。

（4）气体喷出时残余静压力使气体膨胀做功 W_4：

$$W_4 = \int_{V_0}^{V_1} p\mathrm{d}V = nRT_e \ln \frac{p_e}{p_1} \tag{4-13}$$

式中 V_0——出口处气体体积。

由此可知，气体对熔池做的功是上述各项之和，即：

$$W = nR\left[(T_1 - T_e) + T_1 \ln \frac{p_1}{p_2} + \frac{T_e}{P_e}\left(\frac{1}{2}\rho_g v^2\right) + T_e \ln \frac{p_e}{p_1}\right] \tag{4-14}$$

由于气体动能很大一部分消耗在喷孔，气体流股具有的动能在喷孔附近急剧衰减，能对液体做功的功率只有5%左右。同样，气体膨胀功和静压力功也只在喷孔附近作用，故只对喷孔附近的液体产生搅拌作用，而对熔池搅拌起主要作用的则是浮力功。

为了使用方便，通常用气体体积流量 Q 来代替 n，并用搅拌能密度 ε 来表示气体的搅拌功率：

$$\varepsilon = W/M_1 \tag{4-15}$$

式中 M_1——液态金属的质量，t。

如果铁液密度为7000 kg/m^3，Q 的单位为 m^3/min（标态），$p_1 = p_2 + \rho_1 gh$，则底吹气体对铁液的搅拌能密度为：

$$\varepsilon_B = \frac{6.18QT_1}{M_1}\left[\left(1 - \frac{T_e}{T_1}\right) + \ln\left(1 + \frac{H}{1.46 \times 10^{-5} p_2}\right) + \frac{T_e}{T_1 p_e}\left(\frac{1}{2}\rho_g v^2\right) + \frac{T_e}{T_1} \cdot \ln \frac{p_e}{p_1}\right] \tag{4-16}$$

关于 ε_B 的表达式，由于各研究者考虑的熔池搅拌功率不同，推导出的表达式也有差异。

4.2.2.3 气泡对喷孔的影响

喷入熔池内的气体分散形成气泡时，残余气袋在距离喷孔相当于喷孔直径2倍的距离处，受到液体的挤压而断裂，气相内回流压向喷孔端面，这个现象称为气泡对喷孔的后坐，图4-19为这种现象的示意图。

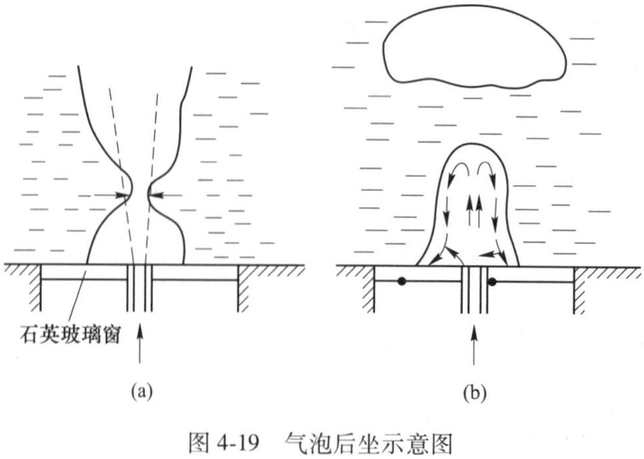

图4-19 气泡后坐示意图

池田隆果研究测定出气泡后坐力可达1 MPa。李远洲经测定和分析认为：这样大的反推力包括气体射流的反作用力和后坐力两部分，实际后坐力只有0.01~0.024 MPa，但后坐的氧化性气体对炉衬仍有很大的破坏作用。由此可见，气泡后坐现象不论是后坐力还是氧化性气氛，都可能对炉衬和喷孔的损坏带来不良影响。目前的研究认为，采用缝隙型和多金属管型底吹供气元件能有效地消除后坐现象。

4.2.3 复合吹炼气体对熔池的搅拌

在转炉复吹供气时，有效地把熔池搅拌和炉渣氧化性统一起来。顶吹氧枪承担向熔池供氧的任务，而底吹气体则发挥搅拌熔池的作用。在转炉复合吹炼中，熔池的搅拌能由顶吹和底吹气体共同提供。不同研究者得到的搅拌能计算公式略有不同，Nakanishi 等人的研究结果如下：

$$\varepsilon_T = \frac{0.0453 Q_T D v^2 \cdot \cos^2\theta}{mH} \tag{4-17}$$

$$\varepsilon_B = \frac{28.5 T Q_B}{m} \cdot \lg\left(1 + \frac{h}{1.48}\right) \tag{4-18}$$

综合考虑供氧后生成的 CO 气体引起的体积增加，故复合吹炼时引入系数 2，即：

$$\varepsilon_{TB} = 2(\varepsilon_T + \varepsilon_B) \tag{4-19}$$

式中 ε_T，ε_B，ε_{TB}——顶吹、底吹和复合吹炼的搅拌能，W/t；

Q_T，Q_B——顶吹和底吹的气体流量，m^3/min；

m——熔池液体质量，t；

h——熔池深度，m；

D，H——氧枪喷孔直径和氧枪高度，m；

θ——氧枪喷孔夹角，(°)；

v——氧枪喷头出口处的氧气流速，m/s；

T——熔池温度，K。

Tomokatsu 等人研究认为，顶吹气体提供的能量一部分消耗于熔池液面变形和喷溅等，而用于搅拌熔池的能量只有顶吹能量的 10%。其计算公式为：

$$\varepsilon_T = \frac{0.623 \times 10^{-5} Q_T^3 M \cdot \cos\theta}{V n^2 d^3 H} \tag{4-20}$$

$$\varepsilon_B = \frac{6.18 Q_B T}{V}\left[\ln\left(1 + \frac{\rho h}{p \times 10^{-5}}\right) + \left(1 - \frac{T_g}{T}\right)\right] \tag{4-21}$$

$$\varepsilon_{TB} = 0.1\varepsilon_T + \varepsilon_B \tag{4-22}$$

式中 ε_T，ε_B，ε_{TB}——顶吹、底吹和复合吹炼的搅拌能，W/m^3；

M——气体的摩尔质量；

V——熔池内液体体积，m^3；

n，d——氧枪的喷孔数和喷孔直径，m；

p——氧气压力，Pa；

T_g——氧气温度，K；

ρ——熔体密度，kg/m^3。

思考题

4-1 多孔喷头射流间的相互作用是如何产生的，对氧枪设计有何影响?

4-2 转炉炉膛内的射流特征是怎样的?

4-3 氧气顶吹转炉搅拌熔池的能量由哪几部分组成，由此如何优化转炉熔池的搅拌?

4-4 什么是硬吹，什么是软吹，对冶炼过程有何影响?

4-5 氧气转炉生产效率高的原因是什么?

4-6 氧气转炉传氧的方式有哪些?

4-7 浸没式射流的行为特征如何描述?

4-8 什么是气泡后坐，有何危害?

5 转炉炼钢设备

5.1 转炉炼钢厂的车间组成

炼钢生产在钢铁联合企业中处于中间环节，以上道工序（炼铁厂）提供的铁水以及回收废钢为主原料，经过冶炼及浇铸后，生产的铸坯供给轧钢车间轧制成材，所以炼钢厂的设计和生产直接影响着整个钢铁联合企业的生产能力和经济效益。

图 5-1 为某转炉炼钢厂的车间组成示意图，图 5-2 为该钢厂断面图。转炉炼钢厂主要由以下系统构成：

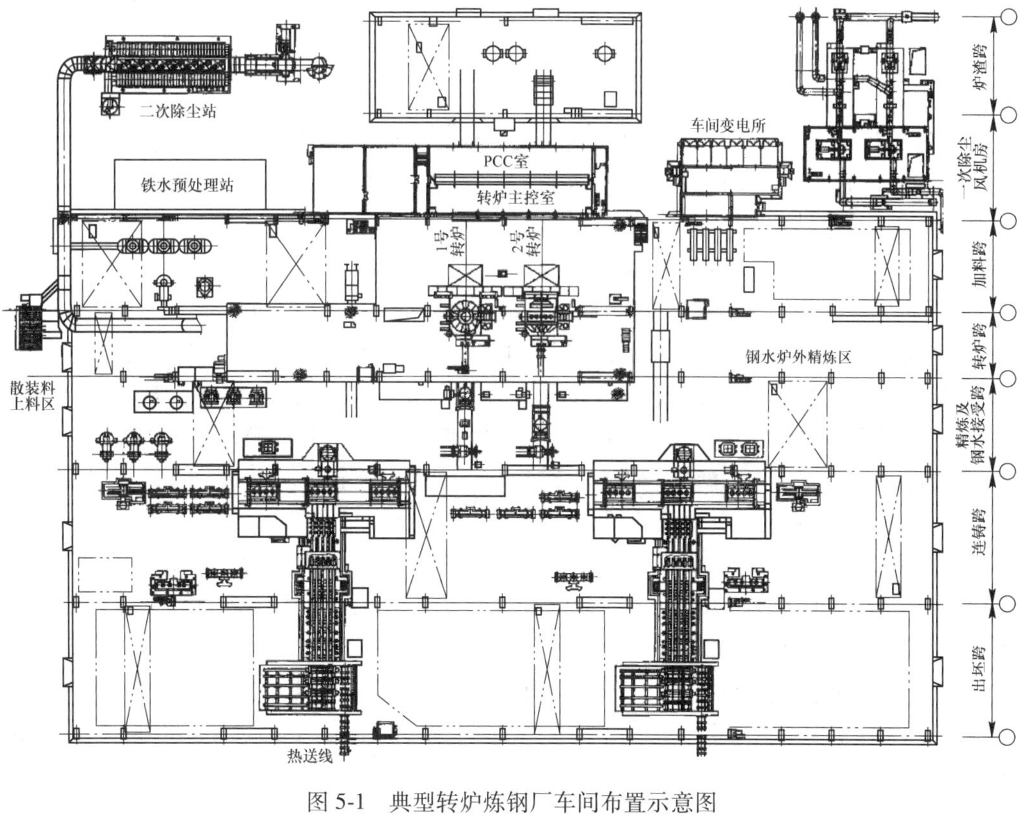

图 5-1 典型转炉炼钢厂车间布置示意图

（1）原料供应系统，即铁水、废钢、铁合金及各种原料的贮存和运输系统；

（2）铁水预处理系统；

（3）氧气转炉吹炼系统；

（4）钢水精炼系统；

（5）钢水浇铸系统；
（6）供气供水供电系统；
（7）烟气净化与煤气回收系统。

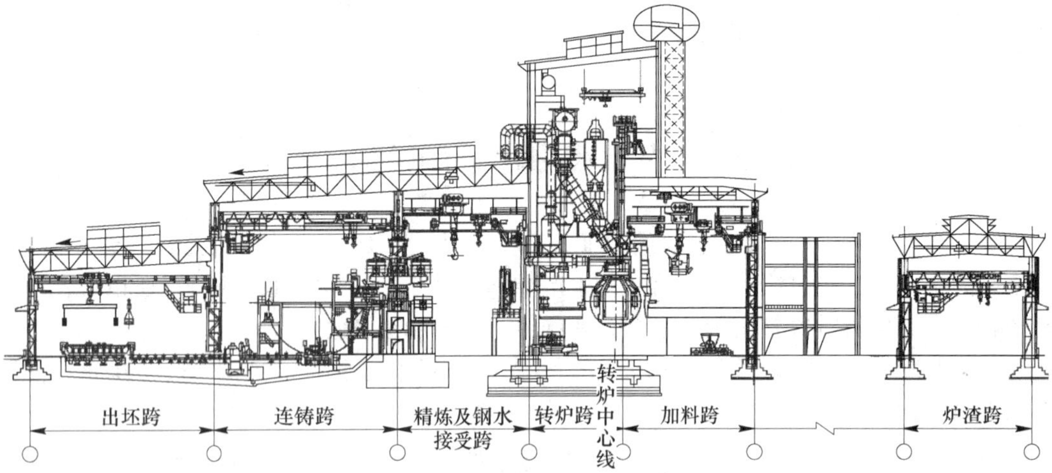

图 5-2 典型转炉炼钢厂断面图

转炉炼钢厂由主体车间、辅助跨间和公辅设施组成。炼钢的各主要作业是在主体车间及辅助跨间内完成的，公辅系统向主体车间提供各种能源介质，以及除尘、煤气及蒸汽回收等，以确保生产顺利地进行。

5.1.1 主体车间

主体车间又称为主厂房，是由加料跨、转炉跨、精炼及钢水接受跨、连铸跨、切割跨、出坯跨等跨间组成，它要完成铁水的供应和预处理、铁水和废钢加料、吹氧冶炼、散装料（造渣料、铁合金和冷却剂）加料、出钢、出渣、钢水精炼、钢水浇铸、铸坯切割以及输送、铸坯堆存冷却或直送轧钢车间、烟气净化与煤气回收、蒸汽回收等任务，所以是炼钢车间的主体和核心部分。主体车间各跨间的作业面积大、劳动条件好，起重机及物料运输线的专用化程度高，根据钢种品质的需要配置有相应的冶炼和精炼设备，并根据处理流程设置在适当的位置以确保整个工艺流程和物流的顺畅，促进车间生产能力的提高。

转炉炼钢车间按生产规模不同，选择相匹配的转炉和精炼炉的容量和座数，车间可分为大型、中型、小型三类。目前，我国年产钢量在 200 万吨以下的为小型车间，年产钢量在 400 万吨以上的为大型车间。

5.1.2 辅助跨间

辅助跨间主要用于支撑主体车间正常运转所需的设备维护、原材料、耐火材料等的准备，包括废钢的堆存与配料、钢渣的转运或一次冷却、钢水罐或铁水罐的维修、钢水浇铸前的中间罐等设备及材料的准备、连铸设备维修和铸坯的精整、铸坯堆存库、备品备件的贮存等。

5.1.3　公辅设施

公辅设施包括炼钢所需的石灰、白云石、铁合金等辅助原料的贮存与输送，以及机械维修、制氧、供水、供配电、空压站等系统，还包括钢渣的处理、能源介质（氧气、氮气、氩气、煤气、蒸汽、水等）供应管网、一次除尘系统、环境除尘系统、煤气回收系统、蒸汽回收系统、检化验设施、电讯设施等系统。

总之，转炉炼钢厂的车间布置应根据生产规模、转炉和精炼炉的吨位和座数、原材料供应情况、产品品种质量的要求以及车间的地形和选用的作业系统特点等综合考虑，力求有利于保证钢种质量、提高生产率、劳动条件人性化、减少污染、简化工艺流程、减少占地面积和节约投资。

5.2　转炉炼钢设备

转炉炼钢主要由 4 大系统组成，即：提供炼钢所需金属料和造渣材料的供料系统；作为炼钢容器的炉子系统；提供炼钢所需氧气、氮气和底部搅拌气体的供气系统；对转炉冶炼过程中产生的高温烟气进行降温和除尘处理，并回收烟气余热和煤气的烟气处理系统。

5.2.1　供料系统

转炉原材料的供应包括铁水、废钢、造渣剂、冷却剂以及铁合金等材料的装载、贮存、转运和加料。

5.2.1.1　铁水供应

目前，向转炉供应铁水主要有以下三种方式。

（1）混铁炉供应铁水方式：高炉铁水→铁水罐车→混铁炉→铁水罐→转炉。混铁炉可以起到均匀铁水成分和温度的作用，并能缓冲高炉与转炉之间的铁水供应，图 5-3 为混铁

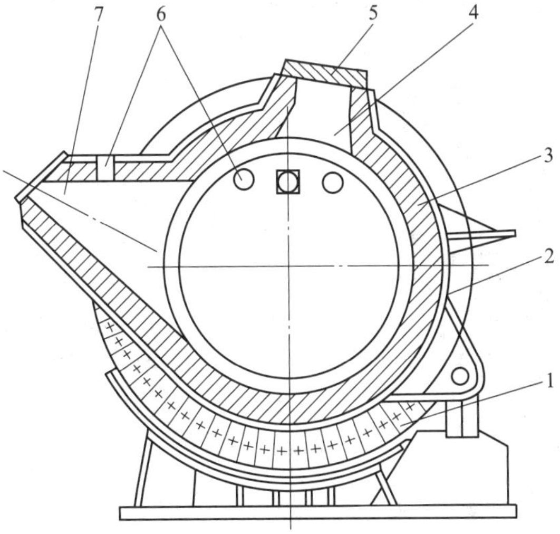

图 5-3　混铁炉示意图

1—胎环-托棍传动系统；2—炉壳；3—炉体；4—装铁水口；5—炉盖；6—烧嘴；7—出铁水口

炉示意图。混铁炉投资大，燃气和耐材消耗高，运行费用高，作业环境差，铁水热损失大，铁水收得率低，近年来该工艺已逐步被淘汰。该方式适合于小型高炉向小型转炉提供铁水，新建的大中型转炉车间已不再采用这种铁水供应方式。

（2）混铁车供应铁水方式：高炉铁水→混铁车→铁水罐→转炉。混铁车也被称为鱼雷罐车，如图 5-4 所示。这种供应方式的优点是投资省、铁水温降小和较好的生产环境，适合于大型高炉向大型转炉（100 t 以上）供应铁水。

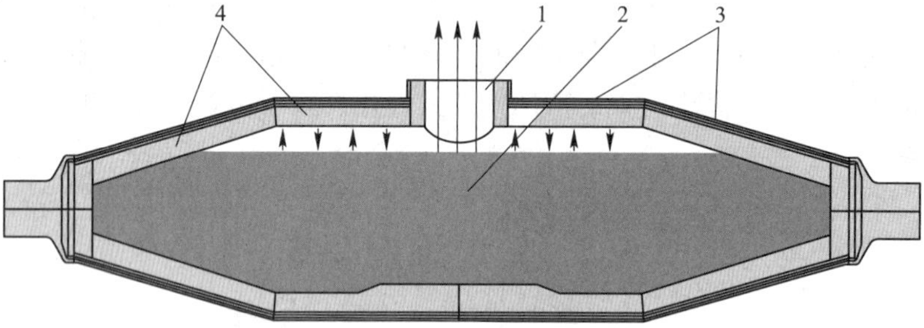

图 5-4 鱼雷罐示意图

1—罐口；2—铁水；3—罐壳表面；4—耐火衬内表面

（3）铁水罐供应铁水方式：高炉铁水→铁水罐→转炉。该方式也称为“一罐到底”或“一罐制”，是近年来钢铁行业铁-钢界面开发的一种全新的铁水供应技术。铁水从高炉产出、运输，到最后兑入转炉，均使用同一个铁水罐（见图 5-5），由于中途不使用混铁炉或混铁车，铁水不需要再进行二次折兑，避免了折兑造成的铁水温降、铁水飞溅的金属损失和环境污染，同时节约了混铁炉等相关设备的运行费用，从而可取得显著的经济效益。

5.2.1.2 废钢供应

向转炉供应废钢一般采用废钢料槽方式，其流程为：电磁起重机-电磁盘装槽→桥式废钢加料起重机+废钢料槽→兑入转炉。此种方式的装入速度较快，可以使废钢料槽前端伸入转炉炉口内，实现了废钢料准确、快速地兑入转炉内。图 5-6 为废钢料槽设备图。

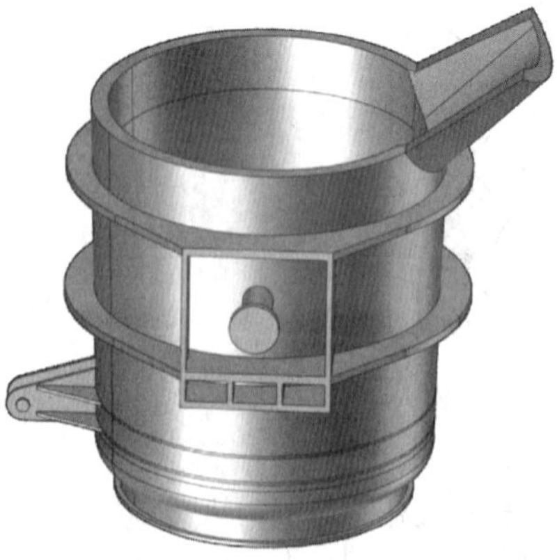

图 5-5 铁水罐示意图

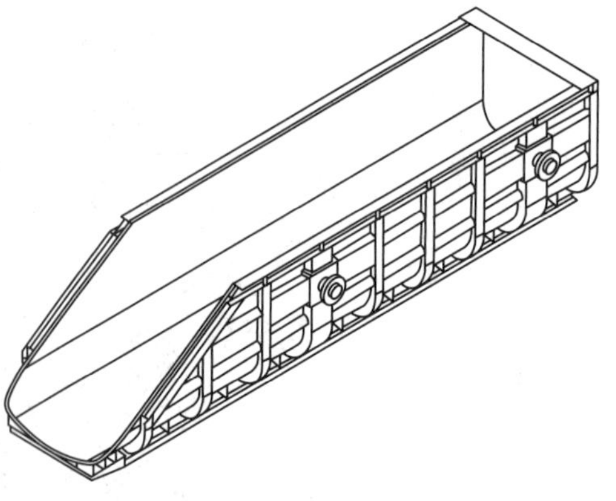

图 5-6 废钢料槽示意图

5.2.1.3 散状料供应

散状料指的是炼钢过程中使用的造渣材料和冷却剂等。一般采用汽车或胶带运输机将其运入并贮存在主厂房外的散状料地下料仓内，然后经胶带机送至转炉跨的高位料仓，再经振动给料机、称量斗、汇总斗和密封溜槽而被加入转炉内。具体供应方式：地下料仓→胶带运输机→高位料仓→称量漏斗→汇总斗→下料溜槽→转炉。

5.2.1.4 铁合金供应

铁合金的供应系统一般由炼钢厂铁合金仓库、铁合金地下料仓、上料胶带运输机、铁合金中位料仓、称量斗和胶带运输机、下料溜管以及向炉下钢水罐加料的旋转溜管、下料溜管等设备组成。

各类铁合金在铁合金仓库贮存和加工成合格块度后，应将铁合金按品种和牌号进行分类存放，其贮存面积主要取决于铁合金的日消耗量、堆积密度和贮存的天数。

5.2.2 转炉本体系统

图 5-7 是转炉本体系统的设备，它是由转炉炉体、托圈、转炉吊挂机构、耳轴轴承座及支撑机构、转炉倾动装置、炉体气水配管、润滑系统、地脚螺栓组成。

图 5-7 转炉设备总图

5.2.2.1 转炉炉体

转炉炉体由炉口、炉壳和附设于炉壳的气水配管、炉衬等组成，其各部分用钢板加工成形后整体焊接。在炉帽与炉身连接处有出钢口。出钢口中心线与水平线的夹角为“0°~40°”，为了缩短钢流长度，减少热损失和二次氧化，该夹角有减小的趋势，一般为 10°，甚至采用 0°。

转炉炉口一般采用分体式铸铁炉口，材质为球墨铸铁（内埋钢管作为冷却回路），坚固耐用且不易粘渣，更换方便；也有采用铸钢炉口的设计。

转炉炉壳由圆台形炉帽、圆筒形炉身和锥球形或截锥形炉底组成，其各部分用钢板加工成形后整体焊接，炉壳在冶炼过程中承受金属液、炉渣、耐火材料等的质量，炉壳在转炉倾动、加料、受热膨胀时还承受各种作用力。因此，炉壳材质要着重考虑钢板的焊接性和抗蠕变性，目前多用普通锅炉钢或低合金钢制造炉壳，炉壳钢板厚度要根据装入容量和载荷进行设计并确定。对于 30~350 t 转炉，炉壳钢板厚度为 40~100 mm。考虑运输条件的限制，炉壳可现场组焊。

转炉炉衬由绝热层、永久层、填充层和工作层组成。绝热层通常用石棉板衬在炉壳上，厚度为10~20 mm。永久层为侧砌一层标准型的镁砖，厚度为115 mm。工作层由镁碳砖砌成，厚度为600~1100 mm。填充层位于永久层和工作层之间，由焦油镁砂或焦油白云砂散状料捣打而成，厚60~80 mm，部分钢厂的炉衬也有未设置填充层的。炉底部分无填充层，以多层镁砖作为永久层。

5.2.2.2 转炉倾动装置

转炉倾动装置的作用是倾动炉体，它是转炉的关键设备之一。其特点是：减速比大，倾动力矩大，启动、制动频繁，需承受较大的动载荷，工作条件恶劣，要求具有高的工作可靠性和安全性，因此，对转炉倾动机械应有如下的要求：

（1）能使炉体正反转动360°，并且要与氧枪、副枪、炉下钢水罐车、炉下渣罐车、活动烟罩等设备有连锁关系，确保设备安全。

（2）能安全可靠地转动，转炉正常冶炼时，4台电机同时工作，当有1台电机发生故障时，倾动装置也要能继续工作，并维持到一炉钢的冶炼结束。

（3）能适应高荷载、高温、动载、扭振的作用，具有较长的寿命。

转炉倾动装置主要有半悬挂式或全悬挂式两种。近年来，因全悬挂式倾动机械结构紧凑，设备质量轻，传动机械不受耳轴偏斜的影响，已成为大中型转炉首选的转动倾动设计方案。

全悬挂式倾动机械如图5-8所示，所有的构件全部悬挂在转炉耳轴上。所用电动机和减速机的数目，依转炉容量的不同可分别采用2台、4台、6台或8台，目前以4台电动机的设计为主流。这种多驱动的优点在于：当一个驱动系统发生事故时，其他系统仍能继续工作，因而具有较强的备用能力；能充分发挥大齿轮的作用，使单个齿的传力减少，设备质量和尺寸也相应地减少。

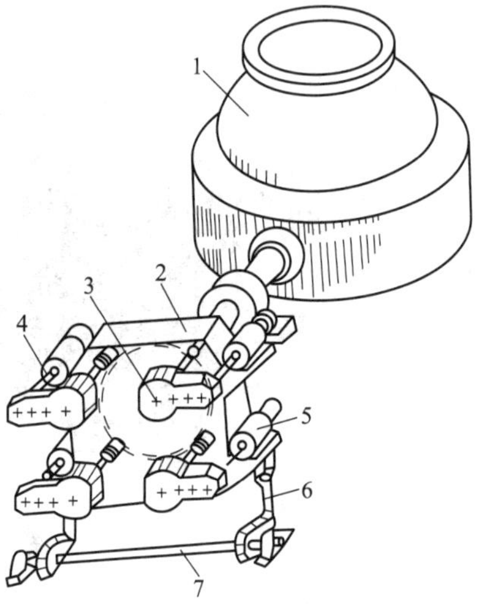

图5-8 全悬挂式倾动装置

1—转炉；2—齿轮箱；3—三级减速器；4—联轴器；5—电动机；6—连杆；7—缓震抗扭轴

5.2.3 供气系统

顶底复吹转炉的供气系统主要包括氧枪供氧和供氮系统、底部供气系统。供气系统所需的氧气、氮气、氩气由钢铁厂内制氧站（又称空分站）提供，由制氧机、加压机、液氧槽、中压贮气罐等设备组成，通过厂区管网送至炼钢车间转炉顶吹和底吹供气阀站。转炉顶吹供氧系统是由输氧氮管线、顶吹阀站（含各种自动调节阀、手动调节阀、气体流量压力温度检测仪表）、氧枪、金属软管等主要设备组成的。转炉底部供气系统是由输氮氩管线、底吹阀站（含各种自动调节阀、手动调节阀、气体流量压力温度检测仪表）、金属软管、底部供气元件等主要设备组成的。

5.2.3.1 氧枪

氧枪又被称为吹氧管，其结构如图5-9所示，它由喷头、枪体和枪尾三部分组成。

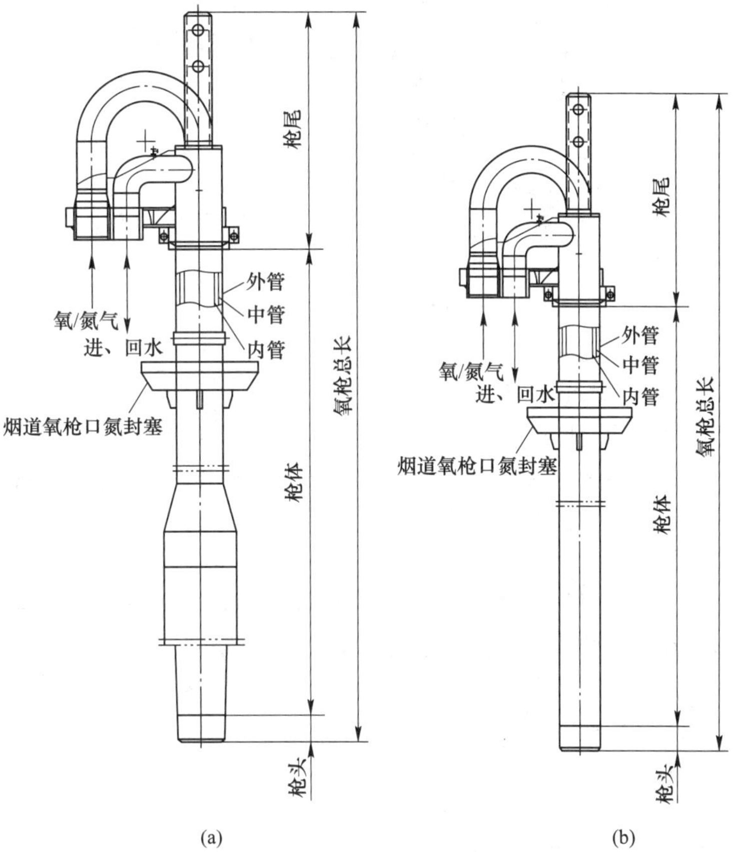

图5-9 氧枪结构示意图
（a）锥体氧枪；（b）直筒氧枪

氧枪的枪体由三层无缝钢管组成。中心管输送氧气，称为中心氧气管。中层管将外层管和中心氧气管隔开，冷却水由中层管与中心管之间的缝隙进入，在氧枪头部回转180°，再由外层管与中层管之间的缝隙排出。为了防止中层管摆动，确保冷却水畅通，还要在中层管与内层管、中层管与外层管之间设置定位块。氧枪尾部有氧气和冷却水的连接管头和把持氧枪的装置等，三层套管一般都用无缝钢管。

氧枪喷头用导热良好的紫铜制成，是对炼钢有极为重要影响的构件，氧气射流的参数由喷头参数决定。早期的转炉由于吨位小，使用单孔喷头。从20世纪60年代开始，大型转炉普遍应用了三孔、四孔、五孔喷头。单孔喷头的优点是枪位高，对氧枪的冷却要求不高，但易产生喷溅，金属收得率低。多孔喷头吹炼平稳，喷溅少，金属收得率高，但枪位低，冷却条件要求高。多孔喷头由于分散供氧，增加了氧气射流与熔池的作用面积，形成多个反应区，使脱碳反应比较平稳。图5-10为五孔氧枪喷头，喷孔形状结构一般采用拉瓦尔管。

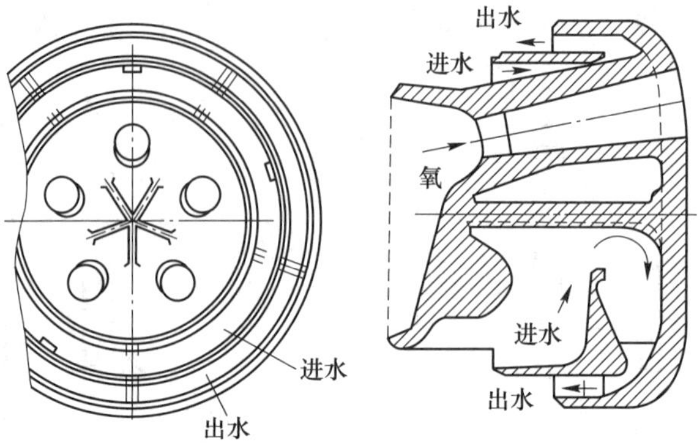

图 5-10 五孔氧枪喷头

5.2.3.2 底部供气元件

底部供气元件是顶底复吹转炉的关键性部件，供气元件的结构与材质关系到熔池搅拌效果、炉衬寿命，以及冶炼钢种的质量和经济效益。因此要求供气元件的透气性好，在低流量条件下，各操作阶段气体通道不堵塞；气体阻力小，气体的分布面要大，相对抽引提升钢水量大；供气量的调节范围要宽，形成稳定、分散、细流的供气形式。

最早用喷嘴作为底部供气元件，曾用过单管式喷嘴、双层套管喷嘴。将双层套管的中心管堵死，就形成环缝管喷嘴，它具有结构简单和生产成本低的优点，但也具有气量调节范围小和对耐材熔蚀较大、不能热更换的缺点。同时期发展的有缝砖喷嘴和多微管透气砖（也称多孔塞砖），后来又开发了由埋在耐火材料母体中许多根很细的不锈钢管组成的直孔细管喷嘴，称为定向多孔型透气砖。这些供气元件各有特点，综合考虑底吹气量调节范围大、避免堵塞、安全性好和喷嘴炉底耐材寿命，目前多数厂家使用定向多孔型透气砖，各种喷嘴结构和发展如图 5-11 所示。

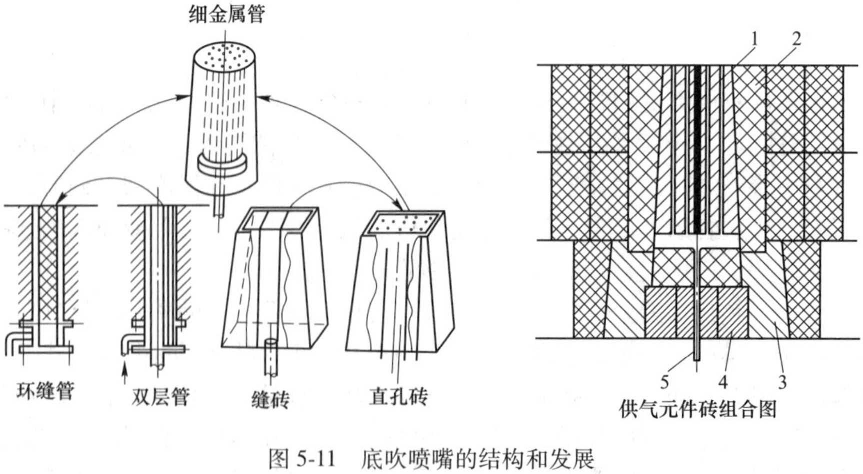

图 5-11 底吹喷嘴的结构和发展
1—细金属管；2~4—耐火砖；5—进气管

5.2.4 烟气处理系统

转炉在吹炼过程中，会从炉口排出大量棕红色的浓烟，这就是烟气。烟气的温度很高，含有大量 CO、少量 CO_2 以及微量的其他成分气体，另外还夹杂着大量氧化铁、金属铁粒和其他细小颗粒。转炉烟气的特点是温度高、气量多、含尘量大，气体具有毒性和爆炸性。如果让这些烟气出炉后任意放散，不但会造成大范围的环境污染，同时也浪费大量的能源和有用物质，所以必须对转炉烟气进行净化后回收，又称为转炉一次除尘系统和煤气回收系统。净化和除尘后得到的气体即为转炉煤气，可以用作燃料或化工原料。收集到的转炉烟尘一般呈黑色，主要成分为 FeO，其铁含量在 60%以上，可以作为高炉原料或转炉自身的冷却剂和造渣剂。

目前，转炉烟气净化除尘处理技术主要分为湿法、干法和半干法。相较于湿法除尘工艺，转炉干式除尘工艺没有废水处理设备和污泥脱水设备等，因此干式除尘具有能耗低、无污水处理系统、风机运行稳定、粉尘除尘效率高等诸多优点，此项技术已在转炉炼钢厂广泛采用。半干法除尘技术是在已有的湿法除尘技术基础上增加了部分干法除尘装置，而使转炉的一次除尘系统的除尘效果达到国家排放标准，减少对旧有除尘系统的改造工程量。

干法除尘系统主要由活动烟罩、汽化冷却烟道、蒸发冷却器、静电除尘器、风机、煤气冷却器和煤气柜等组成，如图 5-12 所示。

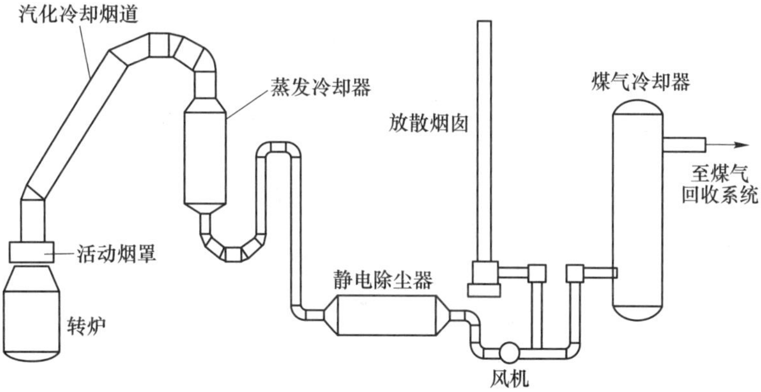

图 5-12 转炉干式烟气净化处理系统

干法除尘烟气净化回收处理过程是从转炉炉口开始的，在主引风机的抽引下，转炉高温烟气（温度可达 1600 ℃）由烟罩收集，进入汽化冷却烟道，在汽化冷却烟道内烟气与循环水进行热交换，从而使温度降至 800~1000 ℃，随后进入蒸发冷却器。在蒸发冷却器内，经过喷嘴喷射出来的高压水和水蒸气与烟气混合，一方面从烟气中吸收大量的热，使烟气降温；另一方面 40%~50%的烟气粉尘颗粒与水蒸气发生凝聚沉降去除，去除的粗粉尘经链式输送机落入粗灰斗中。蒸发冷却器出口处烟气温度降至 200~230 ℃。之后，烟气进入静电除尘器。

在静电除尘器内有 4 个高压电场，烟气内的荷电粉尘在电场力的作用下沉降在收尘极板的表面上，烟气经过静电除尘器后，含尘量可达 10 mg/m^3。聚集在极板上的细灰尘由振打清灰装置将细尘从极板和极线上振打下来，再由输灰设备将粉尘送入细灰仓。经静电除尘器净化的煤气，在除尘风机的抽引加压后，在满足回收条件情况下，经煤气冷却器再次冷却，此时煤气温度降至 70 ℃左右，回收进入煤气柜，作为二次能源利用。

思考题

5-1 转炉炼钢设备由哪几部分构成？

5-2 转炉本体由哪几部分构成？

5-3 转炉铁水供应方式分为哪几种？

5-4 氧枪喷头的结构形式是什么？

5-5 转炉烟气处理系统分为哪几种类型，目前最常用的是哪种类型？

6 氧气转炉炼钢工艺

6.1 氧气转炉炼钢概述

6.1.1 氧气转炉炼钢方法分类

转炉炼钢是以铁水作为主要原料、以氧气作为氧化剂、依靠杂质元素的氧化热升高钢水温度、在30 min左右完成整个冶炼周期的快速炼钢方法。目前最主要的氧气炼钢工艺可分为：(1) 氧气顶吹工艺；(2) 氧气底吹工艺；(3) 顶底复吹工艺。

图6-1为三种转炉炼钢方法示意图，表6-1比较了三种工艺的优缺点。随着技术的进步，转炉已逐步实行大型化，大型转炉一般采用顶底复吹工艺。本章的内容介绍也以顶底复吹工艺为主。

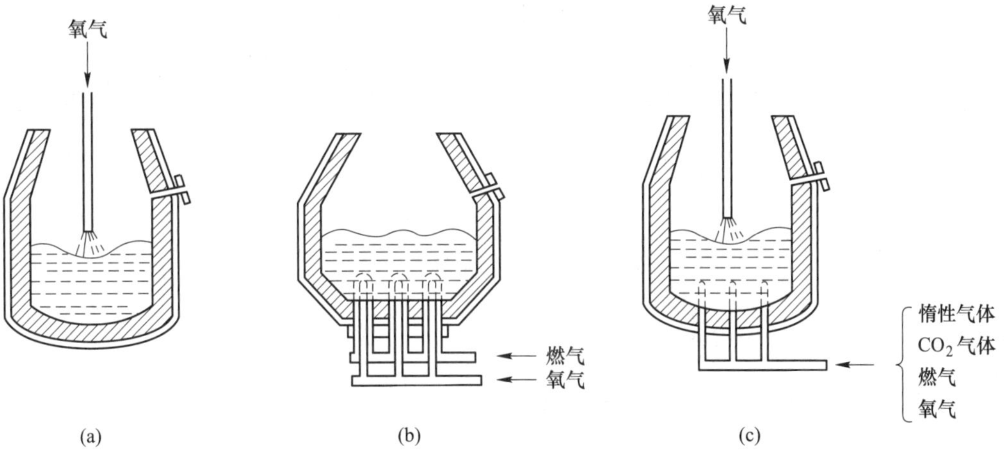

图6-1 三种主要的转炉炼钢方法

(a) 顶吹法；(b) 底吹法；(c) 顶底复吹法

表6-1 三种转炉炼钢工艺的优缺点对比

工 艺	优 点	缺 点
氧气顶吹	废钢比高，控制灵活，成渣快	容易过氧化，钢-渣反应慢，熔池搅拌差
氧气底吹	过氧化程度低，熔池搅拌好，钢-渣反应快	成渣慢，废钢比低
顶底复吹	过氧化程度低，熔池搅拌好，钢-渣反应快，控制灵活，成渣快	

6.1.2 吹炼过程操作工序

上一炉钢完成出钢和溅渣护炉后，装入废钢和兑入铁水，摇正炉体，下降氧枪进行吹炼，同时由炉口上方的加料溜槽加入第一批渣料，其量约为总渣料量的2/3。当氧流与熔池面接触时，硅、锰、碳开始氧化，称为点火。

吹炼初期，炉口出现黄褐色的烟尘，随后燃烧成火焰，这是由带出的铁尘和小铁珠在空气中燃烧而形成的。由于渣料未熔化，氧气射流直接冲击在金属液面上，产生的冲击噪声较刺耳。点火后约几分钟，初渣形成并覆盖于熔池面上。随着硅、锰、磷、碳、铁的氧化，熔池温度升高，从炉口冒出的浓烟急剧增多，火焰亮度增加，炉渣起泡，炉口有小渣块溅出，这标志着反应进入吹炼中期。

吹炼中期，脱碳反应激烈，渣中氧化铁含量降低，如果控制不好会使炉渣熔点升高和黏度加大，并可能出现稠渣（即“返干”）现象。此时应适当提高枪位，并可分批加入铁矿石和第二批渣料（其余1/3），以提高渣中氧化铁含量及调整炉渣性能。如果炉内化渣不好，则加入第三批渣料，其加入量视炉内化渣情况决定。

吹炼后期，金属熔池碳含量大大降低，脱碳反应减弱，火焰变短而透明。最后根据火焰状况、供氧数量和吹炼时间等因素，按所炼钢种的成分和温度要求确定吹炼终点，并提枪停止供氧（称为拉碳），倒炉、测温、取样。根据分析结果，决定出钢或补吹时间。

当钢水成分（主要是碳、硫、磷的含量）和温度合格时，打开出钢口，倒炉、挡渣出钢。当钢水流出总量的1/4时，向钢包内加入铁合金进行脱氧合金化。出完钢后，进行溅渣护炉（或补炉），倒渣之后组织装料，进行下一炉炼钢。图6-2为氧气转炉吹炼一炉钢的操作过程与相应的操作制度。

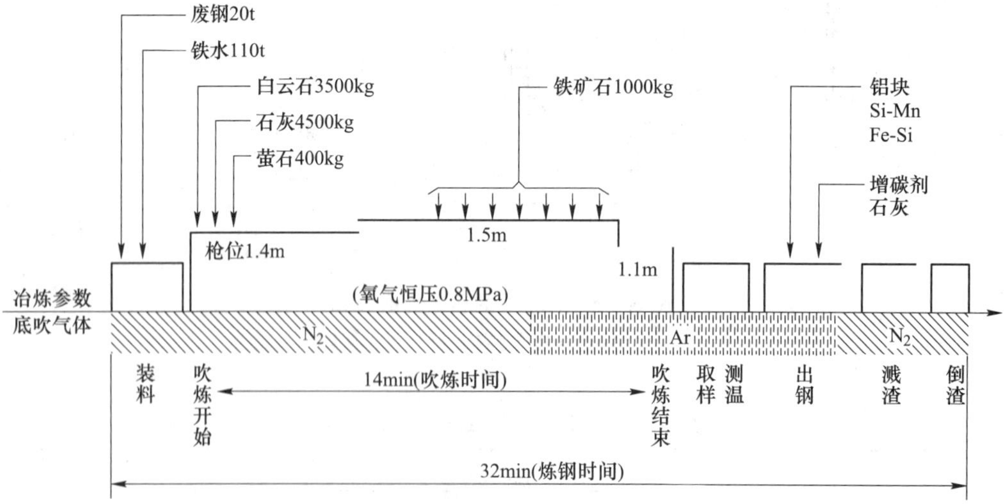

图6-2 转炉操作过程（低碳钢）

6.1.3 转炉熔池成分的变化规律

氧气转炉是在十几分钟内进行供氧和供气操作的，在这么短的时间内要完成造渣、脱碳、脱磷、脱硫、去夹杂、去气和升温的任务，其吹炼过程的反应状况是多变的。图 6-3 是复吹转炉吹炼过程中金属成分的变化规律。

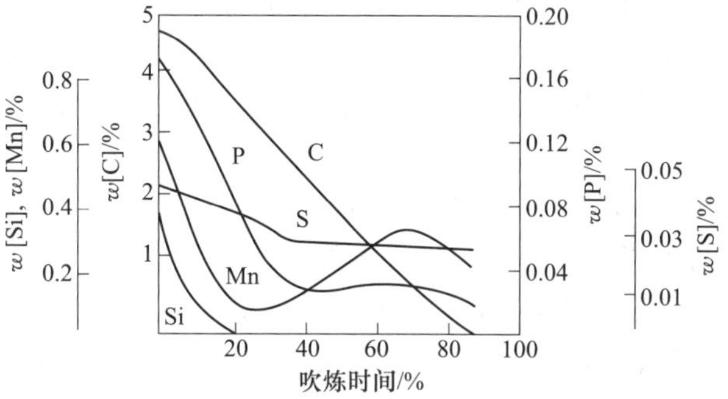

图 6-3　复合吹炼转炉熔池成分变化

6.1.3.1　硅的氧化规律

在吹炼初期，铁水中的［Si］与氧的亲和力大，而且［Si］氧化反应为放热反应，低温下有利于该反应的进行，因此，［Si］在吹炼初期就大量氧化，一般在 5 min 内就被氧化到很低的程度，最终在渣中形成稳定的硅酸二钙（$2CaO \cdot SiO_2$），一直到吹炼终点也不会发生硅的还原。其反应式可表示如下：

铁液
$$\begin{cases}[Si] + 2[O] = (SiO_2)\text{（熔池内反应）}\\ [Si] + \{O_2\} = (SiO_2)\text{（直接氧化反应）}\end{cases}$$

熔渣
$$\begin{cases}(SiO_2) + 2(FeO) = (2FeO \cdot SiO_2)\text{（产物不稳定）}\\ (2FeO \cdot SiO_2) + 2(CaO) = (2CaO \cdot SiO_2) + 2(FeO)\end{cases}$$

界面
$$[Si] + 2(FeO) = (SiO_2) + 2[Fe]$$

硅的氧化对熔池温度、熔渣碱度和其他元素的氧化有重要影响。［Si］氧化可使熔池温度升高，是主要热源之一；［Si］氧化后生成（SiO_2），降低熔渣碱度，不利于脱磷、脱硫；同时侵蚀炉衬，降低炉渣的氧化性，增加渣料消耗；熔池中［C］的氧化反应只有在 $w[Si]<0.15\%$左右时，才能激烈地进行。

可见，影响硅氧化规律的主要因素是：［Si］与［O］的亲和力、熔池温度、炉渣碱度和 FeO 活度。

6.1.3.2　锰的氧化规律

锰在吹炼初期被迅速氧化，但反应速度不如硅氧化得快。在开吹时，［Mn］含量高，［Mn］与［O］的亲和力大，［Mn］的氧化反应为放热反应，低温有利于该反应的进行。锰的氧化反应式为：

铁液
$$\begin{cases}[Mn] + [O] = (MnO)\text{（熔池内反应）}\\ [Mn] + \frac{1}{2}\{O_2\} = (MnO)\text{（直接氧化反应）}\end{cases}$$

熔渣
$$\begin{cases}(MnO) + (SiO_2) = (MnO \cdot SiO_2)\text{（吹炼前期）}\\ (MnO \cdot SiO_2) + 2(CaO) = (MnO) + (2CaO \cdot SiO_2)\end{cases}$$

$$\text{界面}\quad\begin{cases}[\mathrm{Mn}]+(\mathrm{FeO})=\!=\!=(\mathrm{MnO})+[\mathrm{Fe}]\\ [\mathrm{C}]+(\mathrm{MnO})=\!=\!=[\mathrm{Mn}]+\{\mathrm{CO}\}(\text{吹炼后期，(MnO) 被还原})\end{cases}$$

随着吹炼的进行，炉渣碱度升高，大部分（MnO）呈自由状态，吹炼后期炉温升高后，部分（MnO）被还原。吹炼终了时，钢中的锰含量称为余锰或残锰。残锰高，可以降低钢中硫的危害，减少合金用量。但冶炼工业纯铁时，则要求残锰含量越低越好。影响残锰含量的因素有：

(1) 炉温高有利于（MnO）的还原，残锰含量高；

(2) 碱度升高，可提高自由（MnO）的浓度，残锰含量增加；

(3) 降低熔渣中（FeO）含量，可提高残锰含量；

(4) 铁水中锰含量高，单渣操作，钢中残锰也会高些。

锰的氧化也是转炉炼钢的热源之一，但不是主要的热源。在吹炼初期，锰氧化生成 MnO，可帮助化渣，减轻初期酸性渣对炉衬的侵蚀。在炼钢过程中，应尽量控制锰的氧化，以提高钢水残锰含量。

可见，影响［Mn］氧化规律的主要因素是［Mn］和氧的亲和力、熔池温度、熔渣碱度和 MnO 活度。

6.1.3.3 碳的氧化规律

碳的氧化规律主要表现为吹炼过程中碳的氧化速度。碳的氧化反应式如下：

$$\text{铁液}\quad\begin{cases}[\mathrm{C}]+[\mathrm{O}]=\!=\!=\{\mathrm{CO}\}(\text{间接氧化})\\ [\mathrm{C}]+\dfrac{1}{2}\{\mathrm{O_2}\}=\!=\!=\{\mathrm{CO}\}(\text{直接氧化})\end{cases}$$

$$\text{界面}\quad [\mathrm{C}]+(\mathrm{FeO})=\!=\!=[\mathrm{Fe}]+\{\mathrm{CO}\}$$

影响碳氧化速度的主要因素有熔池温度、熔池金属成分、熔渣中 $\sum w(\mathrm{FeO})$ 和炉内搅拌强度。在吹炼的前、中、后期，这些因素随吹炼过程的进行时刻发生着变化，从而体现出吹炼各期不同的碳氧化速度。吹炼各期碳氧化速度的变化规律及其主要影响因素列于表 6-2。

表 6-2 吹炼各期碳氧化速度的变化规律及其主要影响因素

吹炼时期	工艺影响因素				碳氧化速度
	熔池温度	熔池金属成分	$\sum w(\mathrm{FeO})$	熔池搅拌	
前期	熔池平均温度 1400~1500 ℃	［Si］、［Mn］含量高，这两者与氧的亲和力均大于［C］与氧的亲和力，不利于［C］的氧化	$\sum w(\mathrm{FeO})$ 较高，化渣、脱碳消耗的（FeO）较少	熔池搅拌不强烈	碳氧化速度比中期慢，但火点处的碳氧化速度较快
中期	熔池温度高于 1500 ℃	［Si］、［Mn］含量已降低，［P］与氧的亲和力小于［C］与氧的亲和力	［C］氧化消耗较多的（FeO），熔渣中 $\sum w(\mathrm{FeO})$ 有所降低	熔池搅拌强烈，反应区乳化得较好	碳氧化速度快

续表 6-2

吹炼时期	工艺影响因素				碳氧化速度
	熔池温度	熔池金属成分	$\sum w(FeO)$	熔池搅拌	
后期	熔池温度高，高于 1600 ℃	[C] 含量较低	$\sum w(FeO)$ 增加	熔池搅拌不如中期	碳氧化速度比中期慢，有利于拉碳

6.1.3.4 磷的氧化规律

磷的氧化规律主要表现为吹炼过程中的脱磷速度，脱磷反应式如下：

铁液
$$\begin{cases}2[P] + 5[O] = (P_2O_5) \\ 2[P] + \frac{5}{2}\{O_2\} = (P_2O_5)\end{cases}$$

熔渣
$$\begin{cases}(P_2O_5) + 3(FeO) = (3FeO \cdot P_2O_5)(\text{吹炼前期}) \\ (3FeO \cdot P_2O_5) + n(CaO) = (nCaO \cdot P_2O_5) + 3(FeO)(\text{吹炼中后期}, n = 3\text{或}4)\end{cases}$$

界面 $2[P] + 5(FeO) = (P_2O_5) + 5[Fe]$

影响脱磷速度的主要因素有熔池温度、熔池金属磷含量、熔渣中 $\sum w(FeO)$、熔渣碱度、熔池的搅拌强度或脱碳速率。在吹炼的前、中、后期，这些影响因素是不同的，而且随吹炼过程的进行又时刻发生变化。因此，吹炼各期的脱磷速度会发生变化，吹炼各期脱磷速度的变化规律及影响因素见表 6-3。

表 6-3 吹炼各期脱磷速度的变化规律及其主要影响因素

吹炼时期	工艺影响因素					脱磷速度
	熔池温度	$w[P]$	$\sum w(FeO)$	炉渣碱度	熔池搅拌	
前期	温度较低，在热力学上有利于脱磷，但不利于形成高碱度、流动性良好的炉渣	高	$\sum w(FeO)$ 较高，有利于化渣、脱磷	低	熔池搅拌不强烈	低于中期
中期	温度较高，在热力学上不利于脱磷，从动力学上看有利于形成高碱度炉渣	比前期低	$\sum w(FeO)$ 较低，不利于化渣、脱磷	较高	熔池搅拌强烈，反应区乳化得较好，有利于脱磷	熔渣碱度高，搅拌强烈，脱磷速度高于初期
后期	温度高，有利于形成高碱度炉渣	比中期低	高	高	熔池搅拌不如中期	低于中期

在氧气转炉吹炼中，希望全程脱磷。吹炼各期不利于脱磷的因素是：前期炉渣碱度较低，要尽快形成碱度大于 2 的炉渣；中期渣中（FeO）含量较低，要控制渣中（FeO）含量达到 10%~12%，避免炉渣返干；后期是熔池温度高，要防止终点温度过高。

脱磷和脱碳是同时进行的，在冶炼低磷高碳钢种时，要求脱磷反应不迟于脱碳反应。为此，可采取以下措施：（1）尽可能采用软吹；（2）使用活性石灰，提高造渣速度；（3）使用合成渣料；（4）喷吹石灰粉。

在氧气转炉中，往往会产生回磷现象。回磷产生的原因有：（1）炉内炉渣返干，渣中（FeO）含量低；（2）温度过高，（FeO）含量过高，使炉渣碱度降低；（3）加入脱氧剂，使金属熔池中［O］含量降低；（4）钢水脱氧后在钢包内镇静时，炉渣溶解酸性砖衬而降低炉渣碱度。

防止回磷的措施有：（1）防止出钢下渣；（2）出钢时向钢包内加入石灰，提高钢包内渣层的原始碱度；（3）减少金属在钢包内的停留时间；（4）用碱性包衬；（5）挡渣出钢；（6）加入钢包渣改质剂，一方面抵消硅铁脱氧后引起炉渣碱度的降低，另一方面可以稀释熔渣中磷含量，以减弱回磷反应。

6.1.3.5 硫的变化规律

硫的变化规律主要表现在吹炼过程中的脱硫速度。按熔渣离子理论，脱硫反应式为：

$$[S] + (O^{2-}) =\!=\!= (S^{2-}) + [O]$$

影响脱硫速度的主要因素有熔池温度、熔池［S］含量、熔渣 $\sum w(FeO)$、熔渣碱度、熔池的搅拌强度及脱碳速度。吹炼各期脱硫速度的变化规律及其主要影响因素列于表 6-4。

表 6-4 吹炼各期脱硫速度的变化规律及其主要影响因素

吹炼时期	工艺影响因素					脱硫速度
	熔池温度	$w[S]$	$\sum w(FeO)$	炉渣碱度	熔池搅拌	
前期	温度较低	比中、后期高	$\sum w(FeO)$ 较高	碱度低，流动性差	熔池搅拌不强烈	脱硫能力较低，脱硫速度很慢
中期	温度逐渐较高	比前期稍低	$\sum w(FeO)$ 较低，不利于化渣，有利于脱硫	石灰大量熔化，碱度升高	熔池搅拌强烈，反应区乳化得较好，有利于脱硫	脱硫的最好时期，脱硫速度比前、后期高
后期	温度高，接近出钢温度	比前、中期低	$\sum w(FeO)$ 回升，比中期高	碱度高，流动性好	熔池搅拌不如中期	脱硫速度稍低于中期

如 2.8.4 节指出的那样，在氧气转炉炼钢中，直接气化脱硫是不可能的。只有在钢液中没有［Si］、［Mn］或［C］含量很少时，在氧化性气流强烈流动并能顺利排出的条件下，才有可能直接气化脱硫。因此，钢液气化脱硫的最大可能是，钢液中［S］进入炉渣后，再被气化去除，即：

$$(S^{2-}) + \frac{3}{2}\{O_2\} =\!=\!= \{SO_2\} + (O^{2-})$$

在氧流冲击区，由于温度很高，硫以 S、S_2、SO 和 COS 的形式挥发出去是可能的，即：

$$S_2 + 2CO =\!=\!= 2COS$$

$$SO_2 + 3CO =\!=\!= 2CO_2 + COS$$

从氧气转炉硫的衡算可得出：转炉炉渣脱硫占 90%，气化脱硫占 10%左右。

6.1.4 熔渣成分的变化规律

转炉吹炼过程中，熔池内的炉渣成分和温度影响着元素的氧化和脱除规律，而元素的氧化和脱除又影响着熔渣成分的变化。图 6-4 为复吹转炉吹炼过程中炉渣成分的变化规律。

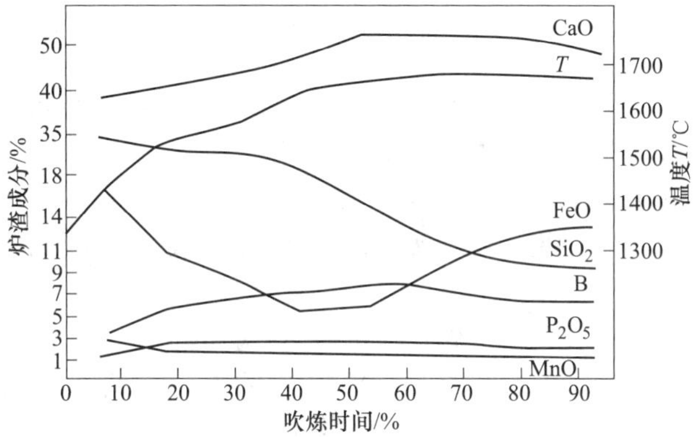

图 6-4 复吹转炉炉渣成分与熔池温度的变化规律

吹炼开始后，由于硅的迅速氧化和石灰尚未入渣，所以渣中（SiO_2）含量迅速升高到30%以上。其后石灰逐渐入渣，渣中（CaO）含量不断升高；而且由于金属中的硅已经氧化完了，渣中（SiO_2）的绝对含量不再增加而相对浓度降低，所以熔渣碱度逐渐升高，到吹炼中、后期，可得到高碱度、流动性良好的炉渣。

吹炼初期一般采用高枪位化渣，所以开吹后不久，渣中（FeO）含量可迅速升高到20%甚至更高。随着脱碳速度的增加，渣中（FeO）含量逐渐下降，到脱碳高峰期，可降到 10%左右。到吹炼后期，特别是在吹炼低碳钢时，渣中（FeO）含量又明显回升；为减少渣中（FeO）含量，提高金属收得率，目前吹炼终点多采用压枪操作。

6.1.5 熔池温度的变化规律

熔池温度的变化与熔池的热量来源和热量消耗有关。

吹炼初期，兑入炉内的铁水温度一般为 1300 ℃左右，铁水温度越高，带入炉内的热量就越多；[Si]、[Mn]、[C]、[P] 等元素氧化放热，但加入的废钢可使兑入的铁水温度降低；加入的渣料在吹炼初期大量吸热。综合作用的结果是：吹炼前期终了，熔池温度可升高至 1500 ℃左右。

吹炼中期，熔池中 [C] 继续大量氧化放热，[P] 也继续氧化放热，均使熔池温度提高，但此时废钢大量熔化吸热，加入的第二批渣料熔化吸热。综合作用的结果是：熔池温度可达 1500~1550 ℃。

吹炼后期，熔池温度接近出钢温度，可达 1650~1680 ℃，具体因钢种、炉子大小而异。

在整个一炉钢的吹炼过程中，熔池温度提高 300~350 ℃。

综上所述，氧气转炉开吹以后，熔池温度、炉渣成分、金属成分相继发生变化，它们各自的变化又彼此相互影响，形成高温下多相、多组元极其复杂的物理化学变化。

6.2 装入制度

装入制度就是要确定转炉合适的装入量以及铁水废钢比。

6.2.1 装入量的确定

装入量是指转炉每炉次装入金属料的总质量，主要包括铁水和废钢的装入数量。生产实践证明，每座转炉都有合适的装入量。装入量过多，会使熔池搅拌不良，化渣困难，有可能导致喷溅和金属损失，缩短炉帽部分的使用寿命；装入量过少，产量降低，炉底易受到氧气射流的冲击而损坏。因此，每座转炉都有合适的装入量。在确定转炉装入量时，要考虑以下因素。

（1）合适的炉容比。炉容比是指转炉新砌砖后，炉内自由空间的容积 V 与金属装入量 T 之比，以 V/T 表示，单位为 m^3/t。转炉的冶炼操作和生产率都与炉容比密切相关。合适的炉容比是从生产实践中总结出来的，它与铁水成分、喷头结构、供氧强度等因素有关。当铁水中的硅、磷含量较高，供氧强度大、喷孔数少，用铁矿石或氧化铁皮做冷却剂，转炉容量小时，炉容比应取大一些；反之，则取小些。目前，复吹转炉的炉容比一般在 $0.85 \sim 0.95\ m^3/t$ 之间。

（2）保证一定的熔池深度。为了保证生产安全和延长炉底寿命，要保证熔池具有一定的深度。表 6-5 为不同公称吨位转炉的熔池深度。熔池深度 H 必须大于氧气射流对熔池的最大穿透深度 h。对于单孔喷枪，一般认为 $h/H \leqslant 0.7$ 是合理的；而对于多孔喷枪，一般认为 $h/H = 0.25 \sim 0.40$ 是合理的。

表 6-5 不同公称吨位转炉的熔池深度

公称吨位/t	300	210	100	80	50	30
熔池深度/mm	1949	1650	1250	1190	1050	800

（3）应与钢包容量、行车的起重能力、转炉的倾动力矩相适应。

6.2.2 装入制度类型

装入制度是指一个炉役期间装入量的安排。氧气转炉的装入制度有：定量装入、定深装入和分阶段定量装入。

（1）定量装入，就是在整个炉役期保持每炉的装入量不变。其优点是生产组织简便，原材料供给稳定，有利于实现过程的自动控制；缺点是炉役前期装入量偏多、熔池偏深，后期装入量偏少、熔池较浅，转炉的生产能力得不到较好地发挥。因此，该装入制度一般只适合大型转炉。

（2）定深装入，就是在整个炉役期保持熔池深度不变，即随着炉膛的不断扩大，装入量逐渐增加。其优点是氧枪操作稳定，有利于提高供氧强度和减少喷溅，并可保护炉底和充分发挥转炉的生产能力。由于装入量和出钢量频繁变化，生产组织困难，这种装入制度现已不使用。

（3）分阶段定量装入，就是在整个炉役期间，根据炉膛的扩大程度划分为几个阶段，每个阶段定量装入铁水、废钢。这样既大体上保持了整个炉役期中具有比较合适的熔池深度，又保持了各个阶段中装入量的相对稳定；既能增加装入量，又便于组织生产，是一种适应性较强的装入制度。目前，我国各中、小转炉炼钢厂普遍采用这种装入制度。

6.2.3 装料次序

上一炉出完钢后，如炉子各部分完好，便可立即装料。装料次序有：（1）先兑铁水，后装废钢，可以减轻废钢对炉衬的冲击，但炉内留有液态残渣时，易发生喷溅。（2）先装废钢，后兑铁水，可以防止废钢有油污或水分而引起的爆炸，但直接撞击炉衬；由于目前普遍采用溅渣护炉技术，因此大多数钢厂采用此装料次序。（3）如果采用炉内留渣操作，则先加部分石灰，再装废钢，最后兑铁水。开新炉时，前三炉一般不加废钢，全铁水炼钢。

在兑铁水入炉时，应先慢后快，以防兑铁水过快引起剧烈的碳氧反应，造成铁水大量喷溅，酿成事故。

6.3 供氧制度

供氧制度是指如何最合理地向熔池供给氧气，创造炉内良好的物理化学条件，完成吹炼任务。供氧制度的内容包括选择合理的喷头结构、尺寸和类型，确定合理的供氧强度、氧压和枪位。供氧是保证杂质去除速度、熔池升温速度、快速成渣、减少喷溅、去除钢中气体与夹杂物的关键操作，关系到终点控制和炉衬寿命，对一炉钢的冶炼技术经济指标产生重要影响。

氧枪是转炉供氧的主要设备，它是由喷头、枪身和尾部结构组成的。枪身由三层同心套管套配而成，中心管道通氧，中间管是冷却水的进水通道，外层管是出水通道，喷头与中心管焊接在一起成为氧枪。

喷头是氧枪的核心，氧气转炉对喷头的选择要求有：应获得超声速气流，有利于氧气利用率的提高；合理的冲击面积，使熔池液面化渣快，对炉衬冲刷小；有利于提高炉内的热效率；便于加工制造，有一定的使用寿命。

喷头的形状有拉瓦尔型、直筒型和螺旋型等。目前应用最多的是多孔拉瓦尔型喷头。使用拉瓦尔型喷头可得到超声速射流，有利于改善氧枪的工作条件和炼钢技术经济指标。

6.3.1 供氧参数

6.3.1.1 氧气压力

供氧制度中规定的工作氧压是指测定点的氧压，用 $p_{用}$ 表示，是氧气进入喷枪前管道中的压力，不是喷头前压力，更不是氧气出口压力。测定点位于软管前的输氧管上，与喷头有一定的距离（见图 6-5），有一定的压力损失。一般允许 $p_{用}$ 偏离设计氧压的±20%，目前国内一

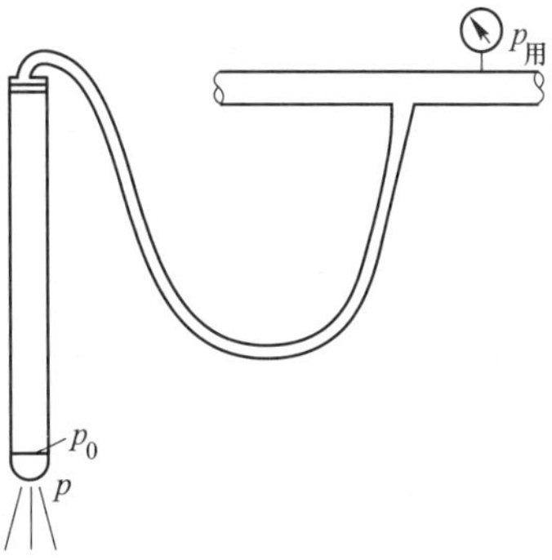

图 6-5 氧枪氧压测定点示意图

些小型转炉的工作氧压为（4~8）×10^5 Pa，一些大型转炉则为（8.4~11）×10^5 Pa。

6.3.1.2 氧气流量和供氧强度

氧气流量是指单位时间内向熔池供氧的数量（常用标准状态下的体积度量），它的单位为 m^3/min 或 m^3/h。氧气流量是根据吹炼每吨金属所需的氧气量、金属装入量、供氧时间等因素来确定的。

$$\text{氧气流量}\ Q=\frac{\text{每吨金属需氧量}(m^3/t)}{\text{吹氧时间}(min)}\times\text{装入量}(t) \tag{6-1}$$

供氧强度是指单位时间内每吨金属的耗氧量，它的单位是 m^3/(min · t)。供氧强度的大小根据转炉的公称吨位、炉容比来确定。

$$\text{供氧强度}\ I=\frac{\text{氧气流量}(m^3/min)}{\text{装入量}(t)} \tag{6-2}$$

供氧强度的大小，主要取决于炉内喷溅情况，通常在不产生喷溅的情况下应控制在高限。目前，国内小型转炉的供氧强度为 2.5~4.5 m^3/(min · t)，120 t 以上转炉的供氧强度为 2.8~3.6 m^3/(min · t)。

6.3.1.3 枪位

氧枪枪位是指氧枪喷头与静止熔池表面之间的距离，枪位对元素的氧化速度、化渣速度、升温速度和炉渣的氧化性有重要的影响。

A 枪位对冶炼过程的影响

枪位越低，氧气射流对熔池的冲击动能越大，会形成较深的冲击深度，同时产生的小液滴和小气泡的数量也多，炉内反应加速，CO 气泡大量产生，对熔池搅拌增强，氧气利用率提高，加速了炉内脱碳、脱硅反应，渣中（FeO）含量降低，表 6-6 和表 6-7 说明了这种结果。同时，杂质氧化速度快，缩短了反应时间，热损失相对减少，使熔池升温迅速。但枪位过低则不利于成渣，还可能冲击炉底。而枪位越高，氧流对熔池的冲击能力小，对熔池搅拌减弱，熔池内化学反应减慢，渣中（FeO）含量增加，熔池升温速度慢，过高的枪位还会导致炉渣严重泡沫化而引起喷溅。枪位对熔池的物理作用和化学作用见表 6-8。

表 6-6 不同枪位时渣中（FeO）含量 （%）

时间/min		<4	4~12	12~15
氧枪枪位/m	0.7	15~36	7~15	10~15
	0.8	25~35	11~25	11~20
	0.9	27~43	13~27	13~25

表 6-7 不同枪位时的脱碳速度 (%/min)

吹炼时间/min		3	5	7	9	11	13
氧枪枪位/m	0.90	0.312					0.330
	0.95					0.294	
	1.00	0.294		0.376	0.414		0.285
	1.05		0.320				
	1.10	0.298		0.323	0.364		0.226
	1.15					0.246	
	1.20			0.253	0.418		0.145
	1.25		0.310			0.200	

表 6-8 枪位对熔池的物理作用和化学作用

枪位	物理作用		化学作用			调节枪位
	冲击深度	冲击面积	脱磷、脱碳	化渣	喷溅	
过高	过浅	过大	提高脱磷速度，降低脱碳速度	化渣快，能促进脱磷	渣中（FeO）含量高，易引起泡沫渣喷溅	降低
过低	过深	过小	脱磷速度低，脱碳速度高	化渣慢，影响脱磷	易引起金属喷溅	提高

B 枪位的确定

在确定合适枪位时，主要考虑两个因素：一是要有一定的冲击面积；二是在保证炉底不被损坏的条件下，有一定的冲击深度。在实际生产中，转炉的最佳枪位难以计算确定，一般根据生产实际总结出来的经验公式计算，再利用穿透深度进行校核。经验公式如下：

$$H = (35 \sim 50)d_e(\text{多孔喷头}) \tag{6-3}$$

式中 d_e——喷头喉口直径，mm。

氧枪高度范围确定后，常用流股的冲击深度来核算确定的氧枪高度。为了保证炉底不受损坏，要求射流的冲击深度和熔池深度之比要小于一定的比值。一般来说 $h_{穿}/h_{熔} \leqslant 0.70$ 是合适的，$h_{穿}/h_{熔}$ 通常在 0.5 左右，对复吹转炉还可低些，采用少渣冶炼时甚至可低至 0.2 左右。

C 影响枪位变化的因素

开吹枪位确定的原则是早化渣、化好渣、多去磷，一般采用较高枪位操作。影响开吹枪位的因素很多，具体如下：

（1）铁水成分。铁水中硅、磷含量较高时，若采用双渣操作，可采用较低枪位，以利于快速脱硅、脱磷，然后倒掉酸性渣。若采用单渣操作，则可高枪位化渣，然后降枪位去磷。铁水硅、磷含量较低时，为了化好渣，应提高枪位。

（2）铁水温度。铁水温度较低时，应低枪提温，待温度升高后再提枪化渣，此时降枪时间不宜太长，一般 2 min 左右。若铁水温度高，则可直接高枪位化渣，然后降枪位脱碳。

（3）炉内留渣。炉内留渣时，由于渣中（FeO）含量高，有利石灰熔化，吹炼前期应适当降枪位，防止渣中（FeO）含量过多而产生泡沫渣喷溅。

（4）炉龄。开新炉时炉温低，应适当降低枪位；炉役前期液面高，可适当提高枪位；炉役后期装入量增加，熔池面积增大，不易化渣，可在短时间内采用高、低枪位交替操作以加强熔池搅拌，利于化渣；炉役中、后期装入量不变时，熔池液面降低，应适当调整枪位。

（5）装入量变化。炉内超装时，使熔池液面相应升高，相应的枪位也应提高，否则不易化渣，还可能因枪位过低而烧坏氧枪。

（6）采用溅渣护炉技术后，有时炉底上涨，要在测量液面后再确定开吹枪位。

过程枪位的控制原则是化好渣、不喷溅、快速脱碳、熔池均匀升温，一般采用较低枪位操作。在加入二批渣料后应提枪化渣，若渣料配比中氧化铁皮、矿石、萤石加入量较多或石灰活性较高，炉渣易于化好，也可采用较低枪位操作。在碳的激烈氧化期一般采用较低枪位脱碳，若发现炉渣“返干”，应提枪化渣或加入助熔剂化渣，以防止金属喷溅。

吹炼后期的枪位操作要保证达到出钢温度，拉准碳。一般分为两段：提枪段和降枪段，这主要根据过程化渣情况、所炼钢种、铁水磷含量等具体情况而定。若过程炉渣化得不透，需要提枪，改善炉渣流动性，但枪位不宜过高，时间不宜过长，否则会产生大喷。在吹炼中、高碳钢种时，可适当提高枪位，保持渣中有足够 TFe 含量，以利于脱磷。如果吹炼过程中炉渣流动性良好，可不必提枪，避免渣中 TFe 含量过高，不利于吹炼。吹炼末期的降枪段，主要目的是使熔池成分和温度均匀，稳定火焰，便于判断终点，同时可降低渣中 TFe 含量，减少吹损，提高钢水收得率，达到溅渣的要求。

6.3.2 供氧操作

供氧操作是指调节氧压或者枪位，达到调节氧气流量、喷头出口气流压力及射流与熔池的相互作用程度的目的，以控制化学反应进程的操作。供氧操作分为恒压变枪、恒枪变压和分阶段恒压变枪等几种方法。在国内，多采用分阶段恒压变枪操作法。下面介绍几种典型的氧枪枪位操作。

（1）恒枪位操作。在铁水中磷、硫含量较低时，吹炼过程中枪位基本保持不变，主要依靠多次加入炉内的渣料和助熔剂来控制化渣和预防喷溅，保证冶炼正常进行。

（2）“高—低—高—低”模式的四段式操作，如图 6-6（a）所示。在铁水温度较高或渣料集中在吹炼前期加入时，可采用这种枪位操作。开吹时采用高枪位化渣，使渣中 $w(\mathrm{FeO})$ 达 25%~30%，促进石灰熔化，尽快形成具有一定碱度的炉渣，增大前期脱磷和脱硫效率，同时也避免酸性渣对炉衬的侵蚀。在炉渣化好后降枪位脱碳，为避免在碳氧化剧烈反应期出现炉渣返干，应适时提高枪位，使渣中 $w(\mathrm{FeO})$ 保持在 10%~15%，以利于磷、硫继续去除。在接近终点时再降枪位加强熔池搅拌，继续脱碳和均匀熔池成分和温度，降低终渣（FeO）含量。

（3）“高—低—低”模式的开吹枪位较高，吹炼过程中枪位逐渐降低，吹炼中期加入适量助熔剂以调整熔渣流动性，终点拉碳出钢，如图 6-6（b）所示。

（4）“低—高—低”模式枪位操作，低枪位使熔池快速升温，促进废钢熔化，然后高枪位化渣，在炉渣化好后，中后期低枪位脱碳升温。

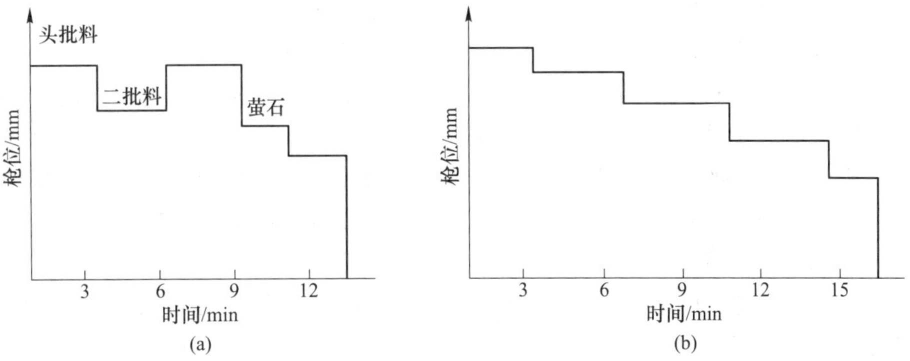

图 6-6　氧枪枪位操作示意图

（a）“高—低—高—低”模式；（b）“高—低—低”模式

6.4　底部供气制度

在复吹转炉中，了解和掌握底吹气体的性质、冶金行为，合理地确定底吹气体比例，选择和控制底吹供气强度，是复吹转炉获得良好技术经济指标的重要因素。底吹气体的冶金行为主要表现在三个方面：强化熔池搅拌，使钢水成分、温度均匀；加速炉内反应，使渣-钢反应界面增大，元素间化学反应和传质过程更加趋于平衡；冷却保护供气元件，使供气元件使用寿命延长。

6.4.1　底吹气体

迄今为止，已用于复吹转炉的底吹气体有 O_2、CO_2、Ar、N_2 和天然气等气体，其中 N_2、Ar 使用较广泛。

底吹氧气时，由于氧气供入炉内要与铁水中的元素发生放热反应，故需用冷却介质来保护供气元件。同时，底吹氧气时，将产生 $O_2+2[C]=2CO$ 反应，产生较大的搅拌力。当熔池碳含量大于 0.2% 时，其搅拌力是底吹 Ar 或 N_2 气时的 2 倍；当碳含量降至 0.04%~0.06%时，搅拌作用与底吹 N_2、Ar 时相当；而在碳含量更低的情况下，其搅拌力不如底吹 N_2 和 Ar。

底吹 CO_2 气体，也会与熔池中的碳发生反应 $CO_2+2[C]=2CO$，所以 CO_2 气体也是搅拌力较强的气体。由于 CO_2 气体氧化性较弱，不会影响钢的质量，并且自身具有较强的冷却作用，所以底吹 CO_2 时可不用冷却介质保护供气元件。但 CO_2 会使熔池 CO 分压增加，不利于超低碳钢的冶炼。

底吹 N_2、Ar 和 CO 气体，一般认为它们属于中性或惰性气体，供入铁水中不参与熔池内的反应，只起搅拌作用。N_2 作为搅拌气体价格最便宜，供气元件结构简单，但会使钢液增氮。Ar 是最理想的搅拌气体，既可保证搅拌效果，又没有增加钢中有害气体的危险，但价格较贵。实际经常采用 N_2、Ar 组合供气，通过合理切换，既节约成本，也能取得较好的搅拌效果。

吹入炉内的气体，将使底吹供气元件受到两部分热量的影响：气体由吹入时的温度加热到熔池温度吸收的物理热，氧化性气体与熔池内元素反应产生的化学热，这两部分热量的综合效应将影响供气元件的冷却保护作用。气体的物理吸热可由气体比热容来进行估算，CO_2 气体的比热容最大，其次为 O_2、CO、N_2，而 Ar 气体的比热容最小。O_2 的化学反应热是很高的，它可使熔池温度升高几百摄氏度，因而底吹氧气时必须用冷却介质保护供气元件。底吹气体的物理吸热与化学反应热效应的计算结果见表 6-9。CO_2 与铁水中 Si、Mn 的反应是放热，而与 C、Fe 的反应是吸热。综合而论，冶炼前期的冷却能力较弱，而在冶炼中后期却大大加强。根据转炉热模型试验证实，尽管 CO_2 与 Si、Mn 元素发生放热反应，但在底吹流量相同时，底吹 N_2、Ar 气体的炉次供气元件有烧损；而底吹 CO_2 的炉次则无明显烧损。这充分说明 CO_2 的综合冷却效果仍比 N_2、Ar 气体要强一些，因而可以不用冷却介质保护供气元件。

表 6-9　底吹气体在 1600 ℃时的物理吸热与化学反应热

气体种类和反应	Ar	N_2	CO	CO_2	CO_2+［C］	CO_2+［Fe］	CO_2+［Si］	CO_2+［Mn］
物理吸热或化学反应热/$kJ \cdot mol^{-1}$	32.97	51.21	51.65	82.60	139.6	36.5	-390.0	-128.0
熔池温度变化/$℃ \cdot (min \cdot t)^{-1}$	-0.18	-0.27	-0.28	-0.44	-0.74	-0.20	+2.1	+0.68

6.4.2　底吹供气强度

在复吹转炉中，底吹气体量的多少决定了熔池内搅拌的强弱程度。以相当于顶吹氧量约 5%的少量气体从炉底吹入时，熔池搅拌不强，但可使泡沫渣大为减少，因而喷溅也减少。如此少量的底吹气体不能保证熔池强烈搅拌，也不能保证终点碳很低和渣钢间完全达到平衡。因此，在冶炼超低碳钢种时，即使用底吹 O_2，其底吹供气量也要达 20%左右；对一些具有特殊功能的复吹工艺（如喷石灰粉、煤粉等），其底吹供气量可达 40%。就一般复吹转炉而言，为了保证脱硫、脱气和渣-钢间反应趋于平衡，在吹炼结束前，也要采用较大的底吹供气来搅拌熔池。日本某厂 250 t 转炉计算得到的顶吹氧枪高度和底吹氧气比率对混匀时间的影响，如图 6-7 所示。由图可知，底吹氧气的比率为 20%左右时就可以得到充分的搅拌能，使复吹转炉达到很好的混合效果，且顶吹氧枪高度对混匀时间的影响消失。

底吹供气量的多少与气体种类、炉容大小和冶炼钢种等因素有关，波动范围较大，而底吹供气强度则反映了单位条件下的供气量。在确定底吹供气强度时，要考虑以下因素：

（1）获得最佳搅拌强度，使熔池混合最均匀。大量的试验研究表明，熔池的混匀程度与搅拌强度有关，而搅拌强度受供气量和底吹元件布置的影响。很多研究者利用水力学模型试验，得到了熔池混匀时间与搅拌能密度的经验公式：

$$\tau_w = 800\dot{\varepsilon}^{-0.4}N^{1/3} \tag{6-4}$$

$$\tau_w = 540(\dot{\varepsilon}_B + 0.1\dot{\varepsilon}_T)^{-0.5} \tag{6-5}$$

式中　τ_w——水力学模型试验的熔池混匀时间，s；

$\dot{\varepsilon}$——搅拌能密度，W/t；

$\dot{\varepsilon}_B$——底吹，W/t；

$\dot{\varepsilon}_T$——顶吹，W/t；

N——底吹元件数。

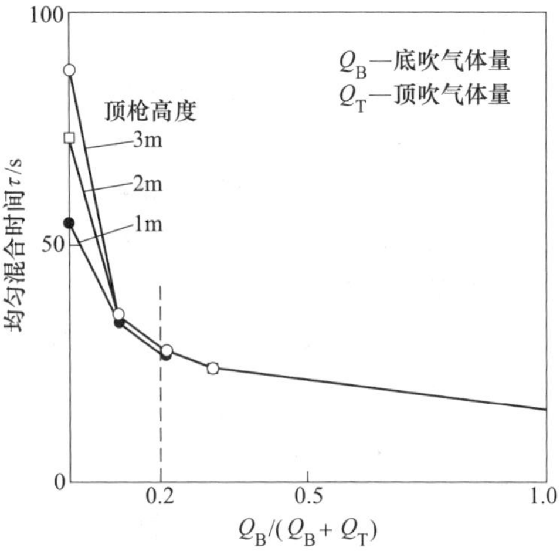

图 6-7 氧枪高度和底吹比对均匀混合时间 τ 的影响

应用水力学模型试验公式计算的混匀时间 τ_w 来考虑转炉实际状况时，由于反应器大小和液体密度的差异产生的影响，应对水力学模型试验结果进行修正。

复吹转炉底吹供气强度对混匀时间影响很大。随底吹气体强度的增大，对熔池的搅拌作用增强。复吹转炉搅拌能来自顶、底气流的共同作用，有研究认为，顶吹用于熔池搅拌的能量利用率约为底吹能量利用率的 1/10。复吹转炉底吹供气强度与熔池混匀时间的关系如图 6-8 所示。通常，顶吹转炉的熔池混匀时间为 100~150 s，复吹转炉为 20~70 s，底吹转炉为 20 s 左右。

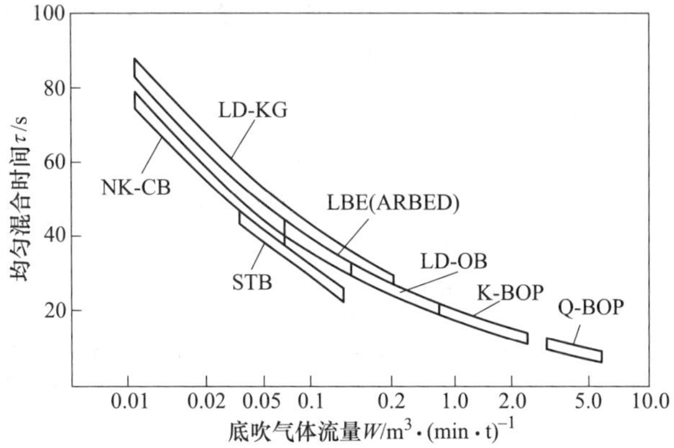

图 6-8 底吹转炉气体流量对熔池均匀混合时间的影响

（2）根据吹炼过程调节供气强度。复吹转炉的特点是：能有效地把熔池搅拌与炉渣氧化性有机统一起来，而实现这个统一的手段就是控制底吹供气强度。在顶底复吹转炉中，顶吹氧枪承担向熔池供氧的任务，而底吹气体则发挥搅拌熔池的功能。冶炼过程中，当加入渣料需要化渣时，底吹采用较小强度供气，以保证渣中有一定量的 FeO 存在；在冶炼后期，为了进一步脱碳和脱硫，则可增大供气量，以强化熔池搅拌，加速炉内反应和传质；当炉渣发生泡沫喷溅时，可增大底吹供气强度，加快 FeO 的反应消耗，减少渣中活性物质，以抑制喷溅。

（3）根据原料条件和冶炼钢种，合理使用供气强度。底吹 CO_2 气体时，冶炼前期为了保护供气元件，宜采用较大供气强度，在中期则可减少供气强度。而铁水磷含量高，在冶炼前期为了化渣、去磷，宜采用较小供气强度。若铁水硫含量高，则前期宜采用较大底吹供气强度，待炉渣化好后，宜进一步增大底吹供气强度，强化脱硫。

根据所炼钢种的不同，对冶炼终点控制也有差异，见表 6-10。若冶炼低碳钢，在吹炼前期采用较低强度底吹供气，以保证化渣、去磷；待磷去除后，则加大底吹供气强度，强化脱碳和脱硫，加快冶炼进程。若冶炼高碳钢，则全程采用较低强度底吹供气，以保证化渣和使磷、硫、碳含量同时满足冶炼要求，使吹炼终点有一定的碳含量。

表 6-10　不同钢种的底吹工艺

钢水终点［C］/%	前期供氮气强度 $/m^3 \cdot (min \cdot t)^{-1}$	后期供氮气强度 $/m^3 \cdot (min \cdot t)^{-1}$	适用钢种
<0. 06	0. 02~0. 04	0. 07~0. 10	低碳镇静钢
0. 06~0. 10	0. 02~0. 04	0. 05~0. 08	中碳镇静钢
≥0. 10	0. 02~0. 04	0. 03~0. 06	高、中碳钢

总的来说，底吹供气强度小，则熔池搅拌强度弱，渣中（FeO）含量较高，化渣容易；底吹供气强度大，则熔池搅拌强，脱碳速度快，渣中（FeO）含量低，升温快。

6. 4. 3　底部供气模式

底部供气的供气强度视各类复吹工艺不同而异，搅拌型复吹转炉的底吹供气强度（标态）一般小于 0. 1 $m^3/(min \cdot t)$，而复合吹氧型复吹转炉的底吹供气强度（标态）大于 0. 2 $m^3/(min \cdot t)$。

在底吹气体中，若底吹 N_2，将引起钢水增氮。为了减少钢水中［N］含量，可在冶炼后期切换为 Ar 气吹炼，并增大供气强度，以去除钢水中［N］。切换时期应选择在炉内搅拌最好、钢水中［N］含量最低时为佳。若是底吹 Ar 和 CO_2 气体，则冶炼中不用切换。某厂 210 t 顶底复吹转炉的底吹供气模式见表 6-11。

表 6-11　某厂 210 t 顶底复吹转炉的底部供气模式

底吹模式	对应钢种 $w[C]/\%$	供气强度 $/m^3 \cdot (min \cdot t)^{-1}$							
		装料	吹炼		测温取样	出钢	溅渣	排渣	准备
A	≤0. 10	0. 04	0. 04	0. 09	0. 04	0. 032	0. 048	0. 032	0. 032
		N_2	N_2	Ar	Ar	Ar	N_2	N_2	N_2

续表 6-11

底吹模式	对应钢种 $w[C]/\%$	供气强度/$m^3\cdot(min\cdot t)^{-1}$							
		装料	吹炼		测温取样	出钢	溅渣	排渣	准备
B	0.10~0.25	0.04	0.04	0.06	0.04	0.032	0.048	0.032	0.032
		N_2	N_2	Ar	Ar	Ar	N_2	N_2	N_2
C	≥0.25	0.04	0.04	0.04	0.04	0.032	0.048	0.032	0.032
		N_2	N_2	Ar	Ar	Ar	N_2	N_2	N_2

6.5 造渣制度

造渣就是在转炉冶炼过程中加入造渣材料石灰和助熔剂（萤石、铁矾土、白云石、氧化铁皮），使之与吹炼过程中的氧化物相结合而形成一种具有良好物理和化学性质的炉渣，也就是要造好适当碱度、黏度和氧化性的炉渣，以满足脱磷、脱硫、减少炉衬侵蚀、减少和防止金属蒸发、喷溅和溢渣及降低炉渣终点氧化性的要求。所以，从某种意义上说，炼钢就是炼渣。

造渣制度就是要确定合适的造渣方法、渣料的种类、渣料加入数量和时间，以及快速成渣的措施。

6.5.1 炉渣的形成

6.5.1.1 对炉渣的要求

转炉冶炼各期，都要求炉渣具有一定的碱度、合适的氧化性和流动性以及适度的泡沫化。吹炼初期，要保持炉渣具有较高的氧化性，$\sum w(FeO)$ 稳定在 25%~30%之间，以促进石灰熔化，迅速提高炉渣碱度，尽量提高前期脱磷率和避免酸性渣侵蚀炉衬。吹炼中期，炉渣的氧化性不得过低，$\sum w(FeO)$ 保持在 10%~15%之间，以避免炉渣返干。吹炼末期，要保证去除磷、硫所需的炉渣高碱度，同时控制好终渣氧化性，如冶炼 $w[C]\geq$ 0.10%的镇静钢，终渣 $\sum w(FeO)$ 应控制为不大于 20%。

炉渣黏度和泡沫化程度也应满足冶炼进程需要。前期要防止炉渣过稀，中期渣黏度要适宜，末期渣要化透做黏。泡沫性炉渣应尽早形成，并将其泡沫化程度控制在合适范围内，以实现喷溅少、拉碳准、温度合适，达到去除磷硫的最佳吹炼效果。总之，在吹炼过程中要遵循“初期渣早化、过程渣化透、终点渣做黏、出钢挂上粘住”的原则。

6.5.1.2 成渣过程

转炉成渣过程具体如下：

（1）吹炼初期，炉渣主要来自铁水中硅、锰、铁的氧化产物。加入炉内的石灰块由于温度低，表面形成冷凝外壳，造成熔化滞止期，对于块度为 40 mm 左右的石灰，渣壳熔化需数十秒。由于发生硅、锰、铁的氧化反应，炉内温度升高，促进了石灰熔化，这样炉渣的碱度逐渐得到提高。

（2）吹炼中期，随着炉温的升高和石灰的进一步熔化，同时脱碳反应速度加快导致渣中（FeO）含量逐渐降低，使石灰熔化速度有所减缓，但炉渣泡沫化程度则迅速提高。由于脱碳反应消耗了渣中大量的（FeO），再加上没有达到渣系液相线正常的过热度，使化渣条件恶化，引起炉渣异相化，并出现返干现象。

（3）吹炼末期，脱碳速度下降，渣中（FeO）含量再次升高，石灰继续熔化并加快了熔化速度。同时，熔池中乳化和泡沫现象趋于减弱和消失。

初期渣的主要矿物为钙镁橄榄石和玻璃体（SiO_2）。钙镁橄榄石是锰橄榄石（$2MnO \cdot SiO_2$）、铁橄榄石（$2FeO \cdot SiO_2$）和硅酸二钙（$2CaO \cdot SiO_2$）的混合晶体。当（MnO）含量高时，它是以 $2FeO \cdot SiO_2$ 和 $2MnO \cdot SiO_2$ 为主，通常玻璃体不超过 8%，渣中自由氧化物相（RO）很少。

中期渣中，石灰与钙镁橄榄石和玻璃体作用，生成 $CaO \cdot SiO_2$、$3CaO \cdot 2SiO_2$、$2CaO \cdot SiO_2$ 和 $3CaO \cdot SiO_2$ 等产物，其中最可能生成且最稳定的是 $2CaO \cdot SiO_2$，其熔点为 2130 ℃。

末期渣中自由氧化物相含量急剧增加，生成的 $3CaO \cdot SiO_2$ 分解为 $2CaO \cdot SiO_2$ 和 CaO，并有 $2CaO \cdot Fe_2O_3$ 生成。

石灰的渣化速度关系着成渣速度，而成渣速度又可以通过吹炼过程中成渣量的变化来体现。从图 6-9 可以看出，吹炼前期和后期成渣较快，这也说明石灰渣化量较多；而中期成渣速度缓慢。

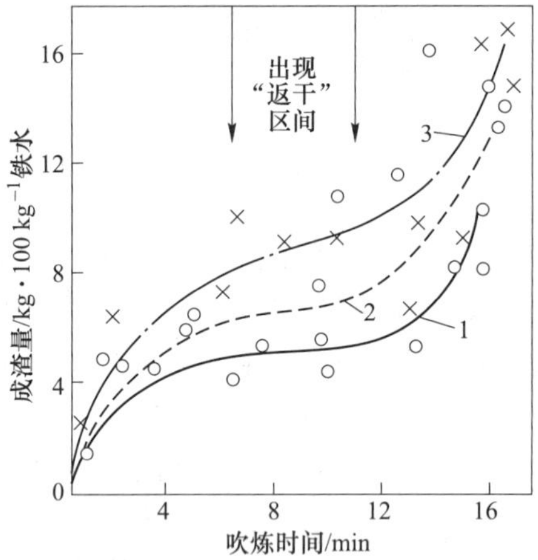

图 6-9 吹炼过程中渣量变化

1—枪位 700 mm；2—枪位 800 mm；3—枪位 900 mm

6.5.1.3 *石灰的溶解机理及其影响因素*

炼钢过程中，成渣速度主要是指石灰熔化速度，所谓快速成渣主要是指石灰快速溶解于渣中。石灰在炉渣中的溶解是复杂的多相反应，其溶解过程分为以下三个步骤。

第一步：液态炉渣中 FeO、MnO 等氧化物或其他溶剂通过扩散边界层向石灰块表面扩散（外部传质），并且液态炉渣顺着石灰块中的孔隙、裂缝向石灰块内部迁移，同时其氧化物离子进一步向石灰晶格中扩散（内部传质）。

第二步：CaO 与炉渣进行化学反应生成新相。反应不仅在石灰块的外表面进行，而且也在石灰块内部孔隙的表面上进行，其反应产物一般都是比 CaO 熔点低的固溶体及化合物。

第三步：反应产物离开反应区，通过扩散边界层向炉渣熔体中传递。

影响石灰溶解速度的主要因素有石灰质量、炉渣成分、熔池温度、熔池搅拌强度等，现分别讨论如下：

（1）石灰质量。欲使石灰尽快地吸收 FeO 和 Fe_2O_3 而生成低熔点的铁酸钙，则石灰的块度要小、单位表面积要大、晶粒度要细、孔隙率要高，这样轻烧石灰才具有反应能力强、渣化快的特点。

（2）炉渣成分。炉渣成分对石灰溶解速度有很大的影响，为加快石灰溶解，选择合适的炉渣成分是非常必要的。

CaO 含量的影响。石灰被炉渣吸收的速度（J_{CaO}）与渣中（CaO）含量之间存在极值关系，J_{CaO}随炉渣碱度和渣中（CaO）含量的增大而提高，超过一定限度后就成反比关系，这与炉渣黏度发生变化有关。在渣中（CaO）含量增加到 30%之前，炉渣黏度是下降的，此时炉渣结构和流动单元发生了变化。而当渣中（CaO）含量大于 40%时，已接近形成炉渣的多相状态，且此时石灰溶解的热力学推动力 $w(CaO)_{饱}-w(CaO)_{实}$已经减小了。

SiO_2 含量的影响。在其他组分关系不变的情况下，渣中（SiO_2）含量增加，炉渣变稀，组成从多相区移向均相熔体区，使 $\Delta w(CaO)$ 值及炉渣对石灰吸收方面的活性增加。但当渣中（SiO_2）含量超过一个最佳点后，SiO_2 继续增加会与 CaO 作用形成 C_2S 致密外壳，从而阻碍熔剂向石灰块内的渗透，使石灰的溶解速度急剧降低，这种反作用的影响在渣中（SiO_2）含量超过 30%时变得更为严重。

FeO 和 MnO 含量的影响。石灰的溶解速度随渣中（FeO）、（MnO）含量的增大而增大，这是由于它们能与 CaO 结合形成低熔点的化合物和降低炉渣黏度。在所有情况下，初渣的形成（出现 C_2S 相）都是经过如下过程：首先，石灰与渣中 FeO、MnO、SiO_2 作用形成最初的结构相——钙镁橄榄石，它是初期渣中开始结晶的唯一相，并占 88%～91%的绝对优势；随后，初期渣相变的第一种产物——原硅酸盐（$2CaO \cdot SiO_2$、$2MnO \cdot SiO_2$）则是在 Mn^{2+}参与下形成和分解的。即在初期渣中，有 MnO 存在比没有 MnO 存在时，原硅酸盐的形成和分解要早；同时，$FeO\text{-}MnO\text{-}SiO_2$ 渣系比 $FeO\text{-}Fe_2O_3\text{-}SiO_2$ 渣系的黏度小（流动性好）。所以，MnO 对早期石灰的溶解和初渣的形成是十分重要的。

渣中 MgO 含量的影响。在一般氧气转炉渣中，加入 MgO 含量至 6%对石灰的溶解过程是有利的；但超过 6%后，对石灰溶解不利。

综上所述，炉渣成分对石灰溶解速度的影响可用下式表述：

$$J_{CaO} \approx k[w(CaO)_{\%} + 1.35w(MgO)_{\%} - 1.09w(SiO_2)\% + 2.75w(FeO)_{\%} + 1.9w(MnO)_{\%} - 39.1] \tag{6-6}$$

式中 J_{CaO}——石灰在渣中的溶解速度，$kg/(m^2 \cdot s)$；

$w(CaO)_{\%}$，$w(MgO)_{\%}$等——渣中相应氧化物的质量百分数；

k——比例系数。

从式（6-6）可以看出，在氧气转炉炼钢条件下，FeO 对石灰的溶解速度影响最大，它是石灰溶解的基本熔剂。这是因为：（1）它能显著降低炉渣黏度，加速石灰溶解过程的传质；（2）它能改善熔渣对石灰的润湿和向石灰孔隙中的渗透；（3）FeO 和 CaO 同属立方晶系，而且 Fe^{2+}、Fe^{3+}、O^{2-}的离子半径不大，有利于氧化铁向石灰晶格中迁移并与 CaO

生成低熔点的化合物，促进石灰的熔化；（4）它能减少石灰块表面 C_2S 生成。研究证实，FeO、Fe_2O_3 能渗透 C_2S 硬壳并在 C_2S 中扩散，形成熔点较低的铁黄长石（$2CaO \cdot Fe_2O_3 \cdot SiO_2$），破坏 C_2S 硬壳的致密性和连续性。

（3）助熔剂。例如，萤石（CaF_2）、铁矾土（Al_2O_3）、矿石或氧化铁皮均能加速石灰的溶解，但其用量必须合适。

萤石的主要成分为 CaF_2，熔点约为 930 ℃。萤石加入炉内后，在高温下即爆裂成碎块并迅速熔化。它的作用体现在：1）CaF_2 与 CaO 作用形成熔点为 1362 ℃的共晶体，直接促进石灰的熔化；2）萤石能显著降低 $2CaO \cdot SiO_2$ 的熔点，使炉渣在高碱度下有较低的熔化温度；3）CaF_2 可降低炉渣黏度。

但是，萤石用量增加对提高炉龄不利，并且氟会造成环境污染，目前应力求减少萤石的使用量。

（4）枪位。适当地采取高枪位，炉渣中（FeO）含量增加，便于尽快形成碱性渣。

（5）熔池温度。熔池温度高于熔渣熔点以上，可以使熔渣黏度降低，加速熔渣向石灰块的渗透，使生成的石灰块外壳化合物迅速熔融而脱落成渣。故吹炼前期，采用热行的温度制度是必要的。

（6）比渣量。所谓比渣量，是指已熔炉渣和未熔石灰量之比。生产实践表明：采用留渣法、“少量多批”加入第二批石灰的方法对促进石灰溶解都是有利的。

（7）熔池搅拌。熔池搅拌强烈而均匀是石灰溶解的重要动力学条件，加强熔池搅拌，可以显著改善石灰溶解的传质过程，增加反应界面，提高石灰溶解速度。

6.5.1.4 快速成渣的措施

氧气转炉的基本特点是速度快、周期短。目前大转炉的吹氧时间为 15~18 min，要在这短短的十几分钟时间内保证冶炼正常进行，必须加速化渣。因而，成渣速度问题是转炉吹炼控制造渣的中心环节。

从前面的讨论可知，加速石灰溶解的具体措施主要有：

（1）采用活性石灰造渣。活性石灰气孔率高，比表面积大，可以加快石灰的渣化。

（2）采用助熔剂助熔。增加 MnO、CaF_2 和少量的 MgO 成分，都有利于石灰的渣化。

（3）提高开吹温度。前期温度高，会加快初期渣中石灰的渣化速度。以废钢为冷却剂时，是在开吹前加入，前期炉温升高较慢。如果是用矿石作为冷却剂，矿石可以分批加入，有利于前期炉温的升高，也有助于前期成渣。

（4）合适的吹炼枪位。合适的吹炼枪位既能促进石灰的渣化，又可避免发生喷溅，即在碳的激烈氧化期熔渣不会“返干”。

（5）采用留渣法操作。

6.5.1.5 成渣路线

在转炉吹炼过程中，由于熔池温度和金属成分不断改变以及加入石灰等多种造渣材料的影响，炉渣成分在不断变化，为了尽快得到具有一定碱度和流动性良好的炉渣，需要选择合理的成渣路线。在转炉冶炼的条件下，可以用 CaO-FeO_n-SiO_2 三元相图来研究冶炼过程中的成渣路线，其他次要组分可按性质归入这三个组分中。CaO-FeO_n-SiO_2 伪三元相图如图 6-10 所示，转炉吹炼初期的炉渣成分大致位于图中的 A 区，该区为酸性渣区；终渣碱度通常为 3~5，其位置大致在 *C* 区。

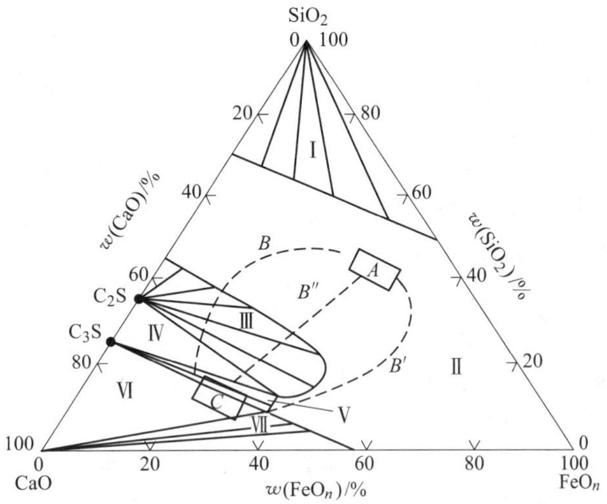

图 6-10　CaO-FeO$_n$-SiO$_2$ 渣系伪三元相图

Ⅰ—L+SiO$_2$；Ⅱ—L；Ⅲ—L+C$_2$S；Ⅳ—L+C$_2$S+C$_3$S；Ⅴ—L+C$_3$S；Ⅵ—L+C$_3$S+CaO；Ⅶ—L+CaO

由初渣到终渣可以有 3 条路线，即 *ABC*、*AB′C* 和 *AB″C*。按成渣时渣中（FeO）含量区分，可将 AB′C 称为铁质成渣途径（也称高氧化亚铁成渣途径），将 ABC 称为钙质成渣途径（也称低氧化亚铁成渣途径）。介于两者之间的 AB″C 成渣途径最短，要求冶炼过程迅速升温，容易导致剧烈的化学反应和化渣不协调，一般很少采用。

（1）铁质成渣途径。采取高枪位操作，渣中的（FeO）含量保持较高的水平，当碳含量接近终点时，渣中的铁含量才下降。此途径适用于高磷铁水的情况，它对炉衬的侵蚀严重，且（FeO）含量高时，炉渣的泡沫化严重，易产生喷溅。

（2）钙质成渣途径。采取低枪位操作，渣中的（FeO）含量下降得很快，当碳含量接近终点时，渣中的铁含量才回升。此途径适用于低磷铁水的情况，采用它有益于延长炉衬的寿命。

6.5.2　造渣方法

根据铁水成分不同和对所炼钢种的要求，造渣方法可分为单渣法、双渣法、双渣留渣法。

（1）单渣法。单渣法指的是在冶炼过程中只造一次渣，中途不倒渣、不扒渣，直到终点出钢。这种造渣方法适用于铁水含硅、磷、硫较低，或者钢种对磷、硫含量要求不严格，以及冶炼低碳钢种的情况。单渣法操作工艺简单，吹炼时间短，劳动条件好，易于实现自动控制，其脱磷率在 90%左右，脱硫率在 35%左右。

（2）双渣法。双渣法就是换渣操作，即在吹炼过程中分一次或几次倒出或扒出 1/2~2/3 的炉渣，然后加渣料重新造渣。这种造渣方法适用于铁水硅含量大于 1.0%或磷含量大于 0.5%；或原料磷含量小于 0.5%，但要求生产低磷的优质钢；或吹炼中、高碳钢以及需在炉内加入大量易氧化元素的合金钢时采用。此法的优点是去除磷、硫的效果较好，其脱磷率可达92%~95%，脱硫率为50%左右；可消除大渣量引起的喷溅；倒出部分酸性渣可以减轻对炉衬的侵蚀，降低石灰消耗。

双渣操作的关键是倒渣时间的选择，目前生产上采用的操作有：

1）在 Si、Mn 氧化结束、碳焰上来不久时，即开吹后 3~5 min 倒渣。其优点是能将前期酸性渣尽早放出，减轻对炉衬的侵蚀，减少后期石灰的用量，同时还能去除一部分磷；缺点是这时渣中氧化铁含量较高，铁损较多，这种放渣可用于高硅、中磷铁水的吹炼。

2）吹炼低碳钢或铁水硫含量较高时，倒渣操作应在钢中碳含量降低到 0.6%~0.7%时进行，此时炉渣碱度为 2.5~2.8，$w(FeO)<12\%$，脱碳速度已经减弱，渣中铁珠含量也低，倒渣不会引起喷溅。倒渣前 1 min 应提枪或加入萤石，以改善炉渣流动性，便于放渣，倒渣量约等于或略大于前期渣量的一半。

3）吹炼中、高碳钢及中、高磷铁水时，放渣时间应选择在钢液碳含量为 1.2%~1.5%时进行。其优点是这时渣中磷、硫的含量均达较高值，同时渣中（FeO）含量较低；缺点是炉渣往往黏稠，不易放出，且容易引起喷溅，故放渣前也应提枪或加些萤石。

（3）双渣留渣法。双渣留渣法是出钢后将上一炉冶炼的终点炉渣留一部分在炉内，供下一炉冶炼时作部分初期渣使用，然后在吹炼前期结束时倒出，重新造渣，这种方法适用于吹炼中、高磷（$w[P]>1.5\%$）铁水。由于终渣碱度高、渣温高、（FeO）含量较高、流动性好，因此有助于下一炉吹炼前期石灰的熔化，可加速初期渣的形成，提高前期脱磷、脱硫率和炉子热效率；同时还可以减少石灰的消耗、降低铁损和氧耗。

采用本法时应该特别注意安全，防止兑铁水时产生剧烈喷溅事故。尤其是前一炉吹炼低碳钢，终渣氧化性很强时，更应注意。另外，不仅兑铁水时要非常缓慢，而且事先应加一批石灰稠化炉渣，或加一些还原剂（如炭质材料）降低炉渣氧化性，然后再兑铁水。

6.5.3　渣料加入量计算

加入炉内的渣料，主要是指石灰和白云石的加入数量，还有少量助熔剂。

6.5.3.1　*石灰加入量的确定*

石灰加入量主要根据铁水中 Si、P 含量和炉渣碱度确定，对于 Si、P 含量较低的铁水，则可根据硫含量来确定。

（1）炉渣碱度确定。炉渣碱度高低主要依据铁水成分而定，一般来说，铁水中 P、S 含量低，炉渣碱度控制在 2.8~3.2；中等 P、S 含量的铁水，炉渣碱度控制在 3.2~3.5；P、S 含量较高的铁水，炉渣碱度控制在 3.5~4.0。

（2）石灰加入量计算方法如下：

1）若铁水 $w[P]<0.3\%$，采用单渣操作，使用废钢作冷却剂，石灰加入量 W(kg/t)可用下式计算：

$$W = \frac{2.14\Delta w[\mathrm{Si}]}{w(\mathrm{CaO})_{有效}} \times R \times 1000 \qquad (6\text{-}7)$$

式中　$\Delta w[\mathrm{Si}]$——炉料中硅的氧化量；

R——炉渣碱度，$R = w(\mathrm{CaO})/w(\mathrm{SiO_2})$；

$w(\mathrm{CaO})_{有效}$——石灰中有效 CaO 含量，$w(\mathrm{CaO})_{有效} = w(\mathrm{CaO})_{石灰} - R \cdot w(\mathrm{SiO_2})_{石灰}$；

2.14——SiO_2 的相对分子质量与 Si 的相对原子质量之比。

2）若铁水 $w[P] \geqslant 0.3\%$，采用单渣操作，使用废钢作冷却剂，$R = w(CaO)/w(SiO_2 + P_2O_5)$，石灰加入量 W(kg/t) 可用下式计算：

$$W = \frac{2.2(\Delta w[Si] + \Delta w[P])}{w(CaO)_{有效}} \times R \times 1000 \tag{6-8}$$

式中 2.2——$[(SiO_2/Si)+(P_2O_5/2P)]/2$，即相对分子质量之比的平均值。

3）使用铁矿石等辅助材料，铁水带渣，应补加石灰。使用铁矿石作冷却剂时，每千克矿石需补加的石灰量 $W_{补}$(kg) 为：

$$W_{补} = \frac{w(SiO_2)_{矿石}}{w(CaO)_{有效}} \times R \tag{6-9}$$

石灰加入总量应是铁水所需石灰的加入量与各种原料需补加的石灰量的总和，再除以石灰的渣化率。

6.5.3.2 白云石加入量的确定

白云石加入量根据炉渣中所要求的 MgO 含量来确定，一般炉渣中 MgO 含量控制在6%~8%之间。炉渣中的 MgO 含量由石灰、白云石和炉衬侵蚀带入，故在确定白云石加入量时要考虑它们的相互影响。

（1）白云石应加入量 $W_{白}$(kg/t)：

$$W_{白} = \frac{渣量 \times w(MgO)}{w(MgO)_{白}} \times 1000 \tag{6-10}$$

（2）白云石实际加入量 $W_{白}$(kg/t)。白云石实际加入量中，应减去石灰带入的 MgO 质量折算的白云石质量 $W_{灰}$ 和炉衬侵蚀进入渣中的 MgO 质量折算的白云石质量 $W_{衬}$。

$$W'_{白} = W_{白} - W_{灰} - W_{衬} \tag{6-11}$$

在生产实际中，由于石灰质量不同，白云石入炉质量与石灰质量之比可达 0.20~0.30。

6.5.3.3 助熔剂加入量的确定

转炉造渣中常用的助熔剂是氧化铁皮、铁矿石和萤石。

铁矿石是主要的冷却剂之一，主要利用它分解成渣时大量吸热而起的冷却作用，以控制熔池温度；也是因为它提高了炉渣的氧化性，促进了前期化渣。铁矿石用量主要由所炼钢种的终点成分、出钢温度的要求、铁水中 Si 和 P 的含量以及铁水温度而定。

氧化铁皮也是一种冷却剂，主要用于中、后期调温和化渣，故用量由炉温和化渣情况而定。目前，铁矿石和氧化铁皮加入量一般为装入量的 2%~4%。

萤石可降低石灰的熔点，促进化渣和改善炉渣的流动性，但它对炉衬有侵蚀作用，而且我国萤石资源短缺、价格较高，应尽量少用。因此，规定每吨铁水的萤石用量应小于4 kg。

6.5.4 渣料加入时间

通常情况下，转炉渣料分两批或三批加入。第一批渣料在兑铁水前或开吹时加入，加入量为总渣量的 1/2~2/3，并将白云石全部加入炉内。第二批渣料加入时间是在第一批渣料化好后，铁水中硅、锰氧化基本结束后分小批多次加入，其加入量为总渣料的 1/3~1/2。若是双渣操作，则是在倒渣后加入第二批渣料。第二批渣料则是分小批多次加入，多次加入对石灰溶解有利，也可用小批渣料来控制炉内泡沫渣的溢出。第三批渣料视炉内磷、硫去除情况而决定是否加入，其加入量和时间均应根据吹炼实际情况而定。无论加几批渣料，最后一小批渣料必须在拉碳前 3 min 加完，否则来不及化渣。表 6-12 为转炉渣料加入时间和加入批数的关系。

表 6-12 转炉渣料加入时间和加入批数的关系

转炉容量/t	批数	渣料加入量					加入时间
		石灰	矿石	萤石	铁皮	生白云石	
石钢 40	Ⅰ	1/2~2/3	1/3	1/3		2/3~3/3	开吹时加入
	Ⅱ	1/3~1/2	1/3	2/3		1/3~0	开吹 3~6 min 时加入
	Ⅲ	根据实际情况调整					终点前 3 min 加入
邯钢 120	Ⅰ	1/2		1/2	1/2	2/2	几乎在降枪的同时加入
	Ⅱ	1/2		1/2	1/2		开吹 4 min 后开始分小批加入
	Ⅲ	根据实际情况调整					终点前 3~4 min 加入

6.5.5 泡沫渣

6.5.5.1 泡沫渣的形成

在转炉吹炼过程中，由于氧气射流与熔池的相互作用，形成了气-熔渣-金属液密切混合的三相乳化液，分散在炉渣中的小气泡的总体积往往是熔渣本身体积的数倍甚至数十倍。熔渣成为液膜，将气泡包住，引起熔渣发泡膨胀，形成泡沫渣。在正常情况下，泡沫渣的厚度有 1~2 m，甚至 3 m。

由于炉内产生乳化现象，大大发展了气-熔渣-金属液的界面，加快了炉内化学反应速度，从而达到了良好的吹炼效果。当然，若控制不当，严重的泡沫渣也会导致喷溅事故。

大量的研究表明，在气泡少而小、炉渣表面张力低、炉渣黏度大、温度低的情况下，泡沫更容易形成并稳定地存在于渣中，生成泡沫渣。

吹炼前期，脱碳速度小，泡沫小而无力，易停留在渣中，炉渣碱度低，$\sum w(\mathrm{FeO})$ 较高，有利于渣中铁滴生成 CO 气泡，并含有一定量的 SiO_2、P_2O_5 等表面活性物质，因此易产生泡沫。

吹炼中期，脱碳速度大，大量的 CO 气泡能冲破渣层而排出，炉渣碱度高，$\sum w(\mathrm{FeO})$ 较低，SiO_2、P_2O_5 表面活性物质的活度降低，因此导致泡沫渣的条件不如吹炼初期；但如能控制得当，避免或减轻熔渣返干现象，就能得到合适的泡沫渣。

吹炼后期，脱碳速度降低，产生的 CO 减少，碱度进一步提高，$\sum w(\mathrm{FeO})$ 较高，但 $w[\mathrm{C}]$ 较低，产生的 CO 少，表面活性物质的活度比中期进一步降低。因此，泡沫稳定的因素大大减弱，泡沫渣趋向消除。

在氧气转炉吹炼过程中，有时炉渣会起泡并从炉口溢出，这就是吹炼过程中发生的典型的乳化和泡沫现象。由于氧气射流对熔池的强烈冲击和 CO 气泡的沸腾作用，使熔池上部金属、熔渣和气体三相剧烈混合，形成了转炉内发达的乳化和泡沫状态，如图 6-11 所示。

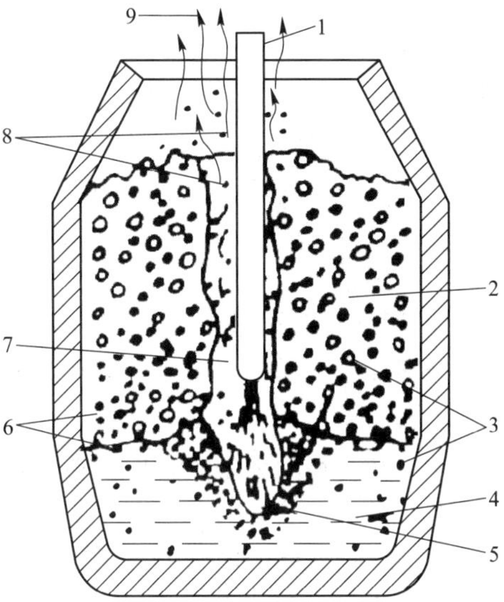

图 6-11 氧气转炉内的泡沫现象

1—氧枪；2—气-钢-渣乳化相；3—CO 气泡；4—金属熔池；5—火点；
6—金属液滴；7—CO 气流；8—飞溅出的金属液滴；9—烟尘

6.5.5.2 泡沫渣在转炉炼钢中的作用

在氧气转炉炼钢中，由于泡沫渣较为充分地发展，大大增加了钢-渣-气之间的接触面积，加速了脱碳、脱磷等反应的进行，所以，在吹炼过程中形成一定程度的泡沫渣是缩短冶炼时间、提高产品质量的一个重要工艺措施。

(1) 泡沫期与脱磷。炉渣因起泡而膨胀造成“淹没”吹炼，则为炉渣-铁液间的脱磷反应创造出较为理想的热力学和动力学条件。

在合适的泡沫渣下进行吹炼，一方面，高速氧流能将炉渣抽入反应区，造成炉渣被氧流更强烈地搅拌、氧化和过热，从而加速石灰的溶解；另一方面，较厚的泡沫渣层有利于保留因氧流冲击而反射出的铁粒，使分散在渣层中的铁粒与炉渣有极大的反应面积，从而大大地加速了脱磷过程的进行，这一过程一般称之为乳化脱磷，见表 6-13。所以国内外的炼钢工作者认为，合适的泡沫渣，特别对于吹炼高磷生铁，是不可缺少的冶炼条件。在冶炼低磷生铁时，据国外资料介绍，炉渣泡沫化时间从吹炼时间的 20%延长到 80%时，终点钢中 P 含量从 0.019%~0.022%降到 0.012%~0.016%。

表 6-13 熔池和炉渣中金属颗粒的磷含量

熔池 $w[P]/\%$	炉渣中金属液滴 $w[P]/\%$			
	直径>2.5 mm	2.5~1.2 mm	1.2~0.6 mm	<0.6 mm
0.1		0.006	0.005	0.004
0.136	0.028	0.011	0.008	0.007

(2) 泡沫期与铁的损失。随着起泡时间的延长，渣中铁的损失（包括渣中（FeO）总量和悬浮在渣中的铁粒）有所增加。但是，由于蒸发和飞溅的铁能被较厚的泡沫渣层吸

收，使铁的总损失还可能有所减少。

(3) 泡沫期与脱氮。由于泡沫渣层能保护铁液，特别是高温反应区的铁液能避免直接从炉气中吸收 N，所以淹没吹炼能保证金属中 N 含量较低。

(4) 泡沫期与热的利用。泡沫期的延长，意味着高温反应区暴露时间的缩短，金属喷溅减少以及热损失降低，从而使顶吹转炉热的利用效率随之改善。最明显的是，氧枪喷头由单孔改为多孔时，化渣起泡得到改善，吹炼时间缩短，废钢用量有所提高。但如果炉渣过泡造成大型喷溅，则热损失将增多。

(5) 泡沫期与脱硫。泡沫期持续时间延长，钢中硫含量增高。其原因有二：一是厚层的泡沫渣阻碍着气化脱硫；二是泡沫渣中 $\sum w(FeO)$ 一般较高，对脱硫不利。

6.5.5.3 影响炉渣泡沫化的因素

影响炉渣泡沫化的因素包含在其自身的发生、发展和消失过程中。根据一般弥散体系的理论，泡沫化和乳化体系的寿命由三个交叠的时期组成，即产生期、稳定期和破坏期。

泡沫产生和稳定的条件是，泡沫中气体的内压力等于其上方炉气的压力加上泡沫柱的压力以及渣沫表面张力引起的附加压力之和。

泡沫化体系存在时间的长短，即稳定性，主要决定于泡沫产生和破坏的相对速度。泡沫的形成过程，就是液体形成气泡膜的过程，亦即液体表面增大的过程，此过程的自由能要增大。而在恒温恒压下，只有自由能减小的过程才能自发进行，所以气泡膜总是自发倾向于收缩成液滴，且为球状，因此，泡沫渣中的小气泡与小气泡之间要自发地进行合并而聚合长大，最后从炉渣中分离出来或自行破裂，泡沫也就因气泡间的合并而趋于消失。一般认为，在非饱和型的泡沫渣中，任何泡沫的合并与破坏都是通过小气泡之间的排液，即部分渣膜的移动来实现的。因此，增加渣膜的移动阻力就能提高泡沫的稳定性。

通过对泡沫渣的形成和稳定性的分析，可以得出影响炉渣泡沫化的主要因素有以下几点：

(1) 渣层的气泡特性和强度。通常，大而有力的气泡容易从渣中分离，甚至对泡沫起破坏作用。来自氧流本身的气泡和熔池中 [C]-[O] 反应产生的 CO 气泡就是如此，一方面它们对泡沫渣的产生起着积极的促进作用，另一方面又起着破坏作用。究竟起何种作用，主要视气泡通过渣层时的分散程度而定，但总的来说积极作用是主要的，因为转炉中的乳化现象主要由氧流的冲击和搅动造成，而乳化又是泡沫化的先决条件。根据吹炼过程中泡沫渣形成以及小而无力的气泡在渣中较为稳定，可以认为，炉渣的泡沫化主要是由渣内铁粒中的 [C] 和 (FeO) 反应（即乳化脱碳）生成的 CO 小气泡引起的，因此，金属成分对泡沫渣的形成有很大影响。例如，冶炼低碳钢时，当 $w[C]<0.1\%$ 时，后期泡沫消失。

实践表明，尽早形成足量的渣层是大量发展乳化脱碳反应的前提。因此，若要提早形成泡沫渣，就要早化渣。

(2) 炉渣的表面张力。在炼钢条件下，小的表面张力不仅有利于小气泡的形成，而且有益于泡沫的稳定，因而它是形成泡沫渣的基本因素。

实践表明，低表面张力的氧化物，如 (Fe_2O_3)、(SiO_2)、(P_2O_5)、(FeO)、(CaF_2) 等浓度增高，炉渣泡沫化增强。初期渣中含有较高的 (SiO_2)、(FeO) 和一定量的 (Fe_2O_3)、(P_2O_5)，所以初期渣容易起泡；相反，随着 (CaO)、(Al_2O_3) 含量的提高，

炉渣的表面张力增大，泡沫化程度减弱。

(3) 悬浮的固体颗粒。实践表明，“饱和型”的泡沫渣中，细小固体颗粒的存在对泡沫的稳定起着决定性的作用。其原因尚不十分清楚，可能是由于存在于渣中一定数量的固体悬浮物（如 CaO、MgO、C_2S、C_3S、C_3P 等）被气体润湿而附着在气泡的表面上，增加了气泡的机械强度，阻碍了小气泡的合并和渣膜的破裂，从而增加泡沫渣的稳定性。

但是，当熔渣析出固体颗粒时，渣膜如呈脆性破裂，则会使泡沫减退成为返干渣和瘪渣。

(4) 气泡膜表面带有相同符号电荷。当气泡膜表面富集有带负电荷的 SiO_4^{4-}、$Si_4O_{12}^{8-}$（当碱度较低时）和 PO_4^{3-}、$P_2O_7^{4-}$ 等复合负离子时，由于气泡膜带有相同符号的电荷，故气泡间产生静电排斥，从而使气泡稳定存在。

(5) 炉渣温度。实践表明，高温容易使炉渣发瘪，低温有利于泡沫的稳定存在。

(6) 炉渣黏度。黏度和泡沫的关系是比较复杂的，首先必须分清是真黏度还是假黏度。实践表明，真黏度高的酸性渣并不嗜好气泡；而就假黏度和析出固体颗粒而言，又可分为“脆性”和“韧性”影响，具体情况要具体分析。

由以上分析可以得出，渣膜和小气泡是泡沫渣的两个基本组成部分。对泡沫渣的整个生命期来说，由产生到消亡，两者相依而存，缺一不可。因此，决定泡沫形成和稳定的基本因素是小气泡的产生和炉渣的表面性质。若渣膜的表面张力低和呈黏性（韧性）状态，则泡沫容易形成和稳定；而炉渣温度和黏度，只是起着从属的影响而已。

6.6 温 度 制 度

温度制度包括过程温度控制和终点温度控制。对于转炉吹炼过程，温度既是重要的热力学参数，又是重要的动力学参数，它对炉内反应、渣料熔化、炉衬寿命、钢水质量都有重要影响。过程温度控制的目的是使吹炼过程均衡升温，保证吹炼平稳，准确达到终点温度。终点温度控制的目的是保证合适的出钢温度，吹炼任何钢种对终点温度范围都有一定的要求。

6.6.1 热量来源与热量支出

6.6.1.1 热量来源

氧气转炉炼钢的热量来源于铁水的物理热和化学热。铁水的物理热是指铁水带入的热量，与铁水温度有直接关系；铁水的化学热就是铁水中各元素氧化、成渣所放出的热量，它与铁水的化学成分有关。

在转炉吹炼中，一般铁水温度为 1200~1400 ℃，而出钢温度通常为 1650 ℃左右，因此在整个吹炼过程中，熔池要升温几百摄氏度。

在炼钢温度下，各种元素氧化放出的热量不一样，能使熔池升温的幅度也不相同。在不同的温度下，元素氧化放出的热量也有差异，可以计算出所有元素的数值，见表 6-14。元素氧化放出的热量，不仅用于加热熔池的金属液和炉渣，同时也用于散热和被炉衬吸收一部分。

表 6-14　氧化 1%元素时使熔池升温的数值

反应式	熔池升温/℃		
	x① = 1200	x = 1400	x = 1600
$[C] + \{O_2\} = \{CO_2\}$	244	240	236
$[C] + \frac{1}{2}\{O_2\} = \{CO\}$	84	83	82
$[Fe] + \frac{1}{2}\{O_2\} = (FeO)$	31	30	29
$[Mn] + \frac{1}{2}\{O_2\} = (MnO)$	47	47	47
$[Si] + \{O_2\} + 2(CaO) = (2CaO \cdot SiO_2)$	152	142	132
$2[P] + \frac{5}{2}\{O_2\} + 4(CaO) = (4CaO \cdot P_2O_5)$	190	181	173

注：渣量为金属装入量的 15%，炉衬吸热为金属装入量的 10%。

①x 为氧气吹炼反应温度，℃。

由表 6-14 可以看出：

（1）氧气吹炼，碳的发热能力较高，这是氧气转炉热效率高、热量有富余的原因。

（2）碳的发热能力随其燃烧的完全程度不同而异，碳完全燃烧时的发热能力比硅、磷高，使熔池升温的数值最大。但氧气转炉内一般只有 10%左右的碳燃烧成 CO_2，大部分的碳没有完全燃烧。使用双流氧枪，可使 CO 进一步燃烧成 CO_2，使转炉热效率提高。

（3）Si 的发热能力较大，是转炉炼钢的主要发热元素。P 的发热能力较大，但 P 一般是钢中的有害元素，不能通过增加铁水 P 含量来提高转炉的热效应。Mn 和 Fe 的发热能力不大，不是主要热源。

必须指出，铁水中究竟哪些元素是主要发热元素，不仅与元素氧化反应的热效应大小有关，而且与元素的氧化总量有关。

6.6.1.2　热量支出

转炉的热量支出包括两部分：一部分为直接用于炼钢的热量，即用于加热钢水和熔渣的热量；另一部分为未直接用于炼钢的热量，包括废气、烟尘带走的热量，冷却水带走的热量，炉口炉壳的散热损失和冷却剂的吸热等。

转炉炼钢的热量来源是铁水的物理热和化学热，该热量把熔池加热到出钢温度后仍有富余，因此在转炉中可加入冷却剂，如废钢、氧化铁皮、矿石等，可通过热平衡来计算废钢的加入量。转炉一般希望多加废钢，这样可降低成本，转炉废钢比的临界点一般为 25%～30%。

转炉的热效率是指加热钢水的物理热、炉渣的物理热和矿石分解吸热占总热量的百分比。转炉的热效率较高，一般在 75%以上，提高转炉的热效率，可提高废钢比。

6.6.2　出钢温度的确定

出钢温度的高低受钢种、锭型和浇铸方法的影响，其确定原则是：

（1）保证浇铸温度高于所炼钢种凝固温度 60～100 ℃，小炉子偏上限，大炉子偏下限。

（2）应考虑出钢过程和钢水运输、镇静过程，钢液吹氩时的温降，一般为 40～80 ℃。

此外，开新炉时第一炉出钢温度要求提高 10～30 ℃，连铸第一炉要提高 10～20 ℃；一般钢种的出钢温度为 1660～1680 ℃，高碳钢为 1590～1620 ℃。

出钢温度可用下式计算：

$$T = T_f + \Delta T_1 + \Delta T_2 + \Delta T_3 \tag{6-12}$$

式中 ΔT_1——钢水过热度，连铸钢水过热度与钢种、坯形有关（如低合金钢方坯取 20~25 ℃，板坯取 15~20 ℃），℃；

ΔT_2——出钢、镇静、精炼、运输过程的温降，℃；

ΔT_3——浇铸过程温降，℃；

T_f——钢水凝固温度（液相线温度），计算公式见本书 2.1.2 节，℃。

6.6.3 冷却剂的种类及其冷却效果

6.6.3.1 冷却剂的种类

转炉炼钢使用的冷却剂主要有三种：废钢、氧化铁皮和铁矿石。它们可以单独使用，也可搭配使用，有时也可以用石灰和石灰石作冷却剂。如果加白云石造渣，白云石也起到冷却剂的作用。

（1）废钢。废钢杂质少，用废钢作冷却剂，渣量少、喷溅小、冷却效果稳定、便于控制熔池温度。但加废钢必须用专门设备，占用装料时间，不便于过程温度的控制。为此，部分钢厂已实施高位料仓废钢加入系统。

（2）铁矿石。与废钢相比，用铁矿石作冷却剂不需要占用装料时间，有利于快速成渣和脱磷，并能降低氧气和钢铁料消耗，吹炼过程中调节温度也较方便。但矿石中杂质含量多、渣量大，操作不当易引起喷溅，铁矿石的成分波动还会引起冷却效果的波动。用全矿石冷却时，加入时间不能过晚，最好连续加入。

（3）氧化铁皮。氧化铁皮是轧钢时产生的铁屑，与铁矿石相比，成分稳定、杂质少，冷却效果比较稳定。但氧化铁皮密度小，在吹炼过程中容易被炉气带走。另外，氧化铁皮必须烘烤使用，否则会带入炉内很多水分，影响钢的质量。

由此可见，为了准确控制过程及终点温度，用废钢做冷却剂效果好，但为了促进化渣、提高脱磷效率，可搭配使用一部分铁矿石或氧化铁皮。目前，我国各厂主要采用定废钢调铁矿石的冷却方式。

6.6.3.2 冷却剂的冷却效果

冷却剂的冷却效果，是指为加热冷却剂到一定熔池温度消耗的物理热和冷却剂发生化学反应消耗的化学热之和。

$$Q_{冷} = Q_{物} + Q_{化} \tag{6-13}$$

式中 $Q_{物}$——取决于冷却剂的性质以及熔池温度。

$$Q_{物} = C_{固}(T_{熔} - T_0) + \lambda_{熔} + C_{液}(T_{出} - T_{熔}) \tag{6-14}$$

式中 $C_{固}$，$C_{液}$——冷却剂在固态和液态时的比热容，kJ/(kg·℃)；

T_0——室温，℃；

$T_{出}$——给定的出钢温度，℃；

$T_{熔}$——冷却剂的熔化温度，℃；

$\lambda_{熔}$——冷却剂的熔化潜热，kJ/kg。

$Q_{化}$不仅与冷却剂本身的成分和性质有关，而且与冷却剂在熔池内参加的化学反应有关。不同条件下，同一冷却剂可以有不同的冷却效果。

（1）铁矿石的冷却效果。铁矿石的冷却作用包括物理作用和化学作用两个方面。物理作用是指冷铁矿石加热到熔池温度所吸收的热量，化学作用是指铁矿石中的氧化铁分解所吸收的热量。铁矿石的冷却效果可用下式计算：

$$Q_{矿} = m_{矿} \times C_{矿} \times \Delta T + \lambda_{矿} + m_{矿}\left[w(Fe_2O_3) \times \frac{112}{160} \times 6456 + w(FeO) \times \frac{56}{72} \times 4247\right] \tag{6-15}$$

式中 $m_{矿}$——铁矿石质量，kg；

$\lambda_{矿}$——铁矿石的熔化潜热，取 209 kJ/kg；

$C_{矿}$——铁矿石的比热容，一般取 1.02 kJ/(kg · ℃)；

ΔT——铁矿石加入熔池后的温升，℃；

160——Fe_2O_3 的相对分子质量；

112——两个铁原子的相对原子质量；

6456，4247——在炼钢温度下，Fe_2O_3 和 FeO 分解成 1 kg Fe 时吸收的热量，kJ/kg。

设铁矿石的成分为 $w(Fe_2O_3) = 70\%$、$w(FeO) = 10\%$，铁矿石一般在前期加入，所以温升取 1325 ℃，则 1 kg 铁矿石的冷却效果为：

$$Q_{矿} = 1 \times 1.02 \times (1350 - 25) + 209 + 1 \times \left(70\% \times \frac{112}{160} \times 6456 + 10\% \times \frac{56}{72} \times 4247\right)$$

$$= 5054 \text{ kJ/kg}$$

从上面的计算可以看出：Fe_2O_3 的分解热所占的比重很大，铁矿石冷却效果随 Fe_2O_3 含量的变化而变化。

（2）废钢的冷却效果。废钢的冷却作用主要是物理吸热，即从常温加热到熔化并提高到出钢温度所需的热量，可用下式计算：

$$Q_{废} = m_{废}[C_{固}(T_{熔} - T_0) + \lambda + C_{液}(T_{出} - T_{熔})] \tag{6-16}$$

式中 $m_{废}$——废钢的质量，kg；

$C_{固}$，$C_{液}$——固态钢和液态钢的比热容，取 0.70 kJ/(kg · ℃) 和 0.837 kJ/(kg · ℃)；

λ——熔化潜热，取 272 kJ/kg；

$T_{熔}$——废钢的熔化温度（对低碳废钢，可取 1500 ℃）；

$T_{出}$——出钢温度，℃；

T_0——室温，℃。

1 kg 废钢在出钢温度为 1680 ℃时的冷却效果为：

$$Q_{废} = 1 \times [0.699 \times (1500 - 25) + 272 + 0.837 \times (1680 - 1500)] = 1454 \text{ kJ/kg}$$

（3）氧化铁皮的冷却效果。氧化铁皮的冷却效果与铁矿石的计算方法基本一致，设氧化铁皮的成分为：$w(FeO) = 50\%$、$w(Fe_2O_3) = 40\%$，w(其他氧化物) = 10%，则 1 kg 氧化铁皮的冷却效果为：

$$Q_{矿} = 1 \times 1.02 \times (1350 - 25) + 209 + 1 \times \left(40\% \times \frac{112}{160} \times 6456 + 50\% \times \frac{56}{72} \times 4247\right)$$

$$= 5020 \text{ kJ/kg}$$

可见氧化铁皮的冷却效果与铁矿石相近。

用同样的方法可以计算出生白云石、石灰等材料的冷却效果。如果规定废钢的冷却效果为1.0，则铁矿石的相对冷却效果为5054/1454=3.48，氧化铁皮为5020/1454=3.45。由于冷却剂的成分有波动，因此它们之间的比例关系也有一定的波动范围，各种冷却剂的相对冷却效果的换算值分别为：废钢1.0、铁矿石3.0~4.0、氧化铁皮3.0~4.0、烧结矿3.0、石灰石3.0、石灰1.0、生铁块0.7、菱镁矿1.5、生白云石2.0。

6.6.4 吹炼过程的温度控制

温度控制的方法主要是适时加入需要数量的冷却剂，以控制好过程温度，并为直接命中终点温度提供保障。冷却剂的加入时间因条件而异，废钢在吹炼时加入不方便，通常在开吹前加入；利用铁矿石或氧化铁皮作冷却剂时，由于它们同时又是化渣剂，加入时间往往与造渣同时考虑，多采用分批加入方式。

冷却剂的加入量需考虑铁水的［Si］含量、所炼钢种、炉衬及空炉时间的变化。

在吹炼前期结束时，温度应为1450~1550 ℃，大炉子、低碳钢取下限，小炉子、高碳钢取上限；中期的温度为1550~1600 ℃，中、高碳钢取上限，因后期挽回温度时间少；后期的温度为1600~1680 ℃，取决于所炼钢种。

在吹炼过程中，可以根据对炉况的判断来调整温度。吹炼前期，如果碳焰上来得早，表明熔池的温度较高，可以通过适当提前加入第二批渣料加以控制；反之，如碳焰上来得晚，表明前期温度低，应降枪位加强各元素的氧化，提高熔池温度。吹炼中期，可根据炉口火焰并参照氧枪进出水温差来判断熔池温度，如果熔池温度高，则应加入氧化铁皮或铁矿石进行调整；若温度低时，可以降枪位提温，这样可以挽回10~12 ℃。吹炼后期，如果发现熔池温度高，可以加铁矿石、氧化铁皮、石灰或白云石降温；相反，如果发现温度过低时，应该加入提温剂，如Fe-Si或Fe-Al。但在加入Fe-Si时，必须补加石灰，以防止钢水回磷。若发现碳低、温度低时，可以采取兑入铁水的措施，但在兑铁水前必须倒渣并加入Fe-Si，以防造成大喷事故。

通过物料平衡和热平衡计算来确定的冷却剂加入数量比较准确，但很复杂，很难快速计算。若采用计算机，就可以根据吹炼参数的变化快速进行物料平衡和热平衡计算、准确地控制温度。目前，多数厂家都是根据经验数据的简单计算来确定冷却剂调整量。表6-15为加入1%冷却剂时的降温效果。

表6-15 加入1%冷却剂时降温的经验数据

加入1%冷却剂	废钢	铁矿石	氧化铁皮	石灰	白云石	石灰石
降温效果/℃	8~12	30~40	34~44	14~20	20~24	28~38

6.7 终点控制

终点控制，主要是指终点温度和成分的控制。

6.7.1 终点的标志

转炉兑入铁水后，通过供氧、造渣等一系列操作，经过一系列物理化学反应，钢水达到了所炼钢种成分和温度的时刻，称为“终点”。到达终点的具体标志是：

（1）钢中碳含量达到所炼钢种的控制范围；

（2）钢中磷、硫含量低于规格下限的一定范围；

（3）出钢温度能保证顺利进行精炼、浇铸。

终点控制是转炉吹炼后期的重要操作。由于磷、硫的去除通常比脱碳复杂，因此总是尽可能使硫、磷提早脱除到终点要求的范围。这样，终点控制就简化为碳含量和钢水温度的控制，所以终点控制也俗称“拉碳”，终点控制不当会造成一系列的危害。

6.7.2 终点控制方法

终点控制有经验控制方法和自动控制方法。对于中、小转炉，目前采用的主要是经验控制方法。终点碳经验控制方法有三种，即一次拉碳法、增碳法和高拉补吹法。

（1）一次拉碳法。按出钢要求的终点碳和终点温度进行吹炼，当达到要求时提枪停止吹氧。这种方法在吹炼终点时，终点碳和终点温度同时命中目标，操作技术水平高，一般很难达到。该方法具有如下优点：1）终渣 TFe 含量低，钢水收得率高，对炉衬侵蚀量少；2）钢水中有害气体少，不加增碳剂，钢水洁净；3）余锰高，合金消耗少；4）氧耗量少，节约增碳剂。

（2）增碳法。在吹炼碳含量大于 0.08%的钢种时，均在吹炼到 $w[C]=0.05\%\sim0.06\%$ 时提枪，然后按照所炼钢种的规格要求在钢包内增碳。该方法具有如下优点：1）操作简单，生产率高（省去倒炉、取样，校正成分及温度的补吹时间）；2）操作稳定，易于实现自动控制；3）热量收入较多，废钢比高。4）炉渣中（FeO）含量高，化渣好，去磷率高，有利于减少喷溅，提高供氧强度和稳定吹炼工艺。

采用增碳法，应严格保证增碳剂质量。增碳剂所用碳粉要求纯度高、硫和灰分含量要很低，有时对其氮含量也有要求，否则会污染钢水。

（3）高拉补吹法。当冶炼中、高碳钢时，终点按规格稍高些进行拉碳，待测温、取样后，按分析结果与规格的差值决定补吹时间。

由于在中、高碳（$w[C]>0.4\%$）钢种的碳含量范围内，脱碳速度较快，火焰没有明显的变化，从火花上也不易判断，终点人工一次拉碳很难判断准确，所以采用高拉补吹的方法。用高拉补吹法冶炼中、高碳钢时，根据火焰和火花的特征，参考供氧时间和耗氧量，按所炼钢种碳含量规格要求稍高一些的标准来拉碳，使用结晶定碳和钢样化学分析，再按这一碳含量范围内的脱碳速度补吹一段时间，以达到要求。因此，高拉补吹只适用于中、高碳钢的吹炼。

6.7.3 人工判断方法

随着炼钢技术的不断发展，目前不少炼钢厂采用计算机动态控制炼钢，转炉终点命中率可达到 90%以上，即通过安装在转炉上的副枪探头测定碳含量，或对烟道中炉气连续检测、分析并预报终点碳，此部分内容将在后续章节做专门介绍。依靠经验炼钢，终点的命中率在 60%左右。

6.7.3.1 碳的判断

碳的判断方法有：

（1）看火焰。转炉开吹后，熔池中碳不断地被氧化，生成大量的CO气体，高温的CO气体从炉口排出时与周围的空气相遇，立即氧化燃烧，形成了火焰。

炉口火焰的颜色、亮度、形状、长度是熔池温度及单位时间内CO排出量的标志，也是熔池中脱碳速度的标志，可以根据火焰的外观来判断炉内的碳含量。

在吹炼前期，熔池温度较低，碳氧化较少，所以炉口火焰短，颜色呈暗红色；吹炼中期，碳开始激烈氧化，CO生成量大，火焰白亮且长度增加，也显得有力；吹炼后期，脱碳速度减慢，这时火焰要收缩、发软、打晃，看起来火焰也稀薄些。据此判断，炼钢工根据自己的经验可以掌握拉碳的最佳时间。

（2）看火花。从炉口被炉气带出的金属小粒，遇到空气后被氧化。其中，碳氧化生成CO气体，由于体积膨胀而把金属粒爆裂成若干碎片。碳含量越高（$w[C]>1.0\%$），爆裂程度越大，火花表现为火球状和羽毛状，弹跳有力。随碳含量的不断降低，依次爆裂成多叉、三叉、二叉的火花，弹跳力逐渐减弱。当碳含量很低（$w[C]<0.1\%$）时，火花几乎消失，跳出来的均是小火星和流线。炼钢工在判断终点时，在观察火焰的同时，可以结合炉口喷出的火花情况综合判断。

（3）取钢样。在正常吹炼条件下，吹炼终点拉碳后取钢样，将样勺表面的覆盖渣拨开，根据钢水沸腾情况也可判断终点碳含量。

$w[C]=0.3\%\sim0.4\%$，钢水沸腾，火花分叉较多，碳花密集，弹跳有力且射程较远。

$w[C]=0.18\%\sim0.25\%$，火花分叉较清晰，一般为4~5个叉，弹跳有力，弧度较大。

$w[C]=0.12\%\sim0.16\%$，碳花较稀，分3~4个叉，落地呈“鸡爪”状，跳出的碳花弧度较小，多呈直线状。

$w[C]<0.10\%$，碳花弹跳无力，基本不分叉，呈球状颗粒。

$w[C]$ 再低至0.05%，火焰呈麦芒状，短而无力，随风飘摇。

（4）结晶定碳。钢水中碳含量的高低影响着钢水的凝固温度，根据凝固温度的不同可以判断碳含量。通过连续测定钢水凝固时温度随时间的变化曲线，其曲线上的水平段所对应的温度即为凝固温度，根据凝固温度可反推出钢水的碳含量，如图6-12所示。由于吹炼中、高碳钢时，火焰没有明显变化，火花也不易观察，所以可使用结晶定碳来确定碳含量。

（5）供氧时间和耗氧量。当喷嘴结构尺寸一定时，采用恒压变枪操作，单位时间内的供氧量是一定的。在装入量、冷却剂加入量和吹炼钢种都没有变化时，吹炼1 t金属所需的氧气量也是一定的，因此，吹炼一炉钢的供氧时间和耗氧量也变化不大。这样就可以根据上几炉的供氧时间和耗氧量，作为本炉拉碳的参考。

在实际生产中，可根据火焰、火花的变化情况，结合供氧时间和耗氧量，综合判断终点碳含量。随着科学技术的进步，应用红外、直读光谱仪等成分快速测定手段，可以验证经验判断的准确性。

6.7.3.2 温度的判断

温度的判断方法如下：

（1）热电偶测定温度。目前广泛使用消耗式热电偶来测量钢水温度，消耗式热电偶测量头的结构图和测温枪如图6-13和图6-14所示。与消耗式热电偶配套的有专门的钢水温度测量仪，内装微型计算机，精度高，有大型数字显示装置，读数醒目，并能自动保存，能把测量结果和时间打印出来，操作方便，有通信接口，可与过程计算机相连。

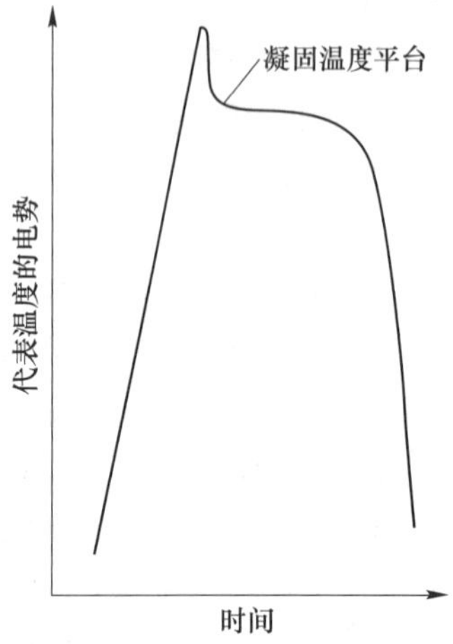

图 6-12 钢液凝固过程温度随时间变化曲线

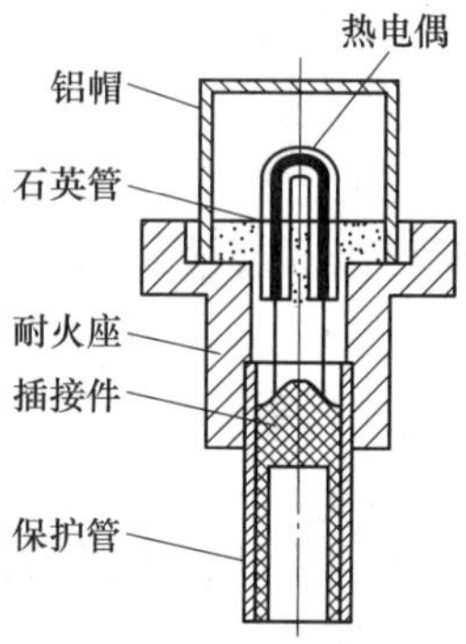

图 6-13 消耗式热电偶测量头的结构图

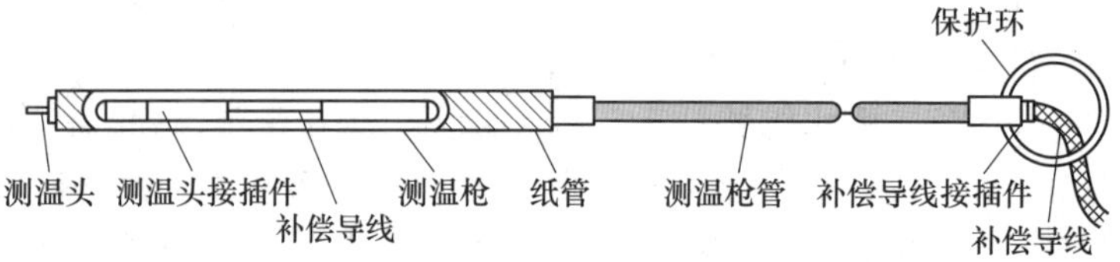

图 6-14 测温枪示意图

(2) 火焰判断。熔池温度高时，炉口的火焰白亮而且浓厚有力，火焰周围有白烟；温度低时，火焰透明淡薄，略带蓝色，白烟少，火焰形状有刺无力，喷出的炉渣发红，常伴有未熔化的石灰粒；温度再低时，火焰发暗，呈灰色。

(3) 取样判断。取出钢样后，样勺内覆盖渣很容易拨开，样勺周围有青色烟，钢水白亮，倒入样模内钢水活跃、结膜时间长，说明钢水温度高。如果覆盖渣不易拨开，钢水暗红色，混浊发黏，倒入模内钢水不活跃、结膜时间也短，说明钢水温度低。

(4) 通过氧枪冷却水温度差判断。在吹炼过程中，可根据氧枪冷却水出口与进口的温度差来判断炉内温度的高低。如果相邻炉次的枪位相近，冷却水流量一定时，氧枪冷却水进出口温差和熔池温度有一定的对应关系。温差大，熔池温度较高；温差小，熔池温度较低。

(5) 根据炉膛情况判断。倒炉时可以观察炉膛情况，以帮助判断炉温，温度高时，炉膛白亮，有泡沫渣涌出；温度低时，炉膛不那么白亮，没有泡沫渣涌出，熔渣不活跃。

6.8 出钢操作

6.8.1 出钢持续时间

在转炉出钢过程中，为了减少钢水吸气和有利于合金加入钢包后的搅拌均匀，需要适当的出钢持续时间。我国转炉操作规范规定：小于 50 t 转炉，出钢持续时间为 1~4 min，50~100 t 转炉为 3~6 min，大于 100 t 转炉为 4~8 min。出钢持续时间的长短受出钢口内径尺寸影响很大，为了减少更换和修补出钢口的时间，当前广泛采用镁碳质的出钢口套砖或整体出钢口。镁碳质出钢口套砖的应用，减少了出钢口的冲刷侵蚀，使出钢口内径变化减小，稳定了出钢持续时间，也减少了出钢时的钢流发散和吸气，同时也提高了出钢口的使用寿命，减轻了工人修补和更换出钢口时的劳动强度。

6.8.2 红包出钢

出钢过程中，钢流受到冷空气的强烈冷却、钢流向空气中的散热、钢包耐火材料的吸热、加入铁合金熔化时的耗热等诸多因素，使得钢水在出钢过程中总是降温的。

红包出钢，就是在出钢前对钢包进行有效的烘烤，使钢包内衬温度达到 800~1000 ℃，以减少钢包内衬的吸热，从而达到降低出钢温度的目的。我国某厂的 70 t 钢包，采用煤气烘烤使包衬温度达到 800 ℃左右，取得了如下显著的效果：

(1) 采用红包出钢，可降低出钢温度 15~20 ℃，因而可增加废钢 15 kg/t。

(2) 出钢温度的降低，有利于提高炉龄。实践表明，出钢温度降低 10 ℃，可提高炉龄 100 炉次左右。

(3) 红包出钢，可使钢包中钢水温度波动小，从而稳定浇铸操作，提高铸坯（锭）的质量。

6.8.3 挡渣出钢

转炉炼钢中，钢水的合金化大都在钢包中进行。而转炉内高氧化性炉渣流入钢包会导致钢液与炉渣发生氧化反应，使合金元素的收得率降低，并使钢水产生回磷和夹杂物增多，同时熔渣也对钢包内衬产生侵蚀作用。特别是在对钢水进行吹氩等精炼处理时，只有当钢包熔渣中 $w(FeO)<2\%$时，才有利于提高精炼效果。

6.8.3.1 挡渣出钢方法

为了限制熔渣进入钢包，目前国内外普遍采用挡渣出钢技术。挡渣出钢方法有：用挡渣帽法阻挡一次下渣；阻挡二次下渣可采用挡渣球法、挡渣塞法、气动挡渣器法、气动吹渣法、电磁挡渣法等。图 6-15 为其中几种挡渣装置示意图。

(1) 挡渣帽。转炉出钢倾炉时，浮在钢液面上的熔渣首先流经出钢口，为了防止熔渣流入钢包，在出钢口内使用挡渣帽以挡住液面浮渣，随后钢水流出时又能将挡渣帽冲掉或熔化，使钢水流入钢包中。因此挡渣帽应在出钢前放置于出钢口内。

挡渣帽呈圆锥体，其尺寸根据转炉出钢口的尺寸确定。目前，国内使用的挡渣帽多由铁皮或轻质耐火材料制成。氧化铁皮挡渣帽加工容易，但表面硬而光滑，放在出钢口内不易固定，且熔点低，有时还没等到出钢就熔化了。轻质耐火材料挡渣帽具有一定韧性，放在出钢口内容易固定，且耐火度较高，挡渣可靠，但加工工序多，成本比氧化铁皮挡渣帽高。

(2) 挡渣球。挡渣球是 1970 年日本新日铁公司研制成功的挡渣方法，它是一个密度介于钢水和炉渣之间的圆球，合理密度选择在 4200~5000 kg/m^3之间，由耐火材料和铁块制成，其结构如图 6-16 所示。

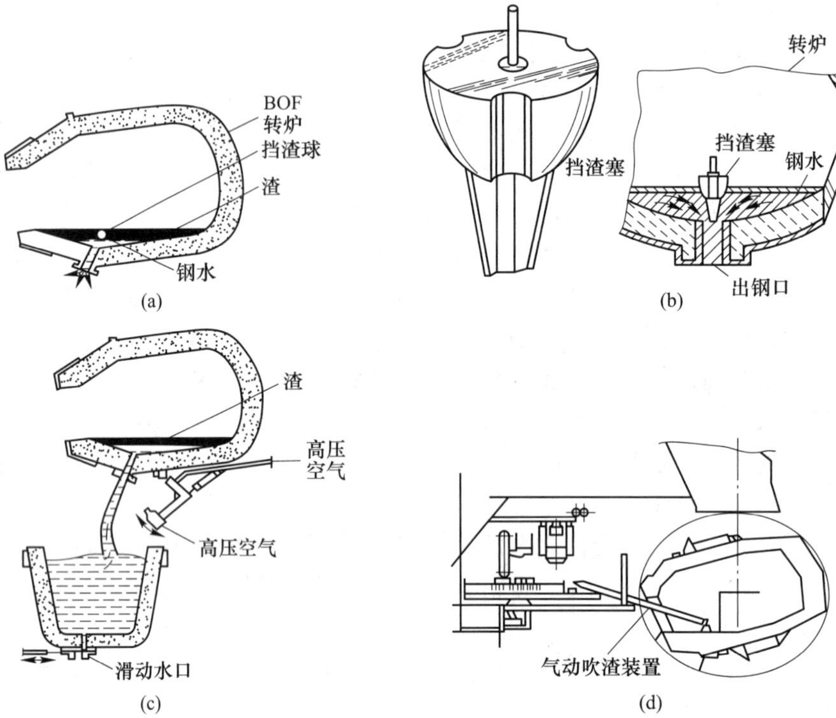

图 6-15 挡渣出钢装置示意图

（a）挡渣球法；（b）挡渣塞法；（c）气动挡渣器法；（d）气动吹渣法

挡渣球的工作状态如图 6-17 所示。挡渣球挡渣时沉浮在钢水-炉渣之间，浸入钢水的深度为球直径的 1/3 左右，挡渣球直径比出钢口稍大。

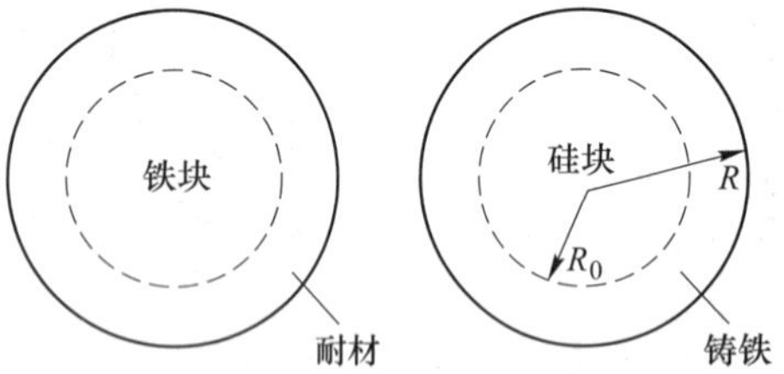

图 6-16 挡渣球的结构

R—挡渣球半径；R_0—内部铁块或硅块半径

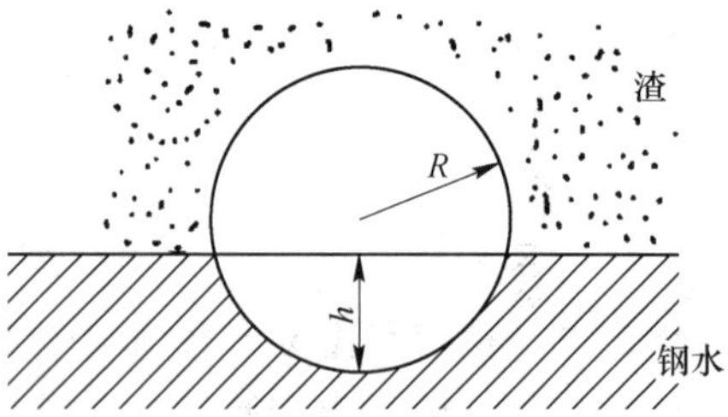

图 6-17 挡渣球的工作状态

h—进入钢液深度

挡渣球是在出钢过程中加入转炉内的，应在出钢结束前 1 min 左右加入出钢口上方的炉渣中。挡渣球到达出钢口位置大约需 30 s 时间，加入时间过晚，挡渣球来不及到达挡渣位置钢水就出完了；加入时间过早，会使挡渣球在炉内的停留时间过长而损坏，或使挡渣球表面变形而降低挡渣效果，挡渣球挡渣时的状态如图 6-15（a）所示。

（3）挡渣塞（挡渣锥、挡渣棒）。挡渣塞的结构如图 6-15（b）所示，呈陀螺形，由塞杆和塞头组成，其材质与挡渣球相同，密度可与挡渣球相同或稍低。塞杆上部用来夹持定位的钢棒，下部包裹耐火材料。出钢即将结束时，按照转炉出钢角度严格对位，用机械装置将塞杆插入出钢口。挡渣塞能浮于钢渣界面，并随着钢水面的下降而下降，出钢结束时，塞头就封住出钢口，塞头上有沟槽，炉内剩余钢水可通过沟槽流出，钢渣则被挡在炉内。由于挡渣塞具有抑制涡流和挡渣的作用，其效果比挡渣球好，因此目前得到普遍应用。

（4）气动挡渣器。气动挡渣是从炉体外面将强气流吹入出钢口，从而堵住渣流。出钢过程中，钢水（及炉渣）通过感应线圈从炉口流出，不同质的液体（不同比例的钢水炉渣）通过感应线圈时会产生不同的感应电流，从而使感应线圈感应出钢水的带渣量；当带渣量超过3%左右时，气动挡渣设备的自动系统会打开气动阀门，从气塞中喷出的高压气流（一般为氩气或压缩空气）将正在流出的液体（钢水及炉渣）全部压回炉内，同时摇起炉子完成挡渣操作，如图6-15（c）所示。

（5）气动吹渣法。日本钢管公司经过多年研究发现，从出钢口流出的钢流中混入熔渣的原因主要是出钢口上方引起的钢流吸入漩涡，这种吸入漩涡位置越高，越容易将熔渣带走，降低涡流最有效的方法就是气动吹渣法。该法利用高压气体（氩气）将出钢口上部钢液面上的炉渣吹散开来，抑制出钢口上方涡流的形成，可有效地阻止炉渣的流出，如图6-15（d）所示，该法能使钢包渣层厚度控制在15~55 mm范围内。

（6）电磁挡渣法。日本钢管公司发明了电磁挡渣法，该法是在转炉出钢口外围安装电磁泵，出钢时启动电磁泵，通过产生的磁场使钢流直径变细，使得出钢口上方钢液面产生的吸入涡流高度降低，可以有效地防止炉渣通过出钢口流出。

（7）滑板挡渣。在转炉出钢口上装滑动水口，利用滑板可以快速有效地切断钢流，达到良好的挡渣效果。

6.8.3.2 挡渣效果

转炉采用挡渣出钢工艺后，取得了如下良好的效果：

（1）减少了钢包中的炉渣量和钢水回磷量。国内外生产厂家的使用结果表明，挡渣出钢后，进入钢包内的炉渣量减少，钢水回磷量降低。不挡渣出钢时，炉渣进入钢包内的渣层厚度一般为100~150 mm，钢水回磷量为0.004%~0.006%；采用挡渣出钢后，进入钢包的渣层厚度减少为40~60 mm，钢水回磷量减少为0.002%~0.0035%。

（2）提高了合金收得率。挡渣出钢，使高氧化性炉渣进入钢包的数量减少，从而使加入的合金在钢包中的氧化损失降低，特别是对于中、低碳钢种，合金收得率将大大提高。不挡渣出钢时，锰的收得率为80%~85%，硅的收得率为70%~80%；采用挡渣出钢后，锰的收得率提高到85%~90%，硅的收得率提高到80%~90%。

（3）降低了钢水中夹杂物含量。钢水中的夹杂物大多来自脱氧产物，特别是对于转炉炼钢时在钢包中进行的脱氧合金化更是如此。攀钢对钢包渣中TFe含量与夹杂废品情况进行了调查，其结果是：不挡渣出钢时，钢包渣中w(TFe)含量为14.5%，经吹氩处理后渣中w(TFe)含量为2.6%，这说明渣中11.9%(TFe)的氧将合金元素氧化并生成了大量氧化物夹杂，使废品率达到2.3%；采用挡渣出钢后，钢包中加入覆盖渣的w(TFe)含量为3.61%，吹氩处理后渣中w(TFe)含量为4.01%，基本无多大变化，其废品率仅为0.059%。由此可见，防止高氧化性炉渣进入钢包内，可有效地减少合金元素氧化，降低钢水中的夹杂物含量。

（4）提高了钢包的使用寿命。目前我国钢包内衬多采用黏土砖和铝镁材料，由于转炉终渣的高碱度和高氧化性，将侵蚀钢包内衬、降低钢包使用寿命。采用挡渣出钢后，减少了炉渣进入钢包的数量，同时还加入了低氧化性、低碱度的覆盖渣，这样便减轻了炉渣对钢包的侵蚀，提高了钢包的使用寿命。

6.9 脱氧与合金化

6.9.1 脱氧的意义

在转炉吹炼过程中，由于不断向熔池吹氧，所以在吹炼终点时钢液中必然残留一定含量的溶解氧。吹炼结束后，如果不将氧脱除到一定程度，就不能顺利地进行浇铸，也不能得到结构合理的铸坯。因此在碳进入规格的同时，要求脱除钢中多余的氧；否则，会造成以下危害：

(1) 钢中氧含量过高，浇铸冷却结晶过程中，钢中碳氧反应生成 CO 气体，产生皮下气泡、疏松等缺陷。

(2) 钢中氧含量高，[FeO] 与 [FeS] 形成低熔点共晶，加剧硫的热脆危害。

(3) 氧在固体钢中的溶解度小，在凝固过程中，氧以氧化物夹杂的形式析出，降低钢的塑性和冲击韧性。

脱氧合金化是转炉冶炼过程的最后一项操作，也是炼好一炉钢的关键之一，如果操作不当将造成废品，前功尽弃。

因此在出钢前或者在出钢及其以后的过程中，应根据钢种要求选择合适的脱氧剂及其加入量，加入钢水中使其达到合乎规定的脱氧程度，这个操作称为脱氧。向钢中加入一种或几种合金元素，使其达到成品钢成分规格要求的操作过程，称为合金化。对于转炉冶炼，脱氧和合金化往往是同时进行的。脱氧方法有三种：沉淀脱氧、扩散脱氧和真空脱氧，转炉出钢前后进行的脱氧操作属于沉淀脱氧，详见 2.9 节。

6.9.2 脱氧剂的选择原则

为了完成脱氧任务，对加入的脱氧剂有以下要求：

(1) 脱氧元素与氧的亲和力大于铁与氧、碳与氧的亲和力；

(2) 脱氧剂的熔点应低于钢水温度，利于脱氧剂迅速熔化，并在钢液内均匀分布；

(3) 脱氧产物不溶于钢水中，并易于上浮排除；

(4) 残留于钢中的脱氧元素应对钢性能无不良影响；

(5) 来源广，价格低。

在生产中常用的脱氧剂为铝、硅、锰及它们组合的硅锰、硅铝合金等，其脱氧能力次序为 Al>Si>Mn。

6.9.3 脱氧操作

6.9.3.1 镇静钢的脱氧

镇静钢为脱氧完全的钢，合金钢和大部分结构钢都属于镇静钢。镇静钢一般采用强脱氧剂，如铝块、硅铁、硅铝铁合金等脱氧。根据脱氧剂和合金元素加入的方法，可分为炉内脱氧合金化和钢包内脱氧合金化两种方法。

（1）炉内脱氧合金化，即吹炼结束时倒掉大部分炉渣，然后加入部分脱氧剂预脱氧，随后加入合金，最后在钢包中终脱氧。为了使炉内合金迅速熔化，一般应摇炉助熔，对于难熔合金，还可开氧点吹。

炉内合金化一般用于合金加入量较多和加入难熔合金的情况。它具有合金熔化快、对钢液温度影响小、脱氧产物易于上浮的优点，但合金收得率低、冶炼周期延长、钢水回磷量增加。

（2）钢包内脱氧合金化是在出钢过程中，将全部脱氧剂和合金加入钢包内。合金应加在钢流的冲击部位，以充分利用钢水的流动达到均匀成分的目的。同时，合金加入时间不能过晚，一般在钢水流出总量的1/4时开始加，到流出3/4时加完，以充分利用钢流的冲击力使成分均匀。钢包内脱氧合金化的优点是合金收得率高、冶炼周期缩短，但因钢水温度所限，不宜加入大量合金。

脱氧合金化时，合金的加入顺序通常应考虑两个因素：以脱氧为主的元素先加，合金化元素后加；易氧化的合金元素应在脱氧良好的情况下加入。以前许多厂采用的脱氧合金加入次序是先弱后强，即依次为锰铁、硅铁、铝。这种加入次序有利于脱氧产物上浮，但锰和硅的消耗大，回收率不稳定。目前的发展趋势是：先加以脱氧为主的元素，后加合金化的元素，即依次为铝、锰、硅或铝、硅、锰。这种加入方法可大大提高并稳定 Si、Mn 元素的回收率，相应减少合金用量，但脱氧产物不易上浮，如果同时采用钢水吹氩或其他精炼措施，钢的质量不仅能达到要求，还会有相应的提高。

生产高质量钢时，脱氧合金化是在钢包内进行预脱氧和预合金化，在精炼炉内（包括喂线）进行终脱氧和成分精确调整。为使精炼过程成分调整顺利进行，要求预合金化时，被调成分不超过规格中限。

如后续精炼采用 LF 法，则一般的工艺流程为：转炉挡渣出钢→同时预吹氩，加脱氧剂、增碳剂、造渣材料、合金料→钢包进准备位→测温→进加热位→测温、定氧、取样→加热、造渣→加合金调成分→取样、测温、定氧→进等待位→喂线、软吹氩→加保温剂→连铸。

6.9.3.2 沸腾钢的脱氧

沸腾钢是脱氧不完全的钢，因而使钢水在凝固过程中析出大量气体而造成钢水沸腾。沸腾钢的碳含量在0.05%~0.27%的范围内，锰含量为0.25%~0.70%，因此，为保证钢水在锭模内沸腾，必须控制钢中氧含量在适当范围内。

沸腾钢主要用脱氧能力较弱的高碳锰铁作脱氧剂，合金全部加在钢包内，当钢水氧化性较高时可加少量铝调节钢水的氧化性。由于沸腾钢要求 $w[Si]<0.03\%$，故不用硅铁脱氧。

6.9.3.3 半镇静钢的脱氧

半镇静钢的脱氧程度比镇静钢弱，比沸腾钢强。这种钢在凝固时析出少量气体，使产生的气泡体积与钢水冷凝收缩的体积大致相等，因而对脱氧要求严格。

半镇静钢目前尚没有比较理想的脱氧方法，一般是用少量的 Fe-Si 或 Mn-Si 合金在钢包内脱去一部分氧，然后根据经验在锭模内加铝粒补充脱氧。由于半镇静钢的脱氧程度很难控制，质量不够稳定，所以目前国内外的半镇静钢产量都很少。

6.10 溅渣护炉

炉龄是转炉炼钢一项综合性技术经济指标。提高炉龄不仅可以降低耐火材料消耗、提高作业率、降低生产成本，而且有利于均衡组织生产，促进生产的良性循环。所以，大幅度提高转炉炉龄是炼钢工作者追求的目标。

转炉炉衬工作在高温、高氧化性条件下，通常以0.2~0.8 mm/炉的速度被侵蚀。转炉炉衬损坏的原因主要有：加废钢和兑铁水对炉衬的冲撞与冲刷，炉渣、钢水与炉气流动对炉衬的冲刷磨损，炉渣对炉衬的化学侵蚀，温度骤变引起的剥落，由于炉衬砖本身的矿物组成分解引起的层裂等。

为保护炉衬，提高炉龄，继20世纪90年代美国开发了溅渣护炉技术，我国1994年开始立项开发溅渣护炉技术，目前在国内各钢厂已普遍得到应用，并取得明显的成果，大型转炉炉龄在1999年就达到20000炉次/炉役以上。

利用MgO含量达到饱和或过饱和的炼钢终渣，通过高压氮气的吹溅，在炉衬表面形成一层高熔点的熔渣层，并与炉衬很好地黏结附着，此即为溅渣护炉技术，如图6-18所示。溅渣护炉所形成的溅渣层其耐蚀性较好，同时可抑制炉衬砖表面的氧化脱碳，又能减轻高温熔渣对炉衬砖的直接侵蚀冲刷，从而保护炉衬砖，提高炉衬使用寿命。

溅渣护炉用终点熔渣成分、留渣量、溅渣层与炉衬砖烧结、溅渣层的蚀损以及氮气压力与供氮强度等，都是溅渣护炉技术的重要内容。

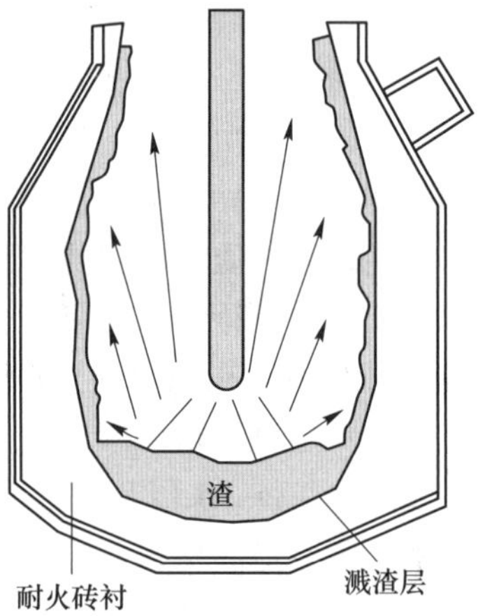

图6-18 溅渣护炉示意图

6.10.1 溅渣护炉的机理

溅到炉衬表面的熔渣附着层由多种矿物组成，当温度升高时，低熔点矿物首先熔化，与高熔点相分离，并缓慢地从溅渣附着层流淌下来，熔入高温熔渣之中，残留于炉衬表面的溅渣附着层均为高熔点矿物，这样反而提高了附着层的耐高温性能，这种现象称为熔渣的分熔现象，也称选择性熔化或异相分流。

根据溅渣层物相结构分析溅渣层的形成，推断溅渣层对炉衬的保护作用有以下几方面：

（1）对镁碳砖表面脱碳层的固化作用。吹炼过程中镁碳砖表面层的碳被氧化，使MgO颗粒失去结合能力，使镁碳砖表层大颗粒MgO松动、脱落，在炉渣和钢液的冲刷下流失，炉衬被蚀损。溅渣后，炉渣渗入并充填衬砖表面脱碳层的孔隙内，或与周围的MgO颗粒反应，或以镶嵌固溶的方式形成致密的烧结层。由于烧结层的作用，衬砖表面大颗粒的镁砂不再松动、脱落、流失，从而防止炉衬被进一步蚀损。

（2）减轻了炉渣对衬砖表面的直接冲刷侵蚀。溅渣后在炉衬砖表面形成了以MgO结晶，或以C_2S和C_3S为主体的致密结合层，这些矿物的熔点明显地高于转炉终点渣，在吹炼后期高温条件下不易软熔，也不易剥落。因而有效地抵抗了高温炉渣的冲刷，大大减轻了对镁碳砖炉衬表面的侵蚀。

（3）抑制了镁碳砖表面层的氧化，防止炉衬砖基体受到严重的侵蚀。溅渣后在炉衬砖表面形成的烧结层和结合层，质地均比炉衬砖脱碳层致密，且熔点高，这就有效地抑制了高温氧化渣或氧化性炉气向砖体内的渗透与扩散，避免了镁碳砖基体内的碳被进一步氧化，从而起到保护炉衬的作用。炉衬砖表面存在的金属沉积带不仅说明了衬砖原先被侵蚀的深度，也说明形成致密溅渣层后，镁碳砖基本不再被侵蚀。

（4）新溅渣层有效地保护了炉衬–溅渣层的结合界面。新溅渣层在每炉的吹炼过程中都会不同程度地被熔损，但在下一炉溅渣时又会重新修补起来，如此往复循环，所形成的溅渣层对炉衬起到了保护作用。新溅渣层保护炉衬的作用体现在：能有效抵抗转炉初期酸性渣的侵蚀；在冶炼后期高温条件下，该溅渣层熔化，发生“分熔”现象，有利于形成高熔点溅渣结合层；保护溅渣结合层不被严重侵蚀。

正是由于溅渣层对炉衬砖的上述保护作用，采用溅渣护炉工艺后，炉衬厚度在很长的时间内保持动态平衡，不发生明显侵蚀。

6.10.2 溅渣护炉工艺

6.10.2.1 合适的留渣量

在溅渣护炉中，转炉留渣量的多少不仅是溅渣护炉本身重要的工艺参数，而且决定了溅渣层的厚度。合理的留渣量一方面要保证炉渣在炉衬表面形成 10~20 mm 溅渣层；另一方面随炉内留渣量的增加，炉渣的可溅性增强，对溅渣操作有利。转炉上部溅渣主要依靠氮气射流对熔池炉渣的溅射而获得。渣量少，渣层过薄，气流易于穿透渣层，削弱气流对渣层的乳化和破碎作用，不利于转炉上部溅渣。转炉留渣量过大，在溶池内易形成浪涌，同样不利于转炉上部溅渣；即便强化了转炉上部溅渣的效果，也往往造成炉口因为粘渣而变小，影响正常的冶炼操作。

留渣量计算公式如下：

$$Q_s = KABC \tag{6-17}$$

式中 Q_s——留渣量，t；

K——渣层厚度，m；

A——炉衬内表面积，m^2；

B——炉渣密度，t/m^3；

C——系数，一般取 1.1~1.3。

不同容量转炉的溅渣层质量参考值，见表 6-16。

表 6-16 不同容量转炉的溅渣层质量

转炉容量/t	溅渣层质量/t				
	x① = 10	x = 15	x = 20	x = 25	x = 30
140		8.08	10.78	13.48	
250			13.11	16.39	19.7
300			17.12	21.40	26.7

①x 为溅渣层厚度，mm。

根据国内厂家溅渣的生产实践，合理的留渣量也可按下式计算：

$$Q_s = 0.301W^n \tag{6-18}$$

式中 W——转炉公称容量，t；

n——系数，取 0.583~0.650。

6.10.2.2 炉渣成分

转炉采用溅渣护炉技术后，吹炼过程更要注意调整炉渣成分，要做到“初期渣早化，过程渣化透，终点渣做黏”；出钢后炉渣能“溅得起，黏得住，耐侵蚀”。为此应控制合理的 MgO 含量，使终点渣适合于溅渣护炉的要求。

终点渣的成分决定了炉渣的耐火度和黏度，影响终点渣耐火度的主要因素是渣中 MgO 含量、TFe 含量和炉渣碱度；其中，TFe 含量波动较大，一般在 10%~30%范围内。为使溅渣层有足够的耐火度，主要应调整炉渣的 MgO 含量。

炉渣的岩相研究表明，转炉终点渣组成为高熔点矿物 C_2S 和 C_3S，两者含量之和可达 70%~75%；C_2S 熔化温度为 2130 ℃，而 C_3S 为 2070 ℃。低熔点矿物 $CaO \cdot Fe_2O_3$ 的熔化温度为 1216 ℃，$2CaO \cdot Fe_2O_3$ 稍高些为 1440 ℃，RO 相熔化温度也较低，当低熔点相含量达到 40%时，炉渣开始流动。为了提高溅渣层耐火度，必须减少低熔点相含量。提高渣中 MgO 含量是减少由氧化铁所形成的低熔点相的有效措施，表 6-17 为终点渣 MgO 含量推荐值。

表 6-17 终点渣 MgO 含量推荐值 (%)

终点渣 TFe	8~14	15~22	23~30
终点渣 MgO	7~8	9~10	11~13

MgO 与 FeO 可以形成连续固溶体，固溶体在 FeO 含量达 50%时，熔点仍高于 1800 ℃；同时，MgO 与 Fe_2O_3 形成的化合物 $MgO \cdot Fe_2O_3$ 又能与 MgO 形成固溶体，其固溶体在渣中 Fe_2O_3 含量达 70%时，熔点仍在 1800 ℃以上；两者均为高熔点耐火材料。从理论分析与国外溅渣护炉实践来看，在正常情况下，转炉终点渣 MgO 含量应控制在表 6-17 所示的范围内，以使溅渣层有足够的耐火度。

溅渣护炉对终点渣 TFe 含量并无特殊要求，只要把溅渣前炉渣中 MgO 含量调整到合适的范围，无论 TFe 含量高低都可以取得溅渣护炉的效果。例如，美国 LTV 公司、内陆钢公司以及我国的宝钢炼钢厂等，转炉终点渣氧化铁含量均在 18%~27%的范围内，溅渣护炉的效果都不错。如果终点渣氧化铁含量较低，渣中 $2CaO \cdot Fe_2O_3$ 少，RO 相的熔化温度就高。在保证足够耐火度情况下，渣中 MgO 含量可以降低些。终点渣中氧化铁含量低的转炉溅渣护炉的成本低，也容易获得高炉龄。

调整炉渣成分有两种方式：一种是转炉开吹时将调渣剂随同造渣材料一起加入炉内，控制终点渣成分，尤其是 MgO 含量达到目标要求，出钢后不必再加调渣剂；倘若终点渣成分达不到溅渣护炉要求，则采用另一种方式，即出钢后加入调渣剂，调整 MgO 含量达到溅渣护炉要求的范围。

6.10.2.3 调渣工艺

由于转炉吨位不同及各炼钢厂原料条件、冶炼钢种、精炼及浇铸方式等方面各异，造成终渣成分和过热度有很大差别，溅渣护炉的调渣工艺也有所不同，主要有直接溅渣工艺和出钢后调渣工艺两种。

A 直接溅渣工艺

直接溅渣工艺适用大型转炉，要求铁水等原材料条件比较稳定，吹炼平稳，终点控制准确，出钢温度较低。其操作程序是：

（1）吹炼开始在加入第一批造渣材料的同时，加入大部分所需的调渣剂；控制初期渣 MgO 含量在 8%左右，可以降低炉渣熔点，并促使初期渣早化。

（2）在炉渣“返干期”之后，根据化渣情况，再分批加入剩余的调渣剂，以确保终点渣 MgO 含量达到溅渣操作要求的目标值。

（3）出钢时，通过炉口观察炉内炉渣情况，确定是否需要补加少量的调渣剂；在终点碳、温度控制准确的情况下，一般不需再补加调渣剂。

（4）根据炉衬实际蚀损情况进行溅渣操作，并由操作工确定是否需要对炉衬上的特殊部位进行喷补，以保证溅渣护炉的效果和控制良好炉型。

例如，美国 LTV 钢公司和内陆钢公司主要生产低碳钢，渣中 TFe 含量波动在 18%～30%的范围内，终点渣中 MgO 含量为 12%～15%，出钢温度较低（为 1620～1640 ℃），出钢后炉渣较黏，可以直接吹氮溅渣。

我国宝钢公司的生产条件和冶炼钢种与 LTV 钢公司相近，由于采用了复合吹炼工艺和大流量供氧技术，熔池搅拌强烈，终点渣 TFe 含量较低，控制在 16%～20%；为适应溅渣的需要，MgO 含量由 6.8%提高到 8%～9%，出钢温度在 1660～1670 ℃，终点根据终渣状态判断是否加入调渣剂。太钢二炼钢厂生产中、低碳钢，采用连铸和模铸工艺，出钢温度较低，终点温度硅钢控制在 1610～1640 ℃范围内，模铸控制在 1640～1680 ℃范围内，连铸钢为 1660～1700 ℃；由于采用高拉碳法操作，所以终点渣 FeO 含量波动在 10%～20%范围内，MgO 含量控制在 8%左右，出钢后也是直接溅渣。调渣剂主要在炼钢过程中加入，吨钢平均加入量为 2.35 kg。

B 出钢后调渣工艺

出钢后调渣工艺适用于中小型转炉。由于中小型转炉的出钢温度偏高，因此炉渣的过热度也高。再加上原材料条件不够稳定，往往终点后吹，多次倒炉，致使终点渣 FeO 含量较高，炉渣较稀，MgO 含量也达不到溅渣的要求，不适于直接溅渣；必须在出钢后加入调渣剂，改善炉渣的状态，以满足溅渣的要求。用于出钢后的调渣剂，应具有良好的熔化性和高温反应活性、较高的 MgO 含量以及较大的热焓，熔化后能明显、迅速地提高渣中 MgO 含量和降低炉渣温度。

出钢后调渣工艺在冶炼过程中的操作与直接溅渣操作工艺基本相同，出钢后的调渣操作程序如下：

（1）终点渣 MgO 含量控制在 8%～10%范围内。

（2）出钢时，根据出钢温度和观察到的炉渣状况决定调渣剂加入量，并进行出钢后的调渣操作。

（3）调渣后进行溅渣操作。

出钢后调渣的目的是使炉渣 MgO 含量达到饱和值，提高其熔化温度；同时，由于加入的调渣剂熔解吸热，从而降低炉渣的过热度，提高炉渣的黏度，以达到溅渣的要求。

若单纯调整终点渣 MgO 含量，只加调渣剂调整 MgO 含量达到过饱和值，同时吸热降温、稠化炉渣，达到溅渣要求。如果同时调整终点渣 MgO 和 TFe 含量，除了加入适量的含氧化镁调渣剂外，还要加一定量的含碳材料，以降低渣中 TFe 含量。例如，首钢三炼钢厂就曾进行过加煤粉降低渣中 TFe 含量的试验。

6.10.2.4 出钢温度

采用溅渣护炉工艺后，转炉出钢温度对炉龄的影响非常明显。炉龄与出钢温度的关系为：

$$N = 208529 - 120.19T \tag{6-19}$$

式中 N——炉龄，次；

T——出钢温度，℃。

在同样的溅渣技术条件下，每降低出钢温度 1 ℃，将提高炉龄 121 炉。因此，合理控制转炉出钢温度，对采用溅渣护炉工艺的转炉进一步提高炉龄有重要意义。

6.10.2.5 枪位控制

炉内溅渣效果的好坏，可通过溅渣黏结在炉衬表面的总渣量以及在炉内不同高度上溅渣是否均匀来衡量。水力学模型试验与生产实践都表明，溅渣喷吹的枪位对溅渣总量有明显的影响。对于同一氮气压力条件下，有一个最佳喷吹枪位。当实际喷吹枪位高于或低于最佳枪位时，溅渣总量都会降低。这是因为溅渣枪位过低时，冲击熔渣的面积小，冲击深度大，供给的能量较大部分消耗于穿透和搅拌熔池；枪位过高时，射流速度衰减大，使射流有效能量降低。溅渣枪位与熔池直径比为 0.6~0.7 时，炉衬所获渣量较多。

炉渣黏度对溅渣总量也有影响，随炉渣黏度的增加，溅渣量明显减少。研究与实践还表明，在炉内不同高度上溅渣量的分布是很不均匀的，转炉耳轴以下部位的溅渣量较多，而耳轴以上部位随高度的增加，溅渣量明显减少。若要增加转炉上部挂渣厚度，可适当降低枪位。

6.10.2.6 溅渣时间

溅渣时间通常是根据转炉吨位、供气量、炉内渣量、炉渣情况及生产节奏等因素综合考虑，目前我国各钢厂一般吹氮时间为 3~4 min。

吹氮的目的是提供渣的动力，此外它还有冷却炉渣的作用。一般在吹氮前 1~2 min 时间内主要是冷却炉渣，因为在这段时间内炉渣还比较稀，即使溅到炉壁上也挂不好。当吹氮到 2 min 以上时，炉渣才开始大量溅起，可喷溅到炉帽处。溅渣时间越长，炉衬挂渣越多，但时间过长会造成炉底上涨；同时，溅渣时间过长会影响生产节奏。因此，溅渣时间要根据具体条件加以确定。

6.11 吹损与喷溅

6.11.1 吹损

在转炉吹炼过程中，出钢量总是比装入量少，这说明在吹炼过程中产生了一部分金属损失，这部分损失就是吹损。一般用其占装入量的百分比来表示：

$$吹损 = \frac{装入量 - 出钢量}{装入量} \times 100\% \tag{6-20}$$

吹损由化学损失、烟尘损失、渣中氧化铁损失、渣中铁珠损失和喷溅损失等几部分组成。为了计算方便，现以 100 kg 金属料为例来说明。

(1) 化学损失。将铁水和废钢吹炼成钢水，需去除碳、磷、硫，而硅和锰也会发生氧化，造成损失。以 Q235 钢为例，在吹炼中其化学损失情况见表 6-18。

表 6-18　Q235 钢的化学损失

试　样	化学成分（质量分数）/%					
	C	Si	Mn	P	S	合 计
铁水	4.30	0.60	0.45	0.13	0.03	6.51
钢水	0.16	0.02	0.20	0.02	0.02	0.42
损失量	4.14	0.58	0.25	0.11	0.01	5.09

(2) 烟尘损失。在吹炼过程中，氧枪中心区的铁被氧化，生成红棕色烟尘随炉气排出而损失，烟尘损失一般为金属装入量的 0.8%～1.3%。本例取 1%，烟尘中 Fe_2O_3 含量为 65%、FeO 含量为 25%，则铁损为：

$$1 \times \left(65\% \times \frac{112}{160} + 25\% \times \frac{56}{72}\right) = 0.649\ \text{kg}$$

(3) 渣中氧化铁损失。炉渣中含有氧化铁，除渣时倒出造成铁损失。若渣量为装入量的 13%，渣中 FeO 含量为渣量的 11%、Fe_2O_3 含量为 2%，则铁损为：

$$100 \times 13\% \times \left(11\% \times \frac{56}{72} + 2\% \times \frac{112}{160}\right) = 1.3\ \text{kg}$$

(4) 渣中铁珠损失。转炉渣中，有一部分金属液滴悬浮于炉渣中形成铁珠，倒渣时随渣倒出形成铁损。取渣中铁珠为渣量的 10%，则造成的铁损为：

$$100 \times 13\% \times 10\% = 1.3\ \text{kg}$$

(5) 喷溅损失。转炉吹炼中，若操作不当将会产生喷溅，有可能使部分金属随炉渣一起喷出炉外，造成金属损失。喷溅量与原料条件和操作水平高低有关，一般占金属装入量的 0.5%～2.5%，本例取 1.5%，则金属损失为：

$$100 \times 1.5\% = 1.5\ \text{kg}$$

以上几部分造成的金属总损失量为：5.09 + 0.649 + 1.3 + 1.3 + 1.5 = 9.839 kg

化学损失是吹损的主要部分，是不可避免的；其次是炉渣铁损和喷溅损失，它们是可以设法减少的。在吹炼过程中要保证吹炼平稳，尽量减少喷溅损失，以提高金属收得率。

6.11.2 喷溅

喷溅是氧气转炉吹炼过程中经常发生的一种现象，通常把随炉气携走，从炉口溢出或喷出炉渣和金属的现象，称为喷溅。喷溅的产生，造成大量的金属和热量损失，对炉衬的冲刷加剧，甚至造成粘枪、烧枪、炉口和烟罩挂渣，增大清渣处理的劳动强度。喷出大量的熔渣，还会影响脱磷、脱硫，并影响操作的稳定性，限制了供氧强度的提高。因此在转炉操作过程中，防止喷溅是十分重要的。在转炉的吹炼时期，喷溅主要有以下几种类型：

（1）金属喷溅。吹炼初期炉渣尚未形成或吹炼中期炉渣返干，固态或高黏度的炉渣被顶吹氧气射流和从反应区排出的 CO 气体推向炉壁。在这种情况下，金属液面裸露，由于氧气射流冲击力的作用，使金属液滴从炉口喷出，这种现象称为金属喷溅。

当长时间低枪位操作、二批料加入过早、炉渣未化透就急于降枪脱碳时，都有可能产生金属喷溅。

预防金属喷溅的措施有：采用分阶段定量装入制度，合理控制装入量，避免超装，防止熔池过深；溅渣护炉引起的炉底上涨应及时处理；经常测量转炉液面，以防枪位控制不当；控制好枪位，化好渣，避免枪位过低和 TFe 含量过低，均有利于预防金属喷溅。

（2）泡沫渣喷溅。吹炼过程中，由于炉渣中表面活性物质较多，因而使炉渣泡沫化严重。在炉内 CO 气体大量排出时从炉口溢出大量泡沫渣的现象，称为泡沫渣喷溅。

在铁水 Si 和 P 含量高、渣量大、熔渣内 TFe 含量较高时，熔渣表面张力降低，因熔渣泡沫太多，阻碍 CO 气体通畅排出，所以使渣层厚度增加，严重时能够上涨到炉口。此时，只要一个不大的冲击力，就能把熔渣从炉口推出，熔渣所夹带的金属液也随之而出，造成泡沫渣喷溅。

因此，要预防泡沫渣喷溅，首先要控制好铁水中的 Si、P 含量，最好采用铁水预处理进行“三脱”，如果没有铁水预处理措施，可以在吹炼过程中倒出部分酸性泡沫渣，这样可避免中期泡沫渣喷溅；此外，要控制好渣中 TFe 含量，使渣中 TFe 不出现积聚现象，以免熔渣过分发泡。

（3）爆发性喷溅。熔池内碳氧反应不均衡，瞬时产生大量的 CO 气体，这是发生爆发性喷溅的根本原因。碳氧反应：$[C]+(FeO)=\{CO\}+[Fe]$是吸热反应，反应速度受熔池碳含量、TFe 含量和温度的影响。由于操作原因熔池骤然受到冷却，抑制了正在迅速进行的碳氧反应；吹入的氧气生成了大量（FeO），当积聚到 20%以上时，熔池温度再次升高到 1450 ℃以上，碳氧反应重新以更猛烈的速度进行，瞬时间产生大量具有巨大能量的 CO 气体从炉口涌出，同时还夹带着大量的钢水和熔渣，形成了较大的喷溅。例如，二批渣料加入时间不当，在加入二批料后不久，随之而来的大喷溅，就是由于上述原因。

总之，在熔渣氧化性过高、熔池温度突然冷却的情况下，就有可能发生爆发性喷溅。

预防爆发性喷溅，首先，要控制好熔池温度，前期温度不能过低，中、后期温度不能过高，均匀升温，严禁突然冷却熔池，使碳氧反应得以均衡进行，消除爆发性的碳氧反应；其次，控制好熔渣中 TFe 含量，保证渣中 TFe 不出现积聚现象，以避免炉渣过分发泡或引起爆发性的碳氧反应。

综上所述，为了防止喷溅，总的方向是：要采取措施使吹炼过程中的碳氧反应均衡进行，减轻熔池的泡沫化，降低吹炼过程中的液面高度并减小其波动。具体措施如下：

（1）采用合理的炉型。例如，应该用适当的高度和炉容比、采用对称的炉口和接近于球状的炉型。

（2）限制液面高度。在炉容比一定的情况下，应限制渣量和造渣材料的加入量，尽量减小渣层厚度，可加入防喷剂或采用其他方法破坏泡沫渣，也可以在吹炼中期倒渣，还应避免转炉的过分超装。

（3）二批渣料要分小批多次加入，尤其是铁矿石，不仅要分批加入，而且应限制批量。

（4）正确地控制前期温度，避免前期温度过低。

（5）减小炉渣的泡沫化程度，将泡沫化的高峰前移，尽量移至吹炼前期。因此，可以采用快速造渣和在渣中加入氧化锰等方法，使泡沫渣稳定。

（6）在发生喷溅时，加入散装材料（如石灰石）可抑制喷溅。如果在强烈脱碳时发生喷溅，可以暂时降低供氧强度，随后再逐渐恢复正常供氧，这种方法在生产中被广泛采用。

（7）在炉渣严重泡沫化时，短时间提高枪位，使氧枪超过泡沫化的熔池面，借氧气射流的冲击破坏泡沫渣，减少喷溅。

思 考 题

6-1 转炉吹炼各阶段有何特点，各阶段的任务各是什么？

6-2 在确定转炉装入量时，要考虑哪些因素？

6-3 比较各种装入制度的优缺点。

6-4 供氧的基本参数是什么，影响枪位变化的因素有哪些，枪位对冶炼有何影响？

6-5 常用的氧枪枪位操作及其适用条件如何？

6-6 吹炼过程渣相的变化是怎样的？

6-7 简述各种造渣方法及其特点。

6-8 如何加快成渣过程？

6-9 比较两种成渣途径的优缺点。

6-10 什么是冷却剂的冷却效果？比较各种冷却剂的优缺点。

6-11 过程温度和终点温度如何控制？

6-12 终点的标志是什么，有哪几种控制终点碳的方法？

6-13 为什么要挡渣出钢，常用方法有哪些？

6-14 什么是溅渣护炉技术，溅渣层的分熔现象是怎样产生的？

6-15 溅渣层保护炉衬的机理是怎样的？

6-16 溅渣护炉的调渣工艺有何不同，主要操作要点是什么？

6-17 吹损由哪几部分组成？

6-18 喷溅的种类有哪些，如何预防？

7 转炉炼钢计算机控制

7.1 转炉炼钢计算机控制系统

氧气转炉炼钢的冶炼周期短，通常只有30~45 min，其中，纯吹氧时间仅有十几分钟。高温冶炼过程复杂，需要控制和调节的参数很多，现在冶炼钢种日益增多，对质量要求很高；转炉容量也不断扩大，仅凭操作人员的经验来控制转炉炼钢已不适应需求。应用计算机于氧气转炉的过程控制，能对冶炼过程的各个参数进行快速、准确地计算和处理，给出所需的综合结果，提出合理的操作模式并进行自动控制，以获得成分和温度合格的钢水。

现代化的转炉炼钢控制系统在世界钢铁领域中普遍应用，它们采用先进的计算机应用技术，以仪控、自控、电控组成一个完整的控制系统（三电一体化），取代常规的仪表盘、操作台、模拟屏的传统操作控制方式，全部监控手段均在计算机人-机接口上完成。计算机网络技术的发展使炼钢控制系统的功能更加全面、完善，使计算机管理、过程控制和基础自动化形成一个完善的有机整体，为全面的生产管理和自动控制创造了条件。

转炉炼钢自动控制系统控制的工艺范围主要包括：

（1）废钢。从废钢称量开始，直到装入转炉为止。

（2）副原料和铁合金。从称量开始，到投入转炉为止。

（3）转炉冶炼过程控制，包括氧枪系统、副枪系统、转炉倾动系统、烟气除尘和回收系统、烟气余热利用系统等。

目前，上述系统的自动控制水平已达到较完善的程度。计算机的应用大致经历了以下阶段：

（1）1960~1965年，主要采用计算机对生产过程进行数据采集、记录和指导，而不进行控制。

（2）1965~1970年，采用计算机进行监控和设定计算，而闭环回路的控制大多采用硬逻辑系统。

（3）1970~1975年，过程计算机一般采用两级计算机系统，即监督计算机控制（Supervisory Computer Control，简称SCC）和直接数字控制系统（Direct Digital Control，简称DDC）。其中，DDC控制都采用集中型。

（4）1975~1980年，随着微型计算机的出现以及小型计算机性能的提高、数据库技术和网络技术的发展，DDC控制向分散型系统发展，原来属于在线生产管理的功能，大都分散到过程计算机中完成。

（5）1980年以后，计算机应用进入第二个时期，主要特点是：在功能上从过程最佳化控制进一步向生产工序的操作管理方向延伸，控制模型由经验公式向严密公式或理论公式发展，硬件的处理速度大大提高，一般都在每秒1兆指令以上，硬件的容量大为提高；广泛采用网络系统。由于网络系统是集散系统最关键的组成部分，所以各厂对此都进行了精心设计；但由于其各有特点，互不兼容，故更无法互相通信。随着网络技术的发展，目前大多数DCS厂家（Distributed Control System，简称DCS，分布式控制系统）的网络系统都建立在通用计算机网络基础上。现在较流行的网络产品主要有三类，即符合IEEE802.3标准的以太网（Ethernet）、符合IEEE802.4标准的令牌总线网（Token-Bus）、符合IEEE802.5标准的令牌环网（Token-Ring）。这三种网中，以太网具有较高的数据传输速率，但不具备实时性的特点；而令牌总线网和令牌环网具有实时性特点。在转炉炼钢自动化系统中针对不同用途，这三种形式的网络得到了灵活运用。

现代大型钢铁厂采用多级工厂自动化系统，炼钢区域计算机控制系统一般分为三级：生产管理级（L3）（炼钢区域）、过程控制级（L2）、基础自动化级（L1）。目前，网络技术在炼钢系统中广泛应用，普遍采用的是总线型网络。管理级、过程级多采用Ethernet，计算机均采用小型机或工作站/服务器结构。基础自动化级目前多采用符合现场总线的网络，基础自动化级采用PLC，交、直流传动装置、智能仪表均作为节点连接在通信网络上。根据现场情况，网络可采用和REPEATERR、HUB等器件连接的多种形式，也可在工厂内按区域划分成若干段网络。计算机控制系统的分级示意图如图7-1所示，各级功能划分原则见表7-1，有关转炉操作与计算机系统的动作顺序如图7-2所示。

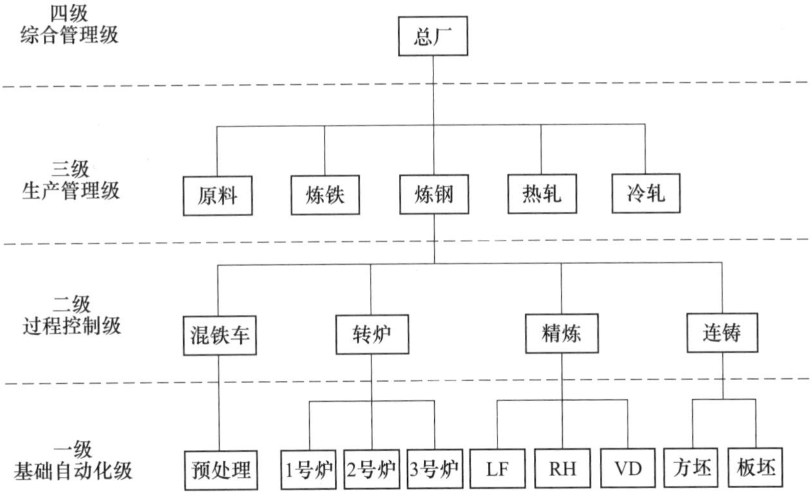

图7-1　计算机控制系统的分级示意图

表7-1　各级功能划分原则

项目	L3	L2	L1
对象	二级生产单位	工艺工序单位	设备
功能	生产管理	过程控制	电气、仪表设备控制
响应性	响应性不高的功能	响应性高的功能	要求响应性极高的功能
数据处理	大量	技术计算、模型计算	

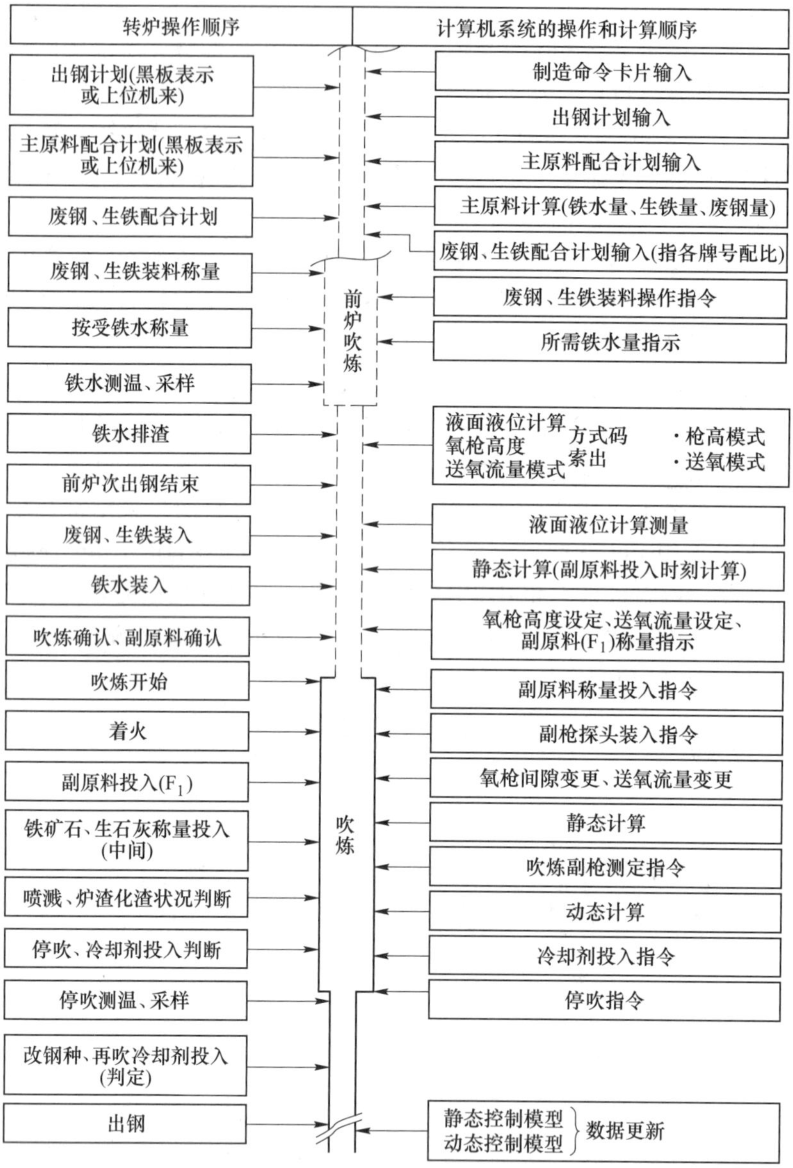

图 7-2 转炉操作与计算机系统的动作顺序

7.1.1 生产管理计算机

炼钢厂的生产管理级计算机系统是工厂自动化模型中的第三级，在两级管理模式（总厂与分厂）中，也称为厂级管理系统；而在一级管理模式的工厂中，则由总厂管理计算机承担全部上述第三级和第四级的功能。两级管理与一级管理模式不同，对各级计算机系统的功能要求也不同，现以两级管理模式为例简述生产管理级计算机系统的功能。

生产管理级介于管理和过程自动化之间，因此担负管理信息和生产过程数据的衔接功能。

管理信息主要是纵向的，包括接收总厂下达的生产指令，经加工处理后下传到铁水预处理及炼钢、精炼和连铸等过程控制级计算机，然后再收集有关生产和控制的数据，集中处理后反馈给总厂管理计算机。

生产过程数据主要是指与物流相关的数据，主要是横向的。炼钢生产管理计算机接收上游工序——炼铁的有关铁水数据，而把钢水和连铸坯的有关数据传送给下游——轧钢工序。

生产管理计算机的主要功能有：

(1) 作业计划编制，总厂把用户合同转换成生产合同（年、季、月或周生产计划），厂级生产管理计算机在接收到生产计划后，完成作业计划（即日和班生产计划）的编制；

(2) 质量设计，即冶炼规程设计，在冶炼品种钢按小批量、多品种组织生产时尤为重要；

(3) 物流跟踪，即铁水到铸坯的全线跟踪，协调铁水预处理、转炉、精炼和连铸各工序间的衔接；

(4) 质量跟踪，记录、存储与质量有关的全部生产数据，用于完成统计分析和质量异议；

(5) 生产管理，包括设备、动力、工业用气、附属原料、材料、环保等；

(6) 人事管理；

(7) 财务管理；

(8) 查询，即在以上七项管理基础上，按权限向全厂提供查询系统和服务。

7.1.2 过程自动化控制系统

7.1.2.1 过程自动化控制系统结构

过程自动化控制系统一般采用小型计算机或工作站，操作系统一般采用工程师 Unix、VMS 和 Windows。软件上配有系统数据库，网络系统基于以太网（IEEE802.3），采用 TCP/IP 协议与三级生产管理计算机的外部网络相连，应用软件通过以太网管理转炉基础自动化系统。其控制框图如图 7-3 所示。

过程控制计算机软件采用规范化的软件结构，一种功能设置一个软件模块（见图 7-4)，实现标准化软件设计。

7.1.2.2 过程自动化控制系统功能

二级系统完成转炉过程监控功能，并与三级生产管理计算机及其他有关计算机系统联网，交换订单和生产数据；接收来自基础自动化（一级）系统的过程数据，完成对转炉控制和炉料添加模型的计算；将设定值下装到一级系统。

二级系统的主要功能有：

(1) 从厂计算机接收炼钢生产订单。订单中的产品规格和生产计划在二级系统中是分别处理的，订单以 24 h 为基础下达，但常有随机变更，随变随收的情况。三级生产管理计算机随订单一起下装有关钢种的全部信息，包括最大/目标/最小化学成分、特殊要求以及其他工艺要求。

数据存入指定区域，订单都存入数据库，提供操作员查询和屏幕打印，但在转炉控制室内的操作员界面不允许对订单数据进行修改。

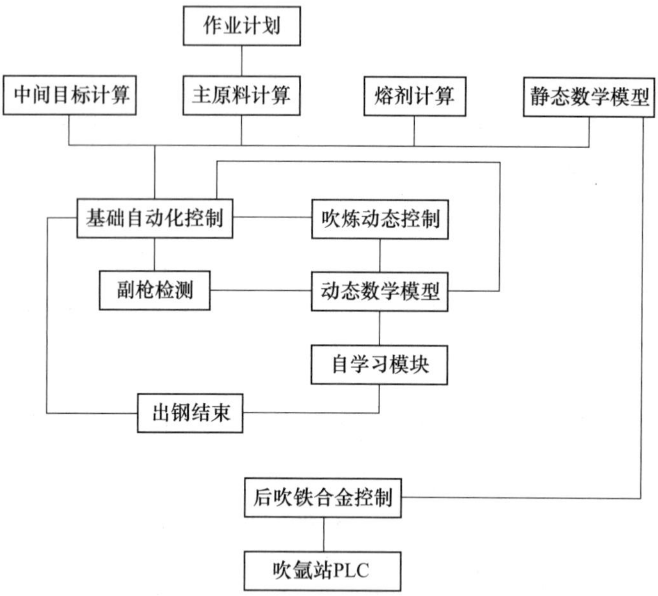

图 7-3 过程自动化系统控制框图

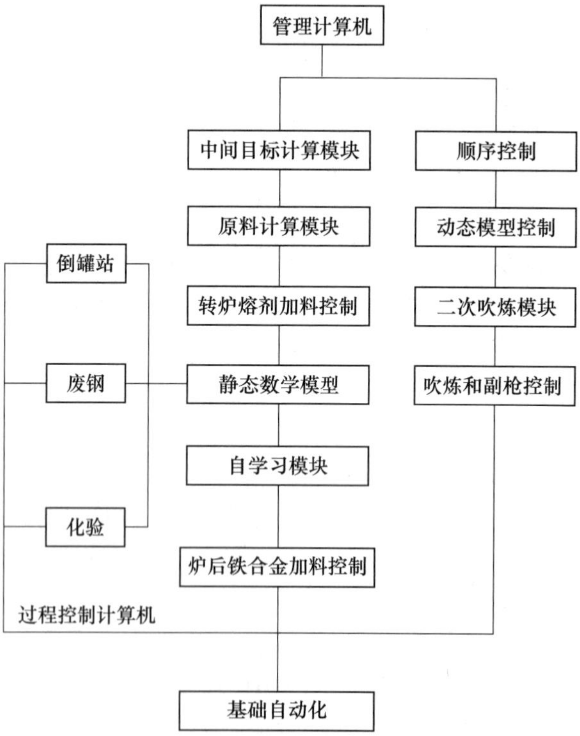

图 7-4 软件模块框图

（2）从厂计算机接收炼钢生产计划。从厂计算机下装的生产计划是 24 h 生产计划，而一般的作业计划是 8 h 的，有了 24 h 的生产计划，二级计算机再根据连铸情况制定出

8 h作业计划用于转炉生产，作业计划存入数据库，操作员可查询和屏幕打印，可以在控制室对作业计划进行修改。

（3）向上传输一级系统的过程数据。在二级系统中，对一级系统的重要数据进行动态处理，这些数据定时更新（典型的每5 s）或按定义好的事件更新。

（4）向一级系统下装设定值。订单和模型中的一些数据要下装到一级系统作为控制设定值，主要下装项目包括：

1）订单数据，包括订单号和钢种；

2）静态模型输出，包括铁水、废钢、散装料、辅助料的质量以及吹氧量；

3）冶炼过程模型输出，包括钢水液面高度、吹氧曲线以及副枪下枪高度；

4）动态控制模型输出，包括吹氧量、散装料质量和二次吹氧量。

按照基本操作规程，对冶炼过程产生重大影响的下装数据在向一级系统发送之前，需要操作员的认可批准，对于这类信息只允许在二级系统修改而不允许在一级系统修改。但是，在意外情况下，则要求能在一级系统修改这类数据。

（5）从化学分析室接收铁水、钢水和炉渣的成分分析数据。经转炉以太网接收化学分析室分析数据并存入数据库，可在操作屏幕上显示。这些数据用于静态控制模型、冶炼过程模型、动态控制模型，并记入冶炼记录。二级系统不能修改化学成分数据，除非得到分析室负责人的许可，化学成分数据有安全级别保护。

（6）原料分析数据。原料分析数据用于控制模型、数据查询和屏幕输入，由指定的人员更新分析数据库。

（7）完成转炉装料计算。静态模型完成转炉装料计算，说明所需的铁水、废钢、辅助原料和氧的用量，并给出副枪下枪时间。辅助原料的计算依据炉况、最终要求、原料状况等，在二级系统操作员认可后，二级系统把计算结果送往一级系统。

装料计算使用铁水、废钢的实际用量和铁水成分，用于修正吹氧量。虽然接口设计为最少人工输入，但操作员必须校对冶炼炉号、订单号和下装到一级系统的设定值，装料的计算值和实际装入值都存入数据库此炉的冶炼记录中。

（8）完成转炉第二阶段吹炼的控制计算。转炉动态控制模型完成如温度、化学成分控制等第二阶段冶炼控制的计算，此模型用对熔池的分析结果和温度来预报所需的二次吹氧量、炉料添加量、钢水温度和碳含量。其计算结果与装料计算结果一样时，在操作工认可后下装到一级系统。

（9）生成冶炼记录。冶炼记录是对应于每一炉钢的，记录中包括最详细的信息。

（10）生成日志。日志在每班、每天结束时根据操作员的请求生成，主要包括：钢包位置、按时间先后顺序控制的事件、每炉钢和每座转炉的原料消耗、延时、报警等记录，按班、日或请求生成，同时提供日志的屏幕查询。

（11）将生产数据传送到厂级计算机。冶炼记录和生产日志在规定的时间，经以太网传输给三级生产管理计算机系统。

7.1.3 基础自动化控制系统

7.1.3.1 基础自动化控制系统结构

转炉基础自动化控制系统一般选用可编程逻辑控制PLC或分布式控制系统DCS。基础自动化和过程计算机系统配置实例如图7-5所示，该系统是集散式控制系统，有6套PLC和若干台工业PC。这些设备都连到以太网（IEEE802.3），波特率为10 MB/s，采用中继器的最大距离为2.5 km。由一级系统中PLC和传感器采集的全部信息，经这两级网络传递到过程控制计算机（二级计算机）和人–机接口设备（MMI，即Man Machine Interface），命令和过程模型计算出的设定值也通过这些高速通道下装到各台PLC、PC、传动控制器和传感器。这种集散式计算机控制系统能够很容易地在网络上增加或减少设备，使转炉一级和二级系统有良好的可扩充性。

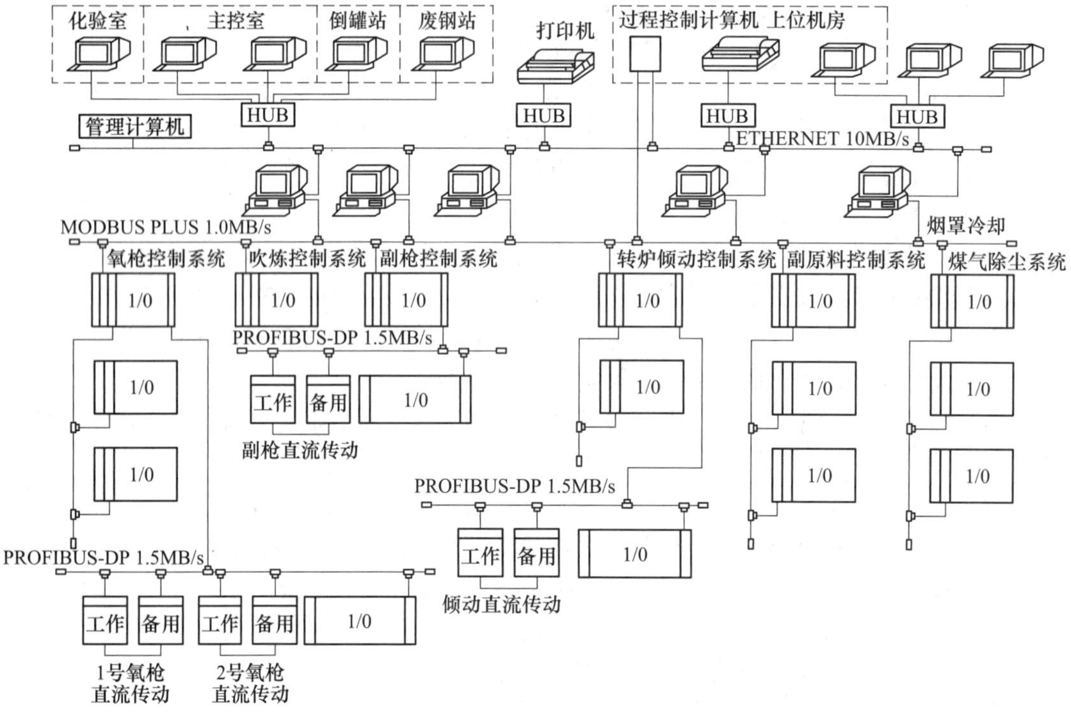

图7-5　炼钢控制系统

7.1.3.2　基础自动化控制系统功能

一级系统包括废钢供应、铁水供应和转炉操作三部分，主要完成以下功能。

（1）废钢供应。废钢站的吊车上有称量秤，秤将压头的输出信号转换成数字信号供系统使用。称量结果传送到显示板和吊车操作室的终端上，废钢站主控室的终端经通信总线与PLC相连，用无线调制解调器与吊车操作室的终端引进联网通信，每炉钢所需的废钢质量由二级装料模型计算并在吊车终端上显示。

（2）倒罐站。倒罐站的铁水罐车装有压头，在铁水注入铁水罐后，铁水秤即称量出铁水质量。倒罐站装有二级计算机终端，每炉钢所需铁水质量由二级的装料模型算出，在倒罐站的终端上显示。在倒铁水之前，操作终端输入铁水顺序号、铁水罐号和鱼雷罐车倒入铁水罐的铁水质量、倒入每一铁水罐中的铁水质量以及铁水温度和化学成分。

（3）取样跟踪。取样发送站设在倒罐站中，每个样品发出前，需标明采样源和识别信息（铁水顺序号、钢水初步测试结果、钢包号）。在化学分析室的接收站装有光头，从倒罐站或转炉发送来的样品由光头和控制系统检测。取样一经发出，该发出站的指示灯就点亮，如果取样在预定的时间没有到达化学分析室，指示灯则闪亮显示。

（4）去渣。在倒渣站，炉渣从铁水罐倒入渣包，渣包要称重。铁水罐去倒渣站，由操作工从键盘输入罐号并去掉空罐质量。在倒渣后，测量铁水温度，控制系统计算倒出的渣重、去渣后的铁水质量和铁水温度。

（5）炉体倾动控制。炉体倾动方向由操作工选择，但倾动速度是定速的，只有高速和低速两种速度。高、低速的切换由转炉位置而定。在炉体倾动之前，必须满足：氧枪在提升位（即不在炉内），炉体急停操作正常，炉体传动系统正常，罩裙在高位，副枪在提升位。

当要做倾动操作时，如果有一个或多个条件不满足，屏幕上则出现报警并指明哪个条件不满足。炉体倾动屏幕能显示出传动系统的全况，操作员可以在此屏幕上对倾动电机进行操作，还可以选定哪个可控硅装置处于后备状态。如果电机由于过载脱扣或失磁，屏幕上会出现报警。倾动位的急停开关分别装在操作台的不同位置，其中任意一个都能使炉体停止转动，转炉本体控制还包括烟罩移动、炉门控制等。

（6）吹氧曲线、底吹曲线。在实际废钢和铁水质量值传到二级系统后，由转炉操作工启动熔剂配比计算，并确认其计算结果。以下曲线需转送到一级系统：氧气流量曲线、底吹流量曲线、氧枪高度曲线、熔剂及辅助原料供料曲线。这些曲线指示在吹炼过程中各种原料的加入比。

除了熔剂之外，每条曲线都有数十个设定值，每个设定值使用于总吹炼时间中的若干阶段。总吹炼时间建立在完成吹氧曲线所需时间的基础之上。熔剂曲线包含熔剂的种类、数量以及被耗用的时间间隔。

一级、二级系统存有设定曲线，操作工可以选择存在 PLC 中的一级曲线，操作工还可以选用设定值方式控制氧枪高度、氧气流量和熔剂等辅助料，设定值方式由操作工在 MMI 上输入。

在完成所需的曲线选择后，操作工就可以启动吹炼顺控程序。但吹炼前要做好准备，炉体必须在吹炼位，下枪和吹氧许可条件必须满足。在氧枪降到额定高度而且全部许可条件均满足时，氧气切断阀就自动打开。当氧枪到达吹炼位时，氧流量自动完成初始化。氧气流量、底吹流量、氧枪高度和熔剂、原料等均在吹炼顺控程序下，按各自确定的曲线完成，总耗氧量在吹炼中累计。当吹炼程序被操作工或吹炼许可条件故障中止时，重新启动吹炼程序，吹炼程序会按照未完成的冶炼曲线执行。在需要二次吹炼的情况下，操作工下枪并利用功能键以设定值方式完成氧气和氧枪的控制。预装入的设定值可在屏幕上显示，并供操作工使用或修订。

（7）氧枪控制。氧枪既可以从转炉操作室操作，也可以从平台上操作，操作位置的选择可通过维护平台上“就地/远程”选择开关来选择。若选择主控室操作，操作工可以将氧枪放回等待位，两只氧枪移动的位置可以在显示器上显示。

转炉内的氧枪高可由以下操作选择的方式控制：二级计算机设定的枪高曲线，一级计算机设定的高碳钢枪高曲线，一级计算机设定的低碳钢枪高曲线，设定值方式。

可以随时选择枪高设定曲线中的任一个，直到吹氧程序被启动。一旦吹氧程序启动，氧枪高将根据枪高控制曲线来调节。使用设定值方式时，操作工可以从终端上输入所希望的枪高设定值，一旦吹氧开始，氧枪在吹炼期间将保持设定的枪高值。在吹炼期间，可以通过改变高度设定值来改变枪高，但这种做法需设定方式允许。在终端上提供了点动键，每按一次键，枪高设定将增加或减少 50 mm。在操作台上设有紧急提枪按钮，按动按钮时，不管什么样的控制方式，氧枪立即提升。在紧急提枪时，氧流量阀将关闭。氧枪冷却水可由终端键盘开/关，流量显示在显示器上。系统提供了一个专用的相对枪高校正方式。氧枪传动在显示器上有个概貌显示，操作上可以选择哪一套 SCR（Silicon Controlled Rectifier）作为备用，在 SCR 发生故障时，备用 SCR 将自动切换到工作状态。操作上还设有强制超极限开关“ON/OFF”。

氧枪控制提供了故障自动提枪的保护手段。当氧枪冷却水进出口的压力低于设定值、流量差大于设定值、温度差大于设定值、氧气压力低于设定值、氧气流量低于设定值时，氧枪自动提升到等待位。

氧枪控制还提供了自动控制故障、电气故障时，采用氮气马达自动提枪的保护措施。

（8）散装料。散装料系统含有若干存储仓，每个存储仓都有料位检测，料仓的状态按仓空（<5%）、低料位（<25%）、加料（<50%）、高料位（>90%）数据显示在显示器上。

散料的下料时间和质量由二级计算机传过来并显示在显示器上，在加料程序启动之前，操作工可以按需要修改这些值。在曲线控制方式中，当最后一批散料卸下后，系统将自动预装石灰等。当出完钢以后，将预装其他散料和冷却剂，预装料可由操作工在散料曲线设定及预装画面上输入。如果操作工想在出渣前预装散料和冷却剂，可以使用预装按钮。在吹炼程序开始时，系统将启动自动散料下装，以作为散料的第一次加料。操作工也可对所希望的散料系统使用“自动散料加装”键来启动第一次加料，在自动加料之前必须保证：散料系统 E-STOP“OK”，称量斗下闸门“关闭”，散料系统“未被使用”。

一旦自动加料程序被启动，散料皮带将根据需加料炉子的方向旋转。在皮带运转时，根据要加的料种，料仓的给料器将运转起来并且根据散料的代码顺序下料，一次下卸一种散料。

每个给料器的运转时间要根据设定质量和给料器的下料速率计算。一旦最后一个给料器停止了，在确认所有散料已在皮带上清除后，运转机将停止。当任一散料在接收到二级计算机的散料值之前下到配料斗时，一级计算机程序将计算要达到设定值的偏差。当自动加料程序启动时，这一新设定值将被使用。在吹炼时间达到加料点时，配料斗自动下料到炉内。若散状料系统被选择为设定值方式时，系统不再自动下装散料和冷却剂，操作工将使用散料设定和预装画面来指定散料和冷却剂的数量，用相应功能键来启动加料和下装。用手动控制方式，操作工将借助画面来启动皮带机、给料器，下装散料和冷却剂。

（9）氧气量、底吹气量控制。操作工可选择下列方式用于氧气量、底吹气量控制：二级计算机流量曲线；一级高碳钢氧气量曲线，一级低碳钢氧气量曲线；底吹气体流量曲线；设定值方式。

在吹炼程序启动之前，可选择氧气量控制方式中的任一种。若未选择，系统将执行二级计算机曲线。在设置曲线情况下，操作工可以控制流量，也可选择设定值方式，输入所要求的氧气流量以及在吹炼时间内的总氧气量。在吹炼期间随时可选择设定值方式，氧气流量和累积值将由氧气压力和温度补正，总管氧气压力调节器将保持氧压恒定。

顶底复合吹炼使用的底吹气体主要是 CO_2、N_2 和 O_2 等，根据不同的钢种设有不同的曲线、人工干预操作。

（10）副枪控制。副枪传动目前大多由全数字装置驱动，副枪用来在冶炼过程中测温、取样、定碳以及测量炉内熔池高度。副枪控制系统中还包括刮渣器、氮气密封阀、取样/测温探头存储装置和安装装置的控制，这些设备由 PLC 控制。二级计算机决定什么时刻启动副枪，安装什么样的探头以及副枪高度。一级计算机将检查探头的条件，下送命令给传动系统。当副枪系统采集到温度、碳含量等数据时，一级计算机将这些用于模型计算的数据送到二级计算机。每次的钢水温度和碳含量都将显示在显示器上，最后的数据作为文件存在二级计算机中。操作工可以在 MMI 上修改副枪高度，改变二级计算机的设定值以及点动副枪，副枪的高度和采样状态将显示在显示器上。在传动装置发生故障时，备用柜将自动切换或由操作工切换过来。

副枪控制提供了故障自动提枪的保护手段。当副枪冷却水进出口流量差大于设定值、温度差大于设定值，或副枪冷却水进口压力低于设定值时，副枪将提到高位。

副枪控制系统出现电气故障、自动化系统故障而且副枪在低位时，采用氮气马达系统将副枪提到高位。

（11）钢包添加合金。二级计算机计算合金加入量和种类，一级计算机监视仓内合金量，合金的质量由一级计算机传到二级计算机。作为袋装、桶装的添加物数量，将手动输入到二级计算机终端。

（12）烟气清洗。烟气清洗系统包括活动罩裙、一文水流量、氮气吹扫、洗涤塔喉口、风机入口风门位置等的控制，系统的主要目标是保证炉口微差压、优化除尘器效率以及防止风机喘振。在装料和出炉期间，作业目标被改变，这时系统保持高流量；在空炉时，维持一个定值的低流量；在罩裙升起时，作业目标保持一个高流量。系统将监控给水流量和压力，锅炉汽包的液位和压力，在锅炉冷却环管中的蒸汽流量、水流量、控制锅炉正常条件下的烟气和空气流量。

烟气清洗系统还包括一些检测，如风机振动、泵的状态、烧嘴温度等，所有的信号都将传到 PLC 系统，在显示器上显示并形成转炉操作和冶炼过程的一些许可条件。

（13）除尘系统。本系统将控制炉前、炉后的挡火门，防止烟气逸出到车间。PLC 将监视冶炼过程，保持除尘风机和这些冶炼过程同步。除了风机的控制外，控制系统还包括除尘阀门的控制，这些阀门的开关将取决于物料装运的状态和吹炼状态。控制系统也包括除尘设备本身的逻辑联锁，如除尘风机的振动以及粉尘料位和运输设备等。

7.2　转炉炼钢的信息检测

氧气转炉炼钢冶炼时间短，实现计算机动态控制、全自动控制的关键是迅速、准确地获得冶炼过程的信息。由于转炉吹炼过程处于半封闭状态，且炉内温度高，熔池运动激烈，因此由炉内直接测温和取样是困难的。而倒炉进行测温取样，对高速生产的转炉和自动控制技术来说也是不合适的。因此，必须要有迅速、可靠的检测手段。近年来，随着炼钢过程自动化的发展，相应的测试技术也有了很大的进步。

7.2.1 熔池温度测定

温度的测定有许多方法，但目前应用于炼钢动态控制在线检测的主要有副枪热电偶测温和导光测温。

副枪是设置在吹氧主枪旁的间隙式水冷检测装置，依靠安置在副枪头部的热电偶插入钢水来测定熔池温度。副枪是目前动态控制的主要测温手段，得到广泛应用。

导光测温是在转炉炉壁内预埋导光体（如宝石），使其一端与钢水接触，用光电高温计通过导光体传出的钢水亮度测定温度。

7.2.2 熔池碳含量测定

目前，钢水中碳含量的测定应用于在线检测的主要方法有副枪结晶定碳和炉气分析定碳。

7.2.2.1 副枪

副枪是判断吹炼终点最成熟的方法，副枪的功能随探头的不同而不同，可以在不倒炉情况下快速测定钢液温度、碳含量或氧含量，并具有取样的功能，根据需要还能测定熔池液面高度和渣层厚度。

结晶定碳是利用钢水碳含量与凝固点的关系，通过测定钢水凝固温度而计算出钢水中的碳含量。通常在应用副枪时，由测温、定碳功能组合在一起的测试探头来完成测温和定碳任务，探头的结构如图 7-6 所示。副枪下降插入熔池一定深度后，钢水熔化挡板 5，从进样嘴 4 进入样杯 6，同时保护罩 15 也被熔化并由 U 形石英管 14 内的热电偶测取钢水温度，温度达到稳定并测量后由电气控制线路把副枪从钢水提出，并到达规定位置。在提升过程中，样杯中的钢水逐渐降温和凝固，测量出现平台时的温度就可得出钢水碳含量。

宝钢是我国最早使用副枪的厂家，现在我国钢铁厂使用的副枪 80%以上是由达涅利康力斯提供的，达涅利康力斯于 1998 年在武钢副枪系统项目中首次进入中国市场，又先后在梅钢、本钢、济钢、安钢、湘钢、兴澄、马钢、天铁等得到应用。

副枪主要由传动机构、枪体和探头三部分构成，此外，还包括探头自动装卸、回收机构及其他附属装置。副枪设备可从经过预热的储头箱中自动选取探头，将探头装到副枪头部，并在转炉上方移动。在烟罩上开设一个专用开孔，副枪探头可从上方穿过开孔下降到钢水熔池内，经过热电偶和测氧单元发出信号。几秒钟后，探头返回，自动卸下，然后被送到转炉平台上一个便于接近的位置，将钢样取下，并送到化验室进行分析。探头发出的信号经过正确的信号处理，给出有价值的数据，供静态、动态控制模型和操作人员使用。副枪在设计时，可确保接受各种不同类型的探头，比如 TSC 探头（测温、取样、定碳）、TSO 探头（测温、取样、定氧）和 T 探头（仅用于测温）。

TSO 探头可测定熔池液位，探头从熔池向外提升穿过钢-渣界面时，氧含量的信号将发生一次跳跃，温度信号发生一次改变，这两个结果都能判定钢水熔池的深度。目前测定钢水熔池深度的方法有多种，利用不同算法可得出一组对应的结果，计算出钢水熔池深度（精确到 0.01 m）。当传感器通过炉渣-气体界面时，信号再次出现明显的跳跃，根据这次跳跃的时间和副枪的行进速度，可计算出渣层的厚度。

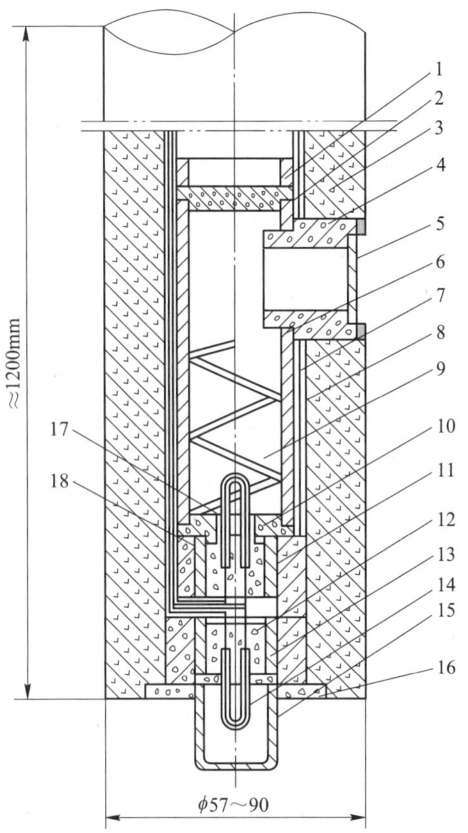

图 7-6　副枪用的探头结构

1—压盖；2—样杯盖；3—大纸管；4—进钢水样嘴；5—挡板；6—样杯；7—样杯保护纸管；8—保护纸；9，17—脱氧剂；10—样杯底座；11，13—小纸管；12，16—快干水泥；14—U 形石英管；15—保护罩；18—中纸管

7.2.2.2　转炉炉气分析系统

炉气分析定碳是根据碳平衡原理，通过测定炉气量和炉气中 CO 和 CO_2 的成分，由炉气成分和炉气流量的乘积求出脱碳速度；然后将脱碳速度在吹炼期间积分，求出脱碳量；最后由初始入炉碳含量减去脱碳量，即可求出终点碳含量。

熔池中瞬时脱碳速度可以表示为：

$$\frac{\mathrm{d}w[\mathrm{C}]_{\%}}{\mathrm{d}t} = 0.1 \times Q_{\mathrm{gas}}(x_{\mathrm{CO}} + x_{\mathrm{CO_2}}) \times \frac{12}{22.4} \times \frac{1}{W_{\mathrm{ST}}} \tag{7-1}$$

式中　Q_{gas}——烟气流量，$\mathrm{m^3/s}$；

x_{CO}——烟气中 CO 的摩尔分数；

$x_{\mathrm{CO_2}}$——烟气中 CO_2 的摩尔分数；

W_{ST}——熔池中钢水质量，t；

$\frac{\mathrm{d}w[\mathrm{C}]_{\%}}{\mathrm{d}t}$——熔池的脱碳速度，%/s。

对脱碳速度进行积分，即可得到从计时开始到 t 时刻连续脱碳量的总和，再结合入炉时的碳含量，就可以计算出熔池中动态的碳含量：

$$w[\mathrm{C}]_{\%终} = w[\mathrm{C}]_{\%0} - \int_0^t \left(\frac{\mathrm{d}w[\mathrm{C}]_{\%}}{\mathrm{d}t}\right)\mathrm{d}t \qquad (7\text{-}2)$$

式中　$w[\mathrm{C}]_{\%终}$，$w[\mathrm{C}]_{\%0}$——t 时刻铁水碳含量和铁水初始碳含量。

在动态控制中，若利用吹炼过程某时刻 t_1 时测定的碳含量 $w[\mathrm{C}]_{\%01}$ 取代 $w[\mathrm{C}]_{\%0}$，积分时间变为 $t_1 \to t$ 区间，则式（7-2）的计算精度将会提高。

早在 20 世纪 60 年代，国外已在转炉炉气动态控制上进行了大量的研究，利用转炉冶炼过程中检测到的炉气成分、温度和流量等信息，对转炉进行动态控制。由于当时使用的炉气分析设备（红外分析仪）延时时间过长、分析精度不高，而且冶炼水平有限，终点控制精度难以提高；再加上副枪技术的发展，使炉气分析动态控制在随后一段时间里发展缓慢。进入 20 世纪 90 年代，基于炉气分析的转炉动态控制再次引起了人们的关注，用于炉气分析的设备已经普遍由质谱仪替代了红外分析仪。质谱仪的响应时间和精度大幅度提高，而且还能适应恶劣的炼钢环境。

转炉炉气分析动态控制技术得以重新引起人们的关注，主要源于以下原因：(1) 副枪命中率的提高有一定的限度，而炉气分析技术不断进步，控制精度不断提高。(2) 转炉副枪工艺只能提供吹炼过程中瞬时的碳含量和温度，并不能提供连续的信息，严格来说，副枪仍然是一种静态控制手段，只不过距终点的时间很短，实质上转炉生产的大部分时间仍是在静态模型的指导下进行的。而质谱仪获得的炉气信息是炉内状态的间接信息，它虽然没有直接信息的可靠性高，但给出的是炼钢过程的闭环连续信息，而全程动态控制需要的正是这种信息。(3) 与副枪相比，炉气分析动态控制在终点碳含量预报、成渣过程控制、锰与磷的含量控制、喷溅预报、提高金属收得率、节约合金消耗以及延长炉衬寿命方面具有综合优势，并且投入和操作费用较低。因此，炉气分析动态控制技术在国外转炉中应用普遍。迄今为止，国外许多大型钢厂都采用了炉气分析或炉气分析加副枪的动态模型控制转炉生产，碳温命中率均超过 90%。

转炉炉气分析系统由气体取样系统、质谱仪和专用计算机组成，气体取样系统由采样探头、气体过滤装置（PLC 控制）和传输管道组成。某厂炉气分析系统的组成如图 7-7 所示。LOMAS 烟气采集和处理系统可以采集温度高达 1800 ℃、烟尘含量高达 100 $\mathrm{mg/m^3}$ 的气体。分析系统借助转炉上的两个探头来保证无间断连续测量的进行，其中一个探头用于烟气周期性取样，另一个进行清洗备用，将多余的测量烟气反吹到烟气冷却段。在线分析质谱仪对 LOMAS 系统采集处理后的转炉烟气进行成分分析，质谱仪的核心部件是磁扇式分析仪，它由离子源、质量过滤器和检测系统等组成。其检测原理是：利用磁场对运动电荷的作用，按照不同气体的离子质量与电荷之比（即荷质比）的不同对物质进行分离。质谱仪主要特点是分析速度快、精度高；同时，分析不同流量的转炉烟气中 6 种主要气体 CO、CO_2、O_2、N_2、Ar、H_2 的成分周期小于 1.5 s。由于能对转炉烟气中 CO、CO_2 和 O_2 含量的变化进行及时、准确地测定，所以便于动态模型对吹炼后期脱碳速率变化进行计算，为终点的 $w[\mathrm{C}]$、t 预报提供准确的计算依据。

现代大型转炉都设有煤气回收装置，一般设两套煤气成分分析装置，一套装在一级文氏管前靠近炉口处，分析 CO、CO_2、O_2 等；另一套装在引风机后，分析煤气中 O_2。一级文氏管前的数据送计算机系统，其中，CO 的分析结果还作为回收-放空的条件送至回收-放

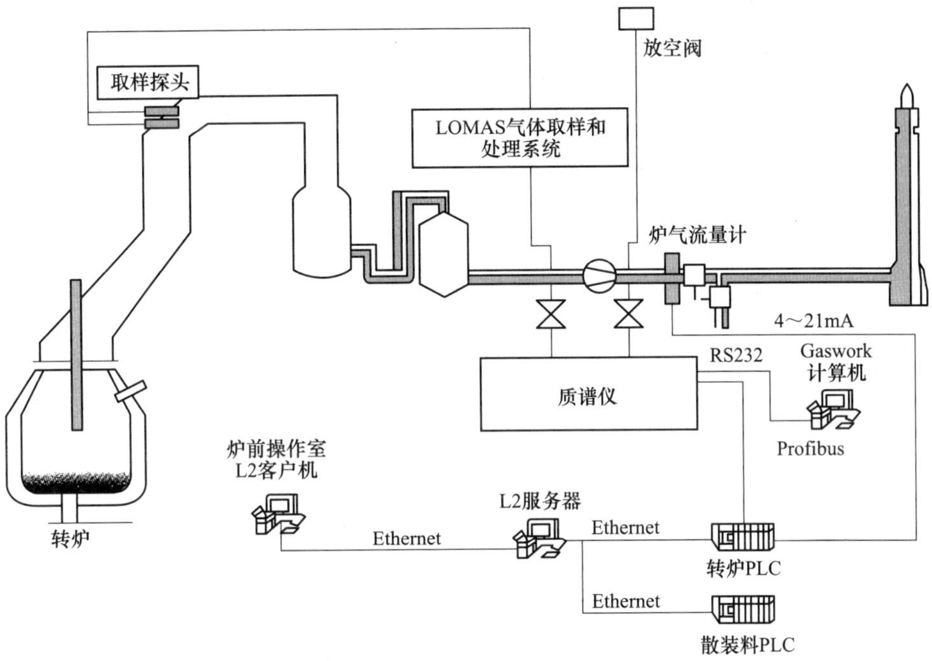

图 7-7 炉气分析系统的组成

空控制系统以自动回收转炉煤气；风机后的 O_2 分析起安全报警及回收-放空条件信号的作用。

7.2.3 成渣过程检测

转炉吹炼过程时间短，炉渣形成的快慢对冶炼过程的杂质去除有很大影响。因此，炉渣的形成与过程控制密切相关。近年来，成渣过程控制有以下几种方法。

7.2.3.1 炉渣残氧测定法

日本新日铁公司堺厂 20 世纪 80 年代初就开始利用废气信息计算炉内残氧量、进行吹炼控制的研究，首先在顶吹转炉上研制成功了利用炉气分析控制渣中残氧量的成渣控制系统。根据炉气成分、流量、氧气量的检测分析，将获得的信息输入计算机，利用氧平衡模型计算出炉内瞬时残氧量，从而控制炉渣的形成。其计算公式如下：

$$dV(O)_{残} = (Q_{O_2} + \alpha W_{熔剂}/\tau) - \left(\frac{1}{2}Q_{CO} + Q_{CO_2}\right) \tag{7-3}$$

式中 $dV(O)_{残}$——炉内瞬时残氧量，m^3/s。

从留在炉内的氧气量减去铁水中［Si］氧化成 SiO_2 所消耗的氧，就得到炉内残氧量：

$$V(O)_{残} = \int_t dV(O)_{残}\, dt - \beta W_{铁水} w[Si]_{\%} \tag{7-4}$$

式中 Q_{O_2}，Q_{CO}，Q_{CO_2}——顶吹氧流量、炉内产生的 CO 流量和 CO_2 流量；

$W_{熔剂}$，$W_{铁水}$——熔剂、铁水的加入量；

α，β——系数；

τ——时间。

这样处理，计算的残氧量可作为炉渣的氧化性。图 7-8 是吹炼过程中测定的一个实例，由图可见，$V(O)_{残}$变化与炉渣氧含量变化是一致的。而 $dV(O)_{残}$的变化与氧枪高度和供氧量有关，对 170 t 转炉的实际吹炼分析表明，枪位变化 100 mm 或供氧量改变 1000 m^3/h，炉内残氧量仅改变 5~10 m^3/min。

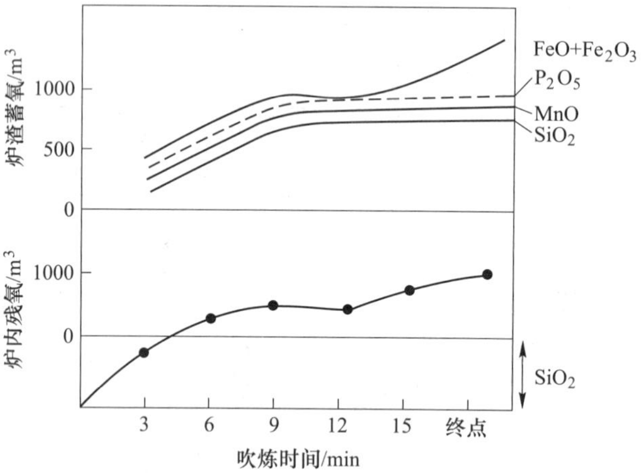

图 7-8 $V(O)_{残}$与炉渣含氧实例

对于复吹转炉，可采用以下模型计算：

$$dV(O)_{残} = [Q_{O_2} + Q_B + \sum(\alpha_i + \beta_i + \gamma_i/2)W_i/\tau] - \left(\frac{1}{2}Q_{CO} + Q_{CO_2}\right) \tag{7-5}$$

式中 Q_B——底吹 O_2 或 CO_2 气体的流量；

W_i——各种渣料的加入量；

α_i，β_i，γ_i——加入渣料中的 O_2、CO_2、H_2 含量。

为在吹炼过程中实现最佳的残氧量控制，从过去冶炼的炉次中选取最好的吹炼$V(O)_{残}$模式作为目标 $V(O)_{残}$模式，通过改变底吹 CO_2 流量使实际的 $V(O)_{残}$跟踪目标 $V(O)_{残}$在允许的误差范围内变化。该厂用此法使吹炼终点 TFe 含量的标准偏差从 2.1%降到 0.6%，终点［P］含量的偏差由 2.7×10^{-3}%降到 1.5×10^{-3}%。

7.2.3.2 氧枪振动测定法

日本川崎钢铁公司于 1981 年开发了氧枪振动成渣控制技术，通过在氧枪上安装振荡加速度计，从而可以测定出氧枪振动的自然频率。但随着炉渣液面高度增加，氧枪振动频率也增加。经过多次试验，得到炉渣液面高度计算模型公式如下：

$$S_{渣} = \frac{G - b}{aQ_{O_2}} + L + c \tag{7-6}$$

式中 $S_{渣}$——钢水液面的渣层厚度，m；

G——氧枪振动加速度，cm/s^2；

Q_{O_2}——氧气流量，m^3/min；

L——距钢液面的氧枪高度，m；

a，b，c——修正系数。

根据计算的炉渣液面高度可以判断化渣状况，从而可以采取相应的工艺进行调整，氧枪振动控制成渣原理如图 7-9 所示。当发生喷溅时，既降低枪位又减少氧流量；当渣面达到临界高度时，则降低枪位；正常时，保持原有的枪位和流量；当渣面低于正常值（化渣不良）时，则提升枪位。在实行化渣控制动作后，约 10 s 可表现出效果。图 7-10 示出了川崎公司水岛厂 250 t 转炉的控制实例。

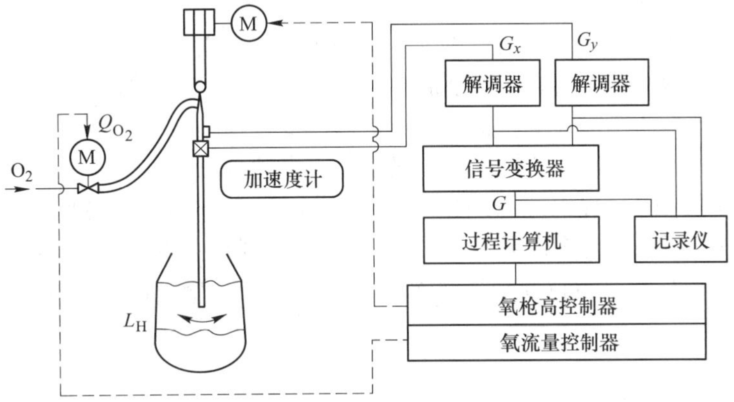

图 7-9 氧枪振动法控制成渣的原理图

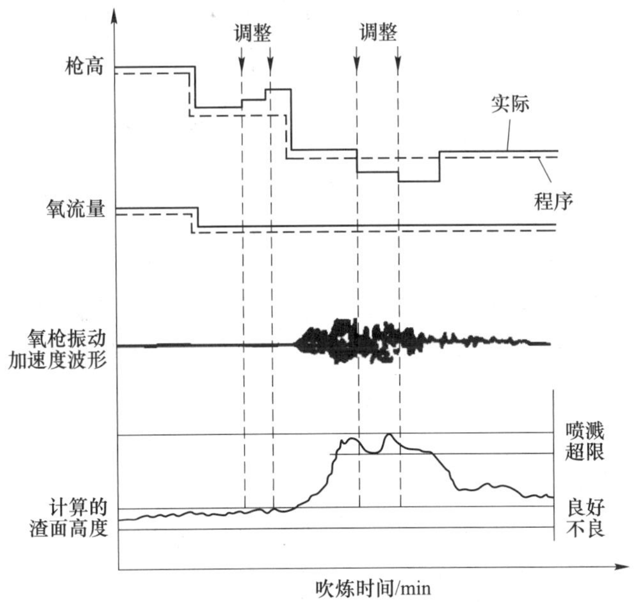

图 7-10 川崎公司水岛厂 250 t 转炉的控制实例

在复吹转炉炼钢中，由于底吹气体增大了熔池搅拌能量，引起炉体振动，特别是在底吹石灰粉和煤粉时，振动尤为突出。所以，类似于氧枪振动控制成渣，也有研究者开发了炉体振动控制成渣技术。目前，炉体振动控制成渣技术已用于日本水岛厂 250 t K-BOP炉。

7.2.4 喷溅预测

转炉吹炼中，喷溅时有发生。炉内喷溅会造成金属损失、氧枪结瘤，严重时还危及人身安全。虽然复吹转炉的应用使喷溅次数大为减少，但在吹炼前期仍有发生喷溅的可能。因此，许多厂家采用控渣技术，以预测喷溅的发生。

7.2.4.1 吹炼噪声测定法

喷溅预报使用最广泛的是声呐控渣仪，其原理是转炉吹炼过程中，顶吹氧枪产生的噪声在炉渣中传播，噪声强度随炉渣厚度的变化而变化，利用声呐仪测定炉内噪声强度，经过频谱分析找出预报的特征频率，根据所测炉内冶炼过程噪声强度大小来判断炉渣泡沫化程度，从而预报喷溅的可能性。吹炼后在显示器上自动画出炉渣返干和喷溅预警线，有助于提醒操作人员在吹炼过程中进行调整。如图 7-11 所示，当噪声强度 $S \leqslant S_{min}$ 时，说明渣层过厚，可能发生喷溅，应及时降低枪位或增加底吹强度，降低渣中 FeO 含量，抑制喷溅。当 $S \geqslant S_{max}$ 时，应提高枪位或降低底吹强度，增加渣中 FeO 含量，抑制返干。

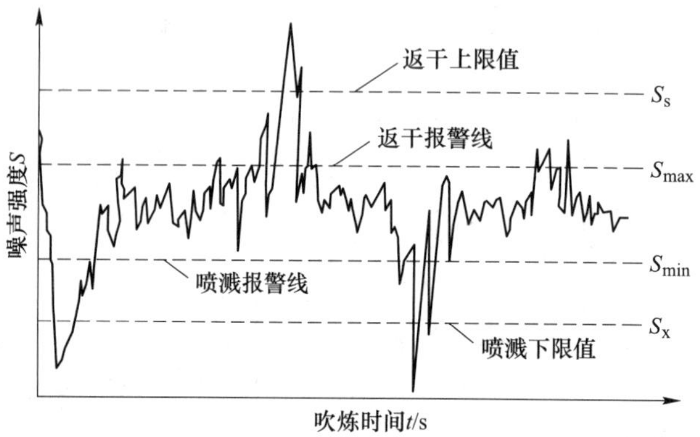

图 7-11 噪声强度记录曲线

为了减少其他噪声的干扰和喷渣的影响，选取靠近炉口的烟道作为噪声检测点。日本钢铁公司广畑厂的吹炼噪声预报喷溅装置如图 7-12 所示，在此转炉上，与渣面高度对应

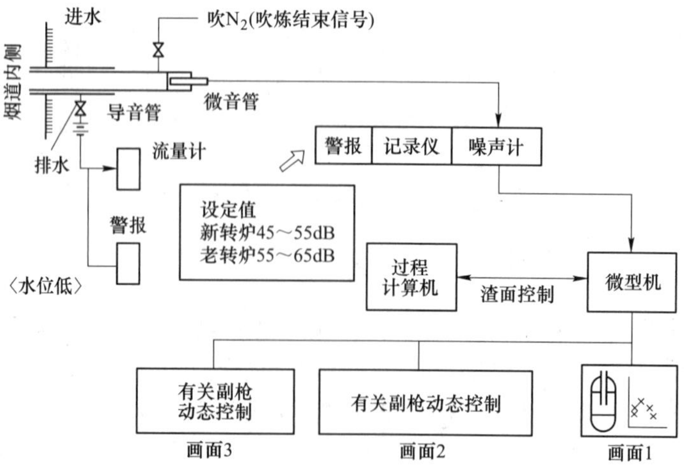

图 7-12 日本钢铁公司广畑厂的吹炼噪声预报喷溅装置

的最佳频率为630~1250 Hz。在转炉开吹后，噪声检测仪进入监控状态，并在显示器上显示出在线跟踪的音强曲线，吹炼噪声变化如图7-13所示。该系统可在1 min前捕获噪声强度的变化，约80%的喷溅可以预报出来。采用吹炼噪声预报系统后，喷溅发生率从22.8%减少到5.8%。

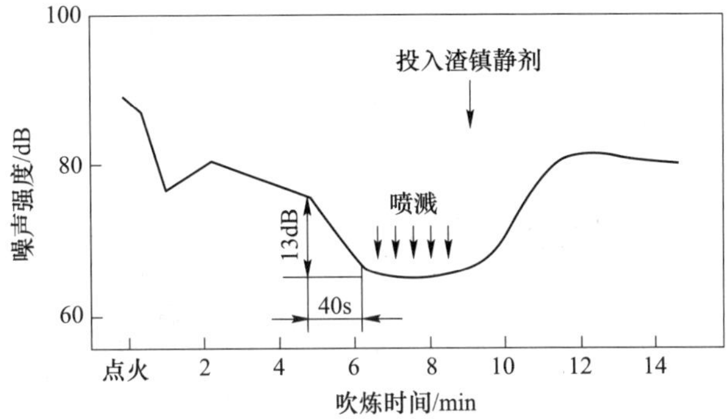

图7-13　吹炼过程噪声强度变化

我国从20世纪80年代初就开始利用吹炼噪声法对转炉成渣过程和喷溅进行检测，图7-14和图7-15示出了我国某厂转炉造渣噪声法微机监控系统框图及其记录曲线，其返干预报命中率大于90%，喷溅预报命中率大于85%。

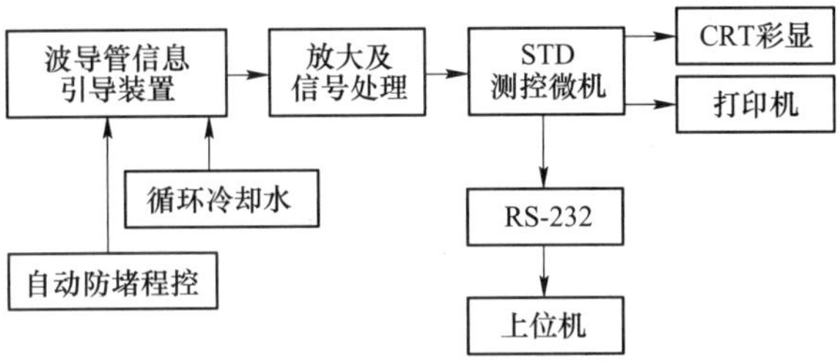

图7-14　转炉造渣噪声法微机监控系统框图

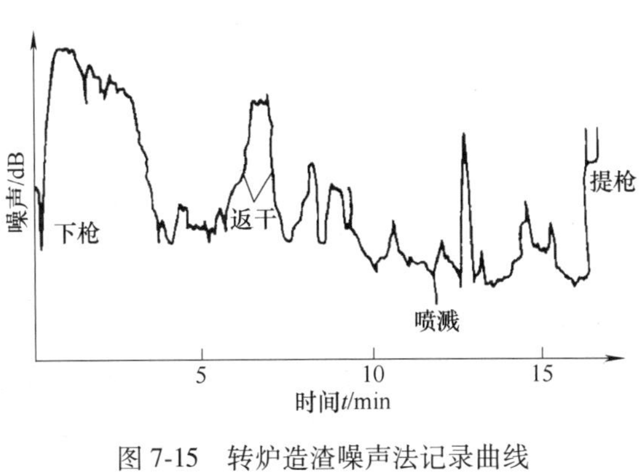

图7-15　转炉造渣噪声法记录曲线

7.2.4.2　微波渣面高度检测法

日本住友金属和哥山厂在150 t顶吹转炉上开发了微波渣面高度测定装置以预报喷

溅（见图7-16），试验表明，渣面高度和渣面反射率（*MRe*）与喷溅有对应关系（见图7-17）。渣面上升，喷溅发生频率增加，而*MRe*降低，很明显会发生喷溅。*MRe*与渣的性质和状态有很大的相关性，在渣面高度高和*MRe*低的某一区域S内为喷溅高发区。测出的渣面高度和*MRe*在显示器上显示，当两者进入喷溅预报区时就发出报警，随后立即改变氧枪枪位、降低氧量或投入矿石量，使渣面保持一定高度从而防止喷溅。

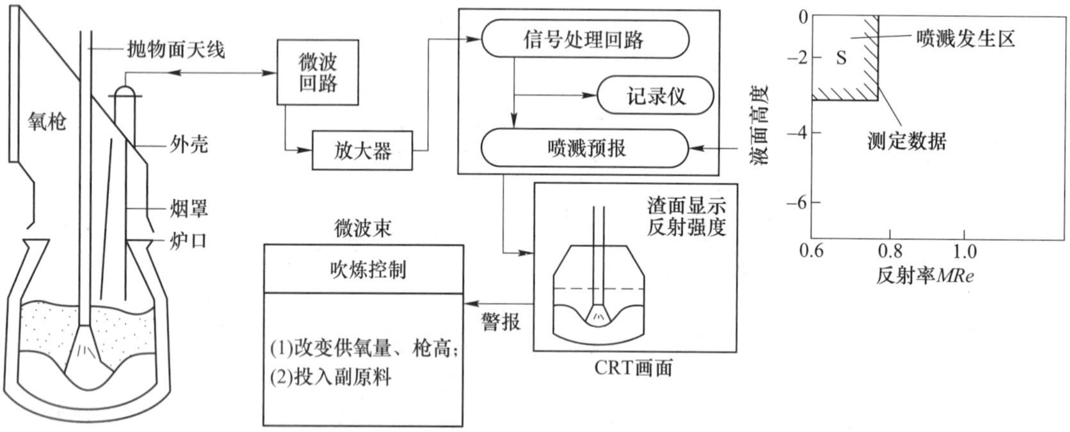

图7-16 微波渣面高度测定预报喷溅装置

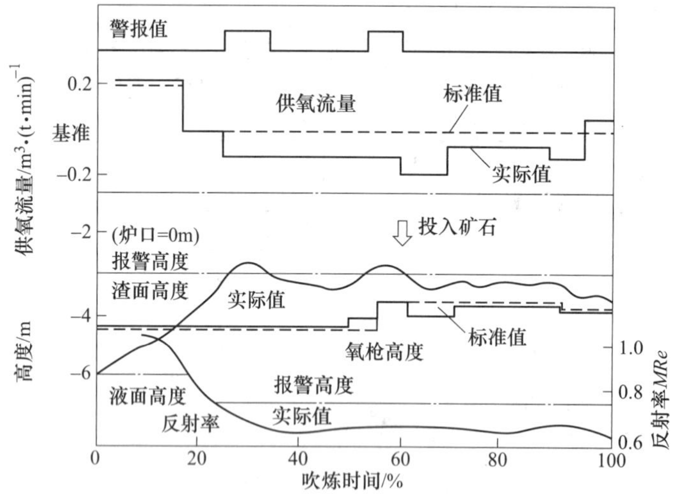

图7-17 用微波渣面高度测定控制喷溅过程

7.2.4.3 氧枪应力测定法

日本神户制钢公司加古川厂开发了用测定氧枪在吹炼过程中所受应力的方法来预报喷溅，如图7-18所示。它通过安装在氧枪上的测力元件检测出应力的变化，经计算机进行信号处理后在显示器上显示出应力的变化曲线，由此监视炉内化渣状态。当应力变化超过一定水平时，就向炉内投入喷溅抑制剂，防止喷溅发生。采用该方法后，低碳钢喷溅发生率降到3%以下，高碳钢降到10%以下。

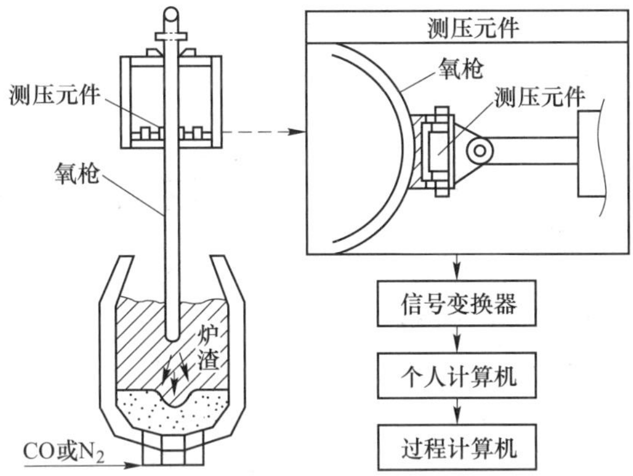

图 7-18 测定氧枪应力变化预报喷溅的示意图

7.2.4.4 炉内压力测定法

喷溅的产生，其动能是炉内气体大量排出时产生的上浮力。因此，通过测定炉内压力变化，可以预测喷溅的发生。图 7-19 是炉内压力测定装置，用一套气缸将取压管插入出钢口内，直接测定炉内压力。测定结果表明，在喷溅发生前 30~60 s，炉内压力慢慢增加；当炉内压力大于 1000 Pa 时，喷溅就会发生。炉内压力与喷溅等级有明显的对应关系，其影响如图 7-20 所示。

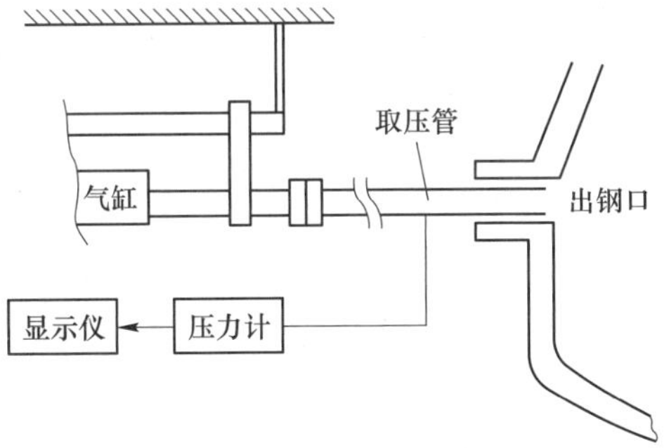

图 7-19 炉内压力测定装置

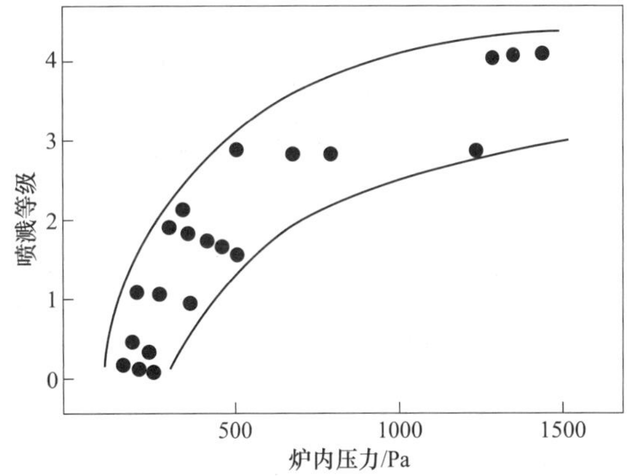

图 7-20 炉内压力与喷溅等级的关系

7.2.4.5 摄像观察法

随着近年来光纤技术和图像处理技术的发展，出现了可直接观察炉内状况的摄像观察法，如图 7-21 所示。摄像观察法是在转炉上部侧壁安装一个光导图像观测探头，将炉内渣面图像引出炉外，然后用摄像机摄像，并经图像处理后显示在屏幕上。用这种方法可以连续监视渣面高度的变化和化渣情况，发出喷溅预报信号。新日铁公司堺厂采用摄像观察法连续监视渣面高度，并和其他吹炼信息组合在一起发出喷溅预报信号，通过转炉侧壁喷入抑制剂来防止喷溅。应用此法可在喷溅前 30~40 s 发出预报，喷溅率从 22% 下降到

2.7%，钢水收得率提高 0.45%，摄像观察法特别适用于采用全封闭式 OG 除尘系统的转炉。

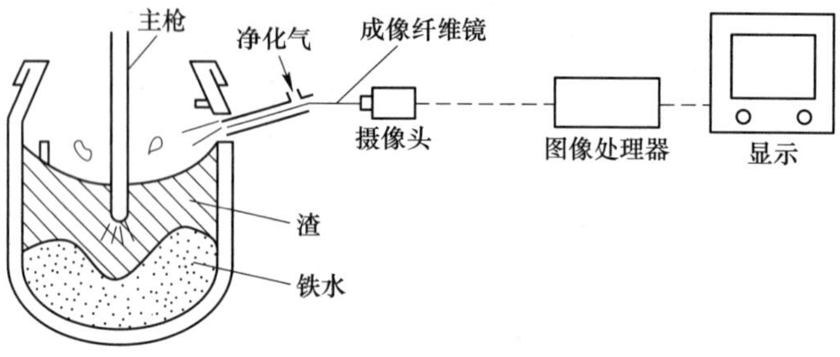

图 7-21　直接观察法喷溅预报系统

7.3　转炉炼钢自动控制

转炉炼钢计算机控制的主要目的是：(1) 使每炉钢水吹炼终点的成分和温度命中在允许的范围内；(2) 减少后吹次数，缩短冶炼时间，提高生产率；(3) 降低原材料的消耗；(4) 促进生产管理水平的提高，实现冶炼操作的合理化与规范化。其中，最主要的目标就是提高吹炼终点钢水成分和温度的命中率。

氧气转炉自动控制分为静态控制、动态控制和转炉全自动控制三类，氧气转炉静态控制、动态控制和全自动吹炼控制方法的特点和效果见表 7-2。

表 7-2　转炉计算机自动控制方法和效果的比较

控制方式	检测内容	控制目标	控制精度	命中率/%
静态控制	铁水成分、温度和质量，辅料成分质量	预报终点碳和温度	$w[C]=\pm0.05\%$，$t=\pm10$ ℃	≤50
动态控制	静态检测内容全部保留，增加终点副枪测温、定碳	预报终点碳和温度	$w[C]=\pm0.02\%$，$t=\pm5$ ℃	≥90
全自动吹炼控制	动态检测内容全部保留，增加： (1) 炉渣状况检测； (2) 炉气全程分析； (3) 熔池 Mn 含量在线连续检测	闭环控制： (1) 顶吹供氧工艺； (2) 底吹搅拌工艺； (3) 造渣工艺； (4) 预报终点，全程预报 C、S、P 含量和温度	$w[C]=\pm0.02\%$，$t=\pm2.5$ ℃ 对吹炼的控制精度超过五年以上熟练的操作工人	≥95

7.3.1　静态控制

静态控制是按照已知的原材料条件和吹炼钢种的终点成分和温度，依据物料平衡和热平衡原理，参照统计分析和操作经验所确定的基本公式，计算铁水、废钢、冷却剂、渣料、铁合金的加入量及供氧量，并按计算结果装料和吹炼，吹炼过程中不做任何修正的控制方法。静态控制是氧气转炉最基本的计算机控制方法，需要收集大量的生产现场数据，并在此基础上建立静态模型。终点温度依靠加入冷却剂来调整（矿石等），终点碳依靠吹入的氧耗量来控制，因此模型主要由氧耗方程和矿石方程组成。

静态控制模型根据建模方法不同分为理论模型（或机理模型）、统计模型和经验模型三类，经验模型在实际生产中应用较多。经验模型是用经验和多重回归两种方法建立起来的，在结构形式上有全量和增量两种，由于增量模型具有良好的适应性，控制偏差比全量小，在实际生产中得到广泛应用。

钢铁研究总院和武钢合作开发了转炉人工智能静态控制模型，采用神经网络的计算方法校正吹炼过程中产生的各种随机误差，并能正确估计难以用公式或数字表达的各种变量（如空炉时间、炉龄、补吹状况等）对吹炼的影响，提高了静态控制的精度和命中率。

7.3.1.1　静态模型

静态模型是依据初始条件（如铁水质量、成分、温度，废钢质量、分类）、要求的终点目标（如终点温度、终点成分）以及参考炉次的参考数据，计算出本炉次的氧耗量，确定各种副原料的加入量和吹炼过程中氧枪的高度。

静态模型计算是假定整个炉役的冶炼参数与目标值的关系是一个连续函数，即在同一原料条件下，采用同样的吹炼工艺应获得相同的冶炼效果。其基本公式如下：

$$y = y_0 + (x - x_0) \tag{7-7}$$

式中　y——本炉次计算的终点目标值；

y_0——参考炉次的实际目标值；

x——本炉次确定目标值的因素；

x_0——参考炉次确定目标值的因素。

在 $x=x_0$ 时，$y=y_0$，即在原料、工艺条件相同时，冶炼结果重现。如果 $x \neq x_0$，可根据本炉次与参考炉次的各原料、工艺等条件的差异，推算出本炉次的目标值。静态模型工作概况如图 7-22 所示。

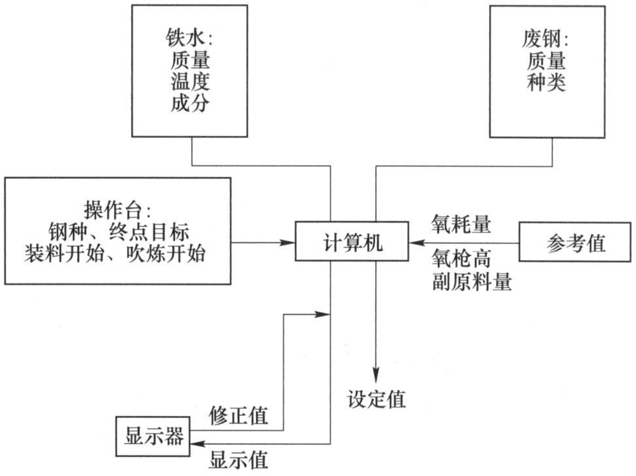

图 7-22　静态模型工作概况图

转炉冶炼的静态模型以终点碳和终点温度控制模型为中心，还包括装入量模型、供氧模型、冷却剂加入量模型、造渣模型和铁合金加入量模型等。

A 金属料装入

（1）装入制度。转炉装入制度有三种可供选择，即定量装入、定深装入和分阶段定量装入三种。

（2）铁水装入量。作为主原料的铁水比，随着铁水温度和成分、转炉容量及冶炼钢种等操作条件的不同而异，我国大多数转炉钢厂的铁水比为75%~90%。

（3）废钢装入量。在已知入炉料的成分和温度、钢种目标成分和温度时，可通过物料平衡及热平衡来计算废钢及铁水的加入量。物料平衡方程式为：

$$\sum(W_i \cdot S_i) = 1 \tag{7-8}$$

热平衡方程式为：

$$Q_L + \sum(W_i \cdot Q_i) = 0 \tag{7-9}$$

式中 W_i——冶炼1 t钢所需物料 i 的吨数，可为变量，也可为已知量；

S_i——每吨物料 i 的产钢量，是已知量；

Q_i——1 t物料 i 在吹炼过程中产生或吸收的热量，是已知量；

Q_L——每生产1 t钢的热损失，是已知量。

将式（7-8）和式（7-9）联立，可以解出两个变量的 W_i 值，但其他 W_i 值必须固定。分三种情况说明：

1）铁水和废钢的用量没有限制，则铁矿石和燃料等于零，联立式（7-8）和式（7-9）可求出铁水和废钢的用量。

2）在废钢供应短缺的情况下求解，这时应固定废钢和废铸铁的量，不用燃料来求解铁水与铁矿石的量。

3）当铁水供应短缺而废钢供应充分时，为维持生产，需补充燃料。这时铁水量是已知的，只剩下废钢和燃料作为变量，通过解式（7-8）和式（7-9）的联立方程，可以求出废钢与附加燃料的量。

4）金属料装入送给计算机的数据，包括铁水质量、铁水温度、铁水成分、废钢质量、废钢种类。

B 操作台输入的数据

（1）目标值：终点温度（℃），终点成分（C、P、S）。

（2）开始时间：装入开始，吹炼开始。

（3）修正数据。

C 参考炉次的参考值

计算机存储以前各炉次的冶炼过程数据，称为参考值。根据本炉次的冶炼钢种、金属料装入数据及炉龄等情况找出与本炉相近的参考炉次，用参考炉次的参考数据，如氧耗量、氧枪高度和副原料加入量等数据，修订本炉次的计算数据。

7.3.1.2 静态模型计算

A 氧耗量的计算

（1）按化学反应式计算吹炼一炉钢的氧耗量

已知：某一转炉的金属装入量中铁水占90%、废钢占10%、钢水量为210 t，冶炼钢种为Q235，铁矿石量为15 kg/t，铁矿石中含70% Fe_2O_3 和10% FeO，渣量为金属量的

10%，渣中 FeO 占 13%，铁的氧化烧损为 1.3%，吹炼中各金属元素的烧损量见表 7-3。

表 7-3 吹炼过程各元素的烧损量

项　目	元素（质量分数）/%				
	C	Si	Mn	P	Fe
金属成分（铁水 90%，废钢 10%）	3.7	0.7	0.4	0.2	
终点成分	0.2	—	0.2	0.02	
烧损量	3.5	0.7	0.2	0.18	1.3

注：“—”为痕迹（近似为零）；空格表示不用测。

根据各元素烧损量，计算出氧耗量，见表 7-4。

表 7-4 每吨金属各元素氧化所需氧量

元素	每吨金属料中被氧化的元素质量/kg	氧化生成物	氧耗量/kg	备　注
C	35	CO_2	35×10%×32/12=9.33	假定 CO_2 占 10%，CO 占 90%
		CO	35×90%×16/12=42	
Si	7.0	SiO_2	7.0×32/28=8.00	
Mn	2.0	MnO	2.0×16/56=0.57	
P	1.8	P_2O_5	1.8×80/62=2.32	
Fe	13.0	FeO	13×16/56=3.71	
共计	58.8		65.93	

已知氧气纯度为 99.6%，密度为 1.43 kg/m^3，每吨金属的氧耗量为：

$$\frac{65.93}{99.6\% \times 1.43} = 46.3\ \mathrm{m}^3 \tag{7-10}$$

以上是根据化学反应式计算出来的每吨金属氧耗量。但考虑炉内的化学反应及操作条件等因素，还必须加以校正。校正系数一般取 0.8~0.9，校正后的每吨金属氧耗量为：

$$\frac{46.3}{0.8 \sim 0.9} = 57.9 \sim 51.4\ \mathrm{m}^3 \tag{7-11}$$

（2）计算由于加入铁矿石而带入的氧量

当装入铁矿石含 70% Fe_2O_3 和 10% FeO，则每千克铁矿石带入的氧量为：

$$(70\% \times 48/160 + 10\% \times 16/72) \div 1.43 = 0.16\ \mathrm{m}^3 \tag{7-12}$$

由铁矿石带入的氧量为：

$$15 \times 0.16 = 2.4\ \mathrm{m}^3 \tag{7-13}$$

考虑铁矿石带入的氧量后，1 t 金属所需的氧量为：

$$(57.9 \sim 51.4) - 2.4 = (55.5 \sim 49)\mathrm{m}^3 \tag{7-14}$$

此时，取中间值为 50 m^3。

（3）考虑吹损后计算一炉钢的氧耗量

设每吨钢的吹损为7%，则一炉钢的供氧量为：

$$210 \div (1 - 7\%) \times 50 = 11290\ \mathrm{m}^3 \tag{7-15}$$

（4）氧耗进程

在实际吹炼过程中，把总的耗氧量 Q 分成若干相等的进程 i，每个进程的氧耗量 Q_i 可用下式表示：

$$Q_i = \frac{Q}{i} \tag{7-16}$$

式中，$i=1, 2, 3, \cdots$，视钢种情况而确定。

B 枪位模型

在一炉钢的吹炼过程中，氧枪的枪位要根据铁水成分、温度、炉龄期、副原料、废钢情况以及参考炉次的参考数据和本炉次的冶炼品种等因素来决定。决定枪位的一种方法是根据经验按氧耗进程来确定，另一种方法是根据液面高度来确定。

（1）按氧耗进程来确定枪位，图7-23给出了某钢厂冶炼某钢种的枪位模型。

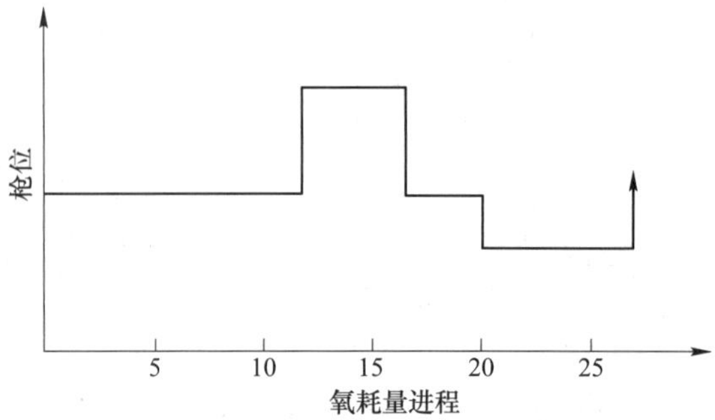

图7-23 冶炼某钢种的枪位模型

（2）按液面高度来确定枪位公式为：

$$h = h_0 \pm h_1 \times (W_1 - W_0) \tag{7-17}$$

式中 h_0——装入量为 W_0 时，实测的在标尺高度 H(m) 时的喷头与熔池距离，m；

h_1——每吨金属料装入时液面升高的高度，m；

W_1——装入金属料的质量，t。

C 副原料模型

a 铁矿石方程式

铁矿石加入量计算比较复杂，这里介绍某钢厂经验型的铁矿石方程式，方程式中的系数是生产实践中积累的经验数据。铁矿石加入量的计算方程式为：

$$W_{k,b} = W_{k,ch} + \Delta W_k + W_{k,ku} \tag{7-18}$$

$$\Delta W_k = \alpha_1 \Delta W_0 + \alpha_2 \Delta t_s + \alpha_3 \Delta t_0 + \alpha_4 \Delta W_f + \alpha_5 \Delta w[\mathrm{Si}]_{\%0} + \alpha_6 \Delta w[\mathrm{C}]_{\%0} + \alpha_7 \Delta W_s + \alpha_8 \Delta W_b + \alpha_9 \Delta W_z + \alpha_{10} \Delta F(w[\mathrm{C}]_{\%s}) \tag{7-19}$$

式中，$W_{k,b}$为本炉铁矿石量，t；$W_{k,ch}$为参考炉的铁矿石量，t；ΔW_k 为本炉铁矿石增量，t；$W_{k,ku}$为考虑空炉时间后本炉的铁矿石调整量，t；α_1、α_2、…、α_{10}为各项系数；ΔW_0、Δt_s、Δt_0、ΔW_f、$\Delta w[\mathrm{Si}]_{\%0}$、$\Delta w[\mathrm{C}]_{\%0}$、$\Delta W_s$、$\Delta W_b$、$\Delta W_z$ 分别为本炉各变量值与参考值的差值，其中，W_0为铁水质量，W_f为废钢质量，W_s为石灰质量，W_b为白云石质量，W_z为返渣质量，t_s为钢水温度，t_0为铁水温度，$w[\mathrm{Si}]_{\%0}$为铁水硅含量，$w[\mathrm{C}]_{\%0}$为铁水碳含量，$\Delta F(w[\mathrm{C}]_{\%s})$ 为终点碳不同时铁矿石修正量。

$$\Delta F(w[\mathrm{C}]_{\%s}) = F(w[\mathrm{C}]_{\%s\cdot b}) - F(w[\mathrm{C}]_{\%s\cdot ch}) \tag{7-20}$$

式中，下角标 b、ch 分别代表本炉和参考炉的值。

$F(w[\mathrm{C}]_{\%s})$ 的表达式如下：

$0.05<w[\mathrm{C}]_{\%s}\leqslant 0.08$ 时，　$F(w[\mathrm{C}]_{\%s}) = -100.25w[\mathrm{C}]_{\%s} + 12.753$　(7-21)

$0.08<w[\mathrm{C}]_{\%s}\leqslant 0.14$ 时，　$F(w[\mathrm{C}]_{\%s}) = -1.7664 + 0.2987/w[\mathrm{C}]_{\%s}$　(7-22)

$0.14<w[\mathrm{C}]_{\%s}\leqslant 0.4$ 时，　$F(w[\mathrm{C}]_{\%s}) = -15.0w[\mathrm{C}]_{\%s} + 6.0$　(7-23)

废钢项 ΔW_f 的计算，是将废钢分为普碳、低硅、高硅、模铁四类，按热效应归类，折算系数普碳为 1，低硅为 0.78，高硅为 0.52，模铁为 0.67。

空炉时间的修正值，根据操作经验列于表 7-5 中。

表 7-5　不同空炉时间修正值时铁矿石调整量

$\Delta\tau$/min	τ_{min}/min				
	<20	20~40	41~80	81~150	>150
	$W_{k,ku}$/t				
<20	0	0	0	0	0
20~40	0.2	0.15	0.1	0.05	0
41~80	0.35	0.25	0.15	0.1	0.05
81~150	0.55	0.35	0.20	0.15	0.1
>150	0.65	0.55	0.35	0.20	0.15

表 7-5 中，τ_{min}为本炉与参考炉空炉时间之间的最短者，并且关系如下：

$$\Delta\tau = \tau_b - \tau_{ch} \tag{7-24}$$

式中　τ_b，τ_{ch}——本炉和参考炉的空炉时间，min。

$W_{k,ku}$的符号由 $\Delta\tau$ 的符号而定，当 $\Delta\tau$ 为正时，$W_{k,ku}$为负；当 $\Delta\tau$ 为负时，$W_{k,ku}$为正。

b　石灰加入量

石灰加入量的计算公式如下：

$$W_s = \frac{2.2(w[\mathrm{P}]_0 + w[\mathrm{Si}]_0)(W_0 + W_f)R}{w(\mathrm{CaO})_{有效}} + D - 0.5W_z \tag{7-25}$$

式中　$w[P]_0$——铁水磷含量；

R——炉渣碱度，$R=4.7-1.5w[Si]_{\%0}$；

D——钢种系数（当 $w[C]_s \geqslant 0.10\%$ 时，$D=0$；若 $0.05\% \leqslant w[C]_s \leqslant 0.09\%$，$D=0.6$；若 $w[C]_s \leqslant 0.045\%$，$D=1.0$）；

$w(CaO)_{有效}$——有效 CaO 含量。

c　萤石加入量

$$W_y = 0.09W_s + m \tag{7-26}$$

式中　m——附加量，与铁水硅含量有关（$w[Si]_0<0.7\%$，$m=0$；$w[Si]_0 \geqslant 0.7\%$，$m=0.1$）。

d　白云石加入量

$$W_b = \alpha(w[P]_0 + w[Si]_0)(W_0 + W_f) - 0.03W_z \tag{7-27}$$

式中　α——修正系数，$\alpha=0.059-0.021w[Si]_{\%0}$。

e　返回渣加入量

定量加入，$W_z = 1$ t，每炉次加 1 t。

D　副原料加入时间和加入量

副原料的加入时间和各批料的加入量根据现场操作经验确定，见表 7-6。

表 7-6　副原料的加入时间和加入量

种　类	加入量	氧耗过程				
		0	5	7	13	15
		加入比例/%				
矿石	W_k				50	50
石灰	W_s	45		55		
萤石	W_y			100		
白云石	W_b	100				
返回渣	W_z	70	30			

7.3.2　动态控制

动态控制是在静态控制的基础上，根据吹炼过程中检测到的铁水成分、炉渣状况和温度等有关冶炼的随时间变化的工艺因素对吹炼参数进行修正，以达到预定的吹炼目标。实现动态控制的关键在于迅速、准确地取得吹炼过程的信息，主要是能够在吹炼过程中及时测定熔池的碳含量和温度。目前，氧气转炉比较常见的动态检测方法有副枪和炉气分析系统两种。

最初，欧洲是采用测量排出废气量和连续分析转炉排出废气中碳含量的方法，从而得出吹炼过程带走的碳量，对比原始钢水中碳量就可以连续得出钢水中碳含量。由于当时分析技术的限制以及转炉排气系统漏气而使分析精度不高。1967 年，美国伯利恒钢铁公司发明了世界上第一个副枪，为转炉动态控制提供了有力的手段。后来，日本几家大钢铁公司经过多年的改进和完善，副枪已成为目前最成熟的方法，这种方法在大型转炉上应用取得了明显的经济效益。与静态控制相比，终点碳和温度同时命中率由 50%提高到 90%。

7.3.2.1 动态控制方法

动态控制和静态控制的主要目的都是准确命中终点，使钢水成分和温度合格。静态控制只考虑始态和终态的差别，终点命中率低。动态控制在静态控制基础上增加了对炉内成分、温度和炉渣状况等的检测手段，并根据检测结果对吹炼过程进行干预，使转炉冶炼终点命中率提高。采用副枪点测和静态、动态相结合的终点控制方法，其过程示意如图 7-24 所示。由图可见，静态控制主要用于吹炼前半期，此时熔池中的 C、Si 浓度较高，吹入的氧气几乎全部用于氧化这些元素。但到吹炼后期，有一定量氧用于铁的氧化，氧的分配不好掌握，致使碳含量和温度偏离模型预测轨道，因此采用动态控制进行修正。动态控制主要有轨道跟踪法、动态停吹法、吹炼条件控制法、称量控制法等。

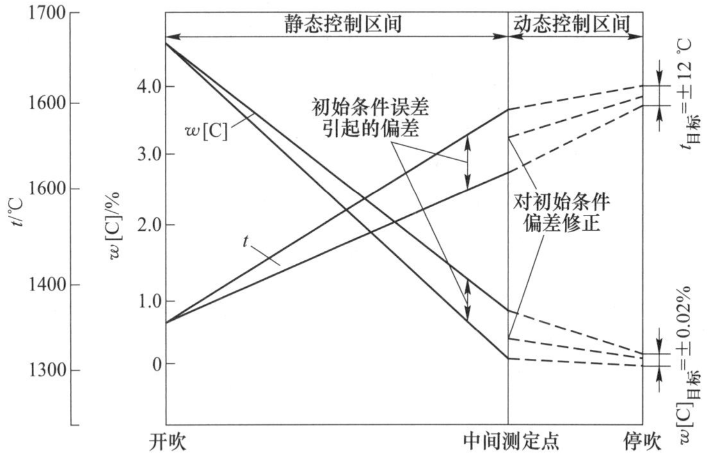

图 7-24 终点动态控制过程

A 轨道跟踪法

转炉吹炼后期，脱碳和升温是有规律的。轨道跟踪法认为，吹炼后期脱碳规律遵循指数衰减方式，其指数方程为：

$$R = \frac{\mathrm{d}w[\mathrm{C}]}{\mathrm{d}V(\mathrm{O_2})} = R_p\{1 - \exp[-K(w[\mathrm{C}] - w[\mathrm{C}]_0)]\} \tag{7-28}$$

式中 R——瞬时脱碳速度；

R_p——冶炼过程中最大脱碳速度；

K——常数；

$w[\mathrm{C}]$——脱碳速度为 R 时的熔池碳含量,%；

$V(\mathrm{O_2})$——氧气量，m^3；

$w[\mathrm{C}]_0$——R 外推到零时的熔池碳含量,%。

将式（7-28）整理成如下形式：

$$w[\mathrm{C}] = \frac{-\ln(1 - R/R_p)}{K} + w[\mathrm{C}]_0 \tag{7-29}$$

根据冶炼过程中获得的气体分析和流量数据，可以计算脱碳速度 R；式（7-29）中的 R_p 以吹炼中期测得的 R 平均值代替。由式（7-29）逐次迭代算出熔池碳含量。

将式（7-28）整理并积分，可求出达到目标碳含量 $w[C]_f$时所需的氧量：

$$\Delta V(O_2)_C = \int_{w[C]}^{w[C]_f} \frac{1}{R_p\{1 - \exp[-K(w[C] - w[C]_0)]\}} dw[C] \tag{7-30}$$

用一个独立的系统来测定熔池温度，并把测温数据代入下面经验线性方程，以确定终点温度。

$$T_f = T_b + A\Delta V(O_2)_T \tag{7-31}$$

式中 T_f——目标终点温度，K；

T_b——测得的熔池实际温度，K；

A——单位吹氧量的升温值，常数，K/m^3；

$\Delta V(O_2)_T$——从测温时起到目标温度时应吹入的氧量，m^3。

参照转炉冶炼过程中的典型脱碳、升温曲线，利用数学模型将检测到的碳含量和温度信息输入计算机进行计算，得出预测曲线。若预测曲线与实际曲线相差较大，计算机则发出指令进行动态校正，调整吹炼工艺。再利用检测设备测取新的信息，输入计算机得到新的预测曲线并与实际曲线相比较。这样反复多次，越接近终点，预测的曲线越接近实际曲线，轨道跟踪法示例如图 7-25 所示。

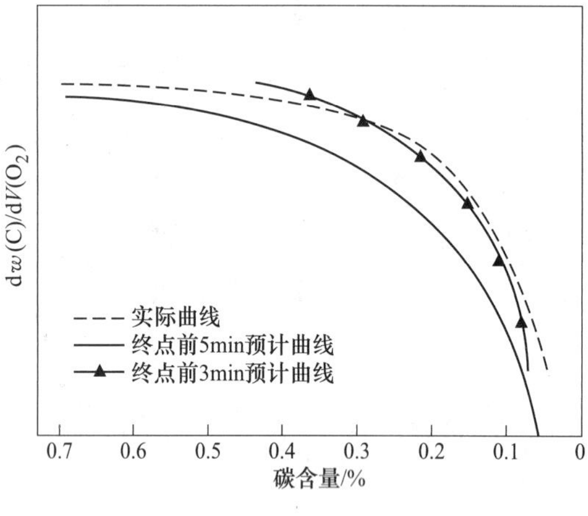

图 7-25 轨道跟踪法示例

过程控制计算机对模型计算得到的达到目标碳含量和目标温度所需的氧气 $\Delta V(O_2)_C$ 和 $\Delta V(O_2)_T$ 进行比较，若 $\Delta V(O_2)_C = \Delta V(O_2)_T$，即达到目标碳含量和目标温度所需的氧气量相等，则不需要调整操作；若 $\Delta V(O_2)_C > \Delta V(O_2)_T$，脱碳用氧多于升温用氧，达到目标碳含量时熔池温度超过目标温度，应加入冷却剂调温；若 $\Delta V(O_2)_C < \Delta V(O_2)_T$，升温用氧多于脱碳用氧，此时应提高枪位，降低脱碳速度，使终点碳和温度同时命中目标。

B 动态停吹法

转炉吹炼后期，根据对生产转炉的冶炼过程进行回归分析，建立脱碳速度、升温速度与氧气消耗、碳含量相关的数学模型。通过检测到的钢水碳含量和温度信息输入计算机，判断最佳停吹点，停吹后按需要做相应的修正动作。作为最佳停吹点，应满足下面两个条件之一：钢水碳含量和温度同时命中，或两者中必有一项命中，另一项不需后吹，只经某些修正动作即可达到目标要求。

图 7-26 是动态停吹法示意图，轨迹 1 是停吹时碳含量和温度同时命中；轨迹 2 或 3 是停吹时碳含量和温度不能同时命中，但有一项命中，故不必补吹，只需做轨迹 6 或 7 的修正（降温或增碳）就可达到目标值，而不必在冶炼中做轨迹 4 或 5 的修正。

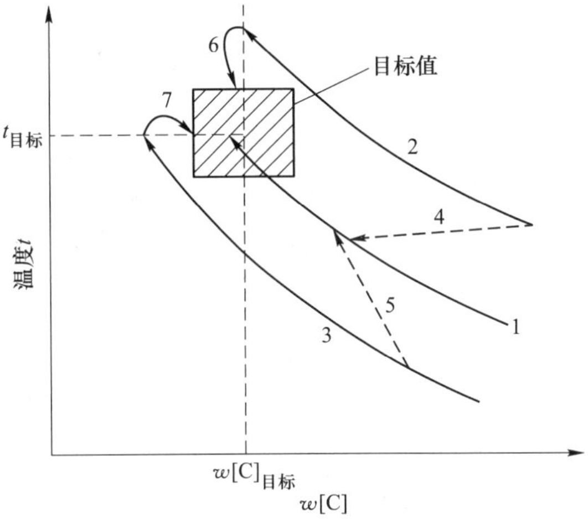

图 7-26 动态停吹法示意图

C 吹炼条件控制法

吹炼条件控制法是根据吹炼过程中检测出来的熔池反应信息，修正吹炼条件，使吹炼过程按预定的吹炼轨道进行。例如，根据氧平衡调整供氧强度、氧枪高度，根据成渣状况调整渣料、底吹供气、助熔剂用量，根据脱碳速度与熔池升温的关系调整冷却剂用量等。吹炼条件控制法具有代表性的是 CRM 模型和克虏伯模型。

CRM 模型由比利时中央冶金研究院开发，通过连续测定废气温度和炉口噪声推定熔池的脱碳速度和成渣过程，发现脱碳速度和升温速度与预计轨道不符时，可以调节供氧量和枪位进行校正。在噪声降低到预定范围时，即稳定供氧量和枪位。

克虏伯模型是测定废气温度，据此控制供氧量和枪位，使废气温度和脱碳速度与给定值相一致。当成渣不良或发生喷溅时，可改变供氧强度或氧枪枪位以调节脱碳速度，使吹炼平稳。

7.3.2.2 动态控制模型

A 动态模型的任务

这里以某钢厂动态模型为例介绍控制情况。当转炉吹氧量达到氧耗量的 90%左右时，停止吹氧。副枪开始测温、定碳，并把测到的温度值及碳含量送入计算机。计算机将副枪测得的实际值作为初值，以后每吹 100 m^3 氧气量启动一次动态计算，计算出达到目标温度和目标碳含量所需补吹的氧量及冷却剂量。当温度和碳含量都进入目标范围时，发出停吹命令。

B 动态模型的结构

a 碳控制模型

碳控制模型的基本脱碳方程为：

$$-W_{ST}dw[C]/dV(O_2)=10\alpha_D\left[1-\exp\left(-\frac{w[C]-w[C]_0}{\beta_D}\right)\right] \tag{7-32}$$

式中　$w[C]$——钢水碳含量，$\times10^{-2}\%$；

$w[C]_0$——常数，当 $W_{ST}dw[C]/dV(O_2)=0$ 时，相应的钢水碳含量，$\times10^{-2}\%$；

$V(O_2)$——吹氧量，m^3；

α_D——系数（最高脱碳速度，理论值为 1.07 kg/(m^3·t)）；

W_{ST}——钢水质量，t；

β_D——系数。

从开始用副枪测定起到目标停吹碳为止所需的氧气量可以按式（7-32）求出，当吹氧量由 $V(O_2)_M$ 变为 $V(O_2)_E$、碳含量由 $w[C]_M$ 变为 $w[C]_{EA}$时，将式（7-32）展开积分得：

$$\frac{V(O_2)_E-V(O_2)_M}{W_{ST}}=\frac{\beta_D}{10\alpha_D}\left[\ln\frac{\exp\left(\frac{w[C]_M-w[C]_0}{\beta_D}\right)-1}{\exp\left(\frac{w[C]_{EA}-w[C]_0}{\beta_D}\right)-1}\right] \tag{7-33}$$

然后把 $V(O_2)_E$、$V(O_2)_M$ 分别作为 $V(O_2)_{XE}$（达到目标停吹碳时的氧气量）、$V(O_2)_{XM}$（副枪开始测定时的送氧量），整理式（7-33），再考虑动态控制开始后加入的冷却剂，可以得出到达终点时需要氧气量的计算式为：

$$V(O_2)_{XE}=\frac{\beta_D W_{ST}}{10\alpha_D}\left[\ln\frac{\exp\left(\frac{w[C]_M-w[C]_0}{\beta_D}\right)-1}{\exp\left(\frac{w[C]_{EA}-w[C]_0}{\beta_D}\right)-1}\right]+V(O_2)_{XM}-\sum_i(B_iR_i) \tag{7-34}$$

式中　$w[C]_{EA}$——目标停吹碳含量，$\times10^{-2}\%$；

$w[C]_M$——副枪在吹炼中测定的碳含量，$\times10^{-2}\%$；

B_i——冷却剂中的氧量，m^3/t；

R_i——副枪测定后加入的冷却剂量，t。

用副枪测定碳含量后，用 $V(O_2)_X$（从吹炼开始算起的送氧量）代替 $V(O_2)_{XE}$，吹氧 $V(O_2)_X$后，钢水碳含量 $w[C]_{EEST}$代替 $w[C]_{EA}$，对式（7-34）进行变换可以得到钢水碳含量推定式：

$$w[C]_{EEST}=w[C]_0+\beta_D\ln\left\{1+\left[\exp\left(\frac{w[C]_M-w[C]_0}{\beta_D}\right)-1\right]\exp\left[-\frac{10\alpha_D}{\beta_D}\left(\frac{V(O_2)_X-V(O_2)_{XM}+\sum_i B_iR_i}{W_{ST}}\right)\right]\right\} \tag{7-35}$$

b　温度控制模型

（1）铁水温度推定式。在副枪测温后，根据下式推定计算钢水温度 t_{EEST}为：

$$t_{EEST}=t_M+\gamma_D\frac{V(O_2)_X-V(O_2)_{XM}}{W_{ST}}+\delta_D-\sum_i K_iR_i \tag{7-36}$$

式中　t_M——副枪在吹炼中测定的钢水温度，℃；

γ_D——升温系数,℃/(m^3 · t);

δ_D——升温常数,℃;

K_i——冷却剂的冷却能力,℃/t。

(2)冷却剂加入量的推定计算。使用小钢片时,其加入量为:

$$R_{CHIP}=\frac{-1}{K_{CHIP}}\left[t_{EA}-t_M-\frac{\gamma_D(V(O_2)_{XE}-V(O_2)_{XM})}{W_{ST}}-\delta_D\right] \tag{7-37}$$

式中 R_{CHIP}——小钢片加入量,t;

K_{CHIP}——小钢片的冷却能力,℃/t;

t_{EA}——目标停吹温度,℃。

使用铁矿石时,因铁矿石含氧,故要修正氧气量:

$$V(O_2)_{XEN}+B_{ORE}\cdot R_{ORE}=V(O_2)_{XM}+\frac{\beta_D W_{ST}}{10\alpha_D}\left[\ln\frac{\exp\left(\frac{w[C]_M-w[C]_0}{\beta_D}\right)-1}{\exp\left(\frac{w[C]_{EA}-w[C]_0}{\beta_D}\right)-1}\right] \tag{7-38}$$

又 $V(O_2)_{XEN}=V(O_2)_{XE}-B_{ORE}\cdot R_{ORE}$,因此:

$$R_{ORE}=\frac{-1}{K_{ORE}}\left[t_{EA}-t_M-\frac{\gamma_D(V(O_2)_{XE}-V(O_2)_{XM})}{W_{ST}}-\delta_D\right] \tag{7-39}$$

式中 $V(O_2)_{XEN}$——修正送氧量,m^3;

B_{ORE}——铁矿石中的氧量,m^3/t;

R_{ORE}——铁矿石加入量,t;

K_{ORE}——铁矿石的冷却能力,℃/t。

c 动态模型结构

动态模型结构如图7-27所示,在图7-27(a)和(c)中有:

$$w[C]=w[C]_0+\beta_D\ln\left\{1+\left[\exp\left(\frac{w[C]_M-w[C]_0}{\beta_D}\right)-1\right]\exp\left[-\frac{10\alpha_D}{\beta_D}\left(\frac{V(O_2)_X-V(O_2)_{XM}+\sum_i(B_iR_i)}{W_{ST}}\right)\right]\right\} \tag{7-40}$$

$$t=t_M+\gamma_D\frac{V(O_2)_X-V(O_2)_{XM}}{W_{ST}}+\delta_D-\sum_i(K_iR_i) \tag{7-41}$$

(1)令 $w[C]=w[C]_{EA}$、$t=t_{EA}$,计算冷却剂量 R_i;

(2)使用(1)中计算的 R_i,令 $V(O_2)_X-V(O_2)_{XM}=100N$,其中 $N=2, 3, 4, \cdots, 14$,模拟计算 $w[C]$、t;

(3)令 $R_i=0$,$V(O_2)_X-V(O_2)_{XM}=100N$,其中 $N=2, 3, 4, \cdots, 14$,模拟计算 $w[C]$、t;

(4)用 R_i、$V(O_2)_X-V(O_2)_{XM}$ 的使用实际值,模拟计算 $w[C]$、t;

在图7-27(b)中:

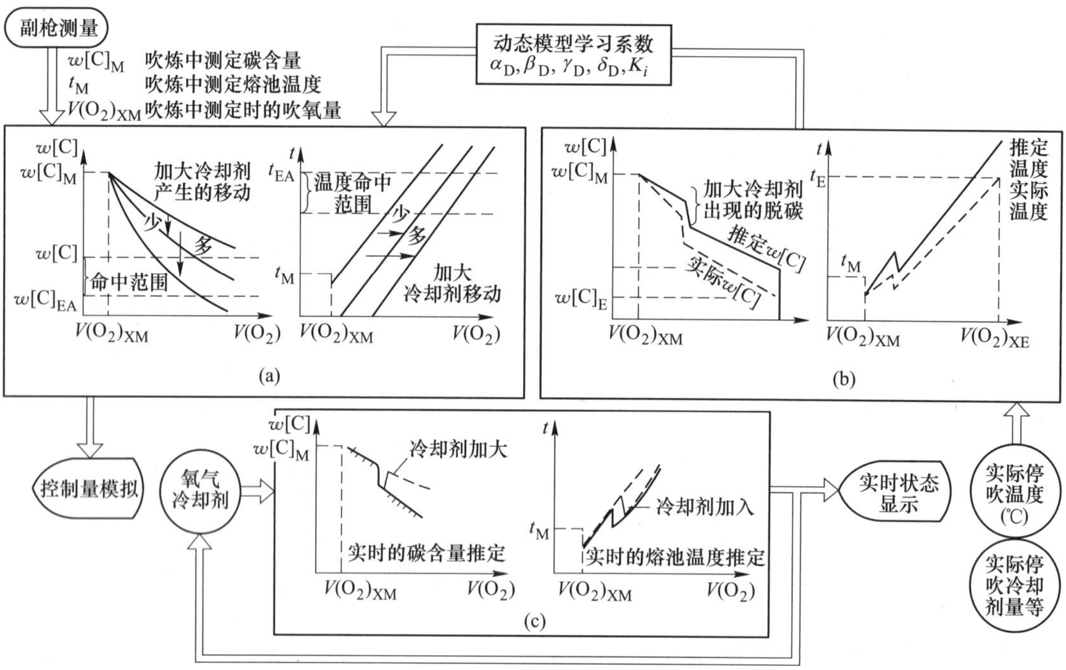

图 7-27　动态模型结构示意图

（1）在式（7-40）中，用 R_i、$V(O_2)_X-V(O_2)_{XM}$ 的实际值反算 β_D 后，以一定比例进行修正；

（2）在式（7-41）中，用 R_i、$V(O_2)_X-V(O_2)_{XM}$ 的实际值，而且用（1）中新的 α_D、β_D 同样地修正 γ_D、δ_D 和冷却能力系数 K_i。

7.3.2.3　静动态模型及控制图

在综合静态模型和动态模型的基础上，借用框图描述整个系统的工作概况。静动态模型控制框图如图 7-28 所示。

7.3.3　全自动吹炼控制

使用副枪的动态控制虽然取得了很好的效果，但也存在一些不足：（1）预报精度依赖于检测手段，目前只能通过副枪在线测温和定碳，不能预报 S 和 P 含量。（2）不能对吹炼过程进行闭环控制。动态控制通过检测终点碳和温度，从而提高终点预报精度和命中率，但对整个过程，特别是成渣过程，缺乏有效检测手段，只能依靠精度很低的静态模型进行预测，因而不可能实现在线闭环控制。

针对转炉动态控制的上述缺点，日本于 20 世纪 80 年代末期开发转炉全自动吹炼技术，它在转炉动态控制的基础上采用以下技术：（1）采用炉渣状况在线检测技术，实现对造渣过程的闭环控制；（2）采用炉气分析技术，对吹炼全程溶池碳含量和温度进行动态预报；（3）采用模糊判断和神经网络系统，配合在线检测溶池中 Mn 含量的变化，在线预报全程 S 和 P 含量的变化；（4）采用副枪技术，对吹炼终点进行动态校正，提高了终点预报精度。采用以上技术后，可以实现转炉吹炼的全自动控制技术，计算机可以完全取代人工，对整个吹炼过程可实现闭环控制。

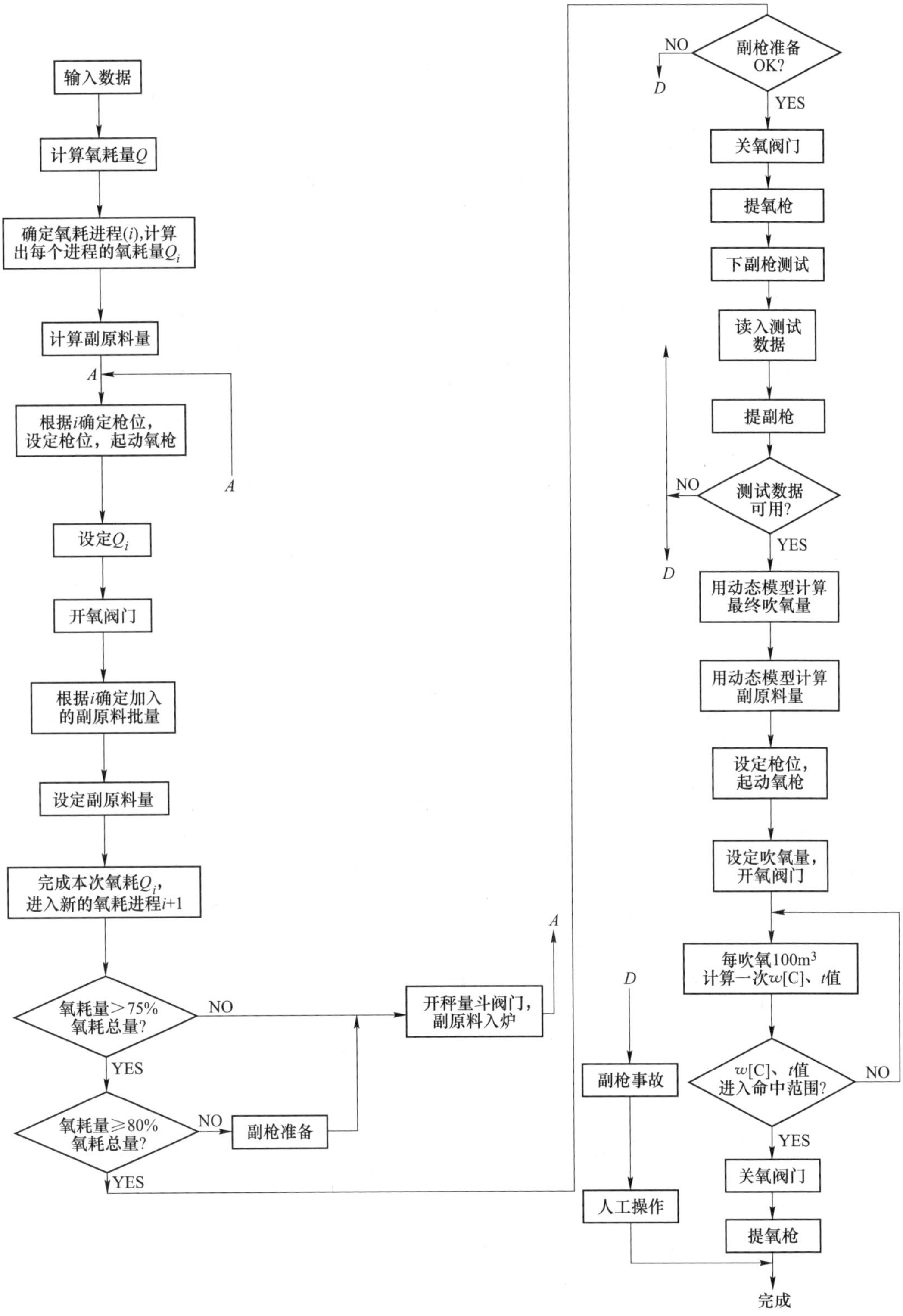

图 7-28　静动态模型控制框图

（A、D 表示转换路径）

7.3.3.1 新日铁堺厂的 LD-ES 专家系统

LD-ES 专家系统硬件和软件配置如图 7-29 所示。它采用一台 LD-ES 计算机（FACOMS-3500）与现有的过程机（PFU-1500）联用，前者从后者接收在线信息，根据知识库里的规则进行推理，给出结果。其软件包括三个子系统：实时数据接收和处理子系统；推理子系统，用商品化的专家系统工具建造，使用推理机和知识库进行推理；数据输入和推理结果显示系统。

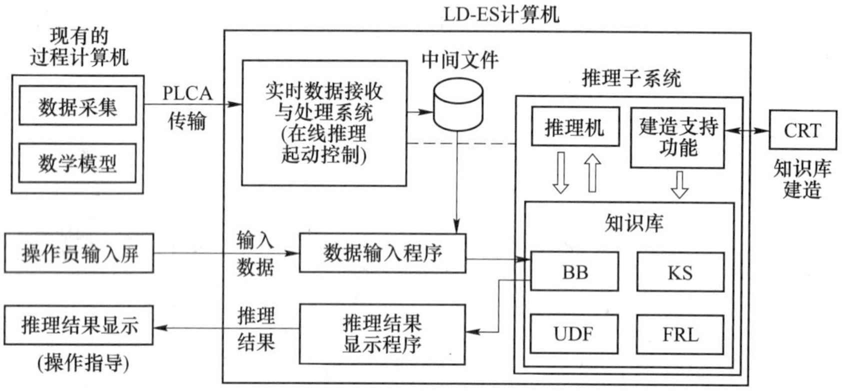

图 7-29 LD-ES 专家系统的硬、软件配置

LD-ES 建立了三个知识库，用产生式规则、框架、黑板及 LISP 函数来表达知识，完成静态推理、副枪测试前后的推理以及终点成分估计三种功能。吹炼顺序和知识库的关系如图 7-30 所示。静态推理根据不同的钢种和操作条件，按照各种吹炼模式的规则及其修正规则来修正和辅助静态模型计算。副枪测试前后的推理根据吹炼中不同的渣-金反应状态估计规则，来指导副枪测试前后的操作。终点成分估计主要估计［P］含量，决定是否要等待终点取样分析结果或进行快速出钢。该系统的推理速度为：静态推理约 9 s，副枪

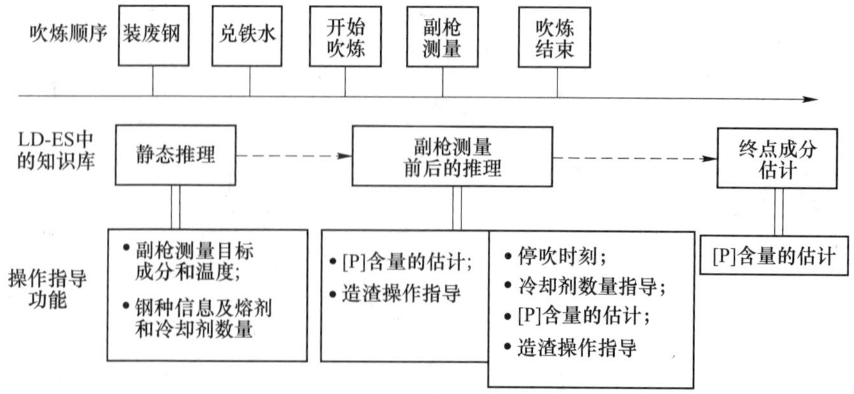

图 7-30 吹炼顺序与 LD-ES 知识库的关系

测试前后约 3 s。从应用结果来看，采用该系统对终点［P］含量的估计与熟练操作者的经验数据有相同的精度，终点［C］含量和［Mn］含量的偏差均有减少，而终点［Mn］的平均含量增加了。

7.3.3.2 日本钢管福山厂的吹炼控制专家系统

日本钢管福山厂在原有的以静态模型、副枪动态控制模型、废气信息模型为中心自动吹炼系统的基础上，建立了预测和判断化渣状态和终点成分估计的专家系统，构造了一个新型的自动吹炼控制系统。该系统的整体功能构成如图 7-31 所示，其特点是：能在理论上模型化的功能尽可能用数学模型表示；对定量化和模型化困难的功能，则采用专家系统模型。为此，该系统增加如下功能：（1）吹炼前根据吹炼条件决定最佳控制模式的吹炼设计功能；（2）吹炼中根据吹炼状态变化的吹炼调整功能；（3）吹炼末期的调整指示以及停吹后判断可否出钢的出钢判断功能。

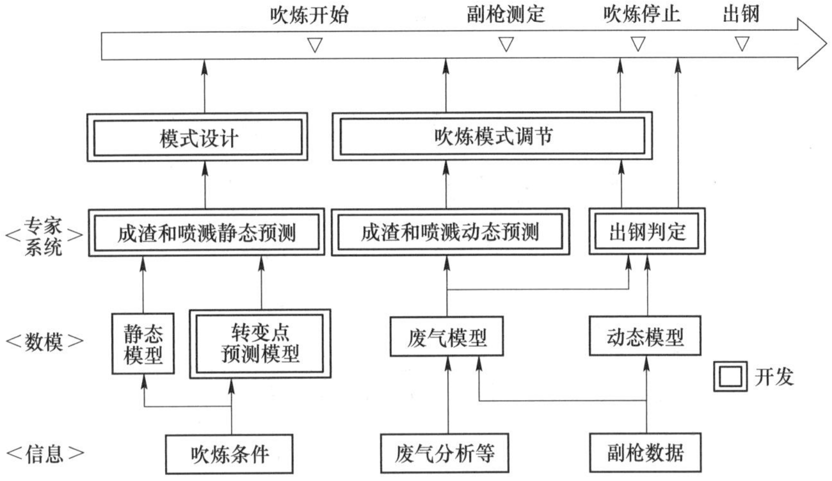

图 7-31 日本钢管福山厂新的控制模型功能

应用该专家系统的功能有如下三个模型：（1）静态化渣喷溅预报模型；（2）动态化渣喷溅预报模型；（3）出钢判定模型。

吹炼设计功能由反应转变点预报模型和应用专家系统的静态化渣喷溅预报模型构成，用前者计算出现转变点的时间，根据后者得出的参数决定操作量。反应转变点预报模型将吹炼过程分为脱硅期、脱碳期和低碳期三个反应期，计算它们各自的转变点；同时，将整个过程分成 15 个点作为控制变更的定时，并用数学模型分别估计各点的钢水温度，用于静态化渣喷溅预报模型中。应用专家系统的静态化渣喷溅预报模型，根据铁水等静态吹炼的初期信息，分别用 5 级来评价化渣的好坏和喷溅的可能性。图 7-32 示出了化渣喷溅预报知识库的构成，根据这些评价值的组合从矩阵表中抽出每个反应期的吹炼模式。

吹炼调整功能，首先对来自传感器的信息和废气模型计算结果进行平滑处理，然后用动态化渣喷溅预报模型分别以 5 级来评价化渣是否良好和喷溅的可能性。根据这些评价值，由矩阵表确定应调整的对象和操作量。调整操作的对象有氧枪高度、顶枪氧量、底吹气体量和种类、副原料投入量、铁矿石加入速度、炉口压力、烟罩高度等，该模型从其中

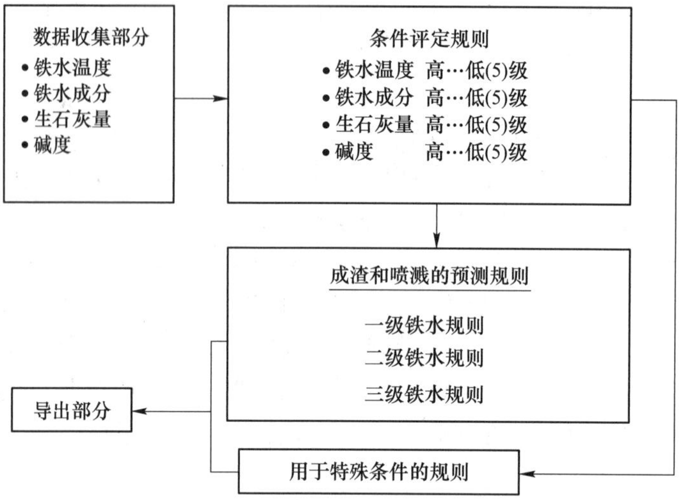

图 7-32 化渣喷溅预报知识库构成示意图

自动地选择几个最佳的操作对象进行调整。

出钢判断功能的知识库构成如图 7-33 所示。它根据吹炼中副枪测试数据和动态模型计算结果，判定停吹前是否需要吹炼调整指导以及停吹后有无必要用副枪测试；同时，在终点使用副枪测试时判定可否出钢。

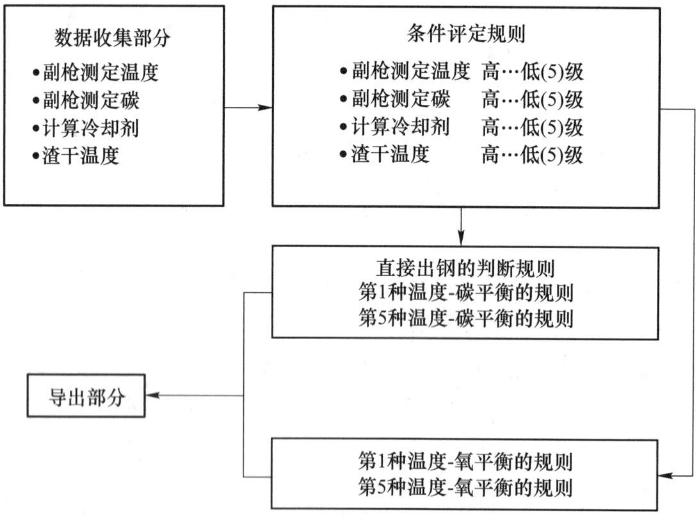

图 7-33 出钢判断功能的知识库构成

思 考 题

7-1 转炉计算机控制系统的分级及其各级功能是什么？

7-2 简述副枪测温定碳的工作原理。

7-3 简述转炉炉气分析系统的工作原理。

7-4 简述炉渣残氧测定法和氧枪振动测定法控渣的工作原理。

7-5 简述转炉各种喷溅预测方法的工作原理。

7-6 转炉炼钢计算机控制的主要目的是什么？

7-7 比较氧气转炉静态控制、动态控制和全自动吹炼控制方法的特点和效果。

7-8 何谓静态模型，主要包括哪些内容？

7-9 简述动态控制的方法及其原理。

8 电弧炉炼钢设备

电炉是采用电能作为热源进行炼钢的炉子的统称。按照电能热转换方式的不同，把电炉分为电渣重熔炉（利用电阻热）、感应熔炼炉（利用电磁感应）、电子束炉（依靠电子碰撞）、等离子炉（利用等离子弧）以及电弧炉（利用高温电弧）等几种。

目前，世界上电炉钢产量的95%以上都是由电弧炉生产的，因此，电炉主要是指电弧炉。传统电弧炉炼钢法是以废钢为主要原料，以三相交流电作为电源，利用电流通过石墨电极与金属之间产生电弧的高温来加热、熔化炉料，是用来生产特殊钢和高合金钢的主要方法，近年来也广泛用于大批量生产普碳钢。

通常采用出钢量、变压器额定功率与电炉的炉壳直径三个参数来表示电弧炉的大小。近年来，随着电弧炉向超高功率化、大型化的发展，炉子大与小的区分界限也在改变，通常把40 t/4.6 m以下的电弧炉看作小炉子，把50 t/5.2 m以上的电弧炉看作大炉子。2010年，东京制钢公司田原工厂成功投产了世界最大的420 t直流电弧炉，平均出钢量300 t，炉壳直径9.7 m；中国目前最大电炉为中冶东方重工的220 t Consteel交流电弧炉。电弧炉的超高功率化、大型化提高了生产率，降低了炼钢成本，改善了环保条件。

从20世纪90年代起，大容量、超高功率电弧炉在我国获得了较快发展，电弧炉总座数有所减少，炉容趋向大型化，在淘汰落后电弧炉工艺装备和设备大型化方面已经取得了较大进步。据不完全统计，2007年50 t及以上电弧炉产能约占电弧炉钢总产能的83.5%，成为我国电弧炉钢生产的主体设备，100 t及以上电弧炉产能占电弧炉钢总产能的比例也接近45%。

近30年来，随着相关技术的进步，现代电弧炉炼钢得到了迅速发展，超高功率电弧炉技术更加完善，电弧炉的种类逐步丰富起来。

电弧炉设备分类的方法很多，具体如下：

（1）按炉衬耐火材料的性质，分为酸性、碱性电弧炉；

（2）按电流特性，分为交流、直流电弧炉；

（3）按功率水平，分为普通功率、高功率和超高功率电弧炉；

（4）按废钢预热方式，分为竖炉、双壳炉、水平连续加料电弧炉等；

（5）按出钢方式，分为槽式出钢、偏心底出钢（EBT）、中心底出钢（CBT）以及水平出钢（HOT）电弧炉等。

对于直流电弧炉，按底电极形式可分为触针式、导电炉底式及金属棒式直流电弧炉。

电弧炉炼钢设备包括机械结构和电气设备两部分，图8-1为传统交流电弧炉结构，而直流电弧炉的电气设备和电极系统与之有较大差异，直流电弧炉的电极系统由石墨顶电极和对应的底电极组成。

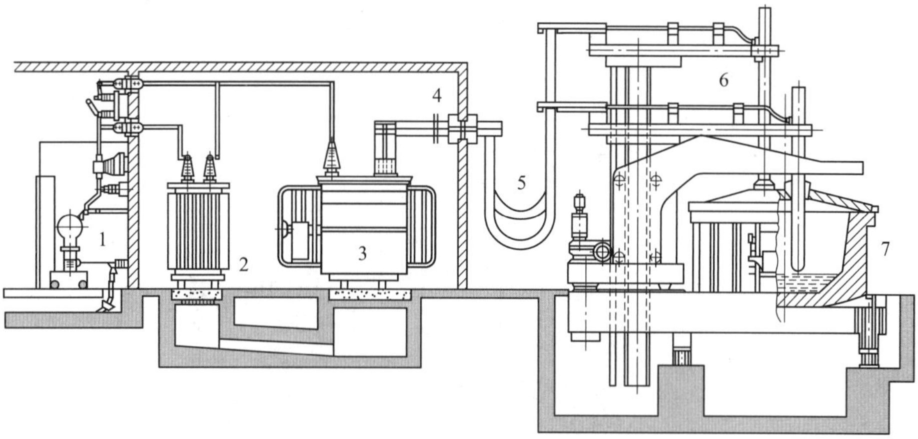

图 8-1　传统交流电弧炉设备布置示意图

1—高压控制柜（包括高压断路器、初级电流互感器与隔离开关）；2—电抗器；3—电炉变压器；4—次级电流互感器；5—短网；6—电极升降及炉盖升降；7—电炉本体

8.1　电弧炉的机械结构

一般电弧炉的机械结构主要由四部分组成：炉体装置、炉子倾动机构、电极升降机构及炉盖提升旋转机构，如图 8-2 所示。

8.1.1　炉体装置

电弧炉的炉体由金属构件和耐火材料砌筑成的炉衬两部分组成，而炉体的金属构件又包括炉壳、炉门、出钢机构、炉盖圈和电极密封圈等。

8.1.1.1　炉壳

炉壳即炉体的外壳，包括圆筒形炉身、上部加固圈和炉壳底三部分。要求炉壳具有足够的强度和刚度，以承受炉衬、钢、渣的重量和自重以及高温和炉衬膨胀的作用。通常炉壳钢板及炉壳底钢板厚度选为炉壳外径的 1/200 左右，一般用厚度为 12~30 mm 的钢板焊接而成。

炉壳受高温作用易发生变形，特别是炉役后期，为此一般在炉壳上设有加固圈，大型炉子设有加强筋。炉壳上沿的加固圈用钢板或型钢焊成并通水冷却。在加固圈的上部留有一个砂封槽，便于炉盖圈插入槽内密封。

炉壳底部形状有平底形、截锥形和球形 3 种，如图 8-3 所示。平底形底壳制造简单，但坚固性最差，炉衬体积最大，故多用于大型电弧炉上。截锥形底壳比球形底壳容易制造，但炉壳的坚固性较球形底差，所需的炉衬材料稍多，常被采用。球形底坚固性最高，死角小，炉衬体积最小，但直径大的球形底成型比较困难，故球形底多用于中小型炉子。

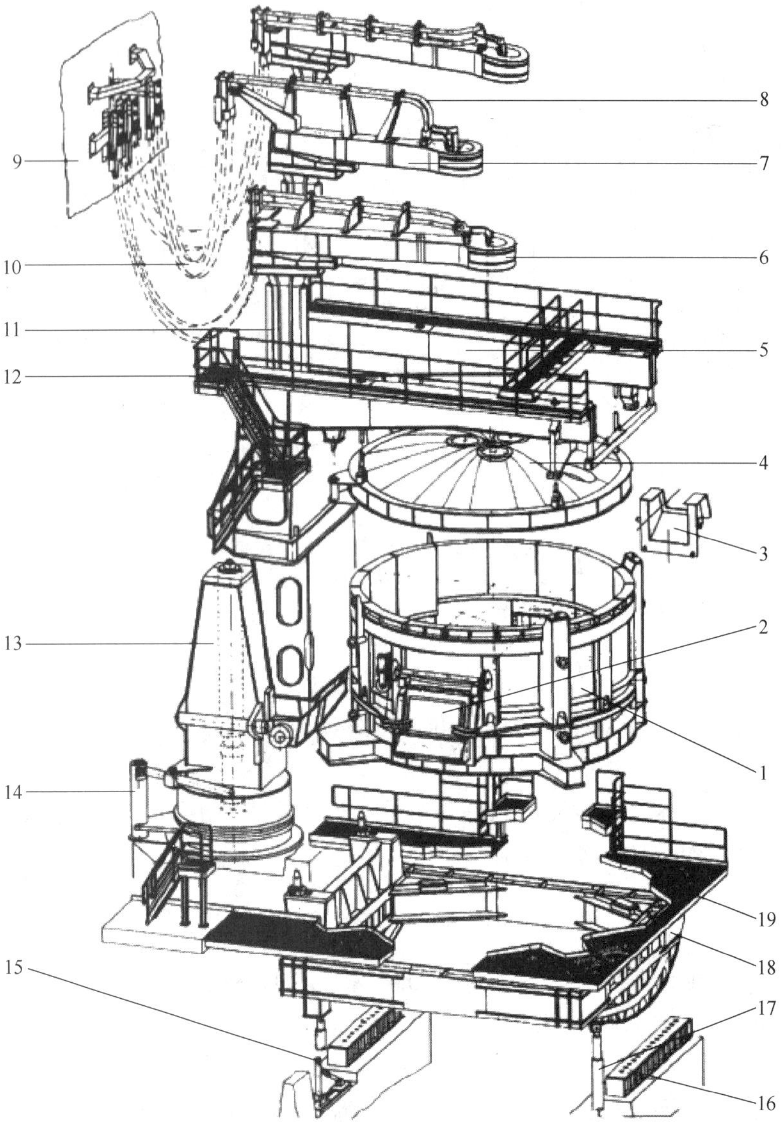

图 8-2 传统交流电弧炉机械结构部件分解图

1—炉体；2—炉门；3—出钢槽；4—炉盖；5—炉盖悬吊机构；6—电极夹头；7—电极横臂；8—导电铜管；9—变压器室；10—挠性水冷电缆；11—电极升降机构；12—走台；13—炉盖提升机构；14—炉盖旋转机构；15—炉子锁紧机构；16—摇架轨道；17—倾动油缸；18—摇架倾动平台；19—倾动平台

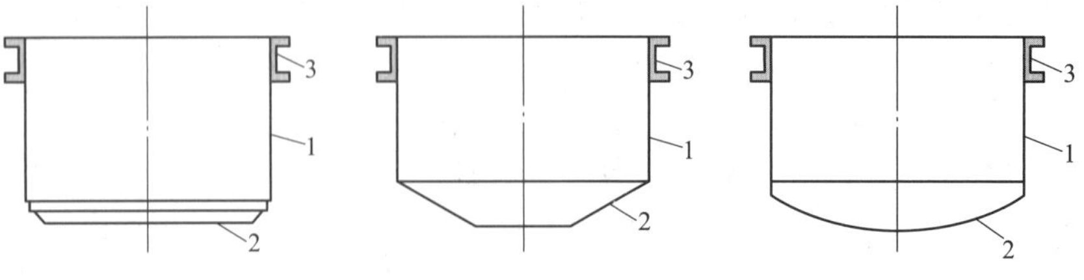

(a) (b) (c)

图 8-3 炉壳底部的形状

（a）平底形；（b）截锥形；（c）球形

1—圆筒形炉身；2—炉壳底；3—加固圈

8.1.1.2 炉门

炉门由金属门框、炉门和炉门升降机构三部分组成。炉门框起保护炉门附近炉衬和加强作用，一般用钢板焊成或采用铸钢件，内部通水冷却，为使炉门与门框贴紧，门框水箱壁做成5°~10°的斜面。通常采用空心水冷的炉门。炉门的升降机构可通过电动、气动或液压传动方式实现，要求炉门结构严密，升降平稳灵活，升降机构牢固可靠。

中小型炉子只有一个炉门，位于出钢口对面。大型电弧炉为便于操作，常增设一个侧门，两炉门位置成90°。炉门的大小以便于观察、修补炉底和炉坡为宜。

8.1.1.3 出钢机构

电弧炉出钢方式，分为槽式出钢、偏心炉底出钢（EBT）中心底出钢（CBT）等。目前，偏心炉底出钢法（EBT）是应用最广泛的电炉出钢方法。首台EBT电炉是1983年德国Demag公司为丹麦DDS钢厂制造的110 t/70 MV·A电弧炉。1987年6月，我国第一台偏心炉底出钢电弧炉在前上钢五厂建成投产，如图8-4所示。

（1）EBT电弧炉的结构特点。它是将传统电弧炉的出钢槽改成出钢箱，出钢口在出钢箱底部，垂直向下。出钢口下部设有出钢口开闭机构（见图8-5），出钢箱顶部中央设有塞盖，以便于出钢口的填料与维护。

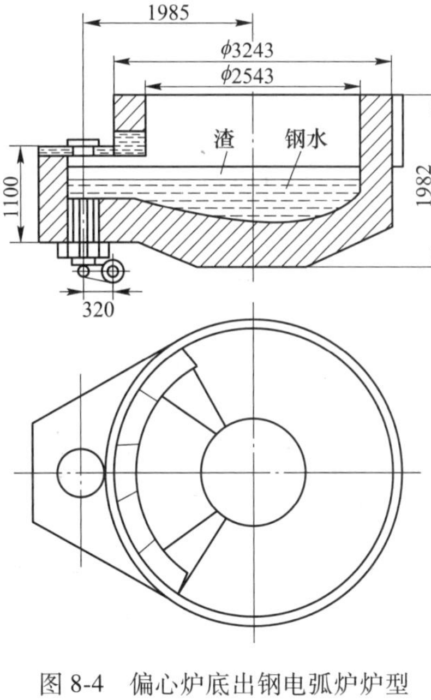

图8-4 偏心炉底出钢电弧炉炉型简图（单位：mm）

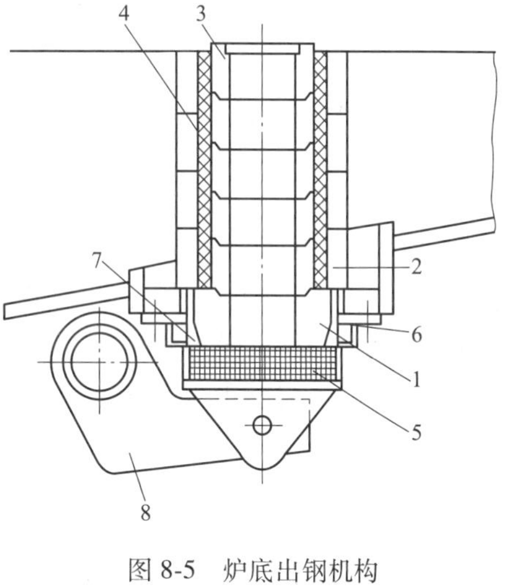

图8-5 炉底出钢机构

1—底砖；2—出钢砖；3—出钢管；4—混合可塑料；5—石墨板；6—水冷；7—底环；8—盖板

出钢口由外部套砖和内部管砖组成，均采用镁碳管砖，内径一般为140~260 mm，视炉容和出钢时间而定。管砖和套砖之间使用镁砂干打料填充。管砖在使用过程中主要以磨损方式损毁。为防龟裂，要求内部管砖应具有极好的抗氧化性和较高的耐压强度，同时其碳含量应大于20%。外部套砖因受钢包内的热辐射而易发生低温氧化，可添加抗氧化剂。为防止金属附着，可将石墨的配入量提高到25%或采用Al_2O_3-SiC-C砖。

（2）EBT电弧炉的出钢操作。出钢时，向出钢侧倾动少许（约3°）后，开启出钢机构，填料在钢液静压力作用下自动下落，钢液流入钢包，实现自动开浇出钢；否则，需要施以外力或烧氧出钢，一般要求自动开浇率在90%以上。当钢液出至要求的约95%时，迅速回倾以防止下渣，回倾过程还有约5%的钢液和少许炉渣流入钢包中。电弧炉摇正后（传统电弧炉的炉中留钢量一般控制在10%～15%范围内，留渣量不小于95%，近年来采用大留钢操作电弧炉的留钢量可多达30%～50%），检查、维护出钢口后关闭出钢口，加填料（即引流砂，为MgO基的颗粒状耐火材料，一般用含Fe_2O_3约10%的MgO与SiO_2混合填料），装废钢，送电起弧。

（3）EBT电弧炉的优点。具体如下：

1）出钢倾动角度减少。只需倾动12°～15°便可出净钢液，简化了电弧炉倾动结构，降低了短网的阻抗，增加了水冷炉壁使用面积，提高了炉体寿命。

2）留钢、留渣操作。无渣出钢，改善钢质，有利于精炼操作，留钢、留渣，有利电炉冶炼、节能。

3）炉底部出钢。降低出钢温度，节约电耗；减少二次氧化，提高钢的质量；提高电弧炉耐材寿命。

由于EBT电弧炉具有这些优点，所以在世界范围内迅速得到普及。目前，仍有一些冶炼不锈钢或高铬合金等高合金钢种的电弧炉采用槽式出钢。

8.1.1.4　水冷炉壁与水冷炉盖

超高功率大型电弧炉要采用水冷炉壁与水冷炉盖，其形式有板式、管式及喷淋式等，但比较普遍的是管式水冷炉壁。整个水冷炉壁由6～12个水冷构件组成，如图8-6所示。其材质主要有钢质与铜质，铜质水冷炉壁在炉壁的下面靠近渣线附近。对于偏心底出钢电炉，水冷炉壁布置在距渣线200 mm以上的炉壁上，占炉壁面积的80%～85%。另外，采用水冷炉壁后炉容积扩大，增加了废钢装入量。电弧炉水冷炉盖的材质为钢质，整个水冷炉盖可由一个水冷构件组成或由5~6个水冷构件组成，如图8-7所示，在水冷炉盖中间是耐材打结的小炉盖，用于进一步密闭炉体，保护炉盖上部设备。水冷炉壁、水冷炉盖的安装分为炉壳内装式与框架悬挂式两种，前者有完整的钢板炉壳，水冷炉壁、水冷炉盖采取内装式；后者没有完整的钢板炉壳，而是水冷的框架，依靠悬挂在上面的水冷炉壁、水冷炉盖组成完整的炉体。为了便于运输、安装、维护以及提高寿命，将装有水冷炉壁的整个炉体制成上、下两部分，在水冷炉壁的下沿与炉底及渣线分开，采用法兰连接。

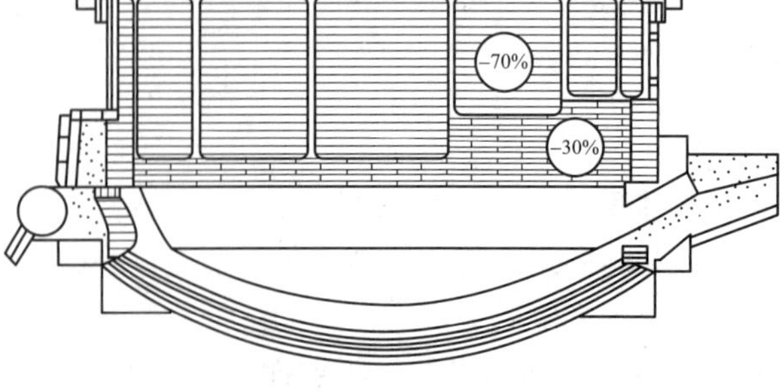

图8-6　电弧炉冷却板的典型安置方式

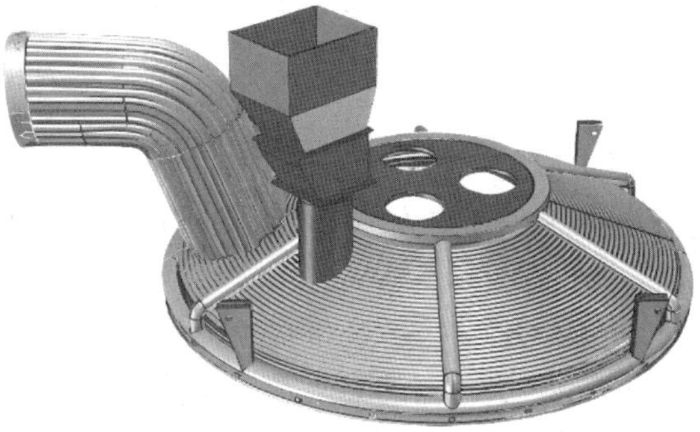

图 8-7 水冷炉盖

8.1.2 电炉倾动机构

电炉倾动机构就是为了满足电弧炉冶炼过程的出钢和出渣操作需要，实现炉子倾动的装置。冶炼过程的出渣，要求炉体向炉门方向倾动 10°~15°；出钢时，要求炉体能够向出钢方向倾动 40°~45°；偏心底出钢电炉要求向出钢方向倾动 12°~15°，以便于出净钢水。

倾动机构目前广泛采用摇架底倾结构（见图 8-8），它由两个摇架支撑在相应的导轨上，导轨与摇架之间有销轴或齿条防滑、导向。摇架与倾动平台连成一体，炉体坐落在倾动平台上并加以固定。倾动机构驱动方式多采用液压倾动，它是通过两个柱塞油缸推动摇架使炉体倾动，回倾一般依靠炉体自重。

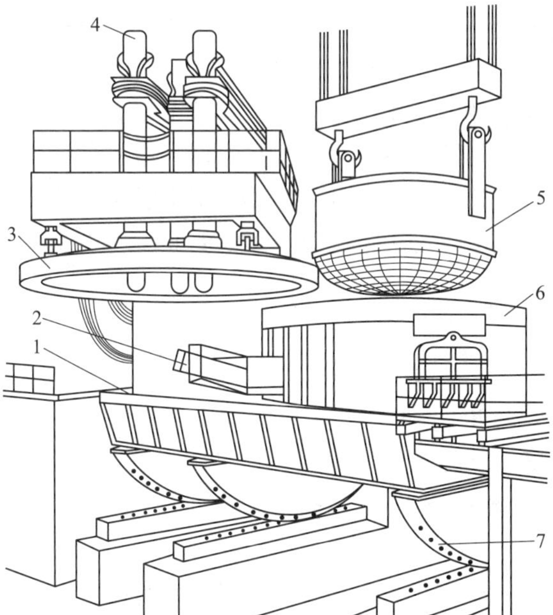

图 8-8 炉盖旋开式电弧炉

1—电炉平台；2—出钢槽；3—炉盖；4—石墨电极；5—装料罐；6—炉体；7—倾炉摇架

为了防止炉渣进入钢包中，偏心炉底出钢电弧炉采取提高电炉回倾速度的方法，由正常的1°/s提高至3~4°/s，因此要求用活塞油缸。

8.1.3 电极升降机构

电极升降机构由电极夹持器、横臂、立柱及传动机构等组成，它的任务是夹紧、放松、升降电极和输入电流。

（1）电极夹持器（或称为卡头、夹头）。电极夹持器多采用铜或内衬铜质的钢夹头，铬青铜的强度高、导电性好。电极夹持器的夹紧常用弹簧（碟簧），而放松则采用气动或液压，碟簧与气缸可装在电极横臂的上方或侧部。

（2）横臂。横臂用来支持电极夹头和布置二次导体，横臂要有足够的强度，大电弧炉常设计成水冷的。近年来，在超高功率电弧炉上出现一种新型横臂，称为导电横臂。导电横臂有铜-钢复合水冷导电横臂（覆铜臂）和铝合金水冷导电横臂（铝合金臂）两种，断面形状为矩形，内部通水冷却。

使用导电横臂的优点是：改善了阻抗和电抗指标，电极心圆直径小，电弧对称性和稳定性好，确保了高功率输入电能，提高了生产率，也降低了耐火材料消耗；电极横臂刚性大，电极可快速调节而不会造成系统振动；将电极横臂的导电和支撑两种功能合为一体，电极夹紧、放松机构安放在横臂内部，取消了水冷导电铜管、电极夹头和横臂之间的众多绝缘环节，使横臂结构大为简化，减小了维修工作量。

由于直流供电没有集肤效应，因而在直流电弧炉中使用覆铜钢板导电横臂是不合适的。使用铝合金横臂由于其装置轻，进一步提高了电极升降的速度和控制性能；由于振动衰减，可改善电弧的稳定性，又使电弧功率更加增大，因此铝合金横臂的应用在未来将有较大的发展空间。

（3）电极立柱。电极立柱为钢质结构，它与横臂连接成一个“Γ”形结构，通过传动机构使矩形立柱沿着固定在倾动平台上的导向轮升降，故常称为活动立柱。

（4）电极升降驱动机构。电极升降驱动机构的传动方式有电机与液压传动。液压传动系统启动、制动快，控制灵敏，速度高达6~10 m/min，大型先进电炉均采用液压传动，而且用大活塞油缸。

8.1.4 炉顶装料系统

8.1.4.1 炉盖提升旋转机构

炉盖旋开式（见图8-8）与炉体开出式相比较，它的优点是装料迅速、占地面积小、金属结构轻以及容易实现优化配置。炉盖提升旋转机构分为落地式和共平台式两种。

A 落地式

炉盖的提升和旋转动作均由一套机构来完成。升转机构有自己的基础，且与炉子基础分置（故又称分列式），整个机构不随炉子倾动。装料时，升转机构上升，将炉盖及其上部结构顶起，然后升转机构旋转，将炉盖旋开。由于炉盖旋开后与炉体无任何机械联系，所以装料时的冲击振动不会波及炉盖和电极，也延长了炉盖的使用寿命并减少了电极折断的情况。炉盖与旋转架之间用连杆固定。

落地式升转机构有两种形式：一种形式是炉盖的提升、旋转由一个液压缸完成，如升转缸，适用于10 t以下的小型炉子；另一种形式是炉盖的提升、旋转由两个液压缸来完成，即主轴先将炉盖顶起，然后在主轴下部的液压缸施加径向力，使主轴旋转，完成炉盖的开启，适用于大型炉子。

B　共平台式

炉体、倾动、电极升降及炉盖的提升旋转机构全都设置在一个大而坚固的倾动平台上，因炉子基础为一整体（故又称整体式），整个升转机构随炉体一起倾动。它的提升与旋转由分开的两套机构完成。

8.1.4.2　废钢料篮

炉顶装料是将炉料一次或分几次装入炉内，为此必须事先将炉料装入专门的容器内，然后通过这一容器将炉料装入炉内，这一容器通常称为料篮，也称料罐或料筐。废钢料篮主要有两种类型：链条底板式和蛤式，目前国内大多采用链条底板式，国外普遍采用蛤式。

A　链条底板式料篮

链条底板式料篮如图8-9所示。这种料篮上部为圆筒形，下端是一排三角形的链条板，链条板下端用链条或钢丝绳串联成一体，用扣锁机构锁住，并成一个篮底。料篮吊在起重机主钩上，扣锁机构的锁杆吊在副钩上。装料时，将料篮吊至炉内，用副钩打开篮底，使炉料跌落至炉膛内。料篮的直径比电炉熔炼室直径略小，以免装料时撞坏炉墙。

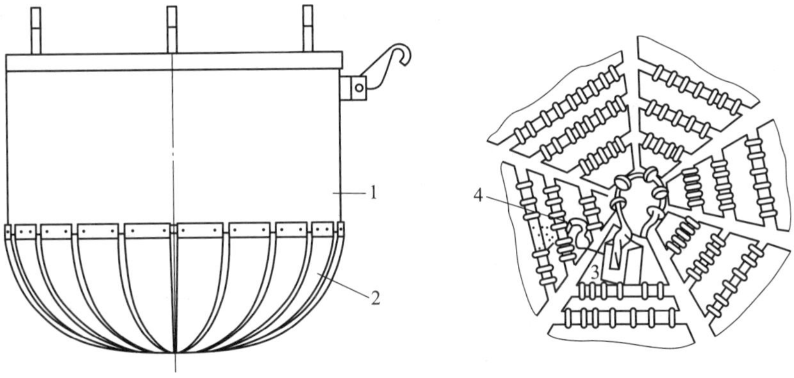

图8-9　链条底板式料篮

1—圆筒形篮体；2—链条板；3—扣锁挂钩；4—扣锁装置

链条底板式料篮的优点在于，装料时料篮可进入炉膛中，吊至距炉底300 mm的位置，减轻了炉料下落时的机械冲击；缺点是每次装完料后需将链条板重新串联在一起，劳动强度大，链条板和扣锁机构易被烧损或被残钢焊住，维修量大，同时这种料篮需放在专门的台架上。

B　蛤式料篮

蛤式料篮又称抓斗式料篮，如图8-10所示。这种料篮的底部能分成两半而向两侧打开，两个抓斗靠自重闭合，用起重机的副钩通过杠杆系统打开。

蛤式料篮的优点是能在一定程度上控制料篮底打开的程度，以控制炉料下落速度；同

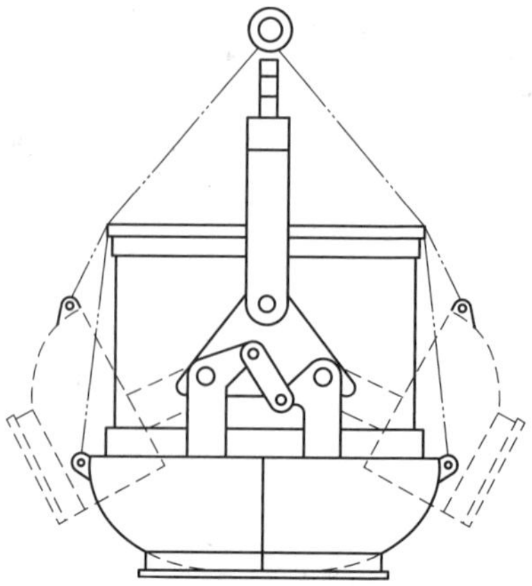

图 8-10 蛤式料篮

时，不需要人工串联链条板和专门的台架；缺点是料罐不能放入炉内，只能在电炉熔炼室的上部打开，炉料下落时的机械冲击大，装料时易损坏炉底。

8.2 电弧炉炼钢的排烟与除尘

钢铁工业对环境造成的污染，主要是排放的废水、废气和废渣（即三废），危害极大。其中，影响最大的是废气。目前中国的国家标准中规定：电弧炉除尘系统的烟气排放粉尘浓度小于 50 mg/m^3，部分地区要求执行超低排放标准，烟气排放粉尘浓度要求小于 10 mg/m^3。而电炉直接排放气体中的粉尘含量高于 20000 mg/m^3，1 t 钢的灰尘量高达 20 kg。某厂电弧炉粉尘的典型成分见表 8-1。粉尘粒度很细，小于 1 μm 的超过 50%。按照国家环境保护法要求，在建设冶金设备项目的同时，必须配建除尘设备。

表 8-1 电弧炉炼钢粉尘的典型成分 （质量分数,%）

FeO	ZnO	CaO	SiO_2	PbO	Fe_2O_3	其他
40	24	5	5	4	3	19

8.2.1 排烟方法

目前世界范围内，电炉采用的排烟方法有炉顶第四孔排烟法、车间屋顶大罩法、第四孔与屋顶结合法以及电弧炉密闭罩法等，如图 8-11 所示。

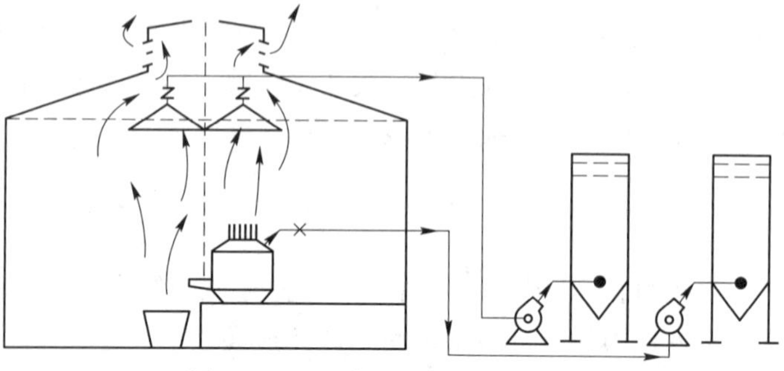

图 8-11 电炉排烟除尘方法示意图

（1）炉顶第四孔排烟法。随着电弧炉的大型化、高功率化，加大吹氧量，氧燃助熔，使烟尘量成倍增加，烟气温度也大为提高。这就要求车间由被动排烟变主动吸烟，以改善车间内的环境。故采取由炉顶直接从炉内吸出烟尘（又称为直接排烟法）的方法，即交流电弧炉中烟尘由炉顶第四孔（直流电弧炉为第二孔），经水冷弯管→燃烧室→降温除尘→排放。

炉顶第四孔排烟法的特点是需要的系统流量小，排烟效率高，但热损失大，且影响炉内冶金过程；在装料、出钢过程等停机时，烟尘不能吸收而产生二次烟尘。

（2）车间屋顶大罩法。车间屋顶大罩位于车间屋顶主烟气排放源顶端的最高处，工作时，电弧炉中的烟尘和车间中的野风同时被吸入大罩中排除。尤其是当车间内有几台电弧炉或多处排放烟气时，车间屋顶大罩均可以兼顾。

车间屋顶大罩法的特点是不影响炉内冶金过程和电弧炉的操作，较好地解决了车间多处烟气排放以及二次烟尘排放的问题，但车间内部环境改善不彻底，且有野风的大量带入，要求系统有很强的吸排能力。第四孔排烟法与车间屋顶大罩法结合比较完美，使车间内外环境均有所改善。

（3）电弧炉密闭罩法。电弧炉炼钢产生的烟尘用上述方法可以解决，但大型电弧炉在熔化炉料时会产生高强度噪声，达到 110 dB。为此，德国、美国等开发出全密闭罩或狗窝（doghouse），它是用一个内衬硅酸铝等隔热吸音材料的大罩将整个电弧炉密闭起来。这样在排烟的同时，还可以有效地抑制噪声，大大地改善了车间内的操作条件及减少对环境的污染。此密闭罩虽然造价高，但排烟效果好，排烟率接近 100%，罩外噪声可以降低 20~30 dB，因此近些年得到广泛采用。

电弧炉密闭罩法常与第四孔排烟法结合，并进行废钢预热；除具有上述优点外，还解决了烟尘的二次排放问题，减少了对炉内冶金过程的影响，并节约了能源。

第四孔排烟法结合电弧炉密闭罩法的实例，例如抚钢 50 t 电弧炉采用此种二级除尘，设计用第四孔排出的高温废气进行废钢预热。宝钢 150 t 双壳电弧炉则采取三级排烟，即炉顶第二孔排烟（为单电极直流电弧炉）+电弧炉密闭罩+车间屋顶大罩，使之成为“无烟”车间，并采用炉顶第二孔排出的高温废气对废钢进行预热。

8.2.2 除尘方法

除尘设备的种类很多，有重力、湿法、静电以及布袋除尘器等。大多数电炉除尘系统采用布袋除尘法。它是用多孔编织物制成的过滤布袋，有玻璃纤维的，工作温度为 260 ℃，但其寿命低，为 1~2 年；大多数用聚酯纤维（即涤纶）的，工作温度低，为 135 ℃，但涤纶耐化学腐蚀性能好、耐磨，其寿命高，为 3~5 年。与其他除尘设备相比，布袋除尘的优点为：价格便宜，设备简单、运行可靠、操作容易以及便于增容；主要缺点为：必须把烟气冷却到所选布袋材质能承受的水平，除尘系统占用空间较大。

布袋除尘器的结构与工作原理是：若干条数米长的布袋布置在除尘室中，在烟尘经冷却后（低于 135 ℃）进入除尘室中，经布袋过滤后的净气离开除尘室进入排气筒排空；当布袋中灰尘（外壁或内壁）聚积至一定厚度时，对气流的阻力加大，布袋的内外压差增大，将触发一个信号，启动空气反吹或振动装置，使灰尘由布袋外壁（或内壁）下落，进入到布袋除尘器下部的灰仓中，再经铰笼运送至储灰室，对灰尘定期进行清理。

8.3　电弧炉的电气设备

电弧炉的电气设备包括“主电路”设备和电控设备。一般电炉炼钢车间的供电系统有两个：一个系统由高压电缆直接供给电炉变压器，然后送到电弧炉上，这段线路称为电弧炉的“主电路”；另一个系统由高压电缆供给工厂变电所，再送到需要用电的其他低压设备上，这也包括电弧炉的电控设备，如高压控制柜、操作台及电极升降调节器等。

8.3.1　电弧炉的主电路

由高压电缆至电弧炉电极的一段电路，称为电弧炉的主电路。电弧炉冶炼所需的电能就是通过主电路输入炉内的。为了配合冶炼的正常进行，电弧炉还设有电极升降装置、倾炉机构、自动调节和换压装置等专用设备，服务于这些设备的电气设备构成了炉子的辅助电路，辅助系统的电源由全厂的变电所供给。

典型的传统交流电弧炉主电路如图 8-12 所示。它的作用是实现电-热转换，完成冶炼过程。

下面介绍主电路电器（元件）的组成及其作用。

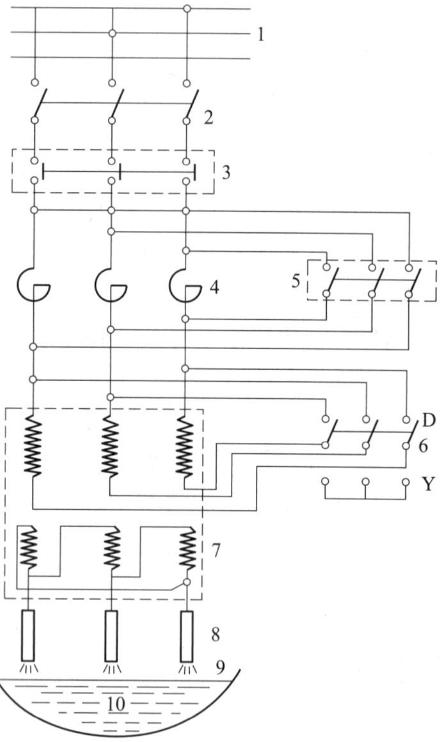

图 8-12　交流电弧炉主电路示意图

1—高压电缆；2—隔离开关；3—高压断路器；4—电抗器；5—电抗器短路开关；6—电压转换开关；7—变压器；8—电极；9—电弧；10—熔池

D—变压器绕组三角形接法；

Y—变压器绕组星形接法

8.3.1.1　隔离开关

隔离开关也称刀闸开关，用于确保与高压电源可靠地断开。常用的隔离开关是三相刀闸开关，这种开关没有灭弧装置，必须在无负载时才可接通或切断电路，因此隔离开关必须在高压断路器断开后才能操作。电弧炉停电或送电时，开关操作顺序是：送电时，先合上隔离开关，后合上高压断路器；停电时，先断开高压断路器，后断开隔离开关。否则，刀闸和触头之间会产生电弧，烧坏设备和引起短路事故等。为了防止误操作，常在隔离开关与高压断路器之间设有联锁装置，使高压断路器闭合时隔离开关无法操作。

隔离开关的操作机构一般有手动和电动两种。当进行手动操作时，应戴好绝缘手套并站在橡皮垫上，以保证安全。

8.3.1.2　高压断路器

高压断路器用于使高压电路在负载下接通或断开，并作为保护开关在电气设备发生故障时自动切断高压电路。电弧炉最初使用的高压断路器为油浸式（现在已经淘汰）、电磁式空气断路器（又称磁吹开关，适于频繁操作），目前普遍采用真空断路器（适于比较频繁的操作，可以较好地满足功率不断增大的要求，寿命比油浸式断路器高 40 倍）。

8.3.1.3 电抗器

电抗器串联在变压器的高压侧，其作用是使电路中感抗增加，以达到稳定电弧和限制短路电流的目的。

电抗器具有很小的电阻和很大的感抗，能在有功功率损失很小的情况下，限制短路电流和稳定电弧。但是它的电感量大，使无功功率增大，降低了功率因数，从而降低了变压器的有功输出功率。因而电抗器的接入时机和使用时间必须加以控制，一旦电弧燃烧稳定，就应及时从主回路上切除，以减少无功功率消耗。现在的电弧炉普遍采用带抽头的可调容量的电抗器，可根据电弧燃烧情况，适时地调整投入系统的电抗器容量。

小炉子的电抗器可装在电炉变压器箱体内部，大炉子则单独设置电抗器。意大利 Danieli 公司研制的 Danarc 交流高阻抗电炉技术，就是在炉子变压器的一次侧串联了一台饱和电抗器，以减少电网闪烁。

8.3.1.4 电炉变压器

A 电炉变压器的特点

电炉变压器是一种特制的专用变压器，属于降压变压器。它把高达 6000~110000 V（甚至更高）的高电压低电流变为 100~1000 V 的低电压大电流，供给电弧炉使用。

变压器的心脏是铁芯与原边和副边绕组。三相变压器是由三个原边绕组和三个副边绕组构成的，或这些绕组都绕在一个公共的铁芯上。当交变电流流过原边绕组的线圈时，产生交变磁通，交变磁通在副边绕组中产生感应电动势。

原边绕组的匝数 n_1 和副边绕组的匝数 n_2 之比，或变压器在空载下的原边电压 U_1 和副边电压 U_2 之比，称为变压器的变压比 K。

变压器中的能量损失是很小的，如果忽略变压器的损耗，可得：

$$K = \frac{n_1}{n_2} = \frac{U_1}{U_2} = \frac{I_2}{I_1} \tag{8-1}$$

变压器的副边电流 I_2 为原边电流 I_1 的 K 倍，即：$I_2 = KI_1$；而副边电压 U_2 为原边电压 U_1 的 $1/K$ 倍，即：$U_2 = U_1/K$。

三相变压器的额定视在功率（KV · A）为：

$$S_H = \sqrt{3} U_1 I_1 \tag{8-2}$$

三相变压器输出的有功功率（kW）可以用如下公式计算（三角形、星形接法皆可）

$$P = \sqrt{3} U_1 I_1 \cos\varphi \tag{8-3}$$

式中 U_1——线电压，V；

I_1——线电流，kA；

$\cos\varphi$——负载的功率因数。

一般电炉变压器副边绕组都是采用三角形接法，而原边绕组的接法可以改变。

电炉变压器负载是随冶炼时间变化的，特别在熔化期，电炉变压器经常处于冲击电流较大的尖峰负载。电炉变压器与一般电力变压器比较，具有如下特点：（1）变压比大，副边电压低而电流很大，可达几千至几万安培；（2）有较大的过载容量（为 20%~30%），工作时的温升不会影响变压器寿命；（3）根据熔炼过程的需要，副边电压可以调节；（4）有较高的机械强度，经得住冲击电流和短路电流所引起的机械应力。

B　电弧炉变压器的电压调节

电弧炉炼钢的不同阶段所需的电能不同，电弧炉变压器的调压是通过改变线圈的抽头和接线方法来实现的。变压器的原边绕组可以接成三角形，也可以接成星形。当原边绕组由三角形改接成星形时，副边侧的电压是未改变接法以前的 $1/\sqrt{3}$ 倍。为了获得更多的电压级数，采用变压器原边绕组的抽头，再配合变换三角形和星形接法来调整电压。利用这些抽头可以改变原边线圈的匝数，从而获得更多的电压比。从理论上讲，改变副边线圈也可达到调压目的，但是副边线圈的截面很大，在低压侧装置分接开关极为不便，因此在变压器的高压侧配有电压抽头调节装置，如图 8-13 所示。无载调压装置是一种机构比较简单的调压开关，在转换电压时，必须先断开断路器使变压器停电，目前在炼钢电弧炉中已很少应用。调压装置有手动、电动和气动三种。

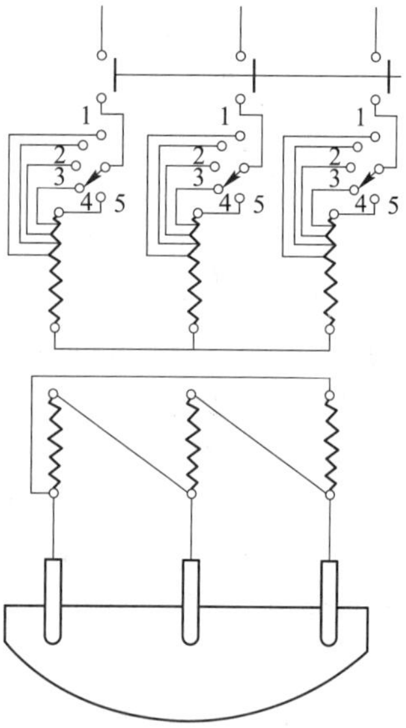

图 8-13　带有抽头引出线的变压器绕组

用电子计算机程序控制的电弧炉，要在熔化、精炼等阶段自动调节输入功率。若要不停电转换电压，变压器抽头就要在有载情况下更换，这就需要用有载调压开关。

有载调压工作原理如图 8-14 所示。它由选择开关 m 和 n、T 形转换开关 K 和限流电阻 *R* 组成。转换开关 K 和电阻 *R* 装于绝缘筒做的小箱内，小箱内装有灭弧用的油，灭弧油必须和变压器的油隔开，不能相混。

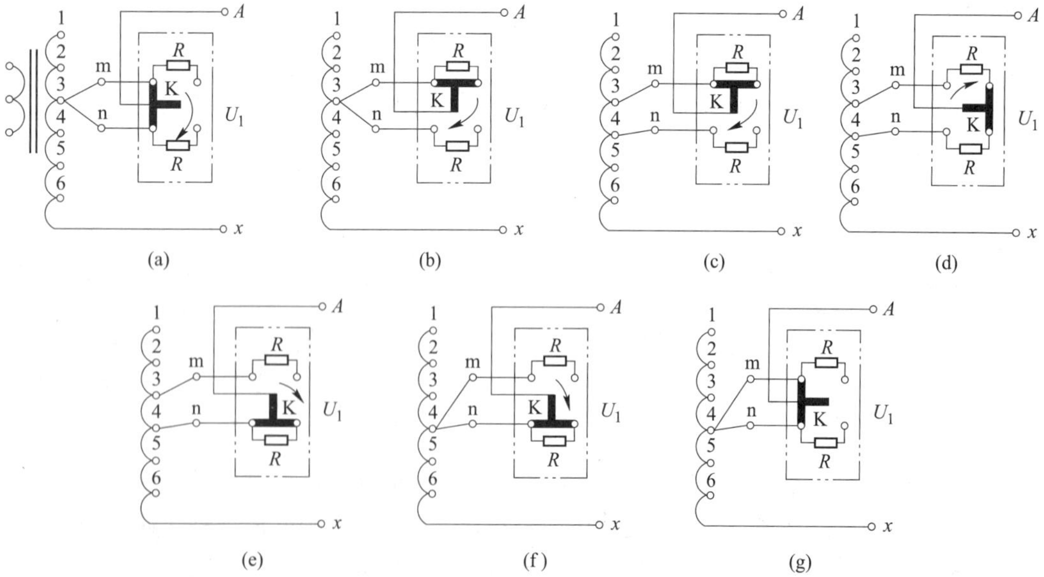

图 8-14　有载调压的工作原理图（一相，以第 3 级转到第 4 级为例）

（a）初始状态；（b）电刷移位中（升压）；（c）电刷切换至中间位置（升压）；（d）电刷移位完成（升压）；（e）电刷移位中（降压）；（f）电刷切换至中间位置（降压）；（g）电刷移位完成（降压）

在改变电压时，T形开关K可转动360°。在转动过程中，选择开关m和n与K相联系，有步骤地从一个分接头转接到相邻的另一个分接头。在转换电压的过程中，高压绕组中的工作电流从未切断，选择开关m和n也从不切断电源。在m和n分别和相邻两分接头相接时，两个电阻R用来限制此段分接线圈中的电流。

由于有载调压操作调压时不需要变压器停电，因此可减少炉子热停工时间，提高了生产率。对于电网来说，可避免断电和送电造成的电压波动；并且比无载调压能更多地更换电压级数，更能适合所需的温度制度。但是，有载调压开关如果损坏，就要停炉修理或更换。

C　电炉变压器的冷却

变压器运行时，由于铁芯的电磁感应作用，会产生涡流损失和磁滞损失，也就是“铁损”；同时，线圈流过电流，因克服电阻而产生“铜损”。铁损和铜损会使变压器的输出功率降低，变压器发热。变压器发热会使绝缘材料变质老化，降低变压器的使用寿命。温度过高还易引起绝缘失效，造成线圈短路，烧坏变压器。变压器工作时，要求线圈的最高温度低于95 ℃。新型变压器的温度计就埋在线圈之中，直接监测线圈温度。但通常的变压器是用油面温度计来检测线圈温度的，由于油面温度与线圈实际温度之间还有一个差值，所以允许的最大油面温度还要低。对于油浸自冷式变压器，最大油面温度应更低些。变压器往往还规定了最大温升（变压器的工作温度减去它周围大气温度的差值），周围大气温度一般以夏季最高温度35 ℃计算。在自然通风条件下，油浸自冷式变压器线圈的最大温升为60 ℃，油面的最大温升为50 ℃。

电弧炉变压器的冷却主要有两种方式，即油浸自冷式和强迫油循环水冷式，如图8-15所示。油浸自冷式的铁芯和线圈浸在油箱中，油受热上浮进入油管被空气冷却，之后再从下部进入油箱。强迫油循环水冷变压器的铁芯和线圈也浸在油箱中，用泵将变压器油抽至

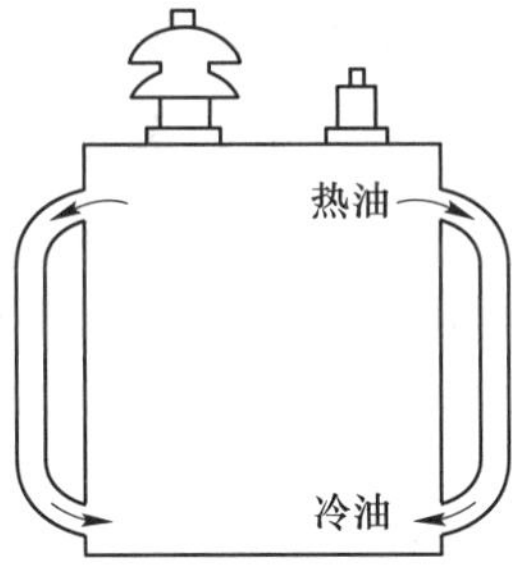

(a)

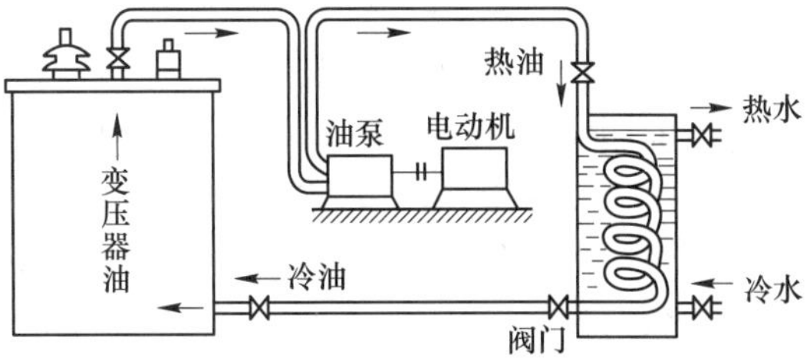

(b)

图8-15　电炉变压器的冷却方式示意图
（a）油浸自冷式；（b）强迫油循环水冷式

油水冷却器内强制冷却，冷却后的油流回变压器油箱内。为了保证冷却水不至于因油管破裂而渗入管内，油压必须大于水压。

8.3.1.5 短网

短网是指从变压器副边（低压侧）引出至电极的这一段线路。短网的结构如图 8-16 所示，它包括硬铜母线（铜排）、软电缆、炉顶水冷铜管（或导电横臂）和石墨电极。这段线路为 10~20 m，但导体截面很粗，通过的电流很大，又称为大电流导体（或大电流线路）。短网中的电阻和感抗对电炉装置和工艺操作影响很大，在很大程度上决定了电弧炉的电效率、功率因数以及三相电功率的平衡。

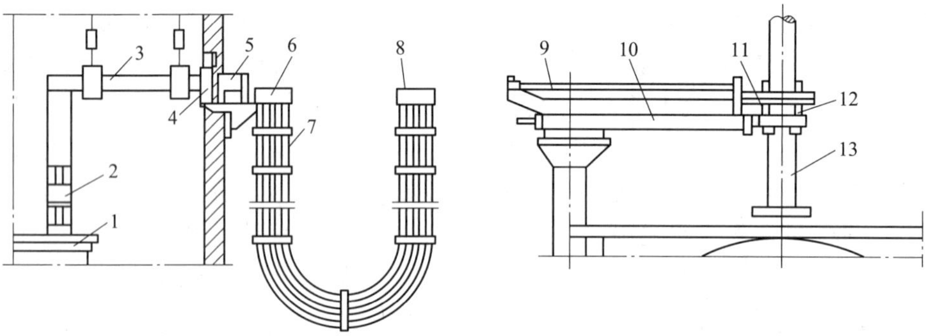

图 8-16 中小容量电弧炉的短网结构

1—炉子变压器；2—补偿器；3—矩形母线束；4—电流互感器；5—分裂母线；6—固定集电环；7—可绕软电缆；8—移动集电环；9—导电铜管；10—电极把持器悬臂；11—供给电极夹板的软编线束；12—电极把持器；13—电极

从变压器副边绕组出线端到变压器室外面的软电缆接头处，是硬铜母线。根据“周长与横截面积之比越大，自感系统越小”这一规律来选择导体最有利的截面形状。硬铜母线通常采用矩形铜板，其高宽比为 10~20，允许的电流密度为 1.5~2.0 A/mm^2。有的电炉采用空心铜管代替铜板制作铜排，由于铜管内部可以通水冷却，既提高了电流密度，又减少了接头处的维修。

在变压器副边绕组出线端与硬铜排之间采用一段软线电缆连接（长约 400 mm，线径与硬铜排之后的软电缆相同），其优点是：可减小其与变压器连接处的振动，避免造成连接螺丝松脱；减小电阻，提高输出功率；减少变压器因振动而漏油的概率。

软电缆又称软母线，首尾与铜排及水冷导电铜管相连，软电缆的长度以能满足电极升降和炉体倾动为限。软电缆由细铜线绕成，力求有较大的表面积，根据变压器额定电流的大小，采用多根软电缆并联连接。软电缆一般为裸铜电缆，允许的电流密度为 1.0~1.5 A/mm^2，如果在裸铜电缆外套水冷胶管，允许的电流密度可以提高 2~3 倍，同时可起到节约电缆根数和提高使用寿命的效果。

目前电炉短网应用的大截面柔性水冷电缆，是将一相的各股水冷电缆组成圆形，内外由胶管固定并通水冷却。这种大截面集束电缆的优点是：能阻抑电磁振动，防止磨损，使用寿命成倍提高；阻抗减小，运行稳定，允许电流密度为 4.5 A/mm^2，使变压器出力提高

10%~15%、节电 3%~5%，并可降低炉衬材料烧损。

水冷导电铜管装在电极横臂的上方，首尾与软电缆及电极夹头相连。每相电极有 2 根水冷导电铜管，管臂厚度一般为 10~15 mm，管内通水冷却，允许的电流密度为 3.5~6.0 A/mm^2。

因为在短网中通过巨大的电流（可达几万安培），减小短网中的电阻和感抗对降低电能损失具有重大意义。一般从隔离开关至电极这段主回路上的电能损失为 7%~14%，短网上的电能损失占 4.5%~9.5%，电极上的电能损失为 2%~5%。为了减少短网的电阻和感抗，要尽量缩短短网的长度，连接螺丝及二次穿墙铜排的防护板宜采用非磁性材料。各接头处，尤其是电极与夹头、电极与电极之间应该紧密连接，以减小接触电阻。一般采用管状或板状导体以减少电流的集肤效应，短网的全部或局部尽可能采用水冷电缆。短网各相导体之间的位置尽可能互相靠近，但导体与粗大的钢结构应离得远一些。

短网电缆平行导线上的电流所产生的电磁力相互作用，使导体时推时吸，会造成软电缆左右摇摆。为防止短路，在每相导体上架设方木框或采用水冷胶皮电缆使之分隔，短网与炉壳之间应严格绝缘。

8.3.1.6 电极

电极是短网中最重要的组成部分。电极的作用是把电流导入炉内，并与炉料之间产生电弧，将电能转化成热能。电极要传导很大的电流，电极上的电能损失占整个短网上电能损失的 40%左右。电极工作时要受到高温、炉气氧化及塌料撞击等作用，这就要求电极能在冶炼的恶劣条件下正常工作。

A 对电极物理性能的要求

对电极物理性能的要求主要有：

（1）导电性能良好，电流密度大（28~15 A/cm^2），电阻系数小（8~10 $\Omega \cdot mm^2/m$），以减少电能损失。

（2）电极的热导率高，热膨胀系数小，弹性模量小，以提高电极抗热震性能。

（3）体积密度大，气孔率小，抗氧化性好，以利于在空气中开始强烈氧化的温度有所提高。

（4）在高温下具有足够的机械强度。

（5）几何形状规整，以保证电极和电极夹头之间接触良好。

电极原料由石油焦粉（小于 74 μm）、沥青焦粉（小于 74 μm）（两者比例为 75%：25%）以及黏结剂（约 20%的沥青）组成，经预热到 150 ℃后搅拌混匀，采用降温挤压成型。在焙烧炉中加热至 1250 ℃（约两周时间）使黏结剂碳化，电极结构成为较坚硬的、颗粒粗大的无定形碳，这就是所谓的炭素电极。然后将炭素电极放入 2300~2500 ℃电阻炉内进行石墨化处理，以电极本身作为电阻元件，使炭素电极由无定形片状石墨转变为六角形结晶体。在石墨晶体长大过程中，炭素电极中的杂质灰分被大量去除，从而减小了电阻率，增大了电极强度。石墨化过程中每吨电极电耗为 5000~7000 kW·h，故石墨电极的价格比炭素电极高出 1.3~2.6 倍。目前，电炉普遍采用石墨电极。石墨电极通常又分为普通功率和高功率（超高功率）电极，其理化性能见表 8-2。

表 8-2 超高功率石墨电极的理化指标（YB/T 4090—2015）

名称		电极直径/mm			
		300~400	450~500	550~650	700~800
电阻率/μΩ·m	电极	≤6.2	≤6.3	≤6.0	≤5.8
	接头	≤5.3	≤5.3	≤4.5	≤4.3
抗折强度/MPa	电极	≥10.5	≥10.5	≥10.0	≥10.0
	接头	≥20.0	≥20.0	≥22.0	≥23.0
弹性模量/GPa	电极	≤14.0	≤14.0	≤14.0	≤14.0
	接头	≤20.0	≤20.0	≤22.0	≤22.0
体积密度/$g \cdot cm^{-3}$	电极	≥1.67	≥1.66	≥1.66	≥1.68
	接头	≥1.74	≥1.75	≥1.78	≥1.78
热膨胀系数/℃	电极	$\leq 1.5\times10^{-6}$	$\leq 1.5\times10^{-6}$	$\leq 1.5\times10^{-6}$	$\leq 1.5\times10^{-6}$
	接头	$\leq 1.4\times10^{-6}$	$\leq 1.4\times10^{-6}$	$\leq 1.3\times10^{-6}$	$\leq 1.3\times10^{-6}$
灰分/%		≤0.5	≤0.5	≤0.5	≤0.5

注：热膨胀系数测试条件为室温至 600 ℃。

B 电极消耗原因分析

电极消耗由四个部分组成：端部消耗、侧面氧化、残端损失和电极折断。其中，前两个为连续性消耗，后两个为间歇性消耗。因此，常把残端损失与电极折断合并为电极折断损失。端部消耗和侧面氧化占电极消耗的 30%~70%，残端损失占 5%~20%，电极折断损失占 3%~10%。可见，端部消耗和侧面氧化最重要。采用电极喷淋冷却后，侧面氧化程度大幅度降低。表 8-3 给出了电极各部分消耗原因与影响因素。

表 8-3 电极各部分消耗原因及影响因素

消耗类型	电极消耗原因	影响因素
端部消耗	电弧柱高温和温差引起的端部热剥落	电弧电流、端部直径和电极性能，综合为端部电流密度
	电极端石墨的升华	
	化学磨蚀（钢水、熔渣的冲刷和溶解）	端部直径、钢水和熔渣成分
侧面氧化	侧面氧化反应	电弧区气体成分、流速、温度，电极表面温度，电极表面积
电极折断	因机械作用造成，常见折断部位有：电极上端接头处螺母孔底部断面、接头断面（常见于接头上端和下端的端面处断面、接头中心断面）	电极质量、塌料、装料、熔化操作不当、电磁力、热应力，电弧区熔渣、钢水和气体的温度差引起的热冲击

C 降低电极消耗的措施

电极消耗在电炉钢生产成本中占 8%~10%，根据冶炼钢种不同、炉型不同、配置的核心技术不同，通常采用全废钢冶炼的传统电弧炉的电极消耗水平为 1.6~5 kg/t 钢水，采用全废钢冶炼的废钢预热型电弧炉的电极消耗水平为 0.6~1.5 kg/t 钢水。电极消耗的主要原因是折断、氧化、炉渣、炉气的侵蚀以及在电弧作用下的剥落和升华。为了降低电极消耗，主要应提高电极本身质量与加工质量，提高废钢预热温度，提高电极供电系统的电热转换效率，缩短冶炼时间，防止因设备和操作不当造成的各种事故。降低电极消耗的具体措施是：

（1）减少由机械外力和电磁力引起的电极折断和破损。避免因搬运、炉内塌料和操作不当引起的直接碰撞而损伤电极；避免电磁力引起电极与电极夹头之间松动而产生微电弧，造成电极损坏或脱落折断。

（2）电极应存放在干燥处，严防受潮，受潮电极在高温下易掉块和剥落。

（3）减少电极接头的电损失。接电极时，去净上下电极端面、丝孔以及连接螺丝的灰尘，并用力拧紧。有的厂在电极连接端头打入电极销子加以固定，有的电极销子采用表面镀铜，具有导电好、电阻小、销子周围不起弧的优点。有的厂在电极接头丝扣内的上下端面放置接头膏，接头膏做成圆形薄片，材质为石墨基料加黏结剂，接头膏在高温熔化后充填丝扣缝隙，也可防止退丝松动。

（4）减少电极周界的氧化消耗。电极周界（侧面）的氧化消耗占总消耗的55%～70%。石墨电极从550 ℃开始氧化，在750 ℃以上急剧氧化。减少周界氧化消耗的措施是：对电极上部区域进行水雾喷淋冷却降低电极温度，加强炉子的密封性，减少侵入炉内的空气，如紧闭炉门、减少炉门开启时间、减少电极孔缝隙；缩短高温精炼时间，出钢后严禁赤热电极长期暴露在炉外冷空气中；在电极周界表面采用涂层保护。

对电极涂层的要求是：在高温下不易氧化，并且能与电极黏附良好。电极涂层有导电涂层和非导电涂层两种类型。导电涂层是在电极周界表面上喷涂两种或两种以上的金属，如铁和铝或镍和铝作保护层；有的还喷70%Al、20%Si、10%Cr的涂料，这种涂层还可以增加电极的导电率。非导电涂层是在电极周界表面上喷涂或刷涂一层陶瓷涂料，这种涂料是以碳化硅为基料，用水玻璃作黏结剂，有少部分焦油和铝粉；也有的非导电涂层是由一些耐火度较高的氧化物组成，由于涂层不导电，因此应留出与电极夹头接触的地方。

（5）降低电极端部的消耗。电极端部消耗占总电极消耗的15%～25%。当电弧连续燃烧时，电极端部的温度可高达3600～4000 ℃，这个温度使电极端部氧化十分剧烈，电极端部在2300 ℃以上时显著升华。电极端部的消耗与电弧电流、电弧长度、炉渣成分及厚度有关，一般规律是：采用长电弧、高碱度、低FeO含量的薄渣层，有利于降低电极端部消耗。

（6）提高电极调节器自动升降的灵敏度（4～7 m/min），也有利于降低电极消耗。

（7）强化管理，严格执行配电、配料、装料等关键操作制度，以减少非正常消耗。

目前国内外提高电极质量的方向，一是研制高密度（大于1630 kg/m^3）的石墨电极，这种电极的导电能力大；另一种是研制纤维石墨电极（以针状沥青为原料），电极的结晶组织具有方向性，其导电性（28～30 A/cm^2）、热传导性、抗氧化性、强度等性能都优于同等断面的普通功率电极，这种电极对发展大型电炉和超高功率电炉有很大意义。试验结果表明，电弧的稳定性主要受几何形状的影响，短而粗的电弧输入功率比较均匀稳定。研究发现，中空电极的电弧比实心电极的电弧更为稳定，因此，中空石墨电极正在研制之中。

水冷复合电极由上部的水冷电极柄和下部的石墨电极组成，如图8-17所示。水冷电极柄是非消耗品，由同心的三根不锈钢套管组成。冷却水从中心管进入，通过水冷接头经两根外套管之间的环形间隙流出，内壳和中心管之间的空间与大气相通。为了避免氧化以及保证良好的导电性，水冷部分的表面加工得很光滑，与电极夹持器之间有良好的配合。水冷复合电极通过水冷的金属螺纹接头与石墨电极连接，这种水冷螺纹接头能经受较大的扭距，在使用过程中能减少断裂。水冷复合电极均带有安全监控装置，当水量超过最低要求或水温超过允许的最高水温时，电极能自动地提升到炉外。水冷复合电极不仅可消除电极的高位断裂，能大幅度地降低电极消耗，而且能提高炉盖的使用寿命。

8.3.1.7 电弧

电弧是一种气体放电现象，电弧炉主要利用电弧对废钢进行加热、熔化。从电炉操作的表面现象看，电弧产生过程为：合闸后，首先使电极与钢铁料做瞬间接触，而后拉开一定距离，电弧便开始燃烧起弧。实质上，当两极（电极与钢料）接触时产生非常大的短路电流（$I_d=(2\sim4)I_n$，I_n为额定电流），在接触处，由于焦耳热而产生赤热点，于是在阴极将有电子逸出。当两极拉开一定距离后（形成气隙），极间就是一个电场（存在一个电位差）。在电场作用下，电子向阳极加速运动，在运动过程中与气体分子、原子碰撞，使气体发生电离，这些电子与新产生的离子、电子在电场中做定向加速运动的过程又使另外的气体电离。这样，电极间隙中的带电质点数目会突然增加，并快速向两极移动，气体导电形成电弧。

由此可见，电弧产生过程大致分四步：(1) 短路热电子放出；(2) 两极分开形成气隙；(3) 电子加速运动气体电离；(4) 带电质点定向运动，气体导电，形成电弧。这一过程是在一瞬间完成的，电极与钢料交换极性，电流以 50 次/s 的频率改变方向。

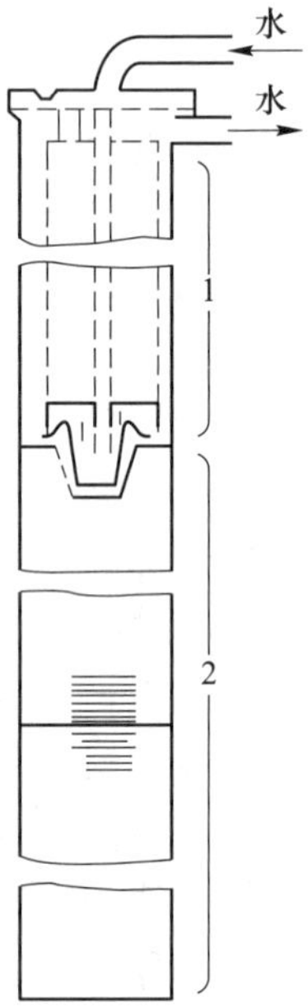

图 8-17 水冷复合电极
1—水冷电极柄；2—石墨电极

8.3.2 电弧炉电控设备

电弧炉的电控设备，包括高、低压控制系统及其相应的台柜、电极自动调节器等。

8.3.2.1 高压控制系统

高压控制系统的基本功能是接通或断开主回路及对主回路进行必要的保护和计量，一般电炉的高压控制系统由高压进线柜（高压隔离开关、熔断器及电压互感器）、真空开关柜（真空断路器及电流互感器）、过电压保护柜（氧化锌避雷器组及阻容吸收器）、三面高压柜以及置于变压器室墙上的高压隔离开关（带接地开关）组成。

相应高压柜上装有隔离开关操作手柄或按钮、真空断路器的操作按钮、电抗器及变压器的仪表信号装置等，高压系统计量的主要技术参数有：高压侧电压、高压侧电流、功率因数、有功功率、有功电度。

8.3.2.2 低压控制系统

电炉的低压控制系统由低压开关柜、基础自动化控制系统（含电极自动调节系统）、人机接口相应网络组成。

低压开关柜主要由低压电源柜、电动机控制柜及电炉操作台柜等组成。

基础自动化系统主要是指PLC（可编程逻辑控制器）柜，用于对电弧炉系统所有设备的控制。

电炉操作台上安装有控制电极升降的手动、自动开关，炉盖提升旋转、电炉倾动及炉门、出钢口等炉体操作开关，低压仪表和信号装置等。

8.3.2.3 电极自动调节器

电极自动调节系统包括电极升降机构与电极自动调节器，重点是后者。电弧炉对调节器的要求有：（1）要有高灵敏度，不灵敏区不大于6%；（2）惯性要小，速度由零升至最大速度的90%时，需要时间 $t \leqslant 0.3$ s，反之 $t \leqslant 0.2$ s；（3）调整精度要高，误差不大于5%。

电极升降自动调节系统由测量、放大、操作等基本元件组成。测量元件测出电流和电压的大小并与规定值进行比较，然后将结果传给放大元件，在放大元件中将信号放大，动作元件接到放大的信号后启动升降机构，以自动调节电极的高度，从而稳定电弧的燃烧。

按电极升降机构驱动方式的不同，电极升降调节器可以分为机电式调节器和液压式调节器两种。通常，前者用于容量20 t以下的电弧炉，后者用于30 t以上的中大型电弧炉。

机电式电极升降调节器的类型有：电机放大机-直流电动机式、晶闸管-直流电动机式、晶闸管-转差离合器式、晶闸管-交流力矩电机式和交流变频调速式等，目前应用的主要是后两种及微机控制的产品。

液压式调节器按控制部分的不同，分为模拟调节器、微机调节器和PLC调节器三种形式，前两种已经逐渐被PLC调节器取代。目前，电弧炉基本上都是采用PLC控制。

A 电液随动阀-液压传动式调节器

电液随动控制系统的工作原理如图8-18所示。电弧电流产生偏差时，电气控制系统将测量比较环节传来的偏差信号放大后，输给驱动磁铁，驱动磁铁根据偏差信号使随动阀的阀芯向上或向下移动。阀芯的移动控制着阀体的进液量和回液量，从而使液压缸高压液体增加或减少。增加时，立柱向上提升电极；减少时，依靠电极和立柱的自重使电极下降。当检测的实际值与设定值在预设区间时，测量环节无信号输出，随动阀的阀芯处于中间位置，电极不动。

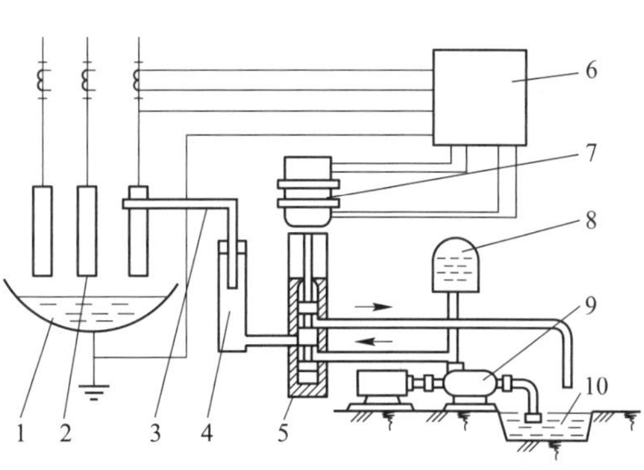

图8-18 电液随动控制系统的工作原理示意图

1—熔池；2—电极；3—电极升降装置；4—液压缸；5—随动阀；6—电气控制系统；7—驱动磁铁；8—压力罐；9—液压泵；10—储液池

电液随动阀-液压传动调节系统同时具有电气系统和液压系统的优点，比其他的电极自动调节系统具有更高的灵敏度，其升降速度更快，输出功率也大。

B　微机控制系统

随着计算机技术的不断开发和应用，电弧炉电极自动调节技术也取得了新成果。图 8-19 是电弧炉微机控制交流电动机变频无级调速电极自动控制系统，包括以下 3 个单元：

（1）拖动电极升降的执行元件，标准系列鼠笼形交流电动机；

（2）给交流电动机供电的微机控制变频装置；

（3）自动调节器，由微机调节器和电子调节器构成，两台机器具有相同的控制功能，互为备用。

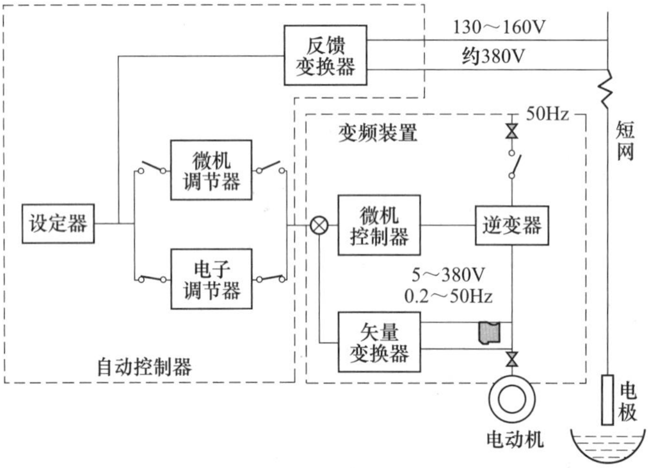

图 8-19　电弧炉微机控制交流电动机变频无级调速电极自动控制系统的单相简化原理框图

自动控制调节器采集三相电弧电流和短网电压作为反馈控制信号，按照冶炼工艺要求设计控制程序。根据各冶炼期的不同设定值进行程序运算，输出频率给定信号和电动机运转指令信号，独立地分相自动控制 3 台电动机拖动 3 根电极，调节其与炉料之间的距离，实现系统恒流控制。该系统是一个直接数字控制、数字设定、数字显示、数字保护的交流电动机变频调速系统，具有故障少、控制精度高、结构紧凑、性能优越等优点。

随着人工智能技术的应用和发展，出现了智能电弧炉，实现了将人工智能技术应用于改善电极电流工作点的设定和控制。近年来，也有用可编程序控制器 PLC 作为电极调节器控制单元的，使用效果也很好。

8.3.3　电炉电气特性及供电制度

简言之，供电制度是指电炉冶炼各阶段采取的电压与电流。供电制度的严格定义是指某一特定的电弧炉，当能量供给制度确定之后，在确定的某一电压下工作电流的选择。因此，电气特性是制定供电制度的基础。

8.3.3.1　电炉等值电路

为了便于问题的分析，将主电路图（见图 8-12）简化为三相电原理图。从电路的角度，经一定方法处理可以把三相电原理图中的电抗器、变压器与短网等用一定的电阻和电抗来表示；而把每相电弧看成一个可变电阻，三个电弧对变压器构成星形接法的三相负载，中点是金属。经过一定方法处理（折算），可得到电炉三相等值电路图，如图 8-20（a）所示。当电炉三相等值电路的三相为对称负载时，即三相电压、电流及电弧电阻相等时，可以用单相等值电路来表示三相等值电路，如图 8-20（b）所示。

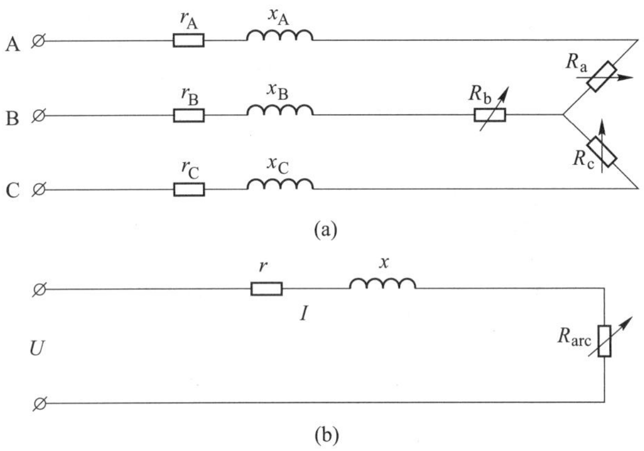

图 8-20　电弧炉等值电路

（a）三相等值电路；（b）单相等值电路

U—单相等值电路的相电压，$U=U_2/\sqrt{3}$；I—电弧电流；r—单相等值电路电阻，$r=r_{抗}+r_{变}+r_{网}+r_{抗}$；

x—单相等值电路电抗，$x=r_{抗}+x_{变}+x_{网}$；R_{arc}—电弧电阻

8.3.3.2　电弧炉的电气特性

对于电弧炉的电气特性，在此主要研究某一电压下，电弧炉的各个电气量值随电流变化的规律性。

A　电气特性曲线

由图 8-20（b）单相等值电路看出，它是一个由电阻、电抗和电弧电阻三者串联的电路。按此电路，根据交流电路定律，可以作出阻抗三角形、电压三角形和功率三角形，如图 8-21 所示。

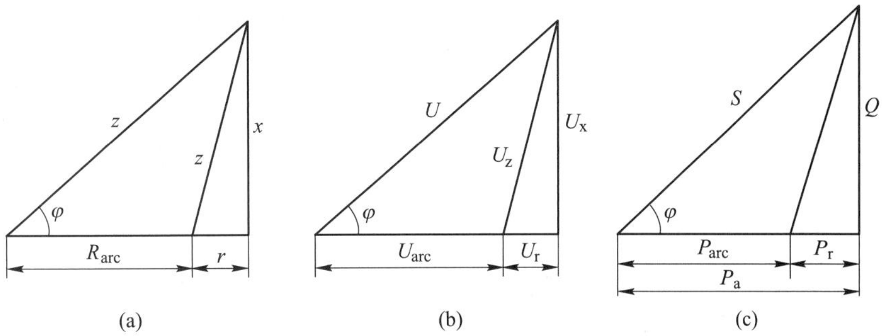

图 8-21　阻抗、电压和功率三角形

（a）阻抗三角形；（b）电压三角形；（c）功率三角形

由图 8-21 可写出表示电路各有关电气量值的表达式，见表 8-4。由表 8-4 中公式可看出，上述各电气量值在某一电压下（x、r 一定）均为电流 I 的函数。故可将它们表示在同

一个坐标系中，如图 8-22 所示，图中的横坐标为电流，纵坐标为各电气量值，这样便得到理论电气特性曲线。

表 8-4 电路各有关电气量值的表达式

序号	参 数	单 位	符号及计算公式	备注
1	相电压	V	$U=U_2/\sqrt{3}$	
2	二次电压	V	U_2	
3	总阻抗	MΩ	$z=\sqrt{(r+R_{arc})^2+x^2}$	
4	电弧电流	kA	$I=U/z$	
5	表观功率	kV·A	$S=\sqrt{3}IU=3I^2z$	三相
6	无功功率	kW	$Q=3I^2x$	三相
7	有功功率	kW	$P=\sqrt{S^2-Q^2}=3I\sqrt{U_\Phi^2-(Ix)^2}$	三相
8	电损失功率	kW	$P_r=3I^2r=P-P_{arc}$	三相
9	电弧功率	kW	$P_{arc}=3I^2R_{arc}=3IU_{arc}=3I(\sqrt{U^2-(Ix)^2}-Ir)$	三相
10	电弧电压	V	$U_{arc}=P_{arc}/(3I)$	
11	电效率	%	$\eta=P_{arc}/P$	
12	功率因素	%	$\cos\varphi=P/S$	
13	辅材磨损指数	MW·V/m²	$R_E=U_{arc}^2I/d^2$	

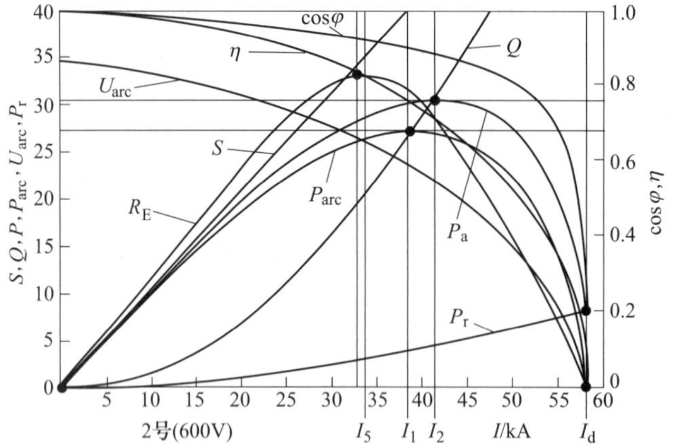

图 8-22 电弧炉的电气特性曲线

B 几个特殊点的讨论

由图 8-22 中电气特性曲线上可以看出，有如下几个特殊点（从左至右）。

a 空载

空载（用下角标“0”表示）相当于电极抬起，呈“开路”状态，没有电弧产生，此时，$R_{arc}\to\infty$，$I_0=0$，$P_0=0$。

讨论：虽然 $U_{arc}=U$，$\cos\varphi=\eta=1$，但因无任何热量放出，故研究此点无任何意义。

b 电弧功率最大点

电弧功率最大点（用下角标“1”表示）是进入炉内的热源，研究此点很有意义。由电弧功率与电弧电流表达式（见表 8-4），有如下函数关系：

$$P_{arc} = f(I) = f[\varphi(R_{arc})] \quad (8\text{-}4)$$

对复合函数求导并令导数等于零，解得：当 $R_{arc} = \sqrt{r^2 + x^2} = z$ 时，电弧功率有最大值。将此式代入表 8-4 中序号 4 的公式中得：

$$I = \frac{U}{\sqrt{(r + \sqrt{r^2 + x^2})^2 + x^2}} = \frac{U}{\sqrt{2z(r + z)}} \quad (8\text{-}5)$$

对应的最大电弧功率为：

$$P_{arc} = 3I_1^2 R_{arc} = \frac{3}{2} \cdot \frac{U^2}{r + z} \quad (8\text{-}6)$$

讨论：（1）I_1对应的电弧功率最大，此点对应的 $\cos\varphi$ 、η 比较理想；（2）当 $I_{工作} > I_1$ 时，P_{arc}减少，同时 $\cos\varphi$ 值、η 值降低；（3）工作电流的选择一般遵循 $I_{工作} \leqslant I_1$；（4）为了提高 P_{arc}，可提高 I_1，可以通过提高变压器的二次电压 U 或降低回路的电抗 x 与电阻 r 实现，从而使所选工作电流大一些。

c 有功功率最大点

有功功率最大点（用下角标“2”表示）用以上类似的数学分析方法求出。当 $R_{arc} = x - r$时，有功功率有最大值，此时电流为：

$$I_2 = \frac{\sqrt{2}}{2} \cdot \frac{U}{x} \quad (8\text{-}7)$$

对应最大有功功率为：

$$P_a = 3I_2^2(R_{arc} + r) = 3I_2^2 x = Q \quad (8\text{-}8)$$

讨论：（1）只有满足 $R_{arc} = x - r > 0$ 时，即 $x > r$ 时，才能出现有功功率最大值；（2）U 与 I 相位差为 $\varphi = 45°$，$\cos\varphi = 0.707$，为一常数；（3）由式（8-7）和式（8-5），可将 I_2/I_1 表示为含 x、r 的函数，明显可知其值大于 1，即 $I_2 > I_1$，I_2总是在 I_1的右边，而选择 $I_{工作}$时主要考虑 I_1。

d 短路点

短路点（用下角标“d”表示）相当于石墨电极与金属料接触或插入钢水中，即发生短路。此时，$R_{arc} = 0$，短路电流为：

$$I_d = \frac{U}{\sqrt{r^2 + x^2}} = \frac{U}{z} \quad (8\text{-}9)$$

讨论：（1）因为 $R_{arc} = 0$，$P_{arc} = 0$，所以 $P_a = P_r = 3I^2 r$，即有功功率全部消耗在装置电阻上，炉内无热量输入；（2）$P_{arc} = 0$，$\eta = 0$，但 $\cos\varphi \neq 0$；（3）$R_{arc} = 0$，使短路电流很大，是变压器额定电流 I_n的 2~3 倍，极易损坏电器，故要求短路电流要小，短路时间要短。

短路分为人为短路与操作短路。人为短路，如送电点弧，短路的目的是要起弧，这要求时间短，即做瞬间短路；短路试验要求电极插入钢水中，为避免短路损坏电器，试验中采用最低档电压，使短路电流尽量小一些，且短路时间尽量短。而操作短路应加以限制，通过提高电路的电抗可以限制短路电流，同时可使电弧燃烧连续稳定。

e 耐火材料磨损指数最大点

耐火材料磨损指数 R_E表征炉衬耐火材料的热负荷及电弧辐射对炉壁的损坏程度。该指数最大点（用“$R_{\mathrm{E\,max}}$”表示）用以上类似的数学分析方法可求出，当 $R_{arc} = 0.5\left(r + \sqrt{9r^2 + 8x^2}\right)$ 时，耐火材料磨损指数有最大值，此时电流为：

$$I_{re} = \frac{U}{\sqrt{\left(1.5r + 0.5\sqrt{9r^2 + 8x^2}\right)^2 + x^2}} \tag{8-10}$$

对应最大耐火材料磨损指数为：

$$R_{\mathrm{Emax}} = \frac{I_{re}^3 R_{arc}^2}{d^2}$$

式中 d——电极侧部至炉壁衬的最短距离，m。

8.3.3.3 供电制度的确定

在一定的设备条件下，供电制度合理与否不但影响冶炼过程是否顺利，还影响炉衬寿命、冶炼时间、电能消耗以及设备利用等。

TG 公司在未增加装备的条件下，引进消化 Demag 提供的供电曲线，取得节电20 kW · h/t、缩短冶炼时间 5 min 的效果。抚钢采用优化供电曲线，节电 29 kW · h/t，缩短冶炼时间 5 min。

供电制度如何确定？从供电曲线表面上看，当能量供给制度确定之后，供电制度实际上就变成了在某一电压下工作电流的确定问题。在传统的确定方法中，最重要的是遵守电气特性表达的规律性，即以“经济电流”概念来确定工作电流，其确定方法也适用于超高功率电炉。下面从“经济电流”概念出发，讨论工作电流的确定。

A 经济电流的确定

a 经济电流的概念

观察电气特性曲线（见图 8-22）可以发现：在电流较小时，电弧功率随电流增长较快（即变化率 dP_{arc}/dI 大），而电损功率随电流增长缓慢（即变化率 dP_r/dI 小）；当电流增加到较大区域内时，情况恰好相反。这说明在特性曲线上，有一点（电流）能使电弧功率与电损功率随电流的变化率相等，即 $dP_{arc}/dI = dP_r/dI$，这一点对应的电流称为经济电流，用 I_5表示。

因为电流小于 I_5时，电弧功率小，熔化得慢；大于 I_5时，电弧功率增加不多，电损失功率增加不少，故 I_5得名“经济电流”。另外，在 I_5附近的 $\cos\varphi$、η 值也比较理想。

b 求经济电流

由电弧功率、电损功率及电弧电流表达式，有下列关系：

$$P_{arc} \quad 或 \quad P_r = f(I) = f[\varphi(R_{arc})]$$

P_{arc}，P_r分别对 R_{arc}求复合函数的导数。联立求解得：$R_{arc} = r + \sqrt{4r^2 + x^2}$，此时对应的电流，即为经济电流 I_5：

$$I_5 = \frac{U}{\sqrt{\left(2r + \sqrt{4r^2 + x^2}\right)^2 + x^2}} \tag{8-11}$$

将 I_5/I_1的比值同时除以 r 可得：$I_5/I_1 = f(x/r) < 1$，即 I_5在 I_1的左边，此时 $\cos\varphi$、η 仅与 x/r 的比值有关。

讨论：（1）$I_5<I_1$，只有当 x/r 很大时，I_5才接近 I_1；（2）实际设计中，$x/r=3\sim5$，对

应的 $\cos\varphi=0.83\sim0.88$，$\eta=0.82\sim0.86$；而 $I_5/I_1=0.81\sim0.89$，应该说比较理想，这比 I_1 时还要好。

B　工作电流的确定

求出 I_5 似乎就给出了工作电流，即 $I_{工作}\leqslant I_5=(0.8\sim0.9)I_1$。若将耐火材料磨损指数 $R_E=U_{arc}^2I/d^2=f(I)$ 也表示在图 8-22 的电气特性曲线中可以看出，$I_{工作}=I_5$ 恰好在 R_E 最大值附近。

对于小型普通功率电炉，R_E 较低，$R_E<400\ \mathrm{MW\cdot V/m^2}$。一般 $R_E<450\ \mathrm{MW\cdot V/m^2}$ 为安全值，此时炉壁热点损耗不剧烈。

但对于大型超高功率电炉，功率水平大幅度提高，炉壁热点磨损极为严重，R_E 的峰值达到大于或等于 $800\ \mathrm{MW\cdot V/m^2}$，此时工作电流的选择必须避开 R_E 峰值（这也是超高功率电炉投入初期，为什么采取低电压、大电流的原因），所选的工作电流不再是在 I_1 左边接近 I_5 的区域，而是接近 I_1 或超过 I_1（当然是在 $1.2I_n$ 的范围内）。此种情况下，P_{arc} 增加了，虽然 P_r 有所增加，$\cos\varphi$ 略有降低，但由于低电压、大电流电弧的状态发生了变化，成为“粗短弧”，从而使电炉传热效率提高，更主要的是炉衬寿命得到了保证，R_E 减小。

当采用泡沫渣时，可实现埋弧操作，此时不用顾及 R_E 的影响而采用低电流、高电压的细长弧供电（操作），那么确定工作电流的原则不变，仍为 $I_{工作}\leqslant I_5<I_1$。当然，$I_{工作}\leqslant I_5$ 是有条件的，不能一味地追求，还必须考虑变压器额定电流 I_n 的允许值，即设备允许的最大电流 $I_{max}=1.2I_n$。在电炉变压器选择正确时，应能保证 I_{max} 接近 I_5，否则将出现以下情况，均对设备不利：

（1）$I_{max}\gg I_5$，说明变压器选大了（电流高了），因为受经济电流概念的要求 $I_{工作}\leqslant I_5\leqslant I_{max}$，使得变压器能力得不到充分发挥；

（2）$I_{max}\ll I_5$，说明变压器选小了（电流小了），因为若满足经济电流的确定原则（$I_{max}\leqslant I_{工作}\leqslant I_5$），使得变压器长时间超载运行，这些对设备都是不利的，也不经济。

考虑诸因素，工作电流的选择原则为：$I_{工作}\leqslant I_{max}\leqslant I_5<I_1$。

至此，制订供电制度就变得简单了，即当能量供给制度确定之后，根据工艺、设备及炉料等条件选择各阶段电压，再根据工作电流确定原则来选择工作电流。

思　考　题

8-1　电弧炉都有哪些型式？

8-2　偏心底出钢有何优点？

8-3　电弧炉主电路由哪几部分组成？

8-4　电弧炉短网包括哪几部分？

8-5　电弧炉对电极有何特殊要求，降低电极消耗的具体措施有哪些？

8-6　电弧产生的过程分为哪几个步骤？

9 传统电弧炉炼钢工艺

传统电弧炉冶炼工艺可分为氧化法、返回吹氧法和不氧化法三种类型。氧化法的特点是冶炼过程有完整的氧化期和完整的还原期，能脱碳、去磷、脱硫、去气、去夹杂，对炉料无特别要求，有利于钢质量的提高。到目前为止，国内氧化法冶炼工艺仍是电弧炉炼钢的主要方法，几乎所有的钢种都可以用氧化法冶炼。本章以氧化法冶炼工艺为主，介绍传统电弧炉冶炼的基本工艺。

传统的氧化法冶炼工艺操作过程由装料、熔化、氧化、还原、出钢与补炉六个环节组成，主要分为三期，俗称老三期。传统电弧炉老三期工艺因其设备利用率低、生产率低、能耗高等缺点，满足不了现代冶金工业的发展，必须进行改革，但它是电弧炉炼钢的基础，在部分特殊钢冶炼中仍有采用。目前在普碳钢生产工艺中已将还原操作移至炉外精炼完成，以缩短电弧炉冶炼周期，提高生产效率。

9.1 配料与装料

9.1.1 配料

由于氧化法冶炼有较好的去除气体和夹杂物的作用，因此在选用废钢作原料时不做过高要求。但是，为获得较好的经济技术指标，对炉料中的碳、硅、锰、磷、硫、铬的含量应有一定的要求。

碳：为了保证氧化期的氧化脱碳沸腾，要求炉料全熔后钢中的碳含量一般应高于成品规格下限的0.3%~0.4%。废钢中的碳含量在熔化期有0.2%~0.3%的烧损（吹氧助熔约0.3%），通常要求配碳量比所炼钢种规格下限高出0.5%~0.7%。

硅：硅由炉料自然带入，要求炉料全熔后钢液中的硅含量不高于0.15%，硅含量过高会增大渣量，延缓氧化沸腾，使脱碳速度减慢。因其延缓氧化沸腾降低脱碳速度，在配碳量偏高的情况下，也是造成电弧炉大沸腾事故的原因之一。

锰：锰由炉料带入，要求炉料全熔后钢液中锰含量不应高于0.20%。

磷、硫：要求 $w(P) \leqslant 0.06\%$、$w(S) \leqslant 0.08\%$，磷、硫含量过高需进行多次换渣，延长了冶炼时间，增大了劳动强度。

铬：铬由炉料带入，在炉料全熔后钢液中铬含量不应高于0.30%。铬含量过高，经氧化生成的三氧化二铬产物进入炉渣，使炉渣变黏，阻碍脱磷和脱碳反应的正常进行；并增大矿石、氧气的消耗，延长冶炼时间，用铬含量高的炉料冶炼非铬钢种也是一种资源浪费。

镍、钼、铜：它们也是由炉料带入的，由于这些元素不易氧化去除，故对于一般的钢种均要求低于0.2%。

氧化法冶炼适应的钢种有：对磷、硫含量要求极低的钢种，对容易产生白点层状断口缺陷的钢种，对冶炼含有易与氧、氮化合的元素（如 Ti、B、Zr 等）的钢种等。一般来说，大多数的碳素结构钢、合金结构钢和某些内在质量要求高的钢种（如滚珠轴承钢、弹簧钢），都宜采用此法冶炼。氧化法冶炼炉料的综合收得率为 90%~95%。

9.1.2 装料

电弧炉炼钢的基本炉料是废钢、返回料和增碳剂，有的也配加部分 DRI、生铁（或铁水）与合金。增碳剂主要有电极粉、焦炭粉。电极粉碳含量在 95%以上，硫、灰粉含量低，回收率为 60%~80%，是理想的增碳剂。焦炭粉碳含量约为 80%，回收率为 40%~60%，由于价格低廉是普遍采用的增碳剂。在配料前要了解各种原材料的化学成分和计划消耗定额，根据本厂所炼钢种的技术标准及工艺要求进行配料。

9.1.2.1 装料前的炉料计算

装料前首先应确定出钢量，然后算出各种炉料的配入量。准确估算配料量不但可以保证冶炼的顺利进行，而且还能减少金属料及原材料消耗，并能合理地利用返回废钢，节约合金元素，缩短冶炼时间。

A 总装入量计算

电弧炉总装入量=计划钢锭支数 × 钢锭单重+汤道及中注管残钢重 × 盘数（1.5%~3%）+熔损（5%~10%）+注余（100~150 kg）

电弧炉总装入量=计划炉炼铸坯量+熔损+（中间罐注余/连浇炉数）+钢包注余+切割损失 (9-1)

本计算未考虑氧化期加入铁矿石的金属带入量和出钢前合金的加入量，而废钢的熔损影响因素也很多，可在下一炉钢适当调整。

$$总装入量 = \frac{出钢量}{炉料综合收得率} \tag{9-2}$$

炉料综合收得率是根据炉料中杂质和元素烧损的总量而确定的，烧损越大，配比越高，收得率越低。

$$炉料综合收得率 = \sum(各种钢铁配料比 \times 各种钢铁料收得率) + \sum(各种合金加入比例 \times 各种合金收得率) \tag{9-3}$$

钢铁料的收得率一般分为三级：

一级钢铁料的收得率按 98%考虑，主要包括返回废钢、软钢、洗炉钢、锻头等，这些钢铁料表面无锈或少锈。

二级钢铁料的收得率按 94%考虑，主要包括低质钢、铁路建筑废器材、弹簧钢、车轮等。

三级钢铁料的收得率波动较大，一般按 85%~90%考虑，主要包括轻薄杂铁、链板、渣钢铁等，这些钢铁料表面锈蚀严重，灰尘杂质较多。

对于新炉衬（第 1 炉），因镁质耐火材料吸附铁的能力较强，钢铁料的收得率更低，一般还需多配装入量的 1%左右。

B 配料计算

配料量=总装入量-还原期补加合金总量-矿石进铁量 (9-4)

$$\text{还原期补加合金总量} = \sum \frac{\text{出钢量} \times (\text{控制成分} - \text{炉中残余成分})}{\text{合金成分} \times \text{收得率}} \tag{9-5}$$

$$\text{还原期补加合金总量} = \sum \frac{\text{出钢量} \times \text{控制成分} - \text{配料量} \times \text{配料成分} \times \text{熔清收得率}}{\text{合金成分} \times \text{收得率}} \tag{9-6}$$

$$\text{矿石进铁量} = \text{矿石加入量} \times \text{矿石铁含量} \times \text{铁的收得率} \tag{9-7}$$

矿石的加入量一般按出钢量的4%计算，如果合金的总补加量较大，需在出钢量中扣除合金的总补加量，然后再计算矿石进铁量。矿石中的铁含量为50%~60%，铁的收得率按80%考虑，非氧化法冶炼因不用矿石，故无此项。

$$\text{各种材料配料量} = \text{配料量} \times \text{各种材料配料比} \tag{9-8}$$

【例9-1】 氧化法冶炼45钢，电弧炉总装入量为10550 kg，返回45废钢为2500 kg，其余炉料由外来废钢和增碳剂组成。采用焦炭粉作增碳剂，回收率按50%计算。炉料配碳量取1.0%，外来废钢平均碳含量取0.25%，求各种炉料组成。

解：设外来废钢为 x kg，焦炭粉为 y kg，则有：

$$x+y+2500=10550$$

$$x\times0.25\%+y\times50\%+2500\times0.45\%=10550\times1.0\%$$

解以上方程，得：$x=7864$，即外来废钢为7864 kg；$y=186$，即焦炭粉为186 kg。

本炉45钢配料组成为：返回废钢2500 kg，外来废钢7864 kg，焦炭粉186 kg。

如果补加的铁合金料数量较大，装入的钢铁料应比出钢量适当减少。如冶炼1Cr13，装入量一般为出钢量的80%~85%；冶炼1Cr18Ni9Ti钢，装入量一般为出钢量的75%~80%。

当装入量确定以后，严格按配料单检料，并核对炉料化学成分、料重和种类。特别是冶炼合金钢时，更应防止错装。

电弧炉装料的另一重要问题就是炉料块度的配比，因为合理的块度配比可保证炉料装入密实，以减少装料次数，并稳定电弧。一般小料占整个料重的15%~25%（小于10 kg），中料占40%~45%（10~50 kg），大料占35%~45%（大于50 kg）。按照这样的块度配比装料，可使炉内炉料体积密度达到2500~3500 kg/m^3。

9.1.2.2 装料操作

装料操作直接影响到炉料熔化速度、合金元素烧损、电能消耗和炉衬寿命。对装料的要求是速度快、密实、布料合理，尽可能一次装完，或采用先多加后补加的方法装料。

传统电弧炉一般采用炉顶装料，炉盖打开后炉膛温度从1500 ℃左右迅速降到800 ℃左右，此时散失的热量将在熔化期由电弧热弥补，使电耗增加、冶炼时间延长，因此必须强调快装。要使炉料装得密实和导电性良好，装料时必须将大、中、小块料合理布料。一般先在炉底上均匀地铺一层石灰（留钢操作、导电炉底等除外），为装料量的2%~3%，以保护炉底，同时可提前造渣。如果炉底上涨，可在炉底上加适量矿石、氧化铁皮或萤石洗炉，炉底上涨严重时可直接吹氧去除，石灰则在熔化末期补加。如果炉底正常，在石灰上面铺小块料，约为小块料总量的1/2，以免大块料直接冲击炉底。若用焦炭或碎电极块作增碳剂，可将其放在小块料上，以提高增碳效果。小块料上再装大块料和难熔料，并布置在电弧高温区，以加速熔化。在大块料之间填充中、小块料，以提高装料密度。中块料一般装在大块料的上面及四周，不仅可填充大块料周围空隙，也可加速靠炉壁处的炉料熔化。最上面再铺剩余的小块料，为的是使熔化初期电极能很快“穿井”，减少弧光对炉盖的辐射。穿井后因有难熔的大块炉料存在，既可使电极缓慢下降，避免电弧烧伤炉底，又使电弧在炉料中埋弧时间增长，能很好地利用电能。大块炉料装在下部，使下部炉料比上部密实，有助于消除“搭桥”现象。若用生铁块或废铁屑作增碳剂，则应装在大块炉料或难熔炉料上面。若有铁合金随料装入，则应根据各种合金的特点分布在炉内不同位置，以减少合金元素的氧化和蒸发损失，如钨铁、钼铁等不易氧化难熔的合金，可加在电弧高温区，但不应直接加在电极下面；对高温下容易蒸发的合金，如铬铁、金属镍等应加在电弧高温以外靠炉坡附近。

日本电弧炉钢厂为强化熔化过程，采用石灰→废钢→石灰→废钢的装料秩序，装料石灰的质量为炉料量的2%~3%，石灰粒度为20~30 mm，部分石灰装在废钢之间，可加速成渣过程；对于少锈的废钢，在石灰料中还配入一定数量矿石，在炉料熔清时，去磷任务已基本完成。

总之，布料时应做到：下致密，上疏松；中间高，四周低，炉门口无大料。使得送电后穿井快，不搭桥，有利于熔化的顺利进行。料罐布料情况如图 9-1 所示。

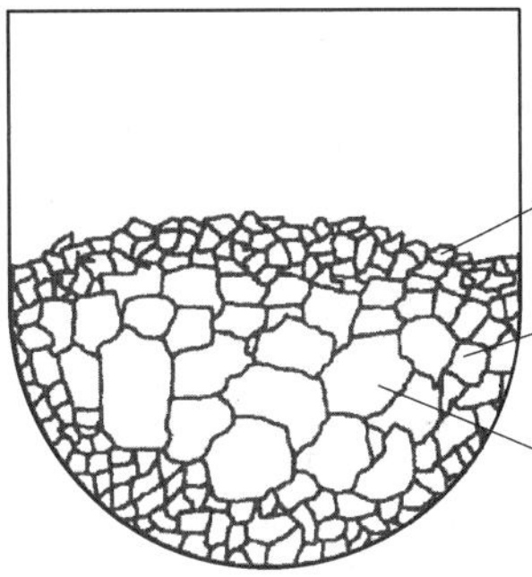

图 9-1　料罐布料示意图

无论哪种料篮形式，料篮进入炉内桶底不宜距炉底太高，炉料一般应装在电极高温区稍偏向炉门处，以便于吹氧和拉料。

9.2 熔 化 期

装料完毕，确认设备可以正常运转，开始通电，称为熔化期开始；至炉料熔化完毕，并将熔化的钢液加热到加矿或吹氧氧化所要求的温度时，称为熔化期结束。在电弧炉冶炼时，熔化期占全炉冶炼时间的 50%~70%，熔化过程的电耗占全炉冶炼总电耗的 60%~80%。因此，加强熔化期操作，提高炉料熔化速度，是缩短全炉冶炼时间和降低电耗的重要环节。

熔化期的主要任务是：在保证炉体寿命的前提下，合理供电、尽快使固体炉料迅速熔化成为均匀的钢液，提前造好熔化渣以稳定电弧，并减少钢液的吸气及金属的挥发和氧化损失；造好熔化渣，利用熔化末期炉温不高对脱磷的有利条件，可去除钢液中 50%~70%的磷，以减轻氧化期的脱磷任务，加热钢液温度，为氧化期创造正常沸腾条件；正确控制熔化结束时钢液的各种化学成分，尤其应控制好钢液的熔毕碳含量，对矿石氧化法，应使氧化期脱碳量为 0.3%~0.4%，而矿石-吹氧法脱碳量应为 0.3%以上，为以后氧化期创造有利条件。

完成上述任务，就是在熔化期做了部分氧化精炼期的工作，叫作熔–氧结合。它不仅减轻了氧化期的操作任务，而且使钢的纯洁度有所提高。

9.2.1 炉料的熔化过程

装料完毕即可通电熔化。但在供电前，应调整好电极，保证整个冶炼过程中不切换电极，并对炉子冷却系统及绝缘情况进行必要的检查。炉内炉料熔化过程大致可分为四个阶段，如图 9-2 所示，与之相应的各个阶段情况不同，所以供电制度也应随之变化（见表 9-1 和图 9-3），这样才能保证炉料的快速熔化。

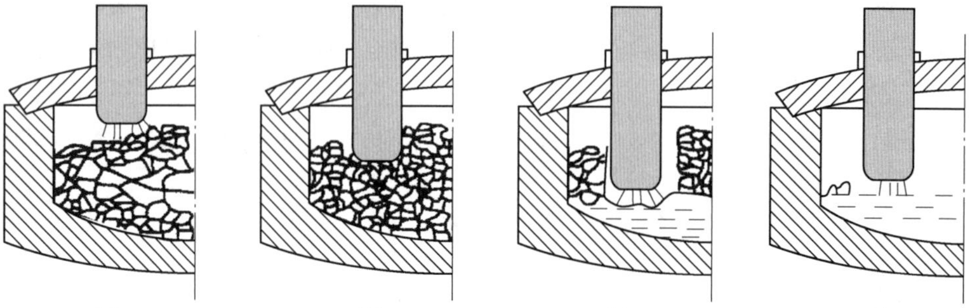

(a)　(b)　(c)　(d)

图 9-2　炉料熔化过程示意图

（a）起弧；（b）穿井；（c）主熔化；（d）熔末升温

表 9-1　炉料熔化过程与操作

熔化过程	电极位置	必要条件	方　法	
起弧期	送电→$1.5d_{电极}$	保护炉顶	较低电压	炉顶布轻废钢
穿井期	$1.5d_{电极}$→炉底	保护炉底	较高电压	石灰垫底
主熔化期	炉底→电弧暴露	快速熔化	最高电压	
熔末升温期	电弧暴露→全熔	保护炉壁	低电压、大电流	炉壁水冷化+泡沫渣

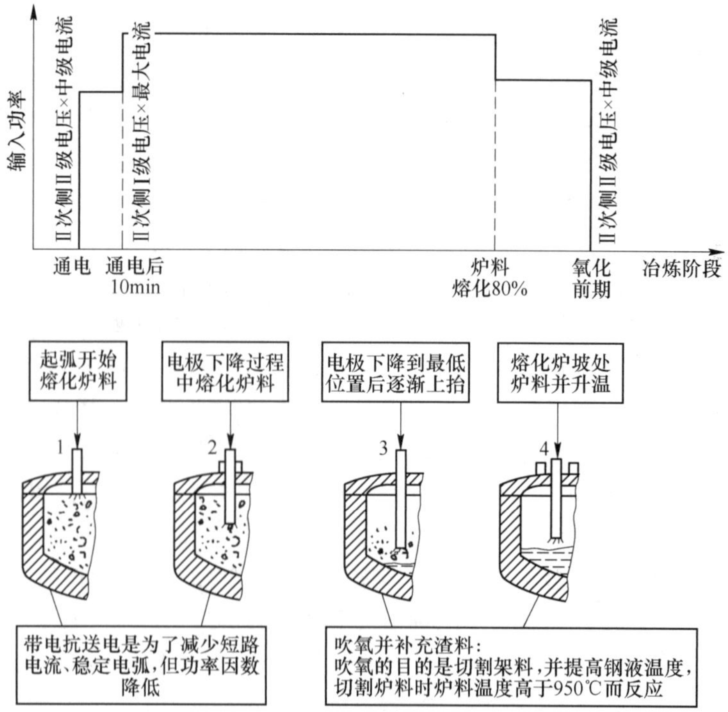

图 9-3　供电制度和炉料熔化过程的关系

（1）第一阶段为起弧期。通电开始，在电弧的作用下，一少部分元素挥发并被炉气氧化，生成红棕色的烟雾，从炉中逸出。从送电起弧至电极端部下降 1.5$d_{电极}$深度，为起弧期（2~3 min）。此期电流不稳定，电弧在炉顶附近燃烧辐射。二次电压越高，电弧越长，对炉顶辐射越厉害，并且热量损失也越多。为了保护炉顶，在炉子上部布一些轻薄小料，以便让电极快速插入炉料中，减少电弧对炉顶的辐射；供电上采用较低电压、较小电流。

（2）第二阶段为穿井期。从起弧完了至电极端部下降到炉底，为穿井期。此期虽然电弧被炉料所遮蔽，但因不断出现塌料现象，电弧燃烧不稳定，供电上采取较大的二次电压、大电流或采用高电压带电抗操作，以增加穿井的直径与穿井的速度。但应注意保护炉底，办法是：加料前采取石灰垫底，炉子中部布大、重废钢以及采用合理的炉型。

（3）第三阶段为主熔化期。从电极下降至炉底后开始回升时，主熔化期开始。随着炉料不断熔化，电极渐渐上升，至炉料基本熔化（大于 80%），仅炉坡、渣线附近存在少量炉料，电弧开始暴露给炉壁时，主熔化期结束。在主熔化期，由于电弧埋入炉料中，电弧稳定、热效率高、传热条件好，故应以最大功率供电，即采用最高电压、最大电流供电。主熔化期时间占整个熔化期的 70%。

（4）第四阶段为熔末升温期。从电弧开始暴露给炉壁至炉料全部熔化，为熔末升温期。此阶段因暴露，尤其是炉壁热点区的暴露受到电弧的强烈辐射，故应注意保护。此时供电上可采取低电压、大电流，否则应采取泡沫渣埋弧工艺。

9.2.2 炉料熔化时的物化反应

在熔化过程中，炉料由固体变为液体，炉中会发生一系列的物理化学反应，如元素的挥发、元素的氧化和钢液吸气等。

（1）元素的挥发。电弧是非常集中的热源，电弧柱的温度高达 3000~6000 ℃，这个温度远超过金属及其氧化物的沸点，就连最难熔的元素钨的沸点也在 6000 ℃以下，因此，炉料熔化电弧区内会发生元素的挥发现象。钢中主要元素的沸点见表 9-2。

表 9-2 钢中主要元素的沸点（0.1 MPa）

元素	Al	Mn	Si	Cu	Cr	Ni	Fe	Mo	W	Co
沸点/℃	2057	2152	2252	2310	2477	2732	2735	4804	5930	3200

除了直接挥发外，还可能先形成氧化物，然后氧化物在高温下挥发出去，如钼、钨等主要是间接挥发损失。

在熔化期，从炉门或电极孔逸出的红棕色烟雾，就是某些金属及其氧化物的挥发产物，其成分是微小的 Fe_2O_3颗粒；因铁在炉料中所占比例最大，其沸点又较低，所以挥发量也最大，熔化时，金属挥发的总损失为 2%~3%。为了减少金属元素的挥发损失，必须提前造好熔化渣，减少钢液与电弧的直接作用机会，在随炉料装入铁合金时，应避免直接布置在电极下面，防止电弧与铁合金料直接接触。

（2）元素的氧化。熔化期元素的氧化是不可避免的，因为炉内存在着氧（炉料表面铁锈、炉气及吹氧助熔引入的氧气都是炉内氧的来源），各种元素的氧化损失取决于元素本身的特性和含量、冶炼方法、炉渣成分、炉料表面质量和吹氧强度等。一般情况下，熔化期钢中的 Si、Al、Ti、V 等几乎全部氧化，Mn 氧化 40%~60%，P 氧化 40%~50%，这与渣的碱度和氧化性等有关；而在吹氧时，C 氧化 10%~30%，Fe 氧化 2%~3%。

同挥发损失相比，凡与氧亲和力大的元素，在熔化期的损失以氧化损失为主。凡与氧亲和力小的或不易氧化的元素，熔化期的损失以挥发为主。

（3）钢液的吸气。在熔化期，铁锈或吸潮的炉料以及炉气中的水分、渗入炉内的空气在电弧的高温作用下，被分解为氢原子、氧原子和氮原子，直接或通过渣层溶解于钢液中。为了减少钢液的吸气量，有效的方法是尽早造好熔化渣，以覆盖钢液面。另外，还要及时做好吹氧助熔工作，由于碳氧反应使钢液产生沸腾，因此有利于降低钢液中的气体含量。

9.2.3 熔化期工艺操作要点

9.2.3.1 吹氧助熔

当电极到炉底后，炉底已经形成部分熔池，炉门附近的炉料已达到红热程度（在 950 ℃以上），应及时吹氧助熔，以利用元素氧化热加热、熔化炉料。吹氧不宜过早，否则生成的氧化铁将积聚在温度尚低的熔池中，待温度上升时会发生急剧的氧化反应，引起爆炸式的大沸腾，导致恶性事故。合适的助熔氧压为 0.4~0.6 MPa。吹氧助熔开始时应以切割法为主，先切割炉门及其两侧炉料（打开吹氧通道），后切割靠近电极搭桥的大块炉料，再切割炉坡附近的炉料。对炉坡附近的炉料，能用铁耙推拉进入熔池的就不用氧气切割，以防止损坏炉衬。采用切割法有利于消除炉料搭桥现象，避免大塌料事故的发生。当炉料全浸入熔池后，立即在钢–渣界面吹氧提温，以尽快熔清废钢。如果配碳量偏低，可在渣面上吹氧助熔，以提高渣温为主，炉料熔化速度也较快；如果配碳量偏高，可浅插钢水吹氧助熔，这样升温、降碳均较快，可获得更快的熔化速度。每吹 1 m^3氧气，节约电能 4~6 kW·h；每吨钢吹入约 15 m^3氧气，一般可缩短熔化时间 20~30 min，可节电 80~100 kW·h。

9.2.3.2 造渣及脱磷

当炉料熔化至 80%左右，应做好去磷的准备工作，调整好有利于去磷的炉渣，它要求有合适的碱度、强氧化性、足够的渣量及良好的流动性。

按脱磷的热力学条件，熔化期钢液温度较低，为 1500~1540 ℃，这是难得去磷的重要条件。在熔化中后期，由于采用吹氧助熔，钢液温度已在熔点以上，能保证脱磷动力学条件的需要。如果在这时陆续加入碎矿石或氧化铁皮以及补加石灰（石灰加入量的计算：可根据炉料中的硅含量算出炉渣中的 SiO_2含量，再根据熔化期炉渣所需的碱度计算，一般石灰加入量应在 2.0%~2.5%），加大造渣量，使总渣量在 3%~5%，碱度为 2.0~2.5，渣中 $w(FeO)$ 在 15%~20%，就可以使原料中的磷去除 50%~70%。在炉料熔清后，先是自动流渣，而后扒去大部分炉渣重新造渣，可使氧化期时间大为缩短。

熔化期炉渣成分依钢种和操作条件的不同有所变化，大致成分见表 9-3。

表 9-3 熔化期炉渣的成分

炉渣组元	CaO	SiO_2	MnO	FeO	MgO	P_2O_5
组元的质量分数/%	30~45	15~25	6~10	15~25	6~10	0.4~1.0

在冶炼高碳钢时，氧化期的脱磷工作比较困难，必须在熔化期将磷去除到规格之内，

才允许转入氧化期操作。冶炼中、低碳钢时，氧化期脱磷不是很困难，即使熔清钢液中磷含量略高于钢的规格，可利用氧化期脱碳沸腾和自动流渣的方法顺利完成脱磷任务。

目前，很多工厂已把氧化期的脱磷任务提前到熔化期来完成，使炉料熔清时钢中磷含量达到要求，氧化期就可以吹氧升温脱碳，而无需再去脱磷。

炉料熔化至90%时，经搅拌后取参考试样，分析钢中C、P等主要元素含量（含残余元素），确定氧化工艺操作，决定所炼钢种。

当炉料全熔后，根据钢中磷含量的高低，进行自动流渣（$w[P] \leqslant 0.015\%$，加小矿、倾炉流渣），或扒除部分炉渣（$w[P] \geqslant 0.02\%$，扒渣50%~80%），为进入氧化期创造条件。

炉料熔清，碳含量不能满足所炼钢种去碳量的要求时，一般应采取先扒渣增碳、后造新渣的操作方法，也可采取推渣增碳的方法。

炉料熔化完毕，一般应有10~15 min的升温时间，在温度合适及渣况良好的条件下，便可进入氧化期操作。

9.2.4 加速炉料熔化的措施

加速炉料熔化的措施如下：

（1）快速补炉和合理装料。快速补炉，目的在于最大限度地利用上一炉出钢后炉衬的余热，在3~5 min内补好炉子并快速装料，使炉料能够有效地吸收炉衬的余热，为通电平稳起弧和加速熔化创造条件。合理装料，要求炉料有合适的块度搭配和大的装料密度，这样可以减少装料次数，同时，炉料在炉内的合理布置为有效吸收电弧热创造条件，使炉料得以快速熔化。

（2）提高变压器的输出功率。国内很多电弧炉普遍采用扩大装入量的办法来增加电弧炉钢的产量，采用强制循环油冷或双水内冷变压器，对变压器外壳进行风冷或喷雾、喷水冷却，提高变压器与绕组的绝缘级别，使变压器允许过载30%~50%。但变压器油面温度不允许高于85 ℃，一般应经常保持在60~70 ℃。另外，在熔化期应尽可能少用电抗器，也可以增加变压器的输入功率。

采用超高功率供电，用增加单位时间内输入电能的方法缩短熔化时间和升温时间（可缩短熔化期时间一半左右），使钢产量提高一倍以上。在整个冶炼过程中采用超高功率供电，熔化期采用高电压、长电弧快速化料；吹氧开始后，在熔池基本形成时迅速喷吹碳粉，并采用埋弧泡沫渣操作，以提高电弧加热效率，促使熔池升温和搅拌，以保证熔体成分、温度均匀以及减轻炉衬的热负荷。

（3）吹氧助熔。吹氧可以使金属中的铁、硅、锰、碳等元素发生直接氧化反应，同时放出大量的热，提高熔池温度，促使炉料熔化，从而起到助熔作用。此外，吹氧可以切割废钢，使整个炉料趋于均匀熔化，还可搅动钢水，提高传热效率，有一定程度的去气、去夹杂能力。

（4）烧嘴助熔。在电弧炉上采用烧嘴助熔，增加了外来热源。烧嘴助熔使用的燃料有重油、煤气、天然气、甲烷等，使用的氧化剂有纯氧、富氧空气以及空气。助熔的烧嘴可以从炉门插入，大型电弧炉则从炉壁的三个冷点区伸入烧嘴，以加速炉料熔化，缩短熔化期。烧嘴助熔越来越受到人们的重视，并取得了一定的效果。目前，以天然气作为燃烧保护气的集束氧枪效果最好，前期依靠天然气+氧气燃烧加热和切割废钢，中后期依靠集束氧气射流吹氧脱碳，得到广泛应用。

（5）废钢预热。废钢经过炉外预热，可以缩短熔化时间，降低电耗；还能消除炉料中的水分、油污，通电时可以增加电弧的稳定性和提前吹氧助熔，对减少钢中气体和保证顺利操作都有好处。废钢经过预热，使所需的能量减少，这意味着变压器输入功率不变，熔化期将相应按比例缩短。

（6）开发与推广二次燃烧技术。二次燃烧技术是电弧炉取得能量的最经济方法，它的原理是：向炉内熔池上部吹氧，使氧化反应生成的 CO 大多数进一步氧化为 CO_2，反应生成的热量传至炉料或熔池。利用炉气化学热，可加快废钢熔化，提高生产率 5%~15%，降低电耗 25~40 kW · h/t，但要多消耗约 10 m^3/t 氧气。

（7）执行泡沫渣工艺。执行泡沫渣工艺，可提高热能利用系数。泡沫渣工艺是超高功率电弧炉的配套，在不增大渣量的前提下，使炉渣呈很厚的泡沫状，以屏蔽电弧，保护炉衬，提高电弧加热效率。熔化末期造泡沫渣，有利于加速熔池残余废钢的熔化和钢液升温工作。常用的造泡沫渣方法有加矿石吹氧结合加焦炭粒、喷吹碳粉加吹氧加矿石等方法。采用泡沫渣后，加热效率可达 60%以上，节电 10~30 kW · h/t，缩短冶炼时间 14%。

（8）缩短熔化期的其他措施。随着电弧炉变压器输出电流的增大，改进短网布置、增大导体截面积、改用大直径和高导电能力的电极、缩短短网长度，均使短网导电能力和电效率得到提高。

采用留钢留渣操作，将注余钢水和热渣回炉，可以充分利用剩余钢水和炉渣的物理热，可提前吹氧助熔，从而缩短熔化时间并降低电耗。

9.3 氧　化　期

要去除钢中的磷、气体和夹杂物，必须采用氧化法冶炼。氧化期是氧化法冶炼的主要过程。传统冶炼工艺，当废钢等炉料完全熔化并达到氧化温度、磷除脱 70%以上时便进入氧化期，这一阶段到扒完氧化渣为止。为保证冶金反应的进行，氧化开始温度应高于钢液熔点 50~80 ℃。

9.3.1 氧化期的任务

（1）进一步降低钢液中的磷含量，使其低于成品规格的一半（见表 9-4）。考虑到还原期及钢包中可能回磷，一般钢种要求 w[P] 为 0.010%~0.015%。炼高锰钢时，由于锰铁中磷含量高，应控制得更低些。

表 9-4　钢中成品磷含量对氧化末期脱磷的要求　　（质量分数，%）

规格磷含量	≤0.04	≤0.035	≤0.03	≤0.025	≤0.020
扒渣前磷含量	≤0.02	≤0.015	≤0.012	≤0.01	≤0.008

（2）去除钢液中气体和非金属夹杂物。氧化期结束时 w[N] 降到 0.004%~0.007%，w[H] 降到 3.5×10^{-6}以下，夹杂物总量不超过 0.01%。

（3）加热和均匀钢水温度。使氧化末期温度高于出钢温度 10~20 ℃，为还原期造渣、加合金创造条件。

（4）控制钢中的碳含量。考虑到还原期脱氧和电极增碳，氧化末期的碳含量一般低于钢种规格下限0.03%~0.08%。对某些密封性较差、炉容量偏小的电弧炉，在扒除氧化渣过程中降碳较多，氧化末期钢中碳含量应控制在钢种规格中限范围。

氧化期的主要任务是脱磷和脱碳，去除钢中气体、夹杂和钢液升温是在脱碳过程中同时进行的。

为了完成上述任务，配料时就必须把碳量配得高出所炼钢种碳规格上限的一定量，使熔清时钢中碳含量超出规格下限0.3%，以供氧化期氧化碳的操作所用；同时，还必须向熔池输送氧，制造高氧化性的炉渣，以氧化碳、磷等元素。电弧炉广泛使用的氧化剂是铁矿石和氧气。

9.3.2 脱磷与脱碳

9.3.2.1 钢液脱磷

在炼钢条件下，脱磷效果可用熔渣与金属中磷浓度的比值来表示，称之为磷的分配系数（又称为脱磷指数），即：

$$L_P = \frac{w(P)}{w[P]},\ L_P = \frac{w(P_2O_5)}{w[P]^2},\ L_P = \frac{w(P_2O_5)}{w[P]},\ L_P = \frac{w(4CaO \cdot P_2O_5)}{w[P]^2} \tag{9-9}$$

由2.7.1节的脱磷热力学讨论可知，脱磷的基本条件是提高渣中FeO、CaO的活度和保证较低的熔池反应温度。

目前电弧炉中脱磷总的趋向是，把氧化期的脱磷任务大部分提前到熔化期内进行，使进入氧化期时钢中的磷含量已降到规格范围之内，在氧化初期再进一步将磷氧化到规格含量的一半以下。在操作上，通过加入石灰和矿石，不断地流渣或扒渣，加强搅拌和控制较低的反应温度，就可以顺利脱磷。

（1）温度的影响。脱磷是一个放热反应，按照热力学观点，低温有利于放热反应进行。脱磷指数与温度的关系如图9-4所示。在钢液温度为1550 ℃时，为使$L_P=100$，需要$R\approx2.0\sim2.5$、$w(FeO)=10\%$即能达到去磷的要求。而在1650 ℃需要$R\approx2.5\sim3.0$、$w(FeO)=20\%$，才能达到与温度在1550 ℃时相同的脱磷效果。生产实践证明，熔化后期和氧化初期，熔池温度较低，对脱磷是有利的，应抓紧时间完成脱磷任务。但应指出，温

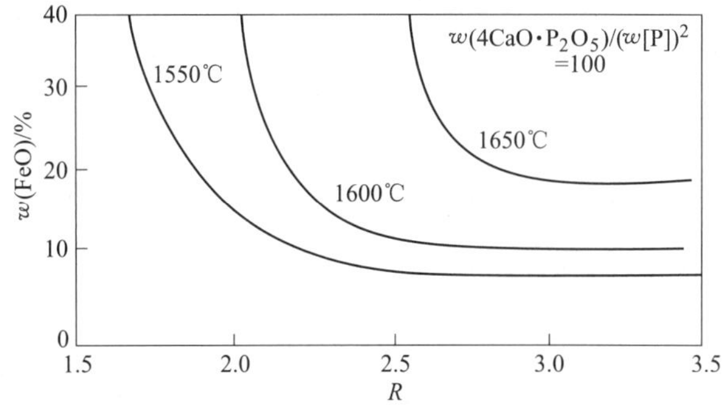

图9-4　脱磷指数与温度的关系

度过低将使炉渣的流动性变差，石灰溶解缓慢，脱磷的动力学条件差，脱磷反应也不易进行。熔化后期的吹氧助熔，提高了熔池的温度，改善了钢液和炉渣的流动性，并利用吹氧在钢-渣界面产生良好的沸腾，增大了钢-渣接触界面，使脱磷反应得以顺利进行。所以对于去磷，必然存在着一个适当的温度范围，一般认为这一温度范围是 1470～1530 ℃。

（2）炉渣氧化性的影响。炉渣必须有一定的氧化性，这是脱磷的首要条件。炉渣的氧化性主要取决于渣中的 $w(FeO)$，渣中 $w(FeO)$ 高，则氧化性就高，反之则低。炉渣的脱磷能力随着渣中 $w(FeO)$ 的增加而提高，但并不是 $w(FeO)$ 越高越好，$w(FeO)$ 过高的炉渣碱度很低，其脱磷能力反而下降。实践证明：在 $w(CaO)/w(SiO_2)$ 的值一定时，$w(FeO) = 12\% \sim 18\%$ 对脱磷最有利，如图 9-5 所示。

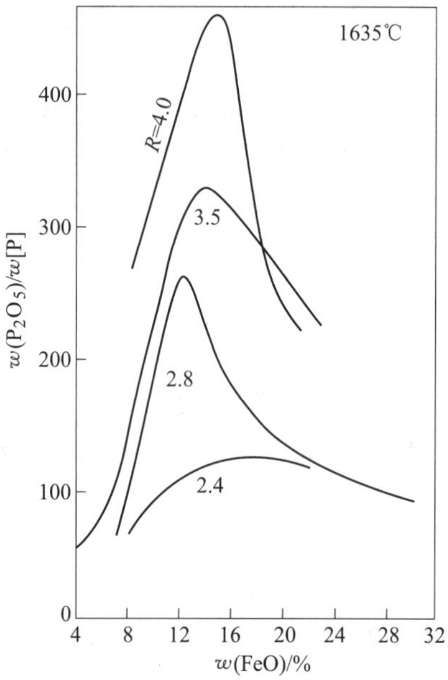

图 9-5 L_P 与炉渣碱度和 $w(FeO)$ 的关系

（3）炉渣碱度的影响。炉渣中的 CaO 是脱磷的充分条件，$w(SiO_2)$ 增加，碱度就下降，当 $w(SiO_2)>30\%$ 时，炉渣几乎没有脱磷能力。实践证明：只有当 $R<2.5$ 时，用 CaO 提高碱度才对脱磷反应产生显著作用。如果在 $R>3.0$ 以后，继续增加 $w(CaO)$，会使炉渣变稠，反而不利于磷的氧化反应。这时提高渣中 $w(FeO)$，则能显著地提高炉渣的脱磷能力，如图 9-6 所示。渣中 $w(CaO)/w(FeO)$ 的比值与脱磷也有一定关系，如图 9-7 所示。当 $w(CaO)/w(FeO) = 2.5 \sim 3.5$ 时，磷的分配比值可以达到最大。因为这个比值在保持磷氧化的同时，又促进了磷氧化物结合成稳定的化合物 $4CaO \cdot P_2O_5$。

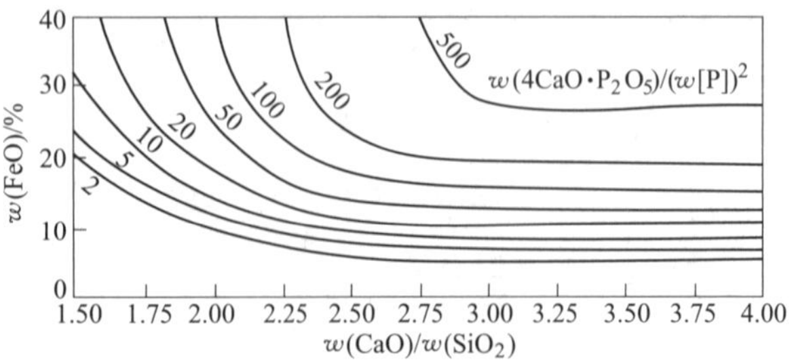

图 9-6 脱磷指数曲线

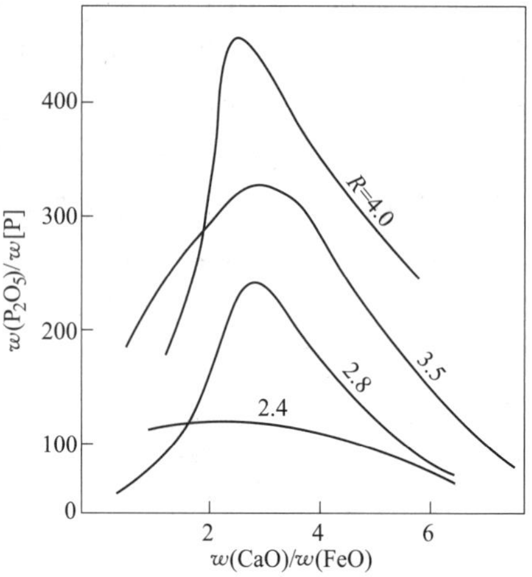

图 9-7 L_P 与炉渣碱度和 $w(FeO)$ 的关系

（4）炉渣中其他成分的影响。渣中 MgO 和 MnO 是碱性氧化物，能与 (P_2O_5) 生成

$3MgO \cdot P_2O_5$和$3MnO \cdot P_2O_5$，也有脱磷的作用，但不如$4CaO \cdot P_2O_5$稳定，脱磷能力远低于 CaO。特别是 MgO 会显著降低炉渣流动性，当其含量高于 10%时，炉渣的脱磷能力是很低的。在这种情况下，必须采用换渣操作。

渣中加入适量的CaF_2能改善炉渣的流动性，有助于石灰的熔化，增加渣中 CaO 的有效浓度，因此有利于脱磷。SiO_2和Al_2O_3在碱性渣中虽然能增加流动性，但会降低炉渣的碱度，即降低（CaO）的有效浓度而对去磷不利。在高温下，当（SiO_2）含量过高时还会发生回磷反应。

（5）渣量的影响。在一定条件下，增大渣量必然降低渣中P_2O_5的含量，破坏钢渣间分配的平衡性，促使脱磷反应进行，使钢中磷含量降得更低。但渣量过大，会使钢液面上渣层过厚而减小脱磷速度，同时还影响了钢液的沸腾，使气体及夹杂物的排除受到影响。

实际生产中，当熔清磷含量大于 0.06%时才采用换渣操作，而熔清磷含量小于 0.04%时则采用流渣操作，炉内保持 3%~5%的渣量，即可取得良好的脱磷效果。实践证明，以下几点是保证脱磷的良好条件：

1）炉渣 $w(FeO) = 12\% \sim 20\%$，$R = 2.0 \sim 3.0$，$w(CaO)/w(FeO) = 2.5 \sim 3.5$，流动性良好；

2）控制适当的温度；

3）采用泡沫渣工艺，增大钢渣接触面积，大渣量及换渣、流渣操作；

4）加强钢渣搅拌。

此外，钢中硅、锰、铬、碳等元素对磷的氧化也有较大影响。只有在硅几乎氧化完以及锰、铬氧化到含量小于 0.5%后，磷才能较快地氧化。理论与实践都证明，电弧炉与转炉相比有着良好的去磷效果，因为转炉使用大量铁水，金属液中的 $w[Si]$、$w[Mn]$、$w[C]$都偏高，而熔渣的控制远不如电弧炉操作方便，因此，电弧炉可将钢中的磷含量去除到很低的水平。但冶炼高铬钢，磷无法靠氧化去除，必须严格控制炉料中的磷含量。

碳在低温时与氧的作用比较缓慢，因此炉渣中有足够的 FeO 时并不妨碍磷的氧化。在较高的温度下，碳的氧化激烈，此时磷的氧化缓慢甚至停止氧化而产生回磷现象。因此，在实际操作中应该利用熔炼前期温度较低的条件，趁碳氧反应没有充分发展以前，尽快地把磷含量降下来。钢液中碳含量增加，阻碍磷氧化的趋势相应加大，所以高碳钢比低碳钢脱磷要困难；在其他条件相似时，更应控制熔池温度，不要升温过快、过高。

吹氧氧化时，熔池温度上升很快，脱磷的热力学条件变差，不如矿石法氧化对脱磷有利。要做好熔化期的脱磷工作，在氧化初期吹氧脱碳，使熔池温度升高，可以使高碱度、强氧化性的炉渣具有良好的流动性，同样具备脱磷条件。

9.3.2.2 钢液脱碳

A 脱碳与去气、去夹杂的关系

氧化期脱碳不是目的，而是作为沸腾熔池、去除钢液气体（氢和氮）及夹杂物的手段，以清洁钢液。

碳氧沸腾去气可以理解为：钢水中碳氧生成 CO 气泡，并在钢液中上浮。在刚生成的 CO 气泡中，并没有H_2和N_2，所以气泡中氮和氢的分压（p_{N_2}、p_{H_2}）为零。这时 CO 气泡对［H］、［N］就相当于一个真空室，溶解在钢液的氢和氮将不断向 CO 气泡扩散，随气

泡上升带出熔池。当钢液吹氧时，气泡中的气氛是氧化性的，气泡中氢以 H_2O 形式存在，对脱氢有利。

悬浮在钢液中的 SiO_2、TiO_2、Al_2O_3 等细小固体夹杂物，在氧化性的钢液中易形成 $2FeO \cdot SiO_2$、$2FeO \cdot TiO_2$ 和 $2FeO \cdot Al_2O_3$ 等低熔点、大颗粒夹杂物，在沸腾的钢液中，夹杂物容易互相结合成更大的夹杂物，并上浮到渣面被炉渣吸收。CO 气泡在上浮过程中，其表面也会黏附一些氧化物夹杂，在钢液沸腾时去除。因此，氧化期脱碳造成熔池沸腾，有利于清洁钢液。

在冶炼过程中，高温熔池会从炉气中吸收气体，而碳氧反应能使钢液去除气体，只有去气速度高于吸气速度时，才能使钢液中的气体减少。

去气速度取决于脱碳速度，脱碳速度越高，钢液的去气速度就越高。因此，脱碳速度必须达到一定值时，才能使钢液的去气速度高于吸气速度。根据生产经验，脱碳速度 $v_C \geqslant 0.6\%/h$ 时，才能满足氧化期去气的要求。

有了足够的去气速度，还必须有一定的脱碳量才能保证一定的沸腾时间，以达到一定的去气量。生产经验证实，在一般原材料条件下，脱碳速度 $v_C \geqslant 0.6\%/h$，氧化 0.3%的 C 就可以把气体及夹杂物降低到一定量的范围（夹杂物总量约 0.01%以下，$w[H] \approx 0.00035\%$，$w[N] \approx 0.006\%$）内。脱碳速度、脱碳量和氢含量的关系，如图 9-8 和图 9-9 所示。

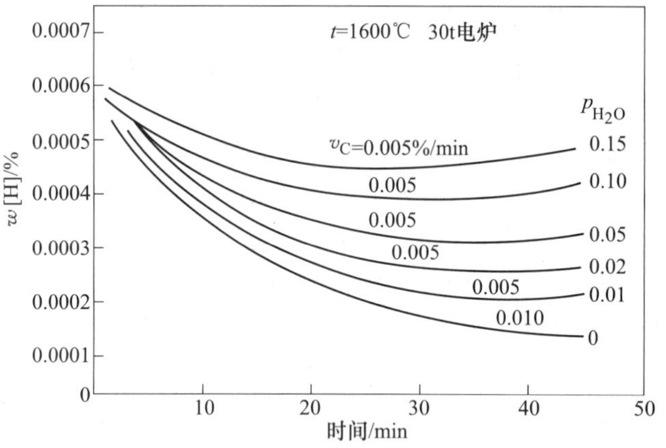

图 9-8　脱碳速度与氢含量的关系

必须指出，脱碳速度过高也不好，容易造成炉渣喷溅、跑钢等事故，对炉体冲刷也严重；同时，过分激烈的沸腾会使钢液上溅而裸露于空气中，增大了吸气倾向。因此，过高、过大的脱碳速度和过多的脱碳量并无好处。

B　加矿石脱碳

加矿石脱碳时，矿石中的高价铁吸热变为低价氧化亚铁，即：

$$Fe_2O_3 \xlongequal{} 2(FeO) + \frac{1}{2}\{O_2\} \qquad \Delta H^{\ominus} = 340.2\ kJ/mol \tag{9-10}$$

氧化亚铁由炉渣向钢液的扩散转移，反应式为：

$$(FeO) \xlongequal{} [Fe] + [O] \qquad \Delta H^{\ominus} = 121.38\ kJ/mol \tag{9-11}$$

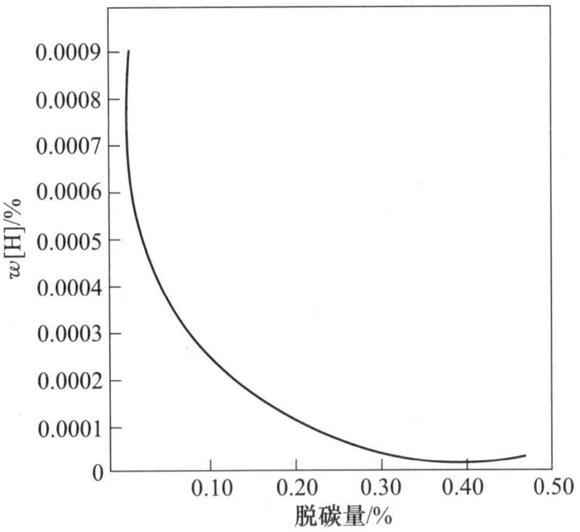

图 9-9 脱碳量和氢含量的关系

钢液中氧和碳在反应区进行反应，生成一氧化碳，一氧化碳气体分子长大成气泡，从钢液中上浮逸出，进入炉气，反应式为：

$$[O]+[C]=\!=\!=\{CO\} \qquad \Delta H^{\ominus}=-35.742\ \text{kJ/mol} \qquad (9\text{-}12)$$

总的反应式表示为：

$$(FeO)+[C]=\!=\!=[Fe]+\{CO\} \qquad \Delta H^{\ominus}=85.638\ \text{kJ/mol} \qquad (9\text{-}13)$$

上述过程包括反应物的转移（扩散）、化学反应、生成物的长大及排除三个步骤。对于矿石法脱碳反应来说，FeO 由炉渣向钢液的扩散以及脱碳的总过程都是吸热反应。在炼钢温度下，碳氧反应本身是能够顺利进行的。CO 气泡能顺利地在炉底及钢液中悬浮的固体质点形成核心，然后长大上浮逸出。所以生成物的排除也是很容易的，而 FeO 的扩散是决定反应速度的关键因素，其影响因素如下：

（1）炉渣中 FeO 浓度的影响。根据质量作用定律，渣中 FeO 浓度越高，浓度梯度越大，FeO 向钢中扩散的速度就越快，所以要保证矿石的加入量。

在一定温度和压力下，平衡时钢中的碳浓度和氧浓度的乘积是一个常数。随着碳氧反应的进行，钢液中的碳含量不断减少，而与碳平衡的氧则相应增加。为了使碳氧反应继续进行、保持合适的脱碳速度，就必须相应地增加矿石的加入量，以此来增加渣中 FeO 浓度，保证熔渣中的氧含量能大于平衡值。在生产实践中，冶炼低碳钢比高碳钢脱碳更困难，这是因为低碳钢中碳的氧化比高碳钢中碳的氧化需要供给更多的氧。

（2）熔池温度的影响。渣中（FeO）由炉渣向钢液中的转移和脱碳反应的全过程都是吸热反应，从热力学的观点来看，提高熔池温度有利于反应的进行。此外，当炉渣中（FeO）浓度和碱度一定时，温度越高，溶解于钢中的氧量就越多。从动力学的角度来看，在渣中 FeO 浓度一定的条件下，（FeO）的转移速度主要决定于温度条件，因温度升高时可以改善炉渣和钢液的流动性，能相应增加（FeO）的转移速度，有利于钢液中的碳氧反应，也有利于 CO 气泡的逸出。

在操作中规定了最低的加矿温度，目的就是要保证氧化反应在较高的温度下进行，以获得一定的脱碳速度，氧化期加矿温度一般为 1590 ℃以上。实践中，矿石加入量占金属装入量的 1%，使钢液温度降低约 30 ℃，在加矿之后温度回升至加矿之前的钢液温度，至少应间隔 4 min。因此，矿石宜分批加入，一次加入量不能过大，以防熔池温度降低太多，影响碳氧反应的顺利进行；否则，一旦温度升上来，就会突然发生猛烈的大沸腾，甚至会造成跑钢事故。

（3）炉渣碱度的影响。在温度和炉渣中 FeO 浓度一定的情况下，炉渣碱度 R 在 1.8~2.0 时，炉渣的氧化能力最强。当炉渣碱度 $R>2.0$ 时，渣中的 FeO 和 CaO 结合成化合物 CaO · FeO；当碱度 $R<1.8$ 时，渣中的 FeO 和 SiO_2结合生成化合物 2FeO · SiO_2，同样减少了渣中自由（FeO）量，从而降低了渣的氧化能力。因此在脱碳过程中，除了保持较高的熔池温度和加入足够的矿石外，还应使炉渣碱度保持在 2.0 左右，使其具有最大氧化能力，加速碳和磷的氧化，缩短冶炼时间。

除上述影响因素外，渣层厚度及流动性也对脱碳有影响。一般希望渣层薄（渣量控制在 2%~3%），减少 CO 的逸出压力，相对提高（FeO）的浓度；保持炉渣良好的流动性，可以提高渣钢反应的接触面积、渣中 FeO 向钢液的扩散以及生成 CO 气泡的逸出能力。此外，钢中硅、锰、铬等元素含量过高，也影响碳氧反应的顺利进行。

综上所述，矿石法脱碳操作的要点应该是：高温、薄渣、分批加矿、均匀激烈的沸腾。矿石的加入量必须适当，如果加入矿石过多，氧化末期钢中碳含量会降得过低，钢中剩余氧含量又会过高，给还原期操作带来困难，而且浪费矿石，延长冶炼时间；相反，加入量太少，脱碳量又不够。为此，必须对铁矿石的加入量要有一个大致的估算，并与炉前矿石加入量的经验数据结合起来，以做到准确加矿。

铁矿石加入炉内经吸热产生分解反应，以 FeO 形式提供氧使元素氧化。铁矿石加入量主要考虑各种杂质元素（C、Si、Mn、P）氧化所需的 FeO 量、氧化末期钢中氧含量（$w[O]_{实} \approx 0.03\%$）所需的 FeO 含量（15%~20%），由此可用式（9-14）粗略计算所需矿石用量 $Q_{矿}$：

$$Q_{矿}=\frac{1000\times 渣量百分比\times w(FeO)}{1.215}+42.2\Delta w[Si]+10.7\Delta w[Mn]+ 47.7\Delta w[P]+49.3\Delta w[C]+\frac{1000\times w[O]_{实}}{0.27} \tag{9-14}$$

式中 $Q_{矿}$——1 t 钢水氧化所需的铁矿石量，kg/t；

1.215，0.27——1 kg 赤铁矿（含 Fe_2O_3 为 90%）能提供的 FeO 量和纯氧量；

$\Delta w[Si]$，$\Delta w[Mn]$，$\Delta w[P]$，$\Delta w[C]$——各元素被氧化去除的百分含量，%；

42.2，10.7，47.7，49.3——1 t 钢水氧化去除 1%Si、Mn、P、C 所需的铁矿石量，kg。

上述计算是按平衡条件计算的理论值，实际供氧量要大于平衡值。实际矿石用量，还与炉渣碱度、钢液和炉渣的温度及流动性、钢液碳含量等有关。若炉渣碱度大、流动性差、钢液碳含量低，则矿石用量就大。根据大量实践的结果，生产中每脱碳 0.01%时，钢中碳含量与矿石用量的关系见表 9-5。

表 9-5 脱碳 0.01%时钢中碳含量与矿石用量的关系

$w[C]/\%$	>0.30	0.2	0.1	0.08	0.06	0.04
矿石用量/$kg \cdot t^{-1}$	0.7~0.8	1.0	1.6	1.8	2.7	5.8

为便于记忆和操作，可认为每脱碳0.01%时，每吨钢大致用矿石1 kg，然后视钢中碳含量及炉温情况酌情增减。

C 吹氧脱碳

在氧化期将氧气直接吹入熔池，从根本上改善熔池的供氧条件，大大加速了传质、传热和化学反应过程，能显著提高脱碳速度，强化熔池沸腾，提高钢液温度，扩大钢种冶炼范围，改善钢的质量。

当氧气压力足够时，吹入钢液中的氧能迅速细化为密集的气泡流。氧气压力越大，则氧气在钢液中形成越细小的气泡。这些细小的氧气泡在钢液内可与［C］进行直接氧化反应，也可与［C］进行间接氧化反应。

直接反应为：$[C]+\frac{1}{2}\{O_2\}=\!=\!=\{CO\}$ $\qquad \Delta H^{\ominus}=-115.23\ \mathrm{kJ/mol}$ (9-15)

间接反应为：$[Fe]+\frac{1}{2}\{O_2\}=\!=\!=[FeO]$ $\qquad \Delta H^{\ominus}=-238.69\ \mathrm{kJ/mol}$ (9-16)

$[FeO]+[C]=\!=\!=\{CO\}+[Fe]$ $\qquad \Delta H^{\ominus}=-46.12\ \mathrm{kJ/mol}$ (9-17)

从以上反应可以看出，不论是直接氧化还是间接氧化，吹氧去碳都是放热反应，不受温度限制；由于细小分散的氧气泡直接与钢液中碳接触，反应在气-液界面进行，不存在受［O］扩散的限制问题，所以加速［C］-［O］反应速度可以用加大吹氧压力的方法来达到。

在电弧炉炼钢吹氧脱碳时，脱碳速度一般可达0.025~0.050%/min（供氧强度为0.5 $m^3/(t\cdot min)$），但在钢液碳含量低于0.3%时，随着碳含量的降低，脱碳速度急剧下降，如图9-10所示。如果钢液中碳含量低时，氧化单位碳量所消耗的氧量就高，可采用增强供氧速度的办法，以保证脱碳速度。还应注意到，当$w[C]<0.3\%$时，碳向反应区的扩散速度降低，将小于氧向反应区的扩散速度，此时需采用增加碳扩散速度的措施（如提高熔池温度），有助于低碳范围脱碳速度的提高，如图9-11所示。在钢中碳含量很低且熔池温度也低时，若采用增大供氧量仅会使铁的氧化加剧。

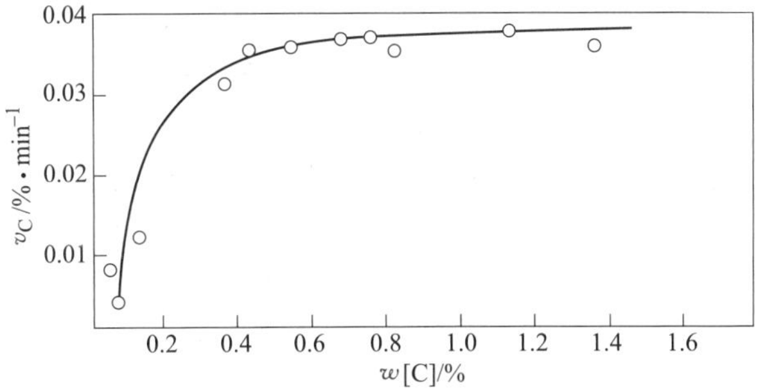

图9-10 钢液含碳量与脱碳速度的关系

同矿石法脱碳一样，渣量对吹氧法脱碳速度也是有影响的。要获得高的脱碳速度，不仅需要供给和碳反应的氧，而且同步提高钢液和炉渣中的氧量。当钢液中与碳量平衡的氧量增加时，炉渣中与碳量平衡的氧量也在增加，因此在其他条件相同时，减少渣量就等于

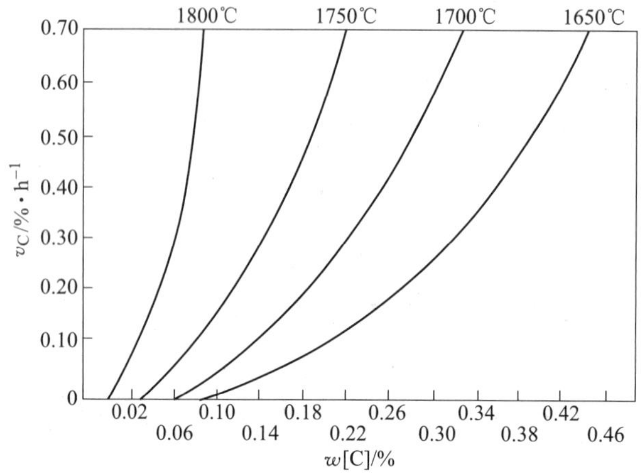

图 9-11　温度对低碳钢液脱碳速度的影响

减少进入炉渣的氧量、增加与碳反应的氧量，所以在薄渣下吹氧脱碳可以增大脱碳速度，特别是在冶炼低碳钢时更应如此。

吹氧脱碳与矿石脱碳比较，吹氧脱碳没有矿石分解为 FeO 而吸热、并由渣向钢液中扩散这一缓慢过程，所以吹氧脱碳速度要比加矿脱碳速度大得多。一般来说，矿石脱碳速度约为 0.01%/min，而吹氧脱碳速度则可达 0.025%/min 以上。特别是当钢中碳含量降至 0.1%以下时，用矿石降碳就十分困难，因为欲继续降碳，必须保证渣中有大量的（FeO），使 $w(\mathrm{O})_{渣}>w[\mathrm{O}]_{实}>w[\mathrm{O}]_{平}$，就必须向熔池加入大量矿石，这样又会导致熔池温度降低，影响（FeO）向钢液转移，使脱碳速度更加缓慢。吹氧脱碳是直接向钢液供氧，供氧量不受限制，吹氧脱碳是放热反应，氧化 0.2%~0.3%的碳使熔池温度升高约 20 ℃，这对于钢、渣的流动性，反应物的扩散和反应物的生成及去除均有利。吹氧脱碳熔池搅拌激烈，且吹入钢液中的氧气泡又成了 CO 气泡生成的非均质核心，也是 CO 形成的现成表面。由于吹氧的优越性，$w[\mathrm{C}]$ 较容易降到 0.1%以下；还由于吹氧脱碳的热力学和动力学条件良好，[C]-[O] 反应更加接近平衡，因此，钢中和渣中氧含量均低，从而减轻了还原期的脱氧任务，吹氧脱碳甚至可以取消氧化末期的纯沸腾时间。

吹氧脱碳的缺点是熔池升温过快，渣中（FeO）含量较低，不利于钢的脱磷。为了兼顾去磷和脱碳的要求，生产中广泛采用矿、氧结合的综合氧化法，即前期采用矿石氧化，以保证脱磷；后期吹氧氧化，以保证脱碳。在原料磷含量不高的情况下，可将脱磷任务放在熔化末期和氧化初期完成，在氧化期应尽早采用吹氧氧化脱碳的操作。

9.3.3　氧化期的工艺操作

9.3.3.1　造渣制度

对氧化期炉渣的要求是，具有足够的氧化性能、合适的碱度与渣量、良好的物理性能，以保证顺利完成氧化期的任务。氧化过程的造渣应兼顾脱磷和脱碳的特点，两者共同的要求是炉渣的流动性良好、有较高的氧化能力；不同的是，脱磷要求渣量大，不断流渣和造新渣，碱度以 2.5~3.0 为宜，而脱碳要求渣层薄，便于 CO 气泡穿过渣层逸出，炉渣碱度为2左右。

氧化期的渣量是根据脱磷任务而确定的。在完成脱磷任务时，渣量以能稳定电弧燃烧为宜，一般氧化期渣量应控制在3%~5%范围内。

调整好炉渣的流动性也极为重要。氧化渣过稠，会使钢-渣间反应减慢，流渣困难，对脱磷与脱碳反应均不利；氧化渣过稀，不仅对脱磷不利，而且钢液难以升温，炉衬侵蚀加剧。影响炉渣流动性的主要因素是温度和炉渣成分。对于碱性渣，提高渣中CaF_2、Al_2O_3、SiO_2、FeO、MnO等的含量时，可以改善炉渣流动性；而增加CaO、MgO、Cr_2O_3等的含量时，使炉渣流动性变坏。所以，炉渣碱度越高，其流动性越差。调整炉渣的流动性，常用的材料是萤石、火砖块和硅石，它们有稀释炉渣的作用，但会侵蚀炉衬，火砖块和硅石还会降低炉渣碱度，在使用时都应合理控制用量。

好的氧化渣在熔池面上沸腾，溅起时有声响、有波峰，波峰呈圆弧形时，表明沸腾合适；如果波峰过尖甚至脱离渣面，表明沸腾过于强烈。好的氧化渣还应是泡沫状的，流出炉门时呈鱼鳞状，冷却后的断面有蜂窝状的小孔，这样的炉渣碱度合适、氧化性强、流动性好、夹杂物易于被炉渣吸附、气体易排出，且有利于加热熔池和保护炉衬。

在实际操作中，可根据炉渣的埋弧情况、熔池活跃程度及流渣的情况等，对渣况作出判断；也常用铁棒蘸渣，待其冷却后观察，符合要求的氧化渣一般为黑色，有金属光泽，断口致密，在空气中不会自行破裂。前期渣有光泽，断面疏松，厚度3~5 mm；后期渣断面色黄，厚度要薄些。

取出不好的氧化渣渣样观察时，炉渣表面粗糙呈浅棕色，表明渣中（FeO）含量太低，高碳钢易出现这种情况，在操作上应补加矿石和氧化铁皮；当炉渣表面呈黑亮色，且黏附在样杆上的渣很薄时，表明渣中（FeO）含量很高，一般低碳钢易出现这种情况，操作上应补加石灰；如果炉渣断面光滑甚至呈玻璃状，说明碱度低，也应补加石灰。

氧化末期炉渣成分一般为：40%~50% CaO，10%~20% SiO_2，12%~25% FeO，4%~10% MgO，5%~10% MnO，2%~4% Al_2O_3，0.5%~2.0% P_2O_5。

9.3.3.2 温度制度

温度控制对于冶金反应的热力学和动力学都是十分重要的。在熔化后期就应该为氧化期创造温度条件，以保证高温氧化并为还原期打好基础。

由于脱碳反应必须在一定的温度条件下才能顺利进行，在现场中无论是采用矿石氧化法还是综合氧化法及吹氧氧化法，都规定了开始氧化的温度。氧化终了的温度（扒渣温度）比开始氧化的温度一般应高出40~60 ℃，原因是钢中许多元素已经氧化，使钢的熔点有所升高；另外，扒除氧化渣有很大的热量损失，而熔化还原渣料和合金料也需要热量，所以，氧化结束时的温度一般控制在钢熔点（1470~1520 ℃）以上110~130 ℃。电弧炉出钢温度应高出钢种熔点90~110 ℃，即氧化末期扒渣温度一般应高于该钢种出钢温度10~20 ℃。

电弧炉冶炼各期钢液温度制度见表9-6。氧化期总的来说是一个升温阶段，升温速度的快慢应根据脱碳、脱磷两个反应的特点作适当控制。氧化前期的主要任务是脱磷，温度应稍低些；氧化后期的主要任务是脱碳，温度应偏高些。因此，在升温速度的控制上，要前期慢、后期快，使熔池温度逐渐升高。

表 9-6 冶炼各期的钢液温度制度

钢　种	熔毕碳/%	氧化温度/℃	扒渣温度/℃	出钢温度/℃
低碳钢	$w[C]=0.6\sim0.9$	1590~1620	1630~1650	1620~1640
中碳钢	$w[C]=0.9\sim1.3$	1580~1610	1620~1640	1610~1630
高碳钢	$w[C]\geq1.3$	1570~1600	1610~1630	1590~1620

氧化期钢液的升温条件比还原期有利得多。如果在还原期进行升温，不仅升温速度缓慢，还会给钢的质量与电弧炉炉衬造成不良影响，所以，还原期理想的温度制度应该是一个保温过程，一般是出钢温度应低于氧化期的扒渣温度。

氧化期的升温速度主要依靠供电制度作保证，一般情况下采用二级电压固定调整电流大小的供电制度。如果氧化期脱碳量较大，可采用吹氧降碳，以减少输入炉内的电功率；如果电弧炉超装过大或变压器本身功率不足，则整个氧化期可始终使用最高一级电压供电，以保证向炉内输入足够的功率。

9.3.3.3　氧化操作

氧化期的工艺操作方法分为：矿石氧化法、吹氧氧化法和综合氧化法。

（1）矿石氧化法操作。矿石氧化法是一种间接氧化法，它是利用铁矿石中的高价氧化铁（Fe_2O_3或Fe_3O_4）加入到熔池中后转变成低价氧化铁（FeO），FeO 一部分留在渣中，大部分用于钢液中碳和磷的氧化。此法可应用于缺乏氧气的地方小厂，该法炉内冶炼温度较低，致使氧化时间延长，但脱磷和脱碳反应容易相互配合。

工艺流程为：熔化→提温→流渣造渣→加矿（分 2~3 批加入，加矿数量占金属料重的 3%~4%）→扒去 1/3~1/2 的氧化渣→$w[C]<0.2\%$，加 $w[Mn]\approx0.2\%$→纯沸腾 10 min→扒除氧化渣。

（2）吹氧氧化法操作。吹氧氧化法是一种直接氧化法，即直接向熔池吹入氧气，氧化钢中碳等元素。单独采用氧气进行氧化操作时，在碳含量相同的情况下，渣中 FeO 含量远远低于矿石氧化时的含量。因此，停止吹氧后熔池较用矿石氧化时容易趋向稳定，熔池温度比较高，钢中 Cr、Mn 等元素的氧化损失也较少，但不利于脱磷，所以在熔清后磷含量高时不宜采用此法。

在原料磷含量不高的情况下，应在装料中加入适量石灰及少量矿石，提前在熔化期脱磷。对冶炼高碳钢，由于炉料易于熔化，要抓紧在金属炉料大半熔化时（钢液占整个料重的 70%~80%）开始积极调渣，达到早期脱磷的效果，否则进入氧化期后脱磷就困难了。熔炼低碳钢时炉料化得慢，但化好后钢液温度也迅速升高，所以也要注意早期调渣，同样可达到早期脱磷的效果。

当钢中磷含量基本符合要求后，要迅速加入石灰、萤石调渣，使钢液迅速加热，同时起到防止回磷的作用。

采用吹氧脱碳（与综合氧化法后期吹氧操作工艺相同）可在较低的温度下进行，使熔池中气体的原始含量较低，而脱碳速度却比加矿脱碳速度高。因此，可在脱碳量不大（大于 0.2%）的情况下，仍能保证金属的去气和去除夹杂物；而且不用矿石脱碳，相对减少了钢中气体和非金属夹杂物的带入量，从而提高了钢液的洁净度。

（3）综合氧化法操作。综合氧化法是指氧化前期加矿石、后期吹氧的氧化工艺，并共同完成氧化期的任务，这是生产中常用的一种方法。

在处理脱磷和脱碳的关系时，应遵守以下工艺操作制度：在氧化顺序上，先磷后碳；在温度控制上，先低温后高温；在造渣上，先大渣量去磷，后薄渣层脱碳；在供氧上，先矿后氧。

前期加矿，可使熔池保持均匀沸腾、自动流渣，使钢中的磷含量顺利去除到0.015%以下。后期吹氧，可提高脱碳速度、缩短氧化时间（特别是冶炼低碳钢）、降低电耗，使熔池温度迅速提高到规定的氧化末期温度，也有利于钢中气体和夹杂物的排除，减少钢中残余过剩氧含量。

当炉料熔清以后，充分搅拌熔池，取样分析钢中C、Mn、P、S及Si、Cr、Cu等元素，在$w[P]>0.03\%$时，可向炉渣加入铁皮或小块矿石，并进行换渣操作。

当钢中磷含量小于0.03%、脱碳量不小于0.3%、温度高于规定温度时，就可加入矿石进行氧化操作。综合氧化法的加矿和吹氧的比例视钢中磷含量的高低而定，钢中磷含量高时，提高矿石氧化比例。综合氧化法一般的矿石加入量占金属料重的1%~3%。当矿石加入量为1%时，可一批加入；当矿石加入量为2%~3%时，应分为两批加入。每批矿石间隔时间为5~7 min（陆续加入一批矿石不少于5 min），在加入每批矿石的同时，应补加占矿石量50%~70%的石灰及少量萤石调渣。在加完矿石5 min之后，经搅拌，取样分析钢中C、P及有关元素含量。根据炉渣、炉温、加矿的数量及时间、流渣和换渣等情况，加上对碳火花的识别，判断当时炉中钢液的碳、磷含量范围，在$w[P]\leqslant 0.015\%$时即可进入吹氧操作。当$w[P]>0.015\%$时，可换渣后再进入吹氧操作。吹氧压力一般控制在0.5~0.8 MPa（不锈钢可达0.8~1.2 MPa）范围内，吹氧管直径选用19~25 mm（外涂约5 mm厚的耐火泥），过细的吹氧管烧蚀极快；吹氧脱碳的速度一般控制在0.02~0.04%/min范围内，连续吹氧时间应不少于5 min。

在吹氧操作时，控制吹氧管与水平角度呈20°~30°（先小后大），吹氧管插入钢液面以下100~200 mm深度。为了均匀脱碳，防止钢液和炉衬局部过热，吹氧管应在炉内来回移动，但应注意吹氧管头不能触及炉坡、炉底及炉门两侧。为改善吹氧操作的劳动条件，可采用炉顶水冷升降氧枪及炉门水冷卧式氧枪或炉门自耗式氧枪。炉顶水冷升降氧枪机械化控制水平较高，适用于大中型电弧炉；炉门水冷卧式氧枪喷头（喷头与水冷导管呈一定角度，喷头为直管或拉瓦尔管）可安放在电弧炉靠近熔池中心处，脱碳速度（氧压为0.8~1.2 MPa）及热效率（停电升高电极，进行吹氧操作）较高，氧枪操作及管理较为方便。

吹氧操作时，氧化终点碳含量的控制最为关键。在吹氧后期，炉前工应取样估碳，当确认钢中碳含量已合乎氧化终点碳含量的规定时（一般低于钢种规格中限0.03%~0.08%），应立即停止吹氧以防止终点碳量脱得过低，造成后期增碳；或因脱碳量不足而造成二次氧化。在氧化结束时，$w[P]\leqslant 0.015\%$，钢液温度高于出钢温度10~20 ℃，炉渣流动性合适；如果操作中规定需要加入锰铁时，应在扒渣前5 min加入，保持5 min的清洁沸腾时间后，立即扒除氧化渣。

当温度、化学成分合适时，就应停止加矿或吹氧，继续流渣并调整好炉渣，使成为流动性良好的薄渣层，让熔池进入微弱的自然沸腾，称为净沸腾。净沸腾时间为5~10 min，其目的是使钢液中的残余氧含量降低，并使气体及夹杂物充分上浮，以利于还原期的顺利进行。在冶炼低碳结构钢时，由于钢中过剩氧含量多，应按0.2%计算加锰预脱氧，并可使碳不再继续被氧化，称为锰沸腾。有人认为，这时用高碳锰铁可以出现一个二次沸腾，较为有利；也有人认为，加入硅锰合金可使预脱氧的效果更好；这两种观点各有理由，目前尚无定论。但生产实践中，建议根据氧化期结束的碳含量与钢种最终要求碳含量的差值来决定，在高碳锰铁的增碳量可以被接受的情况下，可以用高碳锰铁。在沸腾结束前3 min充分搅拌熔池，然后进行测温及取样分析，准备扒除氧化渣。

在熔清后钢液中磷含量不高的条件下，加矿与吹氧可以同时进行（或交替进行），并可提高吹氧氧化脱碳的比例，达到较好的技术经济指标。

9.3.4 增碳

如果氧化期结束时，钢液碳含量低于规格中限0.08%以上（还原期增碳及加入合金增碳不能进入钢种规格时），则应在扒除氧化渣后对钢液进行增碳。

增碳剂一般采用经过干燥的焦炭粉或电极粉。电极粉所含水分、挥发物和硫含量都较低，是一种理想的增碳剂。为了稳定增碳剂的回收率，必须扒净氧化渣；同时，搅拌钢液可加快已经溶解的碳由钢液表面向内部扩散，因而可以提高回收率。生铁也可作增碳剂，但因其碳含量低、用量大，一般仅在增碳量小于0.05%时才使用。

增碳剂的回收率与增碳剂用量、密度，钢液中碳含量及温度等条件有关。在正常情况下，焦炭粉的回收率为40%～60%，电极粉为60%～80%，喷粉增碳为70%～80%，生铁增碳时则为100%。增碳剂的用量（kg）可用式（9-18）计算：

$$\text{增碳剂用量}=\frac{\text{钢水量}\times\text{增碳量}}{\text{增碳剂碳含量}\times\text{收得率}} \tag{9-18}$$

增碳不是正常操作，会造成钢液降温和吸气，并使冶炼时间延长5～10 min。因此，规定对碳素结构钢增碳量不超过0.10%，对工具钢则不超过0.15%。

9.3.5 几种情况的处理

氧化期是在确知熔清成分和温度合适的条件下开始的，但有时熔清成分不是那么理想，常见的有碳高、磷高，碳高、磷低，碳低、磷高，碳低、磷低等几种情况，现分述如下：

（1）碳高、磷高。此时应在氧化初期利用熔池温度偏低的机会集中力量脱磷，并在脱磷过程中逐渐升温，为后期脱碳创造条件。具体操作是：全熔扒渣后制造较大的渣量，可吹氧化渣并升温，然后加入矿石粉或氧化铁皮及适量的矿石，以利于脱磷；同时，要保证熔渣流动性良好，当温度合适后，再分批加入矿石制造脱碳沸腾，并自动流渣，补充新渣或进行换渣操作，这样很快就能使磷满足扒渣的许可条件。如果全熔换渣后改用喷粉脱磷，效果更好。在碳高、磷高的情况下，氧化前期的操作以脱磷为主，后期以脱碳为主。当然，高水平的操作也可两者兼顾，直至全面满足工艺要求为止。

（2）碳高、磷低。如果没有满足扒渣的许可条件，这时的操作除采用喷粉脱磷外，还可利用脱碳沸腾，并在脱碳过程中去磷。具体操作是：全熔扒渣后制造较大的渣量，吹氧化渣升温，当温度合适后开始降碳，并适时地加入矿石或氧化铁皮等使其自动流渣，并补加新渣，这样很快就能将磷含量降到扒渣许可的条件，最后采用高温、薄渣脱碳，直至满足工艺要求为止。

如果已满足扒渣的许可条件，这时的操作主要是制造熔池沸腾和降碳，与此同时升温。具体操作是：全熔扒渣后制造合适的渣量，用氧气快速化渣与升温，当温度合适后，可采用矿氧并用或纯氧脱碳，直至满足工艺要求为止。

（3）碳低、磷高。这时应集中力量脱磷，然后增碳，当温度上来后，再制造脱碳沸腾直至满足工艺要求为止。

（4）碳低、磷低。这时的操作主要是增碳，然后再脱碳沸腾，与此同时快速升温。如果炉料质量较好（即杂质较少）而激烈沸腾时间不够时，也可借助于直接吹入氩气或吹CO气体来弥补熔池的沸腾，以满足工艺要求。

9.4 还 原 期

从氧化末期扒渣完毕，开始对钢液与炉渣脱氧、合金化、白渣保持、达到出钢温度到出钢这段时间，称为还原期。还原期是电弧炉老三期炼钢法的重要特点之一。

9.4.1 还原期的任务

（1）使钢液脱氧，尽可能地去除钢液中溶解的氧（含量不大于0.002%）和氧化物夹杂。

（2）将钢中的硫含量去除到小于钢种规格要求，一般钢种 $w[S]<0.045\%$，优质钢 $w[S]$ 为0.02%~0.03%。

（3）调整钢液合金成分，保证成品钢中所有元素的含量都符合标准要求。

（4）调整炉渣成分使炉渣保持还原性，确保炉渣碱度合适、流动性良好，有利于脱氧和脱硫。

（5）调整钢液温度，确保最终钢包内的钢液温度具备钢种要求的浇铸温度。

这些任务互相之间有着密切的联系，一般认为：脱氧是核心，温度是条件，造渣是保证。

9.4.2 钢液的脱氧

9.4.2.1 脱氧方法

在电弧炉炼钢过程中，脱氧方法主要有沉淀脱氧和扩散脱氧，电弧炉常用综合脱氧法。

（1）沉淀脱氧是直接在钢液中进行的强制性脱氧，速度很快且操作简便，但是有一部产物残留在钢液中，影响钢的纯净度。

（2）扩散脱氧又称间接脱氧法，一般用于电弧炉还原期或钢液的炉外精炼。扩散脱氧的主要特点是脱氧反应在熔渣内进行，因而脱氧产物不进入钢液中，钢中夹杂物含量较少；但扩散脱氧的速度慢，时间长，可以通过吹氩搅拌或钢渣混冲等方式加速脱氧进程；另外，进行扩散脱氧操作前，需换新渣，以防止回磷。

（3）综合脱氧是在还原过程中交替使用沉淀脱氧与扩散脱氧，可充分发挥两者的优点，弥补两者的不足之处，是一种比较合理的脱氧制度。

在电弧炉炼钢中，主要应用沉淀脱氧对钢液进行预脱氧和终脱氧。预脱氧在氧化末期转入还原期时，加入块状的锰铁、硅铁、硅锰铁、硅铝铁或铝块脱氧剂到钢液中，迅速脱去钢液中溶解的氧（含量降至0.01%~0.02%）。当稀薄渣形成后，采用粉状脱氧剂扩散脱氧，在扩散脱氧期内，钢液中沉淀脱氧产物还有充分时间上浮，出钢前再用强脱氧剂铝块、硅钙块进行沉淀终脱氧，进一步降低钢液中的溶解氧量（降至0.002%~0.005%）。终脱氧产物大部分也能在浇铸前的镇静过程中上浮排出。综合脱氧既可提高钢的质量，又可缩短冶炼时间。

9.4.2.2 脱氧剂和脱氧能力

根据2.9.2节的分析，各元素脱氧能力由强到弱的排列次序大致如下（当 $w[M]=0.1\%$时）：RE、Ca、Zr、Al、Mg、Ti、B、Si、C、P、Nb、V、Mn、Cr、（Fe、W、Ni、Cu）。在Fe以后的元素（如Ni、Cu等元素）不能作脱氧剂，也不能被氧化去除。由于脱氧前钢液中的氧含量决定于钢中碳含量，所以加到钢液中的脱氧元素浓度，至少应使与其平衡的氧含量低于与钢中碳相平衡的氧含量，这样才能作为脱氧剂。随着脱氧元素含量的增加，氧的活度系数趋小，脱氧能力曲线会出现转折。

电弧炉炼钢中沉淀脱氧常用的脱氧剂有Mn、Si和Al等，其脱氧反应为：

$$[Mn]+[O]=(MnO) \qquad \Delta G^{\ominus}=-244300+107.6T(J/mol) \tag{9-19}$$

$$[Si]+2[O]=SiO_2(s) \qquad \Delta G^{\ominus}=-576440+218.2T(J/mol) \tag{9-20}$$

$$2[Al]+3[O]=Al_2O_3(s) \qquad \Delta G^{\ominus}=-1242400+394.93T(J/mol) \tag{9-21}$$

可以看出，铝、硅的脱氧能力远大于锰的脱氧能力，但对大多数钢种，锰又是不可缺少的脱氧元素。当锰和硅、铝同时使用时，锰能提高硅和铝的脱氧能力（见图9-12），同时也使本身的脱氧能力有所增强。在常用的脱氧元素中，硅的脱氧能力仅次于钙和铝，而强于锰、钒、碳。仅当 $w[Si]=0.002\%\sim0.007\%$而 $w[O]=0.008\%\sim0.13\%$时，脱氧产物 $n\mathrm{FeO}\cdot SiO_2(n<2)$ 是液相。在一般钢的硅含量（0.17%~0.37%）下，脱氧产物呈固态。因此，在炼钢温度下最好用硅、锰一起脱氧，在 $w[Mn]=0.5\%$时，使［Si］脱氧能力提高30%~50%，并形成低熔点的脱氧产物（$2MnO\cdot SiO_2$）、（$2MnO\cdot FeO\cdot SiO_2$），有利于

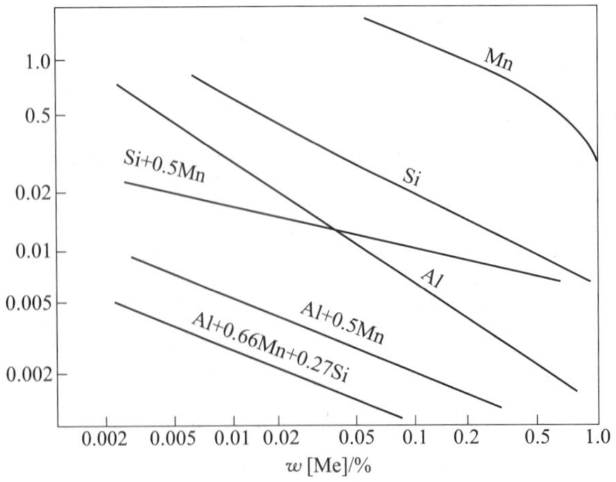

图9-12 1600 ℃时锰对硅、铝元素脱氧能力的影响

其从钢液中排除。铝的脱氧能力比锰大两个数量级、比硅大一个数量级，当 $w[Mn]=0.5\%$时，能提高［Al］的脱氧能力 1~2 倍；在 $w[Mn]=0.66\%$、$w[Si]=0.27\%$时，能提高［Al］的脱氧能力 5~10 倍，其脱氧产物是复杂化合物（如 $Al_2O_3 \cdot SiO_2$、$3MnO \cdot 3SiO_2$ 等），因而降低了脱氧产物的活度，使脱氧能力增大。

炼钢中常用的复合脱氧剂有硅锰、硅钙、硅锰铝等合金。采用硅锰合金，脱氧产物的熔点与脱氧后钢液中 $w[Mn]/w[Si]$ 的比值有关，比值大于 4 可获得液态产物。采用硅锰铝合金，为了得到液态的脱氧产物，要求这种复合脱氧剂使用的 Si、Mn、Al 有一定的比例，典型硅锰铝合金（$w[Si]=5\%$，$w[Mn]=10\%$，$w[Al]=5\%$，其余为 Fe）生成的脱氧产物为液态硅铝酸盐、铝酸锰或莫来石。采用硅锰铝合金，由于含有一定数量的铝，即使该合金中硅含量较低，仍能保持足够的脱氧能力，从而避免了使用硅锰合金脱氧时出现的问题。采用硅钙合金（钙处理），常用于高质量钢的脱氧，它不但具有很强的脱氧能力，而且具有很强的脱硫能力。用硅钙合金终脱氧能大大减少 Al_2O_3 链状夹杂物，减小钢的纵向与横向性能差别，改善钢液浇铸性能，改善钢锭表面质量；但球状夹杂物有所增加，对个别钢种在使用上受到限制。电弧炉还原期扩散脱氧时，向熔渣内加入炭粉、硅铁粉、铝粉、硅钙粉和电石等脱氧剂，使渣中的（FeO）还原，保证 $w(FeO)<1.0\%$。

用炭粉作脱氧剂，脱氧产物为 CO 气体，不存在钢液被非金属夹杂物玷污的问题；同时，能使炉内具有还原气氛，能降低炉内氧的分压力，减少炉气对炉渣的氧化。但用炭粉还原由于固态粉与渣中（FeO）的反应不完全，且速度较慢，只能将钢液脱氧到一定程度，冶炼高碳钢时作用会更小，所以生产中还必须用硅铁粉或其他强脱氧剂进一步扩散脱氧。硅、钙、铝在渣中的脱氧反应为：

$$2(FeO)+Si = (SiO_2)+2[Fe] \tag{9-22}$$

$$(FeO)+Ca = (CaO)+[Fe] \tag{9-23}$$

$$3(FeO)+2Al = (Al_2O_3)+3[Fe] \tag{9-24}$$

电石 CaC_2 是一种脱氧能力很强的脱氧剂，若与炭粉配合使用，脱氧效果更好。

9.4.3 钢液的脱硫

碱性还原渣脱硫只有在电弧炉还原期或炉外精炼时才能实现，其主要特点是渣中的氧化铁含量很低，因而对脱硫十分有利。

9.4.3.1 脱硫反应

碱性电弧炉具有充分的脱硫条件。脱硫的原则是：将完全溶解于钢中的 FeS 和部分溶解于钢中的 MnS 转变成为不溶于钢液而能溶于渣中的稳定 CaS，当 CaS 转入炉渣中时得以去除。

分子理论认为，钢液中硫化物首先向钢-渣界面扩散而进入渣中，反应式为：

$$[FeS] \longrightarrow (FeS) \tag{9-25}$$

渣中的（FeS）与游离的（CaO）相互作用，反应式为：

$$(FeS)+(CaO) = (CaS)+(FeO) \tag{9-26}$$

脱硫的总反应式为：

$$[FeS]+(CaO) = (CaS)+(FeO) \tag{9-27}$$

在电弧炉的还原期，在使炉渣强烈脱氧的同时还发生如下反应：

$$[FeS]+(CaO)+C=\!=\!=(CaS)+[Fe]+\{CO\} \tag{9-28}$$

$$2[FeS]+2(CaO)+Si=\!=\!=2(CaS)+(SiO_2)+2[Fe] \tag{9-29}$$

$$3[FeS]+2(CaO)+(CaC_2)=\!=\!=3(CaS)+3[Fe]+2\{CO\} \tag{9-30}$$

反应生成物为 CO 气体，或形成稳定化合物 $2CaO\cdot SiO_2$，这些反应均属于不可逆反应。在碱性电弧炉的还原期，$w(FeO)$ 含量可以降低到 0.5%以下，L_S值可达到 30～50，这是其他炼钢方法达不到的。

9.4.3.2 影响脱硫的因素

影响脱硫的因素有：

（1）炉渣碱度的影响。脱硫反应是通过炉渣进行的，渣中含有 CaO 是脱硫反应的首要条件。提高炉渣碱度，渣中自由 CaO 含量增多，炉渣的脱硫能力也增大；但碱度过高会引起炉渣黏稠而不利于脱硫反应进行。生产经验表明（见图 9-13），只有当碱度为 2.5～3.0 时，炉渣才具有最大的脱硫能力，即硫的分配比 $L_S=w(S)/w[S]$ 最高。

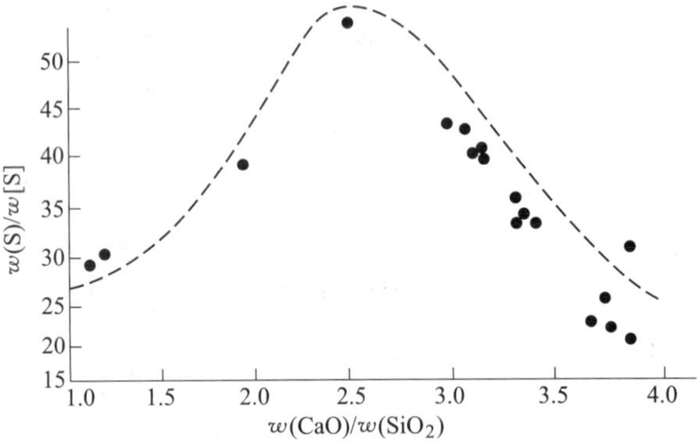

图 9-13 炉渣碱度与硫分配系数的关系
（$w[Mn]=0.6\%\sim0.8\%$；$w(FeO)=0.5\%\sim0.55\%$）

（2）渣中（FeO）含量的影响。图 9-14 为各种冶炼方法的 L_S与（FeO）含量及碱度（用过剩碱 B 表示）的关系。在电弧炉还原期中，渣中（FeO）含量降低有利于脱硫反应的进行。当 $w(FeO)$ 降到 1%以下时，L_S与 $w(FeO)$ 之间具有线性关系；当 $w(FeO)<0.5\%$时，L_S显著提高。因此，在还原气氛下（$w(FeO)<1\%$）的电弧炉炉渣，只要保持合适的碱度，脱硫效果是极为显著的，这也表明了脱氧和脱硫的一致性。

（3）渣量的影响。在保证炉渣碱度的条件下，适当增大渣量可以稀释渣中（CaS）的浓度，对脱硫有利。但渣量过大使渣层变厚，钢液加热困难。因此，渣量应控制为钢水量的 3%～5%。还原期一般不换渣脱硫，以免降温及增加钢中气体含量。当钢液硫含量高时，可把渣量增大到 6%～8%，并采用换渣脱硫操作。

（4）温度的影响。脱硫反应的平衡常数 K_S与温度的关系式为：

$$\lg K_S=-\frac{5506}{T}+1.46 \tag{9-31}$$

在平衡条件下，K_S与温度成正比，提高温度有利于脱硫。但 K_S随温度的变化值不大，当温度由 1600 ℃提高到 1630 ℃时，K_S值仅增加 11.0%，从热力学角度分析，温度影响并不显著。但在实际熔池中，脱硫反应并未达到平衡，而脱硫反应是界面反应，钢中的硫向

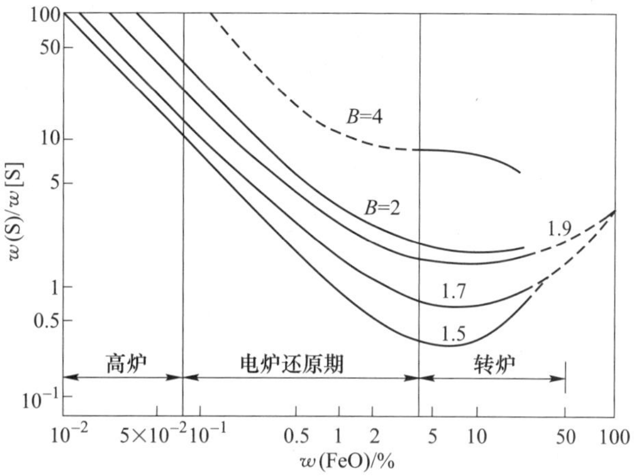

图 9-14 (FeO) 含量、过剩碱 B 对硫分配系数的影响

($B=n(CaO)+n(MgO)+n(MnO)-2n(SiO_2)-4n(P_2O_5)-3n(Al_2O_3)-n(Fe_2O_3)$)

渣中扩散是这个反应的限制性环节，提高钢、渣温度可以改善其流动性，增加硫的扩散速度，从而加速脱硫过程。从炼钢反应的动力学出发，高温有利于脱硫反应的进行。

(5) 脱氧对脱硫的影响。在电弧炉还原期，脱氧的同时也进行脱硫。在 1420~1720 ℃范围平衡时，$w[S]_{\%}\cdot w[C]_{\%}=0.011$；在 1600 ℃平衡时，$w[C]_{\%}\cdot w[O]_{\%}=0.0025$，因此，$w[S]/w[O]=4$，由此说明脱硫和脱氧有着密切的关系。当金属溶液含有铝、硅、碳元素时，就能增大硫的活度系数，为此最好在还原初期就把脱氧元素加入钢液中，以利于脱氧和脱硫，在还原初期加入锰铁还可以对钢水直接脱硫。

总之，为了获得低硫钢，首先应从配料抓起，对高硫料适当搭配，分散使用；在熔化期和氧化期，利用金属溶液中碳、锰、硅、磷含量较高的特点，使钢中［S］向渣中转移，通过造高碱度、流动性良好的炉渣，配合吹氧脱碳，适当提高熔池温度以及采用流渣换渣操作，在熔化期和氧化期其去硫率在 15%~35%之间波动；在还原期，虽然脱硫条件较好，但因还原期钢-渣界面反应较少，使炉内 L_S 仅为 30~50，不易达到更好的脱硫效果。所以，在操作中应加强搅拌、吹气、喷粉或采用电磁搅拌；在出钢过程中应采用大口深坑、钢渣混出，使出钢过程渣-钢界面提高为炉内界面面积的约 35 倍，在钢包中 L_S 可达 80，出钢过程的脱硫率一般为 50%~80%。

9.4.4 温度控制

还原期的温度控制尤为重要。因为还原精炼操作要求在一个很窄的温度范围内进行，如果温度高使炉渣变稀，还原渣不易保持稳定，钢液脱氧不良且容易吸气；温度太低时，炉渣流动性差，脱氧、脱硫及钢中夹杂物上浮等都受到影响；温度还影响钢液成分控制，影响浇铸操作与钢锭（坯）质量。

氧化末期钢液的合理温度，是控制好还原期温度的基础。在正确估算氧化末期降温、造还原渣降温、合金化降温的基础上，合理供电能保证进入还原期后在 10~15 min 内形成还原渣，并保持这个温度直到出钢。

在供电制度上，加入稀薄渣料后，一般用中级电压（2~3 级）与大电流化渣，当还原渣一旦形成时，应立即减小电压（3~5 级电压），输入中、小电流的供电操作。如果变压器功率不够或超装严重时，在整个还原期宜采用 2 级电压，只进行调整电流的操作。在温度控制上，应严格避免在还原期进行“后升温”。

出钢温度取决于钢的熔点及出钢到浇铸过程的热损失，一般取高出钢种熔点 100~140 ℃的温度，对于连续铸钢可选取上限，大炉子可取下限，即：

$$t_{出钢}=t_{熔点}+(100\sim140)℃ \tag{9-32}$$

9.4.5 炉渣控制

电弧炉炼钢还原期炉渣碱度控制在 2.0~2.5 范围内，还原渣系通常采用炭-硅粉白渣或炭-硅粉混合白渣。也有采用弱电石渣（渣中 CaC_2 含量为 1%~2%）还原的，由于这种渣难以与钢液分离，会造成钢中夹渣，因此在出钢前必须加以破坏，但又降低了炉渣的还原性，影响钢液的脱氧。熔炼高硫、磷的易切削钢时，采用氧化镁-二氧化硅中性渣的还原精炼方法。

9.4.5.1 白渣精炼

白渣精炼分炭-硅粉白渣和炭-硅粉混合白渣两种。一般认为，冶炼对夹杂和发纹有严格要求的钢种时，采用炭-硅粉白渣；冶炼要求不高的钢种时，可采用炭-硅粉混合白渣。

（1）炭-硅粉白渣精炼。扒完氧化渣后，对需要进行插铝的优质钢或低碳（小于 0.15%）钢种，向钢液插铝 0.5 kg/t，通常按钢液增硅量 0.10%加入硅铁。按锰的规格下限，随稀薄渣料一起加入锰铁（最好为硅锰铁）。如果钢液需要增碳，则在增碳后加入稀薄渣料。稀薄渣料由石灰、萤石、火砖块（或硅石）组成，要求渣料有适当低的熔点，以便尽快形成渣层覆盖钢液。低碳钢渣料配比为石灰∶萤石∶火砖块（或硅石）=5∶1∶1，中、高碳钢为 4∶1∶1。有的钢种为避免增硅，采用石灰∶萤石=4∶1 的稀薄渣料。稀薄渣料用量一般为钢液质量的 2%~3%，低碳钢与小容量电弧炉渣量偏上限。渣料宜均匀混合后加入炉内。

稀薄渣料加入后，应使用中级电压和较大电流以加速渣料熔化，有 5~10 min 的化渣时间，并使钢液升温。稀薄渣形成后调整好渣子的流动性，流动性合适时往渣面上均匀撒入电石 2~4 kg/t、炭粉 1~2 kg/t；不用电石时，炭粉用量为 2~4 kg/t。紧闭炉门使炉内形成良好的还原气氛，炭粉还原时间约 10 min，要求炉渣变白，若渣况不良，应增补电石、炭粉或石灰等材料。一旦炉渣变白及还原气氛形成，就应降低电压与减少输入功率。随后用 2~3 批硅铁粉和少量炭粉（小于 1.5 kg/t）继续脱氧，硅铁粉用量为 2~3 kg/t（或在形成的稀薄渣面上用碳化硅粉 2~4 kg/t 代替硅铁粉及炭粉还原）。每批间隔时间为 5~7 min，每批硅铁粉应混合加入适量石灰（石灰∶硅铁粉=3∶1），以保持一定碱度。

对于质量要求很高或难脱氧的钢种，在第二批硅铁粉加入后，也可继续加入铝粉或硅钙粉脱氧。

在还原过程中，应勤搅拌、常测温，促使温度和成分均匀，调整好配电参数。流动性良好的白渣一般应保持 20~30 min。观察炉内渣面呈均匀的小泡沫状，用钢棒粘渣，渣层均匀，厚为 3~5 mm，冷却后表面呈白色鱼子状，断面白色带有灰色点或细线且疏松多孔，冷却后不久会自动粉化成白色粉末（因渣中 $2CaO\cdot SiO_2$ 在 675 ℃时发生 $\beta\rightarrow\gamma$ 的晶型转变，发生体积膨胀，使渣粉化）。如果不粉化，表明渣中 SiO_2、MnO 含量较高，碱度较低，应予以调整。

还原期一般取 2~3 次样进行分析，取样前充分搅拌钢液，以保证分析的正确性。在加入第二批硅铁粉脱氧后，初调钢液成分。加入第三批硅铁粉后，将钢液成分调整至规格要求，并取双试样以避免分析误差。

在上述操作过程中，硫含量降低较快。若钢液中硫含量较高，可以增大渣量，必要时也可扒除部分还原渣，再加渣料。

出钢前 5 min 内，禁止向渣面上撒炭粉，以免出钢时钢液增碳。终脱氧在出钢前 2~3 min内进行，一般多采用炉内插铝，插铝量为 0.3~0.8 kg/t，钢中碳含量低时插铝量偏上限。采用向钢包喂铝线的终脱氧技术，不仅能大量节约用铝量，还能使钢中残存 Al_2O_3 夹杂含量大为降低。在终脱氧时，有些钢种也可采用硅钙合金、钙铁或稀土混合物等作为终脱氧剂，或将这些脱氧剂制成包覆线并直接喂入钢包中。终脱氧后，即可出钢。

以炭-硅粉白渣还原精炼时，钢液将从炉渣中吸收 0.02%~0.04%的碳。向渣面上撒入的硅铁粉（含硅 75%）将有 50%左右的硅进入钢液，因此，一般按钢液增硅量 0.10%~0.15%配加硅铁粉，对冶炼含铝、钛、硼成分的钢种，硅铁粉的加入量应更低一些（小于 2 kg/t）。一般电弧炉还原期的白渣成分为：$w(CaO)=45\%\sim55\%$，$w(SiO_2)=15\%\sim25\%$，$w(Al_2O_3)=2\%\sim3\%$，$w(MgO)<10\%$，$w(FeO)\leqslant0.5\%$，$w(MnO)<0.4\%$，$w(CaF_2)=5\%\sim8\%$，$w(CaC_2)\leqslant1.0\%$，$w(CaS)\leqslant1.0\%$。

（2）炭-硅粉混合白渣精炼。炭-硅粉白渣精炼，虽然能更好地保证钢的质量，但精炼时间长。因此对于一般的钢种，为了提高电弧炉生产率，多数钢种普遍采用炭-硅粉混合白渣法进行还原精炼。

稀薄渣形成后，即可加入炭-硅粉混合白渣料：炭粉 1.5~2.0 kg/t、硅铁粉 2~3 kg/t、石灰适量（石灰：硅铁粉=(2~4)：1），高碳钢的渣料取下限，低碳钢取上限。混合白渣料分 2~3 批加入。第一批脱氧剂加入后，保持 7~10 min 的还原时间，要求渣子转白。以后每隔 5~7 min 加入一批混合白渣料，为了保持白渣还原性，视渣色可酌情补加少量炭粉或硅铁粉，以保证炉渣的还原性。其他操作与炭-硅粉白渣法精炼相同。

对普通碳素结构钢种，可以采用快白渣还原工艺。氧化渣扒除后，随稀薄渣料一起按钢种规格下限加入合金料。当稀薄渣形成以后，将混合好的炭粉 1~2 kg/t、硅铁粉 1~2 kg/t、石灰 3~6 kg/t 集中一次性均匀撒向渣面，经 10~15 min 的脱氧时间，搅拌、测温、取样，补调合金成分，在温度合格后即可插铝出钢。采用这种快速还原工艺，炉内脱氧去硫并不充分，在出钢后利用同炉渣洗，可以再脱除一部分钢中的氧和硫。此工艺可缩短还原时间 10 min 左右。

还有一种更快的造快白渣还原工艺。氧化渣扒除后，直接将脱氧剂、稀薄渣料和合金料一起加入钢液中，待稀薄渣形成后，搅拌、测温、取样，调整合金，当温度合格便插铝出钢。此工艺可将还原期缩短到 15~20 min。

上述两种造快白渣还原工艺，结合钢包内加合成渣，并采用吹氩搅拌；或进行钢包炉精炼（LF），直至真空处理，钢的质量可以达到相当高的水平。

9.4.5.2 氧化镁-二氧化硅中性渣精炼

氧化镁-二氧化硅中性渣精炼适用于冶炼高硫、高磷的易切削钢。这种渣表面张力大，即使渣层较薄，电弧也不至于冲开渣层而与钢液直接接触，所以电弧十分稳定；而且电阻大，有利于钢液的加热和提温。一般认为，钢液在这种渣下精炼，由于渣的表面张力大，透气性差，非金属夹杂物和气体含量均较低。因为这种炉渣的脱硫能力小且易损坏炉衬，所以除了冶炼易切削钢外，则很少采用。

扒除氧化渣后，向钢液直接插入铝块，加入硅铁、锰铁合金进行沉淀预脱氧，然后用中性渣料代替稀薄渣料加入炉内。中性渣料的配比为：镁砂：火砖块=2：1 或白云石：火砖块=2：1。渣量为金属料量的 1.5%~2.5%。再用 1~2 批硅铁粉对炉渣脱氧，硅铁粉按 0.15%~0.2%的增硅量配加，加硅铁粉时可加少量炭粉于渣面上，以保持炉内还原气氛，待炉渣呈黄色时（为缩短还原时间）即可调整合金成分出钢。

对脱氧要求较严的钢种，在中性渣形成以后，先用一批硅铁粉脱氧，第二批改用硅钙粉或铝粉进行脱氧（用量为 1 kg/t）。渣量宜小，一般为 1.5%~2.5%，只要能覆盖钢液就可以了。同时，还原时间不宜过长，可允许黄渣出炉（炉渣颜色随渣中氧含量的降低，渣色变化为：黑→灰→黄→白）。另外，注意加强炉体维护，或者在炉衬后期才进行中性渣精炼。一般中性渣成分为：$w(CaO)=20\%\sim24\%$，$w(MgO)=20\%\sim30\%$，$w(SiO_2)=30\%\sim35\%$，$w(Al_2O_3)=1\%\sim5\%$，$w(MnO)=0.5\%\sim2.0\%$，$w(FeO)=1\%\sim4\%$。

9.4.6 钢液的合金化

炼钢过程中调整钢液合金成分的过程，称为合金化。传统电弧炉炼钢的合金化可以在装料、氧化、还原的过程中进行，也可在出钢时将合金加到钢包里；一般是在氧化末期、还原初期进行预合金化，在还原末期、出钢前或出钢过程进行合金成分微调。

合金化操作主要是指合金加入时间与加入的数量。要求合金元素加入后能迅速熔化、分布均匀、收得率高而且稳定、生成夹杂物少并快速上浮，不得使熔池温度波动过大。

9.4.6.1 合金元素的加入原则

合金元素的加入原则如下：

（1）根据合金元素与氧的结合能力大小，决定其在炉内的加入时间。对不易氧化的合金元素群（如 Co、Ni、Cu、Mo、W 等），多数随炉料装入，少量在氧化期或还原期加入；氧化法加 W 元素时，一般随稀薄渣料加入。对较易氧化的元素，如 Mn、Cr（含量小于 2%），一般在还原初期加入，硅铁一般在出钢前 5 min 加入，钒铁（含量小于 0.3%）在出钢前 5~8 min 加入。对极易氧化的合金元素，如 Al、Ti、B、稀土，在出钢前或在钢水罐中加入。一般来说，合金元素加入量大的应早加，加入量少的宜晚加。

（2）难熔的合金宜早加，如高熔点的钨铁、钼铁可在装料期或氧化期加入。

（3）采用返回吹氧法或不氧化法冶炼高合金钢时，可以提前与炉料一起装入，操作中采取相应措施提高其回收率。

（4）钢中元素含量严格按厂标规格控制，以利于消除钢的力学性能波动。在许可条件下，优先使用高碳铁合金，合金成分按中下限偏低控制，以降低钢的生产成本。

为了准确地控制钢液成分，必须知道加入合金元素的收得率。炉渣的氧含量越高、黏度越大、渣量越大，均使合金收得率越低。此外，合金的熔点、密度、块度及合金加入时的钢液黏度对收得率也有一定影响。合金加入时间与元素收得率的关系可参考表 9-7。

表 9-7 合金加入时间及收得率

合金名称	冶炼方法	加 入 时 间	收得率/%
镍		装料加入	>95
		氧化期加入，还原期调整	95~98
钼铁		装料或熔化末期加入，还原期调整	>95
钨铁	氧化法	氧化末或还原初期加入	90~95
	返回吹氧法	装料加入	85~90（低 W 钢） 92~98（高 W 钢）
锰铁		还原初期加入	95~97
		出钢前加入	约 98
铬铁	氧化法	还原初期加入	95~98
	返回吹氧法	装料加入，还原期调整（不锈钢等）	80~90
硅铁		出钢前 5~10 min 加入	>95
钒铁		出钢前 8~10 min（$w[V]<0.3\%$）加入	约 95
		出钢前 20~30 min（$w[V]>1\%$）加入	95~98
铌铁		还原期加入	90~95
钛铁		出钢前加入	40~60
硼铁		出钢时加入	30~50
铝	含铝钢	出钢前 8~15 min 加入	75~85
磷铁	造中性渣	还原期加入	50
硫黄	造中性渣	扒氧化渣插铝后或出钢时加入包中	50~80
稀土合金		出钢前、插铝后加入	30~40

9.4.6.2 合金加入量的计算

A 钢液量的校核

当计量不准或钢铁料质量波动时，会使实际钢液量 P 与计划钢液量 P_0 出入较大，因此应首先校核钢液量，以作为正确计算合金料加入量的基础。由于钢中镍和钼的收得率比较稳定，故用镍和钼作为校核元素最为准确。对于不含镍和钼的钢液，可以用锰元素来校核，但用锰校核的准确性较差。可根据下式校核钢水量：

$$P = P_0 \frac{\Delta M_0}{\Delta M} \tag{9-33}$$

式中 P——钢液的实际质量，kg；

P_0——原计划的钢液质量，kg；

ΔM——取样分析校核元素的增量，%；

ΔM_0——按 P_0 计算的元素增量，%。

【例 9-2】 原计划钢液质量为 30 t，加钼前钼含量为 0.12%，加钼后计算钼含量为 0.26%，实际分析钼含量为 0.25%。求钢液的实际质量。

解： 钢液的实际质量 $P = 3000 \times \frac{0.26\% - 0.12\%}{0.25\% - 0.12\%} = 32307$ kg

由本例可以看出，钢中钼含量仅差 0.10%，钢液的实际质量就与原计划质量相差 2300 kg。然而，化学分析往往出现 0.01%～0.03% 的偏差，这给准确校核钢液量带来困难。因此，式（9-33）只适用于理论上的计算，而实际生产中钢液量的校核一般采用下式计算：

$$P = \frac{GC}{\Delta M} \tag{9-34}$$

式中 P——钢液的实际质量，kg；

G——校核元素铁合金的补加量,%；

C——校核元素铁合金的成分,%；

ΔM——取样分析校核元素的增量,%。

【例 9-3】 往炉中加入钼铁 15 kg，钢液中的钼含量由 0.20% 增到 0.25%，已知钼铁中钼的成分为 60%。求炉中钢液的实际质量。

解：

$$P = \frac{15 \times 60\%}{0.25\% - 0.20\%} = 18000 \text{ kg}$$

B 单元素低合金（含量小于 4%）加入量的计算

当合金加入量小于 4% 时，可不计铁合金料加入后使钢液增重产生的影响，可按下式计算：

$$合金加入量 = \frac{钢液量 \times (规格控制成分(\%) - 钢中残余成分(\%))}{合金成分(\%) \times 合金元素收得率(\%)} \tag{9-35}$$

【例 9-4】 冶炼 45 钢，出钢量为 25800 kg。钢中残锰含量为 0.15%，控制锰含量为 0.65%，锰铁锰含量为 68%，锰铁中锰收得率为 98%。求锰铁加入量。

解：

$$锰铁加入量 = \frac{25800 \times (0.65\% - 0.15\%)}{68\% \times 98\%} = 193.6 \text{ kg}$$

验算：

$$w[\mathrm{Mn}] = \frac{25800 \times 0.15\% + 193.6 \times 68\% \times 98\%}{25800 + 193.6} \times 100\% = 0.65\%$$

C 单元素高合金（含量不小于 4%）加入量的计算

由于铁合金加入量大，加入后钢液明显增重，故应考虑钢液增重产生的影响。此计算式（减本身法）为：

$$合金加入量 = \frac{钢液量 \times (规格控制成分(\%) - 钢中残余成分(\%))}{(合金成分(\%) - 规格控制成分(\%)) \times 合金元素收得率(\%)} \tag{9-36}$$

在实际生产中，合金加入量在 2% 以上时，可按高合金加入量计算，式（9-36）也适用于低合金加入量的计算。

【例 9-5】 冶炼 1Cr13 不锈钢，钢液量为 10000 kg，炉中铬含量为 10%，控制铬含量为 13%，铬铁铬含量为 65%，铬收得率为 96%。求铬铁加入量。

解：

$$铬铁加入量 = \frac{10000 \times (13\% - 10\%)}{(65\% - 13\%) \times 96\%} = 601 \text{ kg}$$

验算：

$$w[\mathrm{Cr}] = \frac{10000 \times 10\% + 601 \times 65\% \times 96\%}{10000 + 601} \times 100\% = 13\%$$

D 多元素高合金加入量的计算

加入的合金元素在两种或两种以上，合金成分的总量已达到中、高合金的范围，加入一种合金元素对其他元素在钢中的含量都有影响，采用简单地分别计算是达不到要求的，现场常用补加系数法进行计算。

调整某一钢种化学成分时，铁合金补加系数是：单位质量的不含合金元素的钢水，在用该成分的铁合金化成该钢种要求成分时，应该加入的铁合金量。

补加系数法计算共分五步：

（1）求炉内钢液量。钢液量=装料量×收得率（%），其中收得率为95%~97%。

（2）求加入合金料初步用量和初步总用量。

（3）求合金料比分。把化学成分规格含量，换成相应合金料占有的百分数：

$$合金料占有量(\%)=\frac{规格控制成分(\%)}{合金料成分(\%)}\times 100\% \tag{9-37}$$

（4）求纯钢液百分比，即补加系数，公式如下：

$$铁合金补加系数=\frac{合金料占有量(\%)}{纯钢液占有量(\%)}\times 100\% \tag{9-38}$$

$$纯钢液占有量=(1-各项合金占有量之和(\%))\times 100\%$$

（5）求补加量。用单元素低合金公式，分别求出各种合金的补加量。

（6）求合金料用量及总用量。

【例 9-6】 冶炼 W18Cr4V 高速工具钢，装料量为 10 t，其他数据见表 9-8，求各种合金用量。

表 9-8 冶炼 W18Cr4V 高速工具钢的成分 （质量分数,%）

成分	规格范围	控制成分	炉中成分	Fe-W 成分	Fe-Cr 成分	Fe-V 成分
W	17.5~19.0	18.2	17.6	80	—	—
Cr	3.8~4.4	4.2	3.3	—	70	—
V	1.0~1.4	1.2	0.6	—	—	42

解：（1）求炉内钢液量：

$$钢液量=10000\times 97\%=9700\ \text{kg}$$

（2）求合金料初步用量：

$$\text{Fe-W}=\frac{9700\times(18.2\%-17.6\%)}{80\%}=73\ \text{kg}$$

$$\text{Fe-Cr}=\frac{9700\times(4.2\%-3.3\%)}{70\%}=125\ \text{kg}$$

$$\text{Fe-V}=\frac{9700\times(1.2\%-0.6\%)}{42\%}=139\ \text{kg}$$

$$合金料初步总用量=73+125+139=337\ \text{kg}$$

（3）求合金料百分比：

$$\text{Fe-W}\ 百分比=\frac{18.2\%}{80\%}\times 100\%=22.8\%$$

$$\text{Fe-Cr 百分比}=\frac{4.2\%}{70\%}\times 100\%=6\%$$

$$\text{Fe-V 百分比}=\frac{1.2\%}{42\%}\times 100\%=2.9\%$$

$$\text{纯钢液占有量}=[1-(22.8\%+6\%+2.9\%)]\times 100\%=68.3\%$$

（4）求补加系数，即纯钢液的合金成分占有量：

$$\text{Fe-W 补加系数}=\frac{22.8}{68.3}=0.334$$

$$\text{Fe-Cr 补加系数}=\frac{6}{68.3}=0.088$$

$$\text{Fe-V 补加系数}=\frac{2.9}{68.3}=0.043$$

（5）求补加合金料量：

$$\text{Fe-W 补加量}=337\times 0.334=112.5\ \text{kg}$$

$$\text{Fe-Cr 补加量}=337\times 0.088=29.5\ \text{kg}$$

$$\text{Fe-V 补加量}=337\times 0.043=14.5\ \text{kg}$$

$$\text{合计}=112.5+29.5+14.5=156.5\ \text{kg}$$

$$\text{最终钢液量}=9700+337+156.5=10193.5\ \text{kg}$$

（6）求各合金料加入总量：

$$\text{Fe-W 加入总量}=73+112.5=185.5\ \text{kg}$$

$$\text{Fe-Cr 加入总量}=125+29.5=154.5\ \text{kg}$$

$$\text{Fe-V 加入总量}=139+14.5=153.5\ \text{kg}$$

验算：

$$\begin{aligned}\text{钢中钨含量}&=\frac{\text{原钢液量}\times\text{钢中残余 W 含量}(\%)+\text{Fe-W 加入总量}\times\text{Fe-W 成分}(\%)}{\text{最终钢液量}}\\&=\frac{9700\times 17.6\%+185.5\times 80\%}{10193.5}\\&=18.2\%\end{aligned}$$

验算证明，上述补加合金料的计算是正确的。同样可验算校核钢中铬、钒的含量。

采用补加系数法计算多元高合金料加入量，生产中只要知道合金成分含量，补加系数可以事先计算好，其他几步计算就会很快得出结果。

E 联合计算法

配制一种含碳的铁合金料，要求这种合金料的碳含量与合金元素含量同时满足该钢种规格要求的计算，称为联合计算法。联合计算既能满足钢种配碳量的要求，又能使用廉价的高碳合金料以降低钢的生产成本，在特钢生产中是一种合金料加入量的重要计算方法。

【例 9-7】 钢液量为 15 t，钢液中铬含量为 10%，碳含量为 0.20%。现有高碳铬铁，铬含量为 65%、碳含量为 7%；有低碳铬铁，铬含量为 62%、碳含量为 0.42%。要求控制钢液中铬含量为 13%、碳含量为 0.4%，求高碳铬铁和低碳铬铁的用量。

（1）第一种解法：先从满足配碳量的角度求出高碳铬铁的加入量。

1）高碳铬铁加入量 $=\dfrac{15000\times(0.4\%-0.2\%)}{7\%-0.4\%}=454.5\ \text{kg}$

2）加入高碳铬铁后，钢液中铬含量为：

$$钢中铬含量=\frac{15000\times10\%+454.5\times65\%}{15000+454.5}=0.1162=11.62\%$$

在计算上应保留小数点后两位数才准确。

3）求低碳铬铁加入量：

$$低碳铬铁加入量=\frac{15454.5\times(13\%-11.62\%)}{62\%-13\%}=435.05\ \text{kg}$$

$$最终钢液量=15000+454.5+435.05=15889.55\ \text{kg}$$

（2）第二种解法：

设加入高碳铬铁为 x kg，低碳铬铁为 y kg，则：

$$\begin{cases}x\times65\%+y\times62\%=15000\times(13\%-10\%)+(x+y)\times13\%\\x\times7\%+y\times0.4\%=15000\times(0.4\%-0.2\%)+(x+y)\times0.4\%\end{cases}$$

解得：$x=454.5$ kg，$y=436.04$ kg。

9.5 出钢操作

为确保钢的质量和安全操作，出钢前必须具备以下条件：

（1）钢的化学成分要进入控制规格范围内，防止偏上、下限冒险出钢。

（2）钢液脱氧良好，取出钢液倒入圆杯，试样冷凝时没有火花，凝固后试样表面有良好收缩。

（3）炉渣为流动性良好的白渣，碱度合适。

（4）钢液温度合适，确保浇铸操作顺利进行。

（5）出钢口应畅通，出钢槽应平整清洁，炉盖要吹扫干净。

（6）出钢前应停止向电极送电，以防触电，并升高电极，特别是3号电极。

出钢时应有专人掌包，摆正钢包位置；应有专人摇炉，以控制摇炉速度，平稳出钢，防止先钢后渣；应有专人指挥天车，做到边倾炉、边落包，以使钢渣在钢包中激烈混冲。在多数情况下，传统电弧炉的出钢操作是采用大口深坑和钢渣混出的出钢方法，以加速钢渣之间脱氧去硫的化学反应。

出钢完毕，应观察钢液面的平静状况和液面高度，前者决定是否补加脱氧剂，后者可确定浇钢支数。钢流完毕，为了防止回磷，根据情况可加入适量的小块石灰或白云石稠渣，并加入50 mm以上厚度的碳化稻壳进行保温，出钢完毕后，应对钢水包取样和测温，根据钢液温度的高低合理确定镇静时间，钢水在钢包中经过4~8 min的镇静时间之后即可浇铸。在浇铸期间，模铸从包底水口下面接成品钢样，连铸从中间包取样，供作成品分析。

传统电弧炉老三期冶炼工艺操作，集熔化、精炼和合金化于一炉，包括熔化期、氧化期和还原期，在炉内既要完成废钢的熔化，钢液的脱磷、脱碳、去气、去除夹杂物以及升温，又要进行钢液的脱氧、脱硫、合金化以及温度、成分的调整，因而冶炼周期很长。这样既难以满足对钢材越来越严格的质量要求，又限制了电弧炉生产率的提高。

现代电弧炉炼钢与传统电弧炉炼钢相比，无论是生产发展理念，还是工艺技术、生产组织、产品开发生产等各方面都发生了较大变化，其特点主要表现在：

（1）冶炼功能简单化。现代电弧炉冶炼主要是熔化、氧化过程，传统电弧炉炼钢的还原期由二次精炼完成，现代电弧炉成为了一个初炼炉；电弧炉操作过程由以前的“熔化—氧化—还原—出钢”变为现在的“熔化升温—氧化”，而还原由精炼完成，使得电弧炉自身的功能简单化。

（2）生产节奏高效化。现代电弧炉广泛采用超高功率供电、碳氧枪、集束氧枪、废钢预热技术，广泛采用喷碳技术来实现良好的泡沫渣冶炼，达到降低能耗提高冶炼效率目的，同时还可采用不旋炉盖实现废钢铁水加料、控制炉渣成分达到不补炉目的，降低冶炼辅助时间。炼钢过程中配加部分铁水冶炼时，可以做到停电不停氧操作。电弧炉生产节奏不断快速化以满足高效连铸的要求，把精炼与合金化，提高钢液品质任务，交给钢包精炼炉与真空炉完成。现代电弧炉的技术进步主要是围绕高效化生产高档次产品、满足现代连铸要求这一核心来进行的。现代电弧炉的冶炼周期由原来传统电弧炉的 180~200 min 降到目前最低的 38 min。电弧炉向大型化方向发展，劳动生产率可达 2700 t/(人·d)，生产效率大大提高。

（3）操作控制智能化。电弧炉冶炼过程中，从废钢熔化、氧化和精炼过程中最佳电压和电流及输入功率的控制，到废钢、铁合金、粉剂的喷吹等信息的收集、操作指令等都可实现计算机智能操作控制。随着神经网络技术的发展和应用，出现了“智能电弧炉”，可减少无功功率。智能电弧炉是一项综合技术，可以融合各种超高功率电弧炉及其配套技术。目前，在电弧炉上已经有钢厂实现一键式炼钢，在送电控制、吹氧控制、碳粉喷吹、渣料加入、出钢合金调整等方面实现智能控制，这些智能控制技术基本都是围绕“稳定过程控制、稳定能源消耗、稳定质量品质、降低人员劳动量”来进行的，随着电弧炉炼钢智能化的发展趋势，开发适合各工厂产品特点的模型化现代电弧炉炼钢技术还具有较大空间。

9.6 补 炉

炉衬寿命长是高产、优质、低耗的关键因素之一。电弧炉炼钢过程是在长时间处于高温状态下进行的，一定厚度的炉衬表面层处于软化状态，在冶炼过程中炉衬不断受到机械冲击、化学侵蚀、炉内高温和温差剧变等因素的影响，而且操作不当也会导致炉衬损坏，尤其是在渣线的高温区更为严重。因此在每炉出钢后，都要修补已损坏的部位，以维护炉衬的形状，保证正常冶炼和延长炉体寿命。

9.6.1 影响炉衬寿命的主要因素

影响炉衬寿命的主要因素有炉衬的种类、性质和质量（包括制作、打结、砌筑质量），高温电弧辐射和熔渣的化学侵蚀，吹氧与钢液、炉渣等的机械冲刷以及装料的冲击。为了提高炉衬寿命，除选择高质量的耐火材料与先进的筑炉工艺外，还要加强维护，即在每炉钢出完后要进行补炉。如遇特殊情况，还需采用特殊的方式进行修砌垫补。

9.6.2 补炉部位

炉衬各部位的工作条件不同，损坏情况也不一样。炉衬损坏的主要部位是炉壁渣线，渣线受到高温电弧的辐射、渣钢的化学侵蚀与机械冲刷以及冶炼操作等损坏严重，尤其是渣线的 2 号热点区还受到电弧功率大、偏弧等影响，侵蚀严重，渣线 2 号热点区的损坏程度常常成为换炉的依据。出钢口附近因受渣、钢的冲刷也极易减薄。炉门两侧常受热震的作用、流渣的冲刷及操作与工具的碰撞等，损坏也比较严重。因此，一般电弧炉在出钢后要对渣线、出钢口及炉门附近等部位进行修补，无论进行喷补或投补，均应重点补好这些部位。

9.6.3 补炉原则

补炉原则是高温、快补、薄补。补炉是将补炉材料喷投到炉衬损坏处，并借助炉内的余热在高温下使新补的耐火材料和原有的炉衬烧结成为一个整体，而这种烧结需要很高的温度才能完成。一般认为，较纯镁砂的烧结温度约为 1600 ℃，白云石的烧结温度约为 1540 ℃。电弧炉出钢后，炉衬表面温度下降很快，因此应该抓紧时间趁热快补。薄补的目的是为了保证耐火材料良好地烧结。经验表明，新补的厚度一次不应大于 30 mm，需要补得更厚时应分层多次进行。

9.6.4 补炉方法

补炉方法可分为人工投补和机械喷补，根据选用材料的混合方式不同又分为干补和湿补两种。人工投补，补炉质量差、劳动强度大、作业时间长、耐火材料消耗也大，故仅适合小炉子。目前，在大型电弧炉上多采用机械喷补。机械喷补设备种类较多，有炉门喷补机、炉内旋转补炉机等，机械喷补补炉速度快、效果好。

9.6.5 补炉材料

碱性电弧炉人工投补的补炉材料是镁砂、白云石或部分回收的镁砂。用黏结剂湿补时选用卤水或水玻璃，干补时一般掺入沥青粉。机械喷补的材料主要用镁砂、白云石或两者的混合物，还可掺入磷酸盐或硅酸盐等黏结剂。

思 考 题

9-1 熔化期的主要任务是什么，熔化期分为哪几个阶段，每个阶段的供电有何不同？

9-2 氧化期的主要任务是什么，脱碳与去气、去夹杂是怎样的关系？

9-3 氧化期的氧化操作分为哪几种方法，各自有何特点？

9-4 还原期的主要任务是什么，怎样实现还原期的白渣精炼？

10 现代电弧炉及强化冶炼技术

传统电弧炉的老三期工艺，因其设备利用率低、生产率低、能耗高等不足，其技术经济指标很差，有“266”之称，即冶炼周期200多分钟，电能单耗600多度，电极单耗6 kg以上，这满足不了现代钢铁工业的发展。现代电弧炉炼钢将传统电弧炉的功能进行分化，并通过超高功率供电、废钢预热、强化供氧等技术手段，实现电弧炉炼钢的高效节能，促进了钢铁工业的可持续发展。现代电弧炉炼钢的主要方法是氧化法配后步工序的还原精炼，或者氧化法出钢时脱氧合金化还原造渣脱氧，吹氩调整后浇铸。因此，现代电弧炉冶炼工艺操作过程由装料、熔氧化、出钢与补炉四个环节组成。在技术人员的努力下，为提高冶炼效率、减少辅助时间的热损失、降低能耗，我国部分电弧炉已经实现不补炉，全废钢冶炼炉龄达到1000炉次以上。

10.1 现代电弧炉的功能演变

电弧炉炼钢工艺及流程优化的核心是缩短冶炼周期、降低能耗、提高生产率。在完善电弧炉本体的同时，注重与炉外精炼等装置相配合，真正使电弧炉成为“高速熔器”，从而取代了“老三期”一统到底的落后工艺，变成：废钢预热→超高功率电弧炉→炉外精炼→连铸。与传统工艺比较，相当于还原期的任务移到炉外，同时采用废钢预热、熔氧合一的快速冶炼技术，形成高效节能的“短流程”工艺，如图10-1所示。

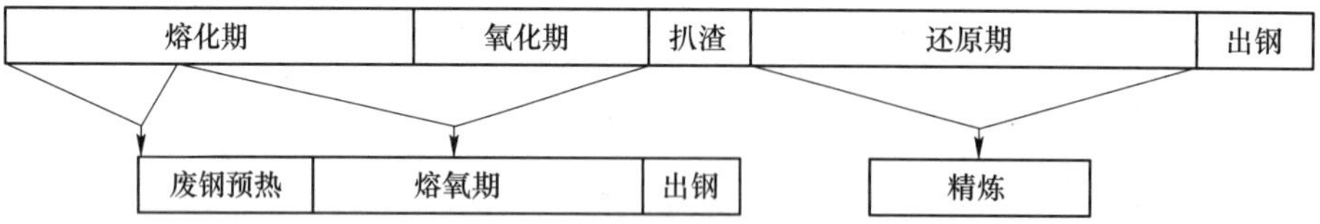

图10-1 电弧炉的功能分化

因此，现代电弧炉冶炼已从过去包括熔化、氧化、还原精炼、温度和成分控制的炼钢设备，变成仅保留熔化、升温和必要精炼功能（脱磷、脱碳）的熔炼设备，而把那些只需要较低功率的工艺操作转移到钢包精炼炉内进行。钢包精炼炉完全可以为初炼钢液提供各种最佳精炼条件，可对钢液成分、温度、夹杂物、气体含量等进行严格控制，以满足用户对钢材质量越来越严格的要求。尽可能把脱磷操作（甚至部分脱碳操作）提前到熔化期进行；而在熔化后的氧化吹炼和升温期，只进行碳的控制，以及部分铁合金的熔化（加入量较大且易氧化的铁合金，不适宜在加料期加入），对缩短冶炼周期、降低消耗、提高生产率特别有利。

现代电弧炉炼钢在“高效、节能、低消耗”的指导思想下，开发了诸如超高功率供电、强化吹氧、水冷炉壁、水冷炉盖、底吹搅拌、泡沫渣埋弧加热、废钢预热等先进技术。综合应用这些技术，已经使得电弧炉的平均冶炼周期达到 35~40 min，平均冶炼电耗达到 330~360 kW·h/t，平均电极消耗量达到 0.95~1.3 kg/t 的高水平，即电弧炉的经济技术指标实现了“431”。

10.2 超高功率供电技术

合理的电气运行制度是电弧炉炼钢最基本的保障，不仅对操作顺利很必要，而且也有助于降低电耗、电极耗损和耐火材料侵蚀，缩短冶炼周期，还能取得良好的节能降耗效果。

为了加快废钢熔化速度，缩短冶炼周期，20 世纪 60 年代提出了超高功率电弧炉的概念。通过提高电弧炉变压器的功率，缩短熔化时间，提高生产率；提高电热效率，降低电耗。同时，冶炼周期的缩短，易于与炉外精炼、连铸相配合，实现高产、优质、低耗的目标。表 10-1 为该时期一座 70 t 电弧炉改造实施超高功率化后的效果。

表 10-1 电弧炉超高功率化的效果

指　标	额定功率/MW	冶炼周期/min	电耗/$kW\cdot h\cdot t^{-1}$	生产率/$t\cdot h^{-1}$
普通功率（RP）	20	156	595	27
超高功率（UHP）	50	70	465	62

功率水平表示每吨钢占有的变压器额定容量，即：

$$\text{功率水平}(kV\cdot A/t)=\frac{\text{变压器额定容量}}{\text{公称容量或实际出钢量}} \tag{10-1}$$

并以此来区分普通功率（RP）、高功率（HP）和超高功率（UHP）电弧炉，见表 10-2。

表 10-2 电弧炉的功率水平分类

类　别	RP	HP	UHP
功率水平/$kV\cdot A\cdot t^{-1}$	<400	400~700	>700

实现超高功率电弧炉的关键技术有：超高功率电弧炉变压器及其供电模型优化、超高功率电弧炉供电短网、智能电极调节系统。

10.3 废钢预热技术

目前电弧炉采用超高功率供电、二次燃烧和复合吹炼等技术，氧气利用不断加强，使电弧炉产生的烟气量明显增加，并且烟气温度很高，一般达到 1200 ℃以上。烟气带走的热量为电弧炉输入总能量的 15%~20%，折合电能相当于 80~120 kW·h/t，这是电弧炉冶炼过程中最大的能量损失。

废钢预热通过回收高温烟气的热量，降低了电弧炉的总能耗，同时有助于减少大气中的废气排放，具有投资少、见效快的优点，兼具经济和环境两方面效益。

最初，将高温烟气直接引入装载废钢的料篮中预热废钢，此种预热方式因产生大量的烟尘和有毒气体，同时容易出现废钢黏结在料篮中，设备故障率高，影响电炉设备的有效作业时间，已在20世纪80年代末被淘汰。随后，基于废钢预热效果和环境保护的角度，研发了配备有专门废钢预热系统的电弧炉，如Fuchs公司的竖井式电弧炉、Consteel水平连续加料型电弧炉等。根据国内外各厂家的技术特点，可以将废钢预热电弧炉分为三类：双壳电弧炉、竖井式电弧炉和水平连续加料型电弧炉。

10.3.1 双壳电弧炉

第一台双壳电弧炉由瑞典通用电机公司（ASEA）于20世纪70年代研发。双壳电弧炉采用一套供电系统向两个炉体供电，由于电极横臂可以摆动，在一个炉体进行熔化和精炼过程时，另一个炉体进行出钢以及下一炉次的加料等准备工序。当钢水成分和出钢温度合格时，电极移动到另一个炉体内，开始下一个冶炼周期。最初双壳电弧炉设计的目的是提高电弧炉冶炼的生产效率，两个炉体交替使用有效地利用了非冶炼时间，如图10-2所示。

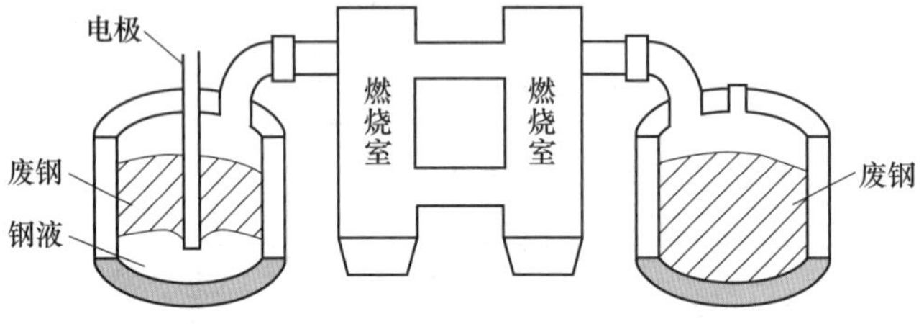

图10-2 双壳电弧炉工作原理图

利用预热装置将高温烟气与废钢直接接触进行预热，即将废气收集到燃烧室中进行燃烧，进一步提高烟气温度后，导入另一炉体内，对废钢进行预热，可将废钢温度提升至250~300 ℃。这种方式除了有效地利用废气携带的显热外，还能减少废气排放量，避免了大量烟尘直接排入环境中造成的污染问题。

10.3.2 竖井式电弧炉

竖井式电弧炉采用竖炉进行加料，同时冶炼产生的烟气也经竖炉排出，在此过程中烟气与废钢发生热交换从而预热废钢。竖井式电弧炉目前已在全世界许多地方得到了推广和应用，根据预热方式的不同可大体分为手指式竖井电弧炉、UL-BA竖井式电弧炉、多级废钢预热竖炉等。

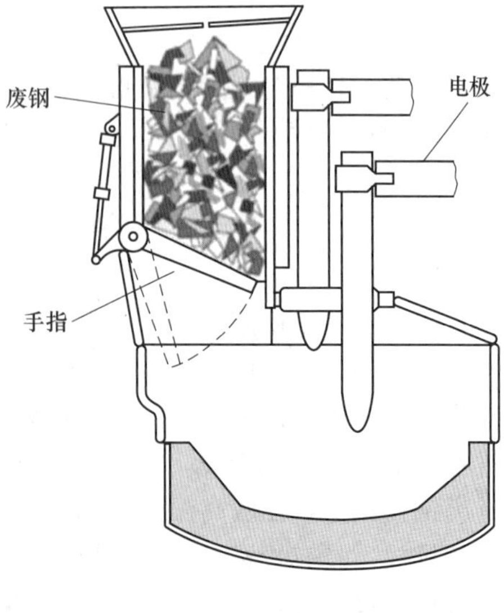

图10-3 手指式竖井电弧炉

手指式竖井电弧炉由德国福克斯公司（Fuchs）研发，如图10-3所示，在电弧炉和竖炉的连接处有手指状托架控制开闭。“手指”装置的作用在于托住废钢原料，保障电弧炉内高温烟气对废钢预热过程的顺利进行。此外，竖炉内废钢料柱可过滤掉烟气中部分粉尘，减轻粉尘污染。手指式竖井电弧炉存在一个共性问题，即“手指”装置附近废钢温度偏高，易损坏水冷装置，导致熔融态废钢与“手指”黏结。

日本新日铁公司开发了竖井式废钢预热系统 UL-BA（见图 10-4），其特点是将废钢预热系统设置在电弧炉一侧，预热与上料分为两个独立的过程，与手指式竖炉预热系统差异较大。UL-BA 系统解决了手指式竖井电弧炉因炉体结构不对称造成炉内热量分布不均的问题。同时，烟气中可燃气体（如 CO 等）在燃烧室内二次燃烧，避免了其在废钢狭小间隙内进行二次燃烧发生爆炸的可能性以及废钢过氧化的问题。

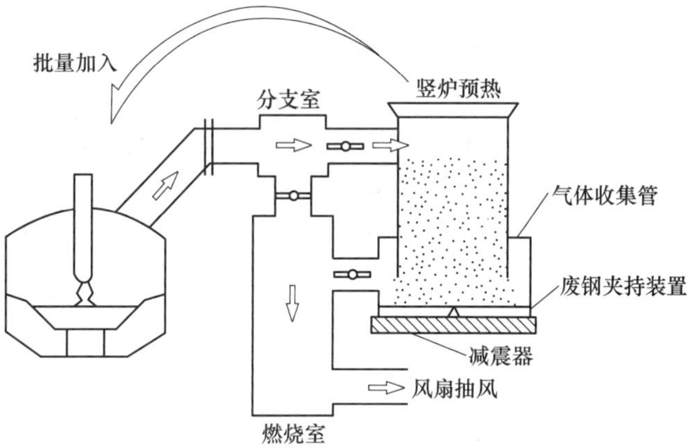

图 10-4 新日铁 UL-BA 竖井式电弧炉

日本大和工业（Yamato Kogyo）研发了竖炉多级废钢预热技术（Multi Stage Preheating），其结构如图 10-5 所示，多级废钢预热装置分为上下两个可独立开闭的预热室。在工作过程中，电弧炉冶炼产生的高温废气一部分直接进入下方预热室，另一部分通过侧方烟道进入上方预热室中，有效地改善了普通竖炉预热工艺中废钢料柱上下温度不均的缺点，同时也在一定程度上避免了废钢预热温度过高导致“手指”黏连的问题。

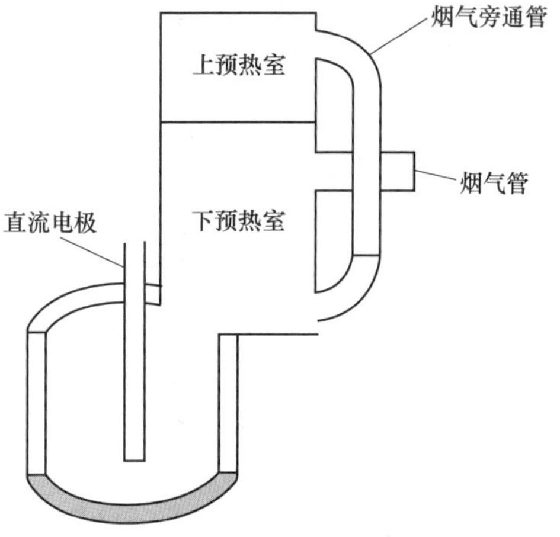

图 10-5 竖炉多级废钢预热电弧炉

普瑞特冶金技术有限公司开发的 Quantum 电弧炉（见图 10-6）采用了预热竖井进行废

钢预热，预热竖井设置为梯形结构，从而优化了废钢的料层结构和烟气的流动路径，提高了预热效率。在手指结构方面，Quantum 电弧炉在废钢加入炉内时，“手指”可以完全从竖井中抽出，最大程度地减小了下落废钢对手指结构的冲击，有效地延长了设备的使用寿命。在环保方面，废钢预热后的尾气在燃烧室内燃烧，并结合相应除尘装置最大限度减少二噁英污染物的排放。

图 10-6 Quantum 电弧炉
1—废钢提升机；2—废钢上料；3—废钢加入；
4—废气处理；5—废钢预热；6—供电；7—电弧炉

日本 Steel Plantech 株式会社开发的 ECOARC 电弧炉（见图 10-7）采用竖井式的上料通道进行废钢预热，上料通道内无类似“手指”的结构托住废钢料层，底部的废钢直接与电弧炉内的钢水接触。随着废钢的不断熔化，废钢料柱不断下降，实现电弧炉的连续加料。ECOARC 电弧炉的预热竖炉与电弧炉炉体是一个紧密连接的整体，炉体整体密闭性好，避免了空气进入预热段与烟气反应造成废钢过氧化的问题。在竖井的下端设置有一个推钢机构，将废钢料柱按一定节奏向炉子中心方向推动，但此推钢机构仍是本装置的一个

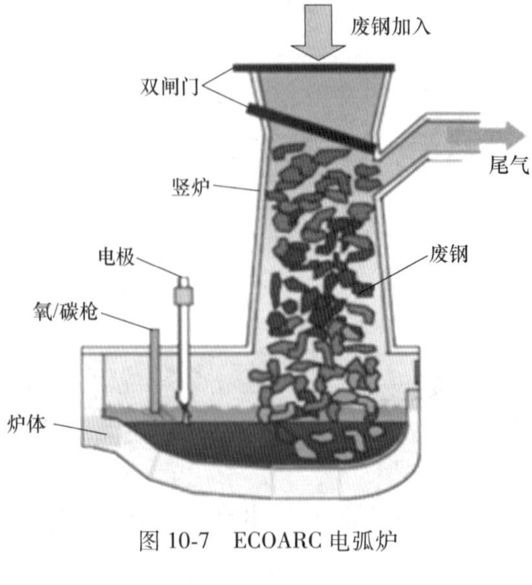

图 10-7 ECOARC 电弧炉

故障点。在电炉冶炼过程中大量喷吹碳粉，可达 30～40 kg/t 钢，并用氧枪大流量供氧，提高冶炼产生烟气的温度，从而使废钢预热温度可达 800 ℃。此预热系统的烟气排放量只有传统电弧炉的 60%，同时通过燃烧室使烟气温度提高到 800 ℃以上，避免了二噁英气体的排放。ECOARC 电弧炉最早在日本、韩国和泰国的部分钢厂投入生产，在节能环保方面取得了不错的业绩。由于碳粉喷吹量很大，因此其 CO_2 排放量较大。

10.3.3 水平连续加料电弧炉废钢预热

20 世纪 80 年代中叶，意大利得兴公司开发出了 Consteel 连续加料电弧炉（见图 10-8），在上料通道内，高温烟气与废钢相向运动，发生热交换从而对废钢预热。连续加料电弧炉的上料系统采用动态密封装置，保障了电弧炉烟气全部参与废钢预热。另外，随着烟气在上料通道中运动速度不断降低，粉尘会逐步沉降在废钢表面回到电弧炉内，避免了粉尘治理问题。理论上 Consteel 连续加料系统可将废钢预热至 400～600 ℃，但国内外钢厂现场实际测量的预热温度在 100～200 ℃，与理论温度相差甚大。针对这一问题，国内外开展了许多关于 Consteel 电弧炉废钢预热技术的研究：改进烟气在上料通道内的流动、上料通道上方安装火焰喷嘴等，预热温度均得到了一定程度的提升。

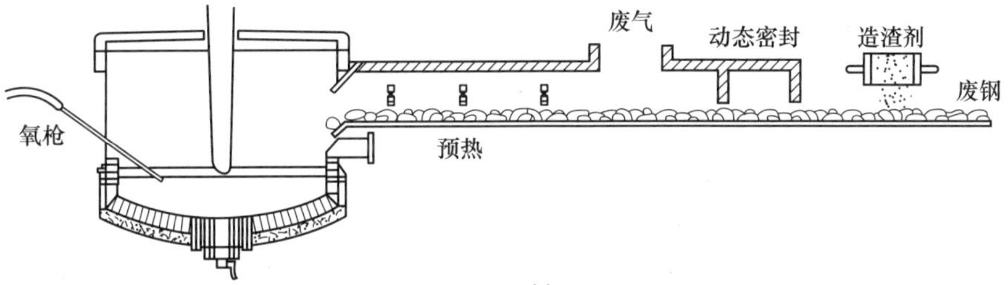

(a)

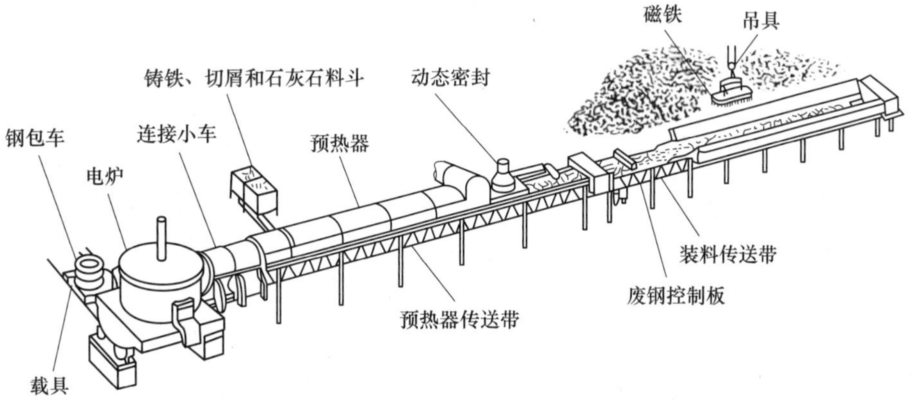

(b)

图 10-8 康斯迪连续加料电弧炉（Consteel）
（a）连续投料；（b）废钢处理系统

德国 KR 与土耳其 CVS 两家公司联合开发了环保型炉料预热和连续加料系统（简称 EPC），如图 10-9 所示。EPC 系统包含两部分，即靠近电弧炉侧的预热室和预热室右侧的加料室。废钢首先储存在加料室，随后进入预热室内与高温烟气接触预热。预热室中部设有二次燃烧室，用于通过燃烧反应处理二噁英等有害气体。同时，预热室顶部布置布袋式除尘装置处理尾气，进一步避免污染环境。

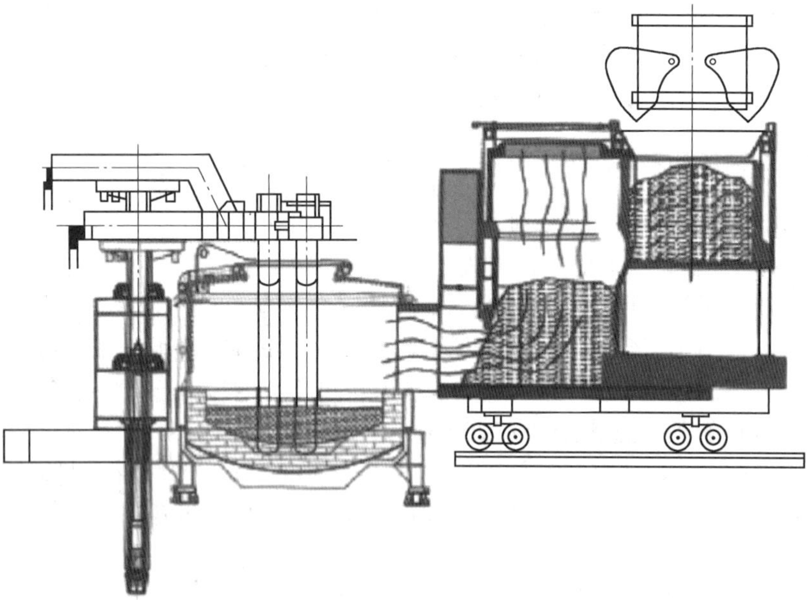

图 10-9 环保型炉料预热和连续加料系统

中冶赛迪开发的 CISDI-AutoARC 电弧炉（见图 10-10）是在 Consteel 水平加料型电弧炉基础上，进一步升级改进，保留了 Consteel 电炉的优点，并针对其废钢预热效果不理想的缺点，采用了阶梯分料的废钢预热技术，特点是：废钢前进过程中能实现翻转，提高废钢预热温度，均匀受热，废钢预热温度可达 350~400 ℃，能够大幅提高废钢分料速度、废

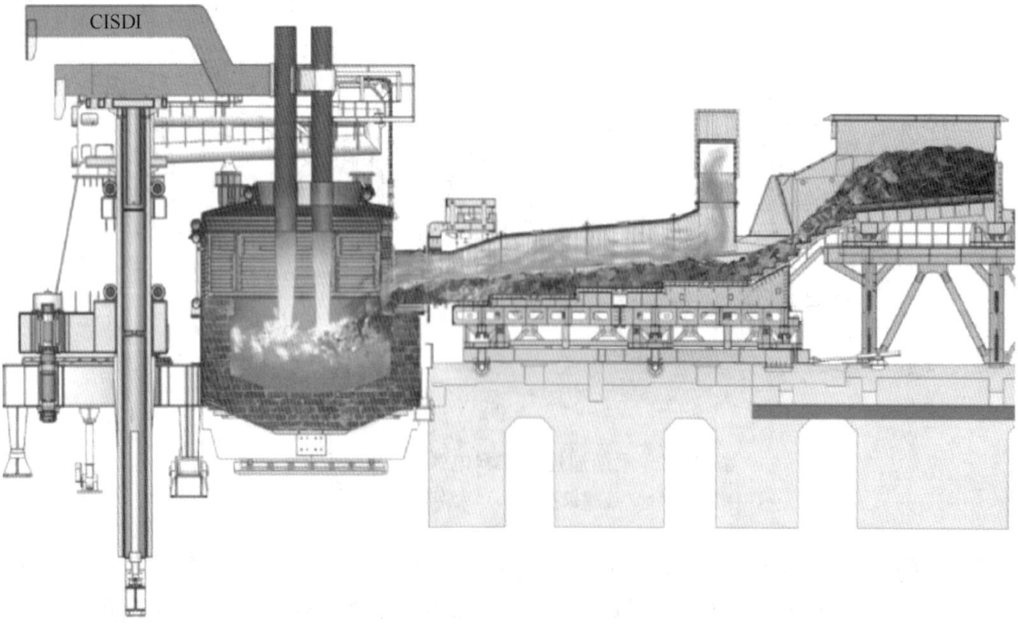

图 10-10 中冶赛迪 CISDI-AutoARC 原理图

钢输送速度，有效提升废钢加入速度，提高了生产效率；冶炼周期达到35 min以内，冶炼电耗330 kW·h/t钢，电极消耗0.9 kg/t钢。

近期，中冶赛迪在CISDI-AutoARC电弧炉的基础上，继续开发新型CISDI-SuperARC电弧炉，采用了最新的IGBT供电技术，形成了CISDI-Flex柔性电源装置，可使电弧炉冶炼过程中的一次侧功率因数高达0.95以上，控制速度快，可实现电压与电流的双控无极调节，运行电流与电压更加平稳，电能转化效率更高，冶炼电耗进一步降低至250~300 kW·h/t钢，电极消耗0.6~0.8 kg/t钢，冶炼周期缩短到30 min以内。该新型电弧炉将在降低电弧炉成本和钢铁工业减碳方面发挥重要作用。

不同类型的电弧炉废钢预热技术参数见表10-3，可以看出连续加料电弧炉在烟气治理方面的优越性，尤其是强化了二噁英的防治。

表10-3　不同预热方式电弧炉的技术经济指标

废钢预热方式	预热温度/℃	吨钢电耗/kW·h·t^{-1}	冶炼周期/min	环保情况
双壳式	250~300	385	60	回收了尾气中的大量烟尘，但对二噁英的治理效果不好
Fuchs手指式竖炉	500~800	260~420	37~58	相比传统电炉，粉尘、烟气排放量降低，但二噁英治理效果不好
UL-BA竖炉式	600	287	60	烟气在燃烧室内燃烧，一定程度上可以减少二噁英排放
多级废钢预热	500~600	283	50	烟气含尘量降低30%，预热系统与除尘装置连接，进一步对尾气进行处理
Quantum电弧炉	600	280~310	33~45	尾气在二次燃烧室中燃烧除去二噁英气体，增添活性炭喷吹系统，使二噁英含量低于0.1 mg TEQ/m^3（标态）
Consteel	200~300	300~390	45~65	相比传统工艺，产生烟尘量降低约30%
EPC	700~800	277~334	39~49	烟气产生量小，预热室中的燃烧小室可以有效地除去二噁英气体
ECOARC	1000	250~310	45~52	烟气排放量只有传统电弧炉的60%，配备一系列尾气处理设备强化对二噁英的处理
CISDI-AutoARC	300~400	330	35	二噁英能控制到0.1 ngTEQ/m^3（标态）
CISDI-SuperARC	300~400	250~300	30	二噁英能控制到0.1 ngTEQ/m^3（标态）

10.4　泡沫渣埋弧加热技术

现代电弧炉炼钢为缩短冶炼时间，提高电弧炉生产率，采用了较高的二次电压，进行长电弧冶炼操作，增加了有功功率的输入，提高了炉料熔化速率。但电弧强大的热流向炉壁辐射，增加了炉壁的热负荷，使耐火材料的熔损和热量的损失增加。为了使电弧的热量尽可能多地进入钢水，需要采用泡沫渣埋弧技术。

泡沫渣的厚度可达电弧长度的2.5~3.0倍，能将电弧完全包裹在内，可减少电弧向炉顶和炉壁的辐射，延长电弧炉的炉体寿命，可使电弧对熔池的传热效率从30%提高到60%，冶炼电耗降低约22%，冶炼周期缩短10%~14%，提高了生产率；并能提高电弧炉炉龄，减少炉衬材料消耗。电弧炉冶炼过程中电极消耗的50%~70%是由电极表面氧化造成的。采用泡沫渣操作可使电极埋于渣中，减少电极的直接氧化，又有利于提高二次电压、降低二次电流，使电能消耗减少，电极消耗也相应减少2 kg/t以上，因而使得生产成本降低。同时，泡沫渣埋弧加热技术使噪声减小，噪声污染得到控制。

10.4.1 泡沫渣形成的机理

泡沫渣是气体分散在熔渣中形成的。当熔渣的温度、碱度、成分、表面张力、黏度等条件适宜时，会因气体的作用而使熔渣发泡形成泡沫渣。泡沫渣在不增大渣量的前提下，使炉渣呈很厚的泡沫状，即：熔渣中存在大量的微小气泡，而且气泡的总体积大于液渣的体积，液渣成为渣中小气泡的薄膜而将各个气泡隔开，气泡自由移动困难而滞留在熔渣中，这种渣气系统被称为泡沫渣。

泡沫渣技术是在电弧炉冶炼过程中，在向炉内吹入氧气的同时，向熔池内喷吹炭粉、煤粉，在此形成强烈的碳氧反应，通过该反应使渣层内形成大量的CO气体泡沫，气体泡沫使渣层厚度达到电弧长度的2.5~3.0倍，这使电弧完全屏蔽在渣内，从而减少电弧向炉顶和炉壁的辐射，最终延长电炉的炉体寿命，并能提高电炉的热效率。图10-11示出了泡沫渣对输入炉内电能转化率的影响。

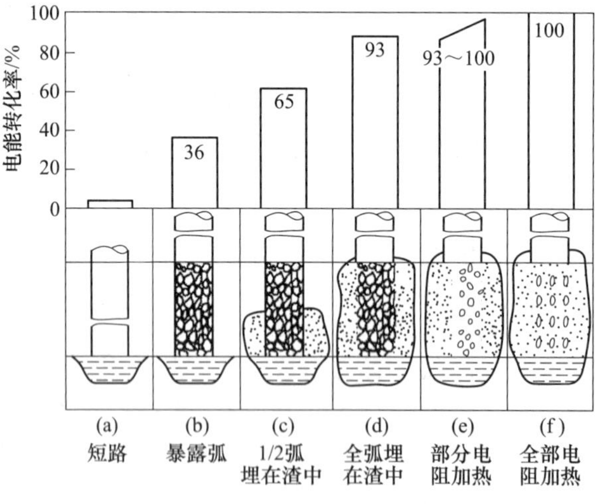

图10-11 泡沫渣对输入炉内电能转化率的影响

研究表明，输入炉内的电功率约有86%转化为电弧辐射能，14%在电极端部和熔池燃烧点（约各占7%）转变成热能，当电极和熔池短路时，电能主要转化为石墨电极电阻热，如图10-11（a）所示。在图10-11（b）中电弧自由燃烧情况下，转化率为36%。当电弧的1/2或全部埋于渣中时，辐射能的1/2或全部将通过渣传递给熔池，转化率分别达65%（见图10-11（c））和93%（见图10-11（d））。图10-11（e）和（f）分别是电弧、电阻混合加热和纯电阻加热，由于减少了燃烧点热损失，其转化率可达100%。由此可以看出，泡沫渣对提高电弧炉加热效率是十分重要的。图 10-12 示出了炉渣状况对能量损失的影响。在泡沫渣下能量损失最低，即使在长弧（高功率因数）下运行，能量损失也无明显增加，而且长弧运行电流降低，电极消耗量也是相应在减少。因此，在操作中尽快造成泡沫渣并保持下去是确保炉子在整个周期内以高电压、最大功率运行和提高功率利用率的关键，而这种运行模式意味着低消耗和高生产率。

10.4.2 影响泡沫的因素

影响泡沫的因素有：

（1）吹氧量。泡沫渣主要是依靠碳、氧反应生成大量的 CO 所致，因此提高供氧强度，既增大氧气含量，又提高了搅拌强度，促进碳、氧反应激烈进行，使单位时间内的 CO 气泡发生量增加，在通过渣层排出时，使渣面上涨，渣层加厚。图 10-13 展示了吹氧量对不同（FeO）含量炉渣泡沫高度的影响。

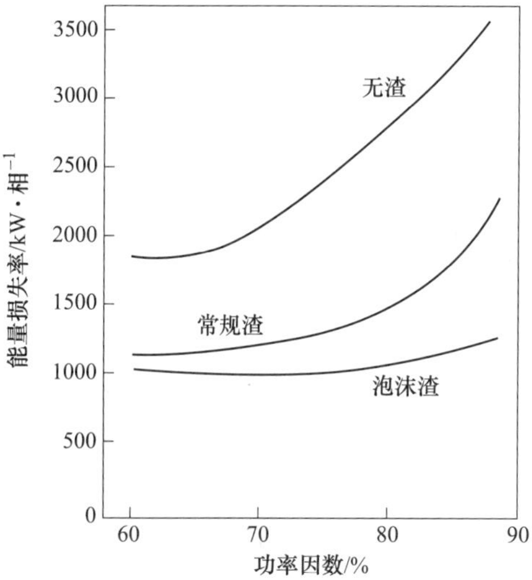

图 10-12 炉渣状况对能量损失的影响

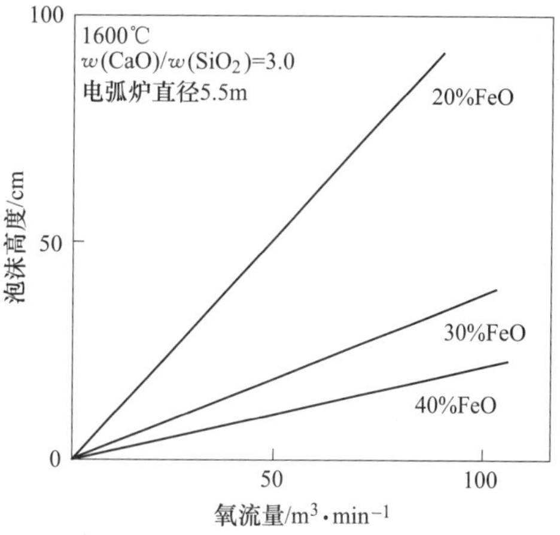

图 10-13 吹氧量对炉渣泡沫高度影响

（2）熔池碳含量。碳是产生 CO 气泡的必要条件，如果碳不足将使碳氧反应乏力，影响泡沫渣生成，这时应及时补碳，或喷吹，或从炉盖加料孔加入焦炭或煤，以促进 CO 气泡的生成。

（3）炉渣的物理性质。适当增加炉渣的黏度、降低表面张力和增加炉渣中悬浮质点数量，将提高渣的发泡和泡沫渣的稳定性。

（4）炉渣化学成分。在碱性炼钢炉渣中，$w(FeO)$ 和碱度 $w(CaO)/w(SiO_2)$ 对泡沫渣高度的影响很大。一般来说，随 $w(FeO)$ 升高，炉渣的发泡性能变差，从图 10-13 中可以看出这种趋势。炉渣碱度的影响示于图 10-14，碱度在 2 附近有一峰值，此时泡沫渣高度达最大。

（5）温度。在炼钢温度范围内，随温度升高，炉渣厚度下降，熔池温度越高，生成泡沫渣的条件越差。

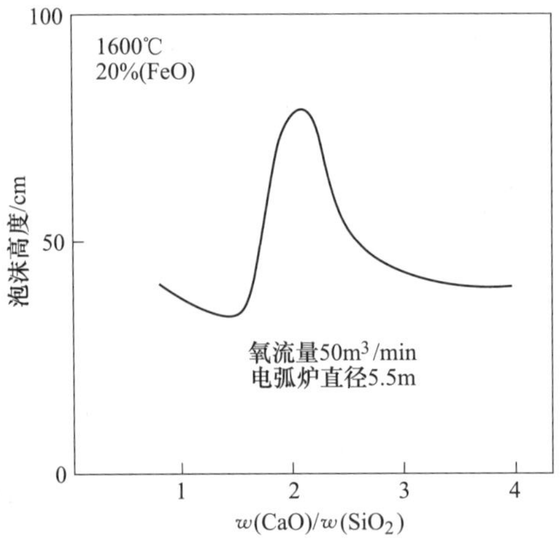

图 10-14 炉渣碱度对泡沫高度的影响

10.4.3 泡沫渣操作工艺

良好的泡沫渣是通过控制 CO 气体发生量、渣中（FeO）含量和炉渣碱度来实现的。足够的 CO 气体量是形成一定高度泡沫渣的首要条件。熔池中产生 CO 气泡主要来自溶解碳和氧的碳氧反应，其前提是熔池中有足够的碳含量。渣中 CO 气泡主要是碳和气体氧、氧化铁等一系列反应产生的。实践证明，产生泡沫渣的气体 80%来自渣中，20%来自熔池。熔池中产生的细小分散气泡既利于熔池流动，促进冶金反应，又利于泡沫渣的形成。

总之，在电弧炉炼钢过程中，控制适宜的渣中 $w(FeO)$ 在 20%左右和碱度$[w(CaO)+w(MgO)+w(MnO)]/[w(SiO_2)+w(Al_2O_3)+w(P_2O_5)]=2$ 左右，具有一定表观黏度（含有一定量悬浮 $2CaO \cdot SiO_2$和 $FeO \cdot MgO$ 颗粒）的炉渣，渣量和气体发生量足够时，就可以形成良好的泡沫渣。含碳材料以颗粒形式加入或以细粉形式喷入均可，氧可以用水冷枪，也可用炉门枪（消耗式）吹入。

熔氧期全程喷碳法是目前常用的泡沫渣工艺，如宝钢二期引进的电弧炉就具备了喷碳粉设备和富氧操作条件。因此宜采用“富氧、喷炭、长弧”三位一体联合操作，以达到冶炼各碳含量钢种目的。这种方法在熔池形成并有适量钢水时，吹入氧气并喷入焦粉。钢水在泡沫渣下去磷、降碳、升温，直到达到要求。该法在熔氧前期喷碳粉的主要目的有：第一，造泡沫渣，形成泡沫渣长弧冶炼工艺，在向钢水不断增碳的同时使钢水的降碳和升温接近同步进行。第二，喷炭粉在完全燃烧时放热，有利于升温。熔氧后期喷碳粉则主要是调整炉渣氧化性、控制炉内渣量、在泡沫渣下快速升温，以及依靠炉渣护炉，提高炉龄，甚至达到免补炉的重要手段。

10.5 平熔池冶炼技术

近十几年来，由于电弧炉容量和炉壳直径的不断扩大以及泡沫渣操作的实践，电弧始终被泡沫渣所覆盖，只有电弧正下方的废钢炉料能被快速熔化，对距离较远处的炉料辐射热较弱，使得电弧对较远处炉料的熔化能力大大减弱。因此，在大型电弧炉中，只利用电弧辐射热的方法来熔化整个电弧炉中的废钢炉料的方法不够理想，导致了冶炼周期过长，因此提出了大留钢量平熔池操作工艺。具体办法就是：出钢后在熔池中保留有大量钢水（余留钢水量为出钢量的50%左右），炉料的熔化都在高温钢水中进行，利用传导热和对流热，加速对废钢的熔化。

大留钢量操作改变了炉料初始状态，使炉料熔化都是在高温钢水中进行，废钢熔化由原来完全依靠电弧辐射转变为借助高温液态钢水和废钢之间的热传导和对流。同时，大留钢量操作，实现平熔池冶炼，有利于提高变压器的输出功率，有利于平熔池以及泡沫渣的形成、提高氧气利用率、减少电弧电流波动及电极震动、提高加热效率、加速废钢熔化，避开了送电初期的穿井阶段，极大地降低了电极消耗。

采用废钢预热，并结合大留钢量平熔池操作工艺，大大缩短了废钢的熔化时间。首先，废钢炉料在预热室内被预热到500~800 ℃；其次，当将其加入电弧炉熔池中之后，它便被1560~1580 ℃的钢水包围，承受了高温传导热和对流热，从而加快了熔化速度；最后，大留钢量操作工艺使炼钢一开始就容易造泡沫渣和埋弧操作，起弧也比较平稳，减少了电弧电流的波动和电极震动，提高了加热效率。

同时，这种冶炼工艺有效地减少了电弧辐射对耐火材料的烧损。纯平熔池操作使得加料和第四孔加合金料都是在不断电状态下进行的，因而能获得高生产率和缩短熔炼时间的良好效果。另外，在设备功能方面还采用了炉底吹氩或电磁搅拌系统，使熔池内钢液化学成分和温度场均匀化；但在实际生产中，为保证炉底不漏钢，部分电炉又放弃了炉底吹氩。总之，采用大留钢量操作工艺，形成新的加热机理，能显著提高炼钢生产率，并且还具有低电压闪变、低谐波发生量、对供电电网冲击小等优点。

与此同时，国内电弧炉行业迫于成本压力，以及借鉴大留钢量操作，在炉料结构方面发生变化，开始采用热装铁水代替生铁、废钢。与大留钢量操作类似，热铁水不仅提供了大量的物理热和化学热，改善了装料结构，减少了装料次数，形成平熔池，加速了废钢熔化，而且稀释了废钢中残余元素。但从工艺技术上来看是不合理的，使电弧炉冶炼流程脱离了原有的低排放优势。

10.6 复合吹炼技术

传统电弧炉炼钢熔池搅拌强度弱，抑制了炉内物质和能量的传递。现代电弧炉炼钢广泛采用吹氧工艺，以加快冶炼节奏、降低生产成本，相继开发出诸如炉壁供氧、炉门供氧、集束射流等强化供氧技术。为了解决熔池搅拌强度不足和物质能量传递速度慢等问题，开发了如底吹搅拌或电磁搅拌、电弧炉炼钢复合吹炼等关键技术。图10-15为电弧炉炼钢复合吹炼技术示意图。

10.6.1 集束模块化供能技术

电弧炉集束模块化供能技术，包括炉壁及炉顶集束供氧方式。炉壁集束供氧方式将吹氧和喷碳粉单元共轴安装在炉壁的一体化水冷模块上，具备助熔、脱碳等模式，实现气-固混合喷射、气体粉剂（碳粉、脱磷剂等）喷吹的动态切换，满足泡沫渣、脱磷及控制钢

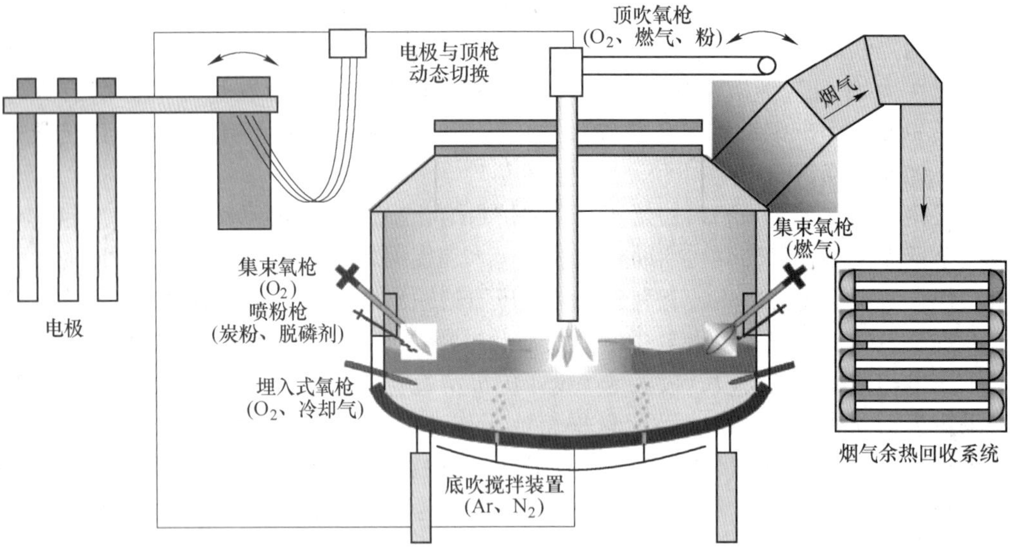

图 10-15 电弧炉炼钢复合吹炼技术示意图

水过氧化等要求，增强了颗粒的动能，使氧气、粉剂高效输送到渣-钢反应界面，稳定泡沫渣，降低冶炼电耗，提高金属收得率，如图 10-16 所示。针对高铁水比的多元炉料结构冶炼，开发出电弧炉炉顶集束供氧喷吹技术，以加大电弧炉炉内供氧强度，强化熔池搅拌，如图 10-17 所示。该技术可进行供电与供氧切换，完成脱碳和脱磷等冶炼任务，提高供氧效率，达到缩短冶炼时间、降低冶炼电耗等效果。

图 10-16 炉壁集束供氧

10.6.2 埋入式供氧喷吹技术

通过炉壁多功能集束氧枪向炉内喷吹氧气和燃料，强化冶炼过程化学能输入，是目前最为普遍的电弧炉炼钢手段。近年来，在开发多功能集束模块化供能技术基础上，为进一步提高氧气利用效率，改善电弧炉熔池冶金反应动力学条件，研发了电弧炉炼钢埋入式供氧喷吹技术，如图 10-18 所示。该技术将供氧方式从熔池上方移至钢液面以下，利用双流

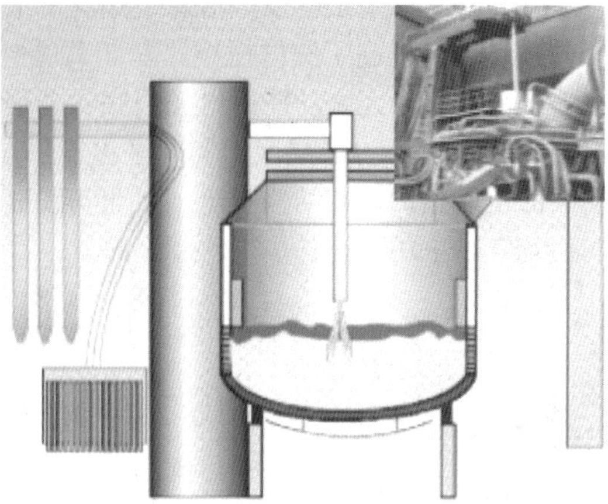

图 10-17 电弧炉炉顶供氧系统

道喷枪将氧气直接输入熔池，加快了冶金反应速度，使氧气利用率提高到98%。针对埋入式喷枪易烧损、氧气流股冲刷侵蚀炉壁耐材的问题，采用环状气旋保护技术，并通过中心主射流“保护—冶炼—出钢”控制模式，控制侵蚀速度，实现喷枪寿命与炉龄同步。该技术显著提高了钢液流动及化学反应速度，有效控制了钢液过氧化，改善了熔池脱磷效率。

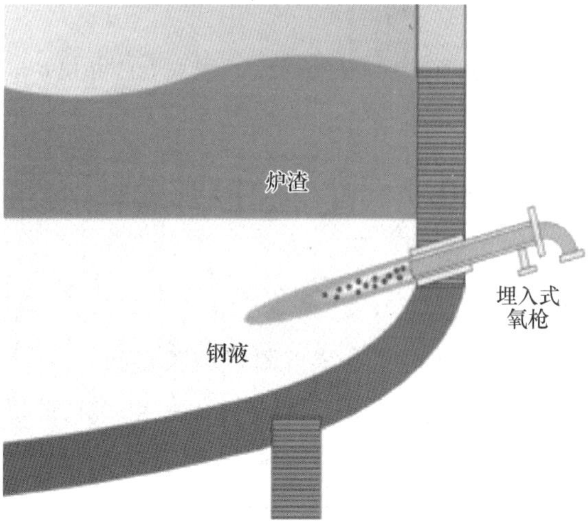

图 10-18 电弧炉埋入式供氧喷吹

10.6.3 电弧炉炼钢安全长寿底吹技术

电弧炉炼钢熔池冶金反应动力学条件差，熔池钢液成分、温度不均匀，终点氧含量和渣中氧化铁含量偏高，最终影响冶炼指标和钢液质量。开发的电弧炉炼钢安全长寿底吹技术（见图 10-19），强化了电弧炉熔池搅拌，吨钢氧耗、钢铁料消耗、冶炼终点碳氧积及终渣氧化铁含量均明显降低，脱磷效率进一步提高，冶炼终点钢液质量明显改善，部分指标，如图 10-20 所示。基于非稳态有摩擦加热管流微分方程组算法，优化多孔气道及透气孔间隙参数设计，制备具有定向多微孔型结构的长寿命底吹元件，其具备优良的透气、耐高温、抗热震、抗冲击等性能。开发了基于电弧炉冶炼“熔化—脱磷—脱碳—升温—终点控制”的分段动态底吹工艺模型，既提高了气体搅拌效率，又减少了气液混合脉动流体对底吹元件的机械冲刷和化学侵蚀；具有冗余功能的电弧炉底吹全程安全预警技术是底吹安全的重要保障，通过监控底吹流量、压力及温度，实现了多点、阶梯、分段的全程报警，并采用弓形防渗透设计，保证了电弧炉炉底结构安全。工业实践显示，底吹元件寿命超过800炉次，实现了电弧炉底吹寿命与炉龄同步。

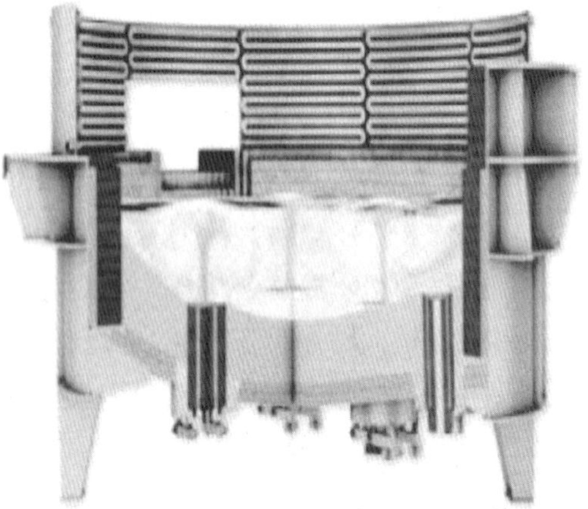

图10-19 电弧炉底吹搅拌示意图

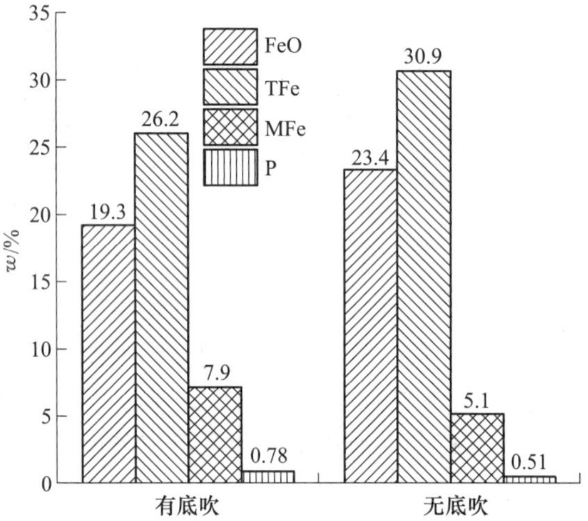

图10-20 电弧炉炼钢终渣成分对比

10.7 直流电弧炉

10.7.1 直流电弧炉的发展概况

由于交流电弧每秒过零点100次，在零点附近电弧熄灭，然后在另一半波重新点燃，因而交流电弧稳定性差。而直流电弧稳定，加之直流供电的其他优点，使得人们早在19世纪就开始直流电弧炉的研究试验，但由于当时的整流技术阻碍了直流电弧炉技术的发展。20世纪70年代兴起的大型高功率、超高功率电弧炉的发展，使得炼钢电弧炉的功率成倍增加，强大交变电流的冲击加重电网电压闪烁等电网公害，以至于需要采取价格昂贵的动态补偿装置。

德国MAN-GHH-BBC公司于1982年开发和建造了世界上第一台用于工业生产的12 t直流电弧炉，并在施罗曼-西马克公司的克劳茨塔尔·布什钢厂正式投产，用于铸钢生产。随后这两家公司又为美国的达林顿钢厂把30 t交流电弧炉改造成直流电弧炉，这是第一座用来炼钢的直流电弧炉，获得了良好的效果。同时，瑞典、法国、苏联、日本等国也积极开发直流电弧炉技术，例如1985年底，当时世界上最大的75 t/48 MV·A直流电弧炉在法国埃斯科钢厂投产，1989年日本钢管公司制造了当时世界上容量最大的130 t直流电弧炉，在东京制铁公司的九州工厂投产。

由于直流电弧炉具有突出优点，在国内外发展很快。迄今为止，全世界已经投产的

50 t以上直流电弧炉 100 多台，在今后较长一段时间内将与交流电弧炉共存。

10.7.2 直流电弧炉设备特点

直流电弧炉通常是高功率或超高功率电弧炉，在世界各地新投产的直流电弧炉的功率水平大多在 700~1000 kW/t 范围内，最高达 1100 kW/t。此外，变压器过载是直流电弧炉的优势之一。通常，变压器的工作容量比额定容量高 20%。

直流电弧炉是将三相交流电经可控硅整流变成单相直流电，在炉底电极（阳极）和石墨电极（阴极）之间的金属炉料上产生电弧进行冶炼，直流电弧炉基本回路如图 10-21 所示。从设备方面看，直流电弧炉与超高功率交流电弧炉具有许多相同之处，例如废钢预热设备、氧-燃烧嘴、水冷氧枪、水冷炉壁及炉盖、加料设备、电极升降机构、底吹氩装置、除尘设备、偏心炉底出钢装置等两者是相同的。直流电弧炉设备布置如图 10-22 所示。

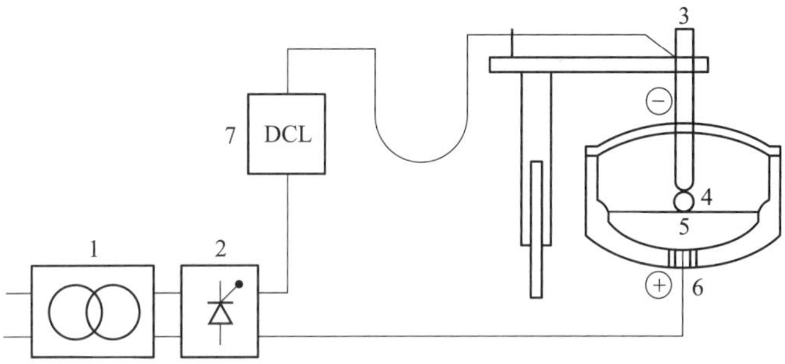

图 10-21 直流电弧炉基本回路

1—整流变压器；2—整流器；3—石墨电极；4—电弧；5—熔池；6—炉底电极；7—直流电抗器

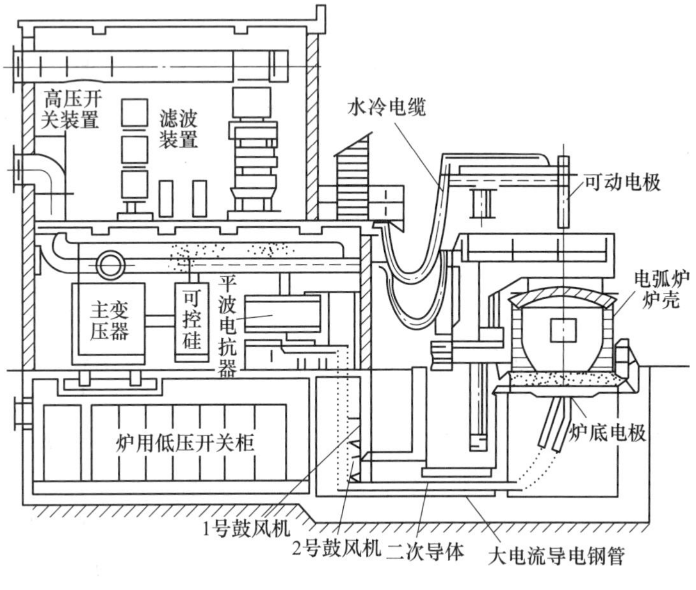

图 10-22 直流电弧炉设备布置示意图

目前，直流电弧炉的炉底结构（底电极）主要分为四种形式：

（1）导电炉底式。炉底导电板风冷式（ASEA 式）底电极的结构如图 10-23（a）所示，将一整块厚 15~20 mm 的圆形紫铜板放在耐高温的球形钢板炉底壳上，并采用相应的绝缘措施。铜板的面积接近于渣线处熔池的面积。紫铜板上开有 4 个孔，用于伸出 4 个焊接在铜板上的 4 个铜连接端子。通过 4 个铜连接端子实现软连接，直通炉底下的汇流管并连接到整流器的阳极。在紫铜板上面一般砌 3 层导电性良好的镁碳质（含碳 12%~15%）耐火砖和保温砖，按一定比例组合以满足充分的导电性能，并减少传到炉底的热损失。其中，下面两层为永久层（每层厚 200 mm），上面一层为可更换的工作层（厚 400 mm）。在炉底砌好后，再在上面覆盖一层导电的捣打耐火材料（厚 200 mm），一般用含碳 5%~10%、纯度为 95.8%~99%的镁砂混合料捣打而成。为保证充分的导电性能，每块砖的底面和侧面可用一层 L 形薄钢片包起来，增加炉底的导电性能。炉底采用强制冷风冷却，冷风由风机通过风道和安装在炉底下面的通风分流罩提供，炉底还装有 12 支热电偶监控炉底温度。

导电炉底的电阻值很低，炉壳直径为 5 m 的炉子，其电阻为 0.5 mΩ。当电流为 40 kA 时，熔池和底电极的电压降总共只有 6 V，损耗功率 240 kW，炉底外层衬的温度只升高 60 ℃，炉壳外侧温度仅升高 25 ℃。

（2）金属触针式。多极触针风冷式（GHH-BBC 式）底电极的结构如图 10-23（b）所示，在炉壳底部中央有按一定圆周布置的 40~200 根（其数量根据炉容量确定）直径为 25~50 mm 的低碳钢棒（称为触针），它们由两块平行的圆形钢板（图中所示“底板”“导电板”）固定位置。触针的底端垂直固定在与整流器的阳极连接，并固定在底部炉壳的法兰板上。触针向上垂直穿过上面的一块钢板，并延伸到炉膛内直到金属熔池。伸入炉膛内的触针间用镁砂充填打结，或采用一整块的镁碳质耐材，甚至用高密度的镁碳砖砌筑。在两块平行钢板焊成的空腔内装有导向叶片结构，冷却空气从空腔的底部中心轴向流入，并顺着导向叶片方向沿径向向外逸出，从而对触针进行冷却。在近 30 根触针的中下部直到一定高度穿孔，并安装热电偶以监测炉底电极的烧熔情况。底电极与炉壳钢板间的接触部分要进行绝缘。底电极的直径为炉顶石墨电极的 2.5~5 倍，炉容越大，底电极直径也越大。

（3）水冷钢棒式。法国克莱西姆（IRSID-CLECIM）公司首先开发了单极水冷钢棒式底电极，其结构如图 10-23（c）所示。在炉底耐材中埋入 1~4 根直径为 125~250 mm 的钢棒（其数量根据炉容量确定），作为炉底导电电极，底电极钢棒下部采用水冷。30 t 以下炉子采用 1 根钢棒作为底电极，30 t 以上炉子可采用 3 根钢棒作为底电极，钢棒内插入热电偶以监测炉底工况。后来进行了改进，采用铜钢复合的水冷电极。上半部为钢，与金属熔池接触，为消耗部分；下半部为内有 4 个圆形冷却空腔的铜棒，为永久性非消耗部分。两者间通过焊接而成一体，钢和铜之间的焊接是该技术的关键。冷却系统进水总管上有 4 根喷头，分别伸进冷却空腔，对底电极进行水冷。每根铜棒中有 2 根热电偶测温。通过绝缘材料将炉底钢板和水冷铜套绝缘开，缓冲器的作用是吸收废钢炉料的冲击。

由于铜钢复合水冷电极具有寿命长、更换方便以及可根据不同的炉子容量采用 1~4 根底电极等优点，因此除了 GHH-BBC、ABB 和 VAI 等公司外，其他直流电弧炉制造商基本上多采用铜钢复合水冷棒式底电极。

（4）触片式底电极。奥钢联（VAI）开发的触片式底电极采用以 12 块厚度为 1.7~

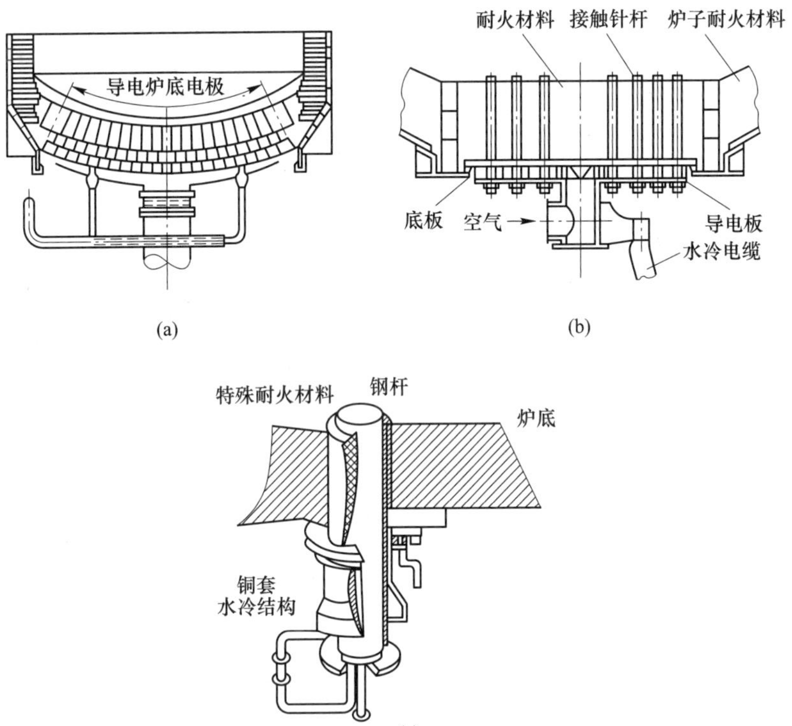

图 10-23 三种直流电弧炉的炉底电极

（a）导电耐火材料风冷式；（b）触针风冷式；（c）水冷钢棒式

3 mm的矩形薄钢片围成 12 边形直筒，十几个直径不同的直筒外筒套内筒地形成“蜂窝状结构”，并垂直焊接在可重复使用的集电板上，从而形成“蜂窝状结构”形式的炉底导电电极，如图 10-24 所示。各圈导电片间距约为 90 mm，用镁质捣打料填充，并用捣打机捣打。炉壳底部和导体的过渡部分采用风冷。冷却空气引自炉子跨的外部，通过可调节的风叶阀提供冷却空气，经风道到达炉底，并由导管均匀分配对炉底的冷却。据称，不用风冷和水冷仍有很高的底电极寿命，因而可确保高度的安全性。

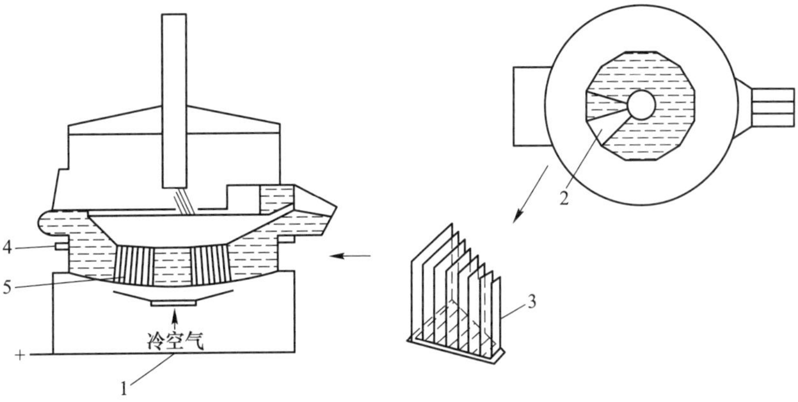

图 10-24 奥钢联的触片式炉底电弧炉结构示意图

1—DC 电缆；2—扇形阳极；3—触片；4—底壳绝缘；5—普通不导电整体耐火材料

表 10-4 给出了不同形式炉底电极的综合比较与评价。

表 10-4 不同形式炉底电极的综合比较与评价

评价项目	评价角度	炉底电极形式			
		水冷钢棒式	多触针式	多触片式	导电炉底式
安全性	漏钢爆炸的可能性	有	无	无	无
导电性	导电的保证	金属棒导电	金属触针导电	金属触片导电	耐火材料导电
绝缘问题	铅对策	铅可通过设在炉壳与炉底之间的沟槽流出，绝缘材料不与铅接触	采用隔板阻止铅对绝缘材料的破坏，同时在炉底增加排铅小孔	绝缘材料设在炉壳的中下部，铅无法与之接触	绝缘材料设在靠近炉壳处，铅会向炉底中心聚积，不与绝缘材料接触
耐火材料	炉底用耐火材料	镁碳质或镁钙碳质捣打料、镁钙铁质捣打料与镁碳砖	干式镁质捣打料或镁碳砖	镁碳质或镁钙碳质捣打料、镁钙铁质捣打料等	镁碳质导电耐火材料，常用的有镁碳砖、捣打料、接缝料和修补料
搅拌	熔池搅拌	较好	较好	较好	最好
电弧偏弧	偏弧对策	不同二次导体供给不同的电流（最有效）	改变二次导体的布线方式（较有效）	不同二次导体供给不同的电流（较有效）	改变二次导体的布线方式（较有效）
冷却	冷却方式	强制水冷	强制风冷	强制风冷	强制风冷
电流密度 $/A\cdot mm^{-2}$	允许电流密度	50	100	100	0.5~1.8
砌筑与维修	复杂程度	简单	较复杂	较复杂	复杂
	维修难易	易	较难	较难	易
	电极更换	容易	较易	较易	较易
启动方式	冷（重新）启动方式	金属棒接在底阳极上，使之突出于耐火材料	金属细屑（碎废钢）铺在底阳极上	新炉使金属触片突出于耐火材料，金属细屑铺在底阳极上	倒入其他炉子的钢水，先用烧嘴熔化废钢
寿命	消耗速度 $/mm\cdot 炉^{-1}$	1.0	0.5~1.5	0.3~0.6	1.0
	最高寿命/炉	2760	2000	1200	4000
炉底电极费用	成本	适中	适中	适中	较高
	维修费用 $/美元\cdot t^{-1}$	<0.3	0.15~0.20	0.25	0.6~1.5

10.7.3 直流电弧的特性

（1）电流密度提高。直流电弧与交流电弧相比，无集肤效应和邻近效应，在二次导体与石墨电极截面中电流分布均匀，在同样截面下可通过的电流增加了 20%~30%。

（2）阳极效应。从直流电弧热分布来看，底阳极区发热量占总电弧热量的 43%，阴极区占 36%，弧柱区占 21%。直流电弧炉产生热量的 72%集中于废钢熔池上，而交流电弧炉仅有 65%集中于废钢熔池上。电弧功率以三种方式传递给炉衬与废钢熔池，即辐射、对流和阳极效应。在电流、电压相同的条件下（10 kA/125 V），直流（DC）与交流（AC）电弧炉的功率分布比较见表 10-5。

表 10-5 直流与交流电弧炉的功率分布比较

传递方式		DC 电弧炉	AC 电弧炉	传递方式		DC 电弧炉	AC 电弧炉
合计		28	35	合计		72	65
炉衬	辐射	20	24	熔池	辐射	10	12
	对流	4	3		对流	50	45
	阳极效应	4	8		阳极效应	12	8

（3）循环搅拌。直流电弧炉的电弧电流产生的电动力（循环搅拌），使电弧下钢液沿其炉底向外侧炉壁运动，然后沿钢液表面返回电弧下，这种强烈的循环搅拌使得直流电弧炉钢液的成分、温度较交流电弧炉更均匀。

（4）电弧稳定。在相同功率下，直流电弧炉可以在较高的电压、较小的电流下稳定操作（电弧稳定）。

10.7.4 直流电弧炉的优缺点

理论与实践均证明，直流电弧炉与交流电弧炉相比具有如下优点：

（1）石墨电极消耗低，直流电弧炉能够大量减少石墨电极的消耗。从绝对消耗量看，当交流电弧炉的 3 根石墨电极被直流电弧炉的一根石墨电极代替时，侧面消耗将减少近 2/3；直流操作时，作为阴极的石墨顶电极端部平均温度比交流的低，而且作用于端部的电动力小，可使由于氧化及开裂剥落造成的端部消耗降低。在相同条件（废钢、钢种、单位变压器功率、炉子容量等）下，直流电弧炉的电极消耗可比交流电弧炉的降低 50%以上。

（2）降低电能消耗，与相同条件的交流电弧炉相比，直流电弧炉可节约电能 5%~10%；原因是单相电阻损失少，损耗低。

（3）对电网冲击小，无需动态补偿装置，可在短路容量较小的电网中使用。采用直流电弧炉，虽然也会有闪烁，但闪烁值仅是三相交流电弧炉的 1/3~1/2，可省去昂贵的动态补偿装置。此外，直流电弧炉所需电网短路容量仅为交流电弧炉的 $1/\sqrt{10}$。

（4）降低耐火材料消耗。直流电弧炉无热点且电弧距炉壁远，以致炉壁特别是渣线处热负荷小且分布均匀，从而降低了耐火材料的消耗。

（5）噪声降低 10~15 dB。

（6）电磁搅拌力强，钢液成分及温度均匀。

直流电弧炉也存在一些缺点：

（1）需要底电极，炉底砌筑、维护工艺复杂。直流电弧炉将炉底作为阳极，增加耐火材料炉底的工作负荷，使得炉底砌筑、维护工艺复杂，增加劳动强度及维护成本。

（2）大型直流电弧炉受偏弧的抑制。随着直流电弧炉变压器容量的增大，当电流大到一定程度时，会出现原来在炉子中心垂直燃烧的电弧偏离石墨电极的轴线，而向远离变压器的方向明显偏斜的所谓电弧磁偏吹现象，简称为直流电弧炉的偏弧现象。随着变压器容量的增大，偏弧现象越明显、越严重，并对直流电弧炉的运行带来许多不利的影响。例如，废钢熔化不均匀；热损失增大；重新出现炉壁热点，造成炉壁局部损伤，加快炉壁的损坏；出现熔渣局部堆积；电极端消耗不均（包括端部和侧面消耗）而增加电极消耗；严重影响氧枪吹氧操作、氧燃烧嘴的布置和使用以及炉内气流流动模式等。一般 50 t 以上直流电弧炉需考虑偏弧的影响，偏弧原理如图 10-25 所示。

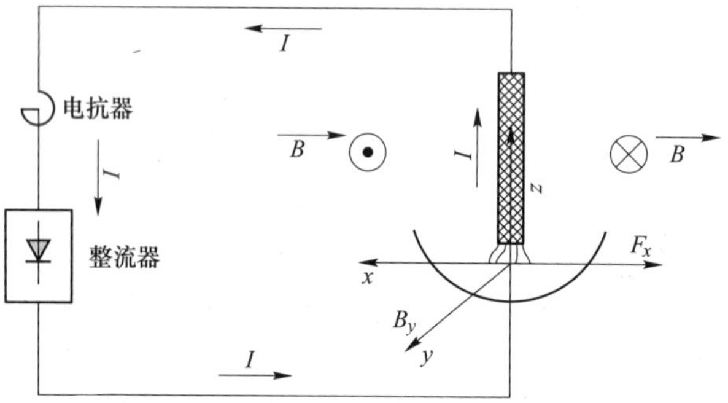

图 10-25　直流电弧炉产生偏弧的原理

（3）大直径石墨电极有待开发，限制了大型直流电弧炉的发展。目前，能够生产最大超高功率石墨电极为公称直径 800 mm，已经应用到 160 t 直流电弧炉。

以上问题的存在，阻碍了直流电弧炉的大力发展，并随着交流电弧炉技术改造而变得平庸。

近年来，中冶赛迪开发的 IGBT 柔性直流电源 CISDI-Flex，除了继承直流电弧炉的所有优点，相较于传统晶闸管直流电源，采用了模块化设计，任何一个模块电源出现故障，可随时快速切出而不影响正常冶炼，电源模块的更换和维护也非常快捷，其可靠性和响应速度大幅提高，损耗减小，电耗可比传统直流电弧炉进一步地降低。

思　考　题

10-1　普通功率（RP）、高功率（HP）和超高功率（UHP）电弧炉按功率水平如何划分？

10-2　如何实现超高功率电弧炉泡沫渣埋弧加热？

10-3　废钢预热技术有哪几种典型方式？

10-4　直流电弧炉有何优越性，其工艺特点如何？

参　考　文　献

[1] 郑沛然．炼钢学［M］．北京：冶金工业出版社，1994.
[2] 陈家祥．钢铁冶金学（炼钢部分）［M］．北京：冶金工业出版社，1993.
[3] 曲英．炼钢学原理［M］．北京：冶金工业出版社，1980.
[4] 万谷志郎．钢铁冶炼［M］．李宏，译．北京：冶金工业出版社，2001.
[5] 王雅贞，张岩，张红文．氧气顶吹转炉炼钢工艺与设备［M］．2 版．北京：冶金工业出版社，2001.
[6] 王雅贞，李承祚．转炉炼钢问答［M］．北京：冶金工业出版社，2004.
[7] 戴云阁，李文秀，龙腾春．现代转炉炼钢［M］．沈阳：东北大学出版社，1998.
[8] 马竹梧，邹立功，孙彦广，等．钢铁工业自动化（炼钢卷）［M］．北京：冶金工业出版社，2003.
[9] 朱苗勇．现代冶金学（钢铁冶炼卷）［M］．北京：冶金工业出版社，2006.
[10] 苏天森，刘浏，王维兴．转炉溅渣护炉技术［M］．北京：冶金工业出版社，2002.
[11] 武钢第二炼钢厂．复吹转炉溅渣护炉实用技术［M］．北京：冶金工业出版社，2004.
[12] 高泽平．炼钢工艺学［M］．北京：冶金工业出版社，2006.
[13] 胡志刚，刘浏，何平，等．150 t 转炉利用炉气分析进行喷溅预报及控制［J］．钢铁，2004，39（2）：18-27.
[14] SPANJERS M. 采用副枪在线控制转炉炉渣［J］．鞍钢技术，2006，6：50-52.
[15] APELDOORN G J，HUBBELING P D，GOOTJES P. 达涅利康力斯副枪系统的应用［J］．钢铁，2004，39（2）：29-32.
[16] 沈学静，严月祥，胡少成，等．飞行时间质谱在转炉炉气分析中的应用［J］．科学仪器与装置，2008，1：66-69.
[17] 胡志刚，刘浏，何平，等．炉气分析在转炉动态控制中的应用［J］．钢铁研究学报，2002，14（3）：66-72.
[18] 石知机，汪国才，李应江．炉气分析终点控制技术在马钢转炉的应用［J］．钢铁，2007，42（2）：24-26.
[19] 张立国，张丙龙．迁钢 210 t 转炉副枪及自动炼钢控制系统的开发［J］．首钢科技，2007，（1）：39-44.
[20] HUBBELING P D，OOSTERMEIJER G A. 转炉副枪和动态控制［J］．钢铁，2007，42（2）：83-86.
[21] 孟祥宁，张海鹰，朱苗勇．转炉炼钢过程静态控制模型的改进［J］．材料与冶金学报，2004，3（12）：246-249.
[22] 丁容，刘浏．转炉炼钢过程人工智能静态控制模型［J］．钢铁，1997，32（1）：22-26.
[23] 张贵玉，万雪峰，林东，等．转炉炉气分析动态控制技术的应用［J］．2007，42（9）：29-31.
[24] 吴明，梅忠．转炉烟气分析动态控制炼钢技术［J］．冶金设备，2006，4：68-72.
[25] 成国光．钢铁冶金学［M］．北京：冶金工业出版社，2006.
[26] 王中丙．现代电炉——薄板坯连铸连轧［M］．北京：冶金工业出版社，2005.
[27] 王新江．现代电炉炼钢生产技术手册［M］．北京：冶金工业出版社，2009.
[28] 傅杰．现代电炉炼钢理论与应用［M］．北京：冶金工业出版社，2009.
[29] 包燕平，冯捷．钢铁冶金学教程［M］．北京：冶金工业出版社，2008.
[30] 黄伟青，韩立浩，曹磊，等．转炉炼钢生产［M］．北京：冶金工业出版社，2021.
[31] 德国钢铁学会．钢铁生产概览［M］．中国金属学会，译．北京：冶金工业出版社，2011.
[32] 王新华．钢铁冶金——炼钢学［M］．北京：高等教育出版社，2007.
[33] 沈才芳，孙社成，陈建斌．电弧炉炼钢工艺与设备［M］．北京：冶金工业出版社，2008.

[34] 王新江. 中国电炉炼钢的技术进步 [J]. 钢铁，2019，54 (8)：1-8.
[35] 张立峰. 炼钢技术的发展历程和未来展望 (Ⅰ)——炼钢技术的发展历程 [J]. 钢铁，2022，57 (12)：1-12.
[36] 张立峰. 炼钢技术的发展历程和未来展望 (Ⅱ)——炼钢的未来展望 [J]. 钢铁，2023，58 (1)：1-12.
[37] 杨利彬. "十三五"中国炼钢关键技术进步及思考 [J]. 钢铁，2022，57 (8)：1-10.
[38] 杨文，张莹，张学伟，等. 钢中的精灵——非金属夹杂物精美形貌 [J]. 金属世界，2016，6：31-36.
[39] 姜维，李洪涛. "十三五"钢铁业高质量发展特征显现效率、效益、工资显著提高 [N]. 中国冶金报，2022-03-23 (2).
[40] 黄希祜. 钢铁冶金原理 [M]. 4 版. 北京：冶金工业出版社，2013.
[41] 郭汉杰. 冶金物理化学教程 [M]. 2 版. 北京：冶金工业出版社，2006.
[42] 沈峰满. 冶金物理化学 [M]. 2 版. 北京：高等教育出版社，2023.
[43] 翟玉春. 非平衡态冶金热力学 [M]. 北京：科学出版社，2017.
[44] 李建中，田彦文. 冶金与材料制备的物理化学 [M]. 北京：科学出版社，2017.
[45] 张岩，张红文. 氧气转炉炼钢工艺与设备 [M]. 北京：冶金工业出版社，2010.
[46] 张岩，杨彦娟，杨伶俐. 转炉炼钢工学习指导 [M]. 北京：冶金工业出版社，2015.
[47] 潘涛，姜周华，朱红春，等. 电弧炉废钢预热技术的发展现状 [J]. 材料与冶金学报，2020，19 (1)：6-12.
[48] 马亚刚，史建宏，刘征，等. 炼钢电弧炉加热工艺的革新 [J]. 工业加热，2013，42 (4)：56-58.
[49] 姜周华，姚聪林，朱红春，等. 电弧炉炼钢技术的发展趋势 [J]. 钢铁，2020，55 (7)：1-12.
[50] 段卫平，杨树峰，李京社，等. 中国现代电弧炉炼钢废钢快速熔化技术进展 [J]. 中国冶金，2021，31 (9)：78-84，109.
[51] 姜周华，姚聪林，朱红春，等. 电弧炉炼钢技术的发展趋势 [J]. 钢铁，2020，55 (7)：1-12.
[52] 施维枝，杨宁川，黄其明，等. 电弧炉废钢预热技术发展 [J]. 工业加热，2019，48 (6)：26-31.
[53] 朱荣，魏光升，唐天平. 电弧炉炼钢流程洁净化冶炼技术 [J]. 炼钢，2018，34 (1)：10-19.
[54] 杨桂生，李亚东，蒋国祥，等. 电弧炉炼钢技术 [M]. 北京：冶金工业出版社，2020.
[55] 朱荣，刘会林. 电弧炉炼钢技术及装备 [M]. 北京：冶金工业出版社，2018.
[56] 朱荣. 现代电弧炉炼钢用氧理论及技术 [M]. 北京：冶金工业出版社，2018.
[57] OH J，LEE E，NOH D. Development of an oxygen-enhanced combustor for scrap preheating in an electric arc furnace [J]. Applied Thermal Engineering，2015，91：749-758.
[58] LEE B，SOHN I. Review of innovative energy savings technology for the electric arc furnace [J]. JOM，2014，66 (9)：1581-1594.
[59] YANG L Z，JIANG T，LI G H，et al. Discussion of carbon emissions for charging hot metal in eaf steelmaking process [J]. High Temperature Materials and Processes，2017，36 (6)：615-621.
[60] LEE B，RYU J W，SOHN I. Effect of hot metal utilization on the steelmaking process parameters in the electric arc furnace [J]. Steel Research International，2015，86 (3)：302-309.
[61] LI B，LI J，YAN W，et al. Study on oxygen blowing optimisation of reducing (FeO) content in slag in EAF steelmaking process with high ratio of hot metal to scrap [J]. Ironmaking & Steelmaking，2022，49 (4)：398-404.
[62] AL-NASSER M，KHARICHA A，BARATI H，et al. Toward a simplified arc impingement model in a direct-current electric arc furnace [J]. Metals，2021，11 (9)：1482.
[63] DE V L，BELLEMANS I，VERCRUYSSEN C，et al. Basic oxygen furnace：assessment of recent

physicochemical models [J]. Metallurgical and Materials Transactions B, 2019, 50 (6): 2647-2666.

[64] HOLAPPA L. Challenges and prospects of steelmaking towards the year 2050 [J]. Metals, 2021, 11 (12): 1978.

[65] HOLAPPA L. Historical overview on the development of converter steelmaking from Bessemer to modern practices and future outlook [J]. Mineral Processing and Extractive Metallurgy, 2019, 128 (1/2): 3-16.

[66] KITAMURA S, NAITO K, OKUYAMA G. History and latest trends in converter practice for steelmaking in Japan [J/OL]. Mineral Processing and Extractive Metallurgy, 2019, 128 (1/2): 34-45.

[67] FRITZ E, GEBERT W. Milestones and challenges in oxygen steelmaking [J]. Canadian Metallurgical Quarterly, 2005, 44 (2): 249-260.

[68] LV M, CHEN S, YANG L, et al. Research progress on injection technology in converter steelmaking process [J]. Metals, 2022, 12 (11): 1918.

[69] RICHARD J F. The Making, Shaping and Treating of Steel, Vol. 2: Steelmaking and Refining Volume [M]. 11th edition. Pittsburgh, PA: The AISE Steel Foundation, 1998.

[70] 李传薪. 钢铁厂设计原理（下册）[M]. 北京：冶金工业出版社，1995.

[71] 贾凌云. 转炉—连铸工艺设计与程序 [M]. 北京：冶金工业出版社，2005.

[72] 冯聚和. 炼钢设计原理 [M]. 北京：化学工业出版社，2005.

[73] 王令福. 炼钢厂设计原理 [M]. 北京：冶金工业出版社，2009.